用于国家职业技能鉴定

YONGYU GUOJIA ZHIYE JINENG JIANDING

国家职业资格培训教程

GUOJIA ZHIYE ZIGE PEIXUN JIAOCHENG

钳工

（基础知识）

第2版

编审委员会

主　任　刘　康
副主任　王晓君
委　员　宋小春　杨耀双　陈俊传　杨耀基　傅　鸫
　　　　陈　蕾　张　伟

编审人员

主　编　宋小春
副主编　宋　建　杨　帆
编　者　何幼富　熊成军　宁志良　莫思豪　刘颖君
　　　　刘晓珍　刘珍华
主　审　周德忠
审　稿　莫志均

中国劳动社会保障出版社

图书在版编目(CIP)数据

钳工：基础知识/中国就业培训技术指导中心组织编写. —2版. —北京：中国劳动社会保障出版社，2016

国家职业资格培训教程

ISBN 978-7-5167-2342-5

Ⅰ.①钳… Ⅱ.①中… Ⅲ.①钳工-技术培训-教材 Ⅳ.①TG9

中国版本图书馆CIP数据核字(2016)第049262号

中国劳动社会保障出版社出版发行

(北京市惠新东街1号 邮政编码：100029)

*

北京市白帆印务有限公司印刷装订 新华书店经销

787毫米×1092毫米 16开本 20.5印张 355千字

2016年3月第2版 2024年3月第7次印刷

定价：51.00元

营销中心电话：400-606-6496

出版社网址：http://www.class.com.cn

前　言

为推动装配钳工、工具钳工、机修钳工职业培训和职业技能鉴定工作的开展，在装配钳工、工具钳工、机修钳工从业人员中推行国家职业资格证书制度，中国就业培训技术指导中心在完成《国家职业技能标准·装配钳工》（2009年修订）《国家职业技能标准·工具钳工》（2009年修订）《国家职业技能标准·机修钳工》（2009年修订）（以下简称《标准》）制定工作的基础上，组织参加《标准》编写和审定的专家及其他有关专家，编写了装配钳工、工具钳工、机修钳工国家职业资格培训系列教程（第2版）。

装配钳工、工具钳工、机修钳工国家职业资格培训系列教程（第2版）紧贴《标准》要求，内容上体现“以职业活动为导向、以职业能力为核心”的指导思想，突出职业资格培训特色；结构上针对装配钳工职业活动领域，按照职业功能模块分别编写。

装配钳工、工具钳工、机修钳工国家职业资格培训系列教程（第2版）共包括《钳工（基础知识）》《装配钳工（初级）》《装配钳工（中级）》《装配钳工（高级）》《装配钳工（技师　高级技师）》《工具钳工（初级）》《工具钳工（中级）》《工具钳工（高级）》《工具钳工（技师　高级技师）》《机修钳工（初级）》《机修钳工（中级）》《机修钳工（高级）》《机修钳工（技师　高级技师）》13本。《钳工（基础知识）》内容涵盖《标准》的“基本要求”，是装配钳工、工具钳工、机修钳工各级别均需掌握的基础知识；其他各级别教程的“章”对应于《标准》的“职业功能”，“节”对应于《标准》的“工作内容”，节中阐述的内容对应于《标准》的“技能要求”和“相关知识”。

本书是装配钳工、工具钳工、机修钳工国家职业资格培训系列教程（第2版）中的一本，适用于装配钳工、工具钳工、机修钳工的职业资格培训，是国家职业技能鉴定推荐辅导用书，也是装配钳工、工具钳工、机修钳工职业技能鉴定国家题库命题的直接依据。

本书在编写过程中得到广东省职业技能鉴定指导中心、华南理工大学、广州机床厂、广州数控设备有限公司、广州重型机床厂、华亚数控设备厂、沈阳机床厂、大连机床厂、南通机床厂、珠海旺磐精密机床有限公司、广东机械技师学院、广东国防技师学院、广东工商高级技工学校、广东轻工技师学院、佛山南海技师学院等单位的大力支持与协助，在此一并表示衷心的感谢。

中国就业培训技术指导中心

目　录

CONTENTS　国家职业资格培训教程

第1章 职业道德

我国《公民道德建设实施纲要》指出："职业道德是从业人员在职业活动中应遵循的行为准则，涵盖了从业人员与服务对象、职业与员工、职业与职业之间的关系。随着现代社会分工的发展和专业化程度的增强，市场竞争日益激烈，整个社会对从业人员职业观念、职业态度、职业技能、职业纪律和职业作风的要求越来越高。"因此，认真学习了解职业道德的基本知识，对从业人员的成长与发展具有重要意义。

第1节　职业道德基本知识

一、道德

道德是一个庞大的体系，职业道德是这个庞大体系中的一个重要组成部分，也是劳动者素质结构中的重要组成部分，职业道德与劳动者素质之间关系紧密。加强职业道德建设，有利于促进良好社会风气的形成，增强人们的社会公德意识。同样，人们社会公德意识的增强，又能进一步促进职业道德建设，引导从业员工的思想和行为朝着正确的方向前进，促进社会文明水平的全面提高。

马克思主义伦理学认为，道德是人类社会特有的，由社会经济关系决定的，依靠内心信念和社会舆论、风俗习惯等方式来调整人与人之间、个人与社会之间以及人与自然之间的关系的特殊行为规范的总和。它包含了以下三层含义：

1．一个社会的道德的性质、内容，是由社会生产方式、经济关系（即物质利益关系）决定的。也就是说，有什么样的生产方式、经济关系，就有什么样的道德体系。

2．道德是以善与恶、好与坏、偏私与公正等作为标准来调整人们之间的行为的。一方面，道德作为标准，影响着人们的价值取向和行为模式；另一方面，道德也是人们对行为选择、关系调整做出善恶判断的评价标准。

3．道德不是由专门的机构来制定和强制执行的，而是依靠社会舆论和人们的内心信念、传统思想和教育的力量来调节的。根据马克思主义理论，道德属于社会上层建筑领域，是一种特殊的社会现象。

根据道德的表现形式，通常把道德分为家庭美德、社会公德和职业道德三大领域。作为从事社会某一特定职业的从业者，要结合自身实际，加强职业道德修养，负担职业道德责任。同时，作为社会和家庭的重要成员，从业人员也要加强社会公德、家庭美德修养，负担起自己应尽的社会责任和家庭责任。

二、职业道德

1．职业道德的内涵

职业道德是从事一定职业的人们在职业活动中应该遵循的，依靠社会舆论、传统习惯和内心信念来维持的行为规范的总和。它调节从业人员与服务对象、从业人员之间、从业人员与职业之间的关系。它是职业或行业范围内的特殊要求，是社会道德在职业领域的具体体现。

2．职业道德的基本要素

（1）职业理想

即人们对职业活动目标的追求和向往，是人们的世界观、人生观、价值观在职业活动中的集中体现。它是形成职业态度的基础，是实现职业目标的精神动力。

（2）职业态度

即人们在一定社会环境的影响下，通过职业活动和自身体验所形成的、对岗位工作的一种相对稳定的劳动态度和心理倾向。它是从业者精神境界、职业道德素质和劳动态度的重要体现。

（3）职业义务

即人们在职业活动中自觉地履行对他人、社会应尽的职业责任。我国的每一个从业者都有维护国家、集体利益，为人民服务的职业义务。

(4) 职业纪律

即从业者在岗位工作中必须遵守的规章、制度、条例等职业行为规范。例如，国家公务员必须廉洁奉公、甘当公仆，公安、司法人员必须秉公执法、铁面无私等。这些规定和纪律要求，都是从业者做好本职工作的必要条件。

(5) 职业良心

即从业者在履行职业义务中所形成的对职业责任的自觉意识和自我评价活动。人们所从事的职业和岗位不同，其职业良心的表现形式也往往不同。例如，商业人员的职业良心是“诚实无欺”，医生的职业良心是“治病救人”，从业人员能做到这些，良心就会得到安宁；反之，内心则会产生不安和愧疚感。

(6) 职业荣誉

即社会对从业者职业道德活动的价值所做出的褒奖和肯定评价，以及从业者在主观认识上对自己职业道德活动的一种自尊、自爱的荣辱意向。当一个从业者职业行为的社会价值赢得社会公认时，就会由此产生荣誉感；反之，就会产生耻辱感。

(7) 职业作风

即从业者在职业活动中表现出来的相对稳定的工作态度和职业风范。从业者在职业岗位中表现出来的尽职尽责、诚实守信、奋力拼搏、艰苦奋斗的作风等，都属于职业作风。职业作风是一种无形的精神力量，对其所从事事业的成功具有重要作用。

3. 职业道德的特征

职业道德作为职业行为的准则之一，与其他职业行为准则相比，体现出以下特征：

(1) 鲜明的行业性

行业之间存在差异，各行各业都有特殊的道德要求。例如，商业领域对从业者的道德要求是“买卖公平，童叟无欺”，会计行业的职业道德要求是“不做假账”，驾驶员的职业道德要求是“遵守交规、文明行车”等，这些都是职业道德行业性特征的表现。

(2) 适用范围上的有限性

一方面，职业道德一般只适用于从业人员的岗位活动；另一方面，不同的职业道德之间也有共同的特征和要求，存在共通的内容，如敬业、诚信、互助等，但在某一特定行业和具体的岗位上，必须有与该行业、该岗位相适应的具体的职业道德规范。这些特定的规范只在特定的职业范围内起作用，只能对从事该行业和该岗位的从业人员具有指导和规范作用，而不能对其他行业和岗位的从业人员起作用。例如，律师的职业道德要求他们对其当事人必须努力进行辩护，而警察则要尽力去搜寻犯罪嫌疑人的犯罪证据。可见，职业道德的适用范围不是普遍的，而是特定的、有限的。

（3）表现形式的多样性

职业领域的多样性决定了职业道德表现形式的多样性。随着社会经济的高速发展，社会分工将越来越细，越来越专，职业道德的内容也必然千差万别；各行各业为适应本行业的行业公约、规章制度、员工守则、岗位职责等要求，都会将职业道德的基本要求规范化、具体化，使职业道德的具体规范和要求呈现出多样性。

（4）一定的强制性

职业道德除了通过社会舆论和从业人员的内心信念来对其职业行为进行调节外，它与职业责任和职业纪律也紧密相连。职业纪律属于职业道德的范畴，当从业人员违反了具有一定法律效力的职业章程、职业合同、职业责任、操作规程，给企业和社会带来损失和危害时，职业道德就将用其具体的评价标准，对违规者进行处罚，轻则受到经济和纪律处罚，重则移交司法机关，由法律来进行制裁。这就是职业道德强制性的表现。但在这里需要注意的是，职业道德本身并不存在强制性，而是其总体要求与职业纪律、行业法规具有重叠内容，一旦从业人员违背了这些纪律和法规，除了受到职业道德的谴责外，还要受到纪律和法律的处罚。

（5）相对稳定性

职业一般处于相对稳定的状态，决定了反映职业要求的职业道德必然处于相对稳定的状态。如商业行业“童叟无欺”的职业道德、医务行业“救死扶伤、治病救人”的职业道德等，千百年来为从事相关行业的人们所传承和遵守。

（6）利益相关性

职业道德与物质利益具有一定的关联性。利益是道德的基础，各种职业道德规范及表现状况关系到从业人员的利益。对于爱岗敬业的员工，企业不仅应该会给予精神方面的鼓励，也应该给予物质方面的褒奖；相反，违背职业道德、漠视工作的员工则会受到批评，严重者还会受到纪律的处罚。一般情况下，当企业将职业道德规范，如爱岗敬业、诚实守信、团结互助、勤劳节俭等纳入企业管理时，都要将它与自身的行业特点、要求紧密结合在一起，变成更加具体、明确、严格的岗位责任或岗位要求，并制定出相应的奖励和处罚措施，与从业人员的物质利益挂钩，强调责、权、利的有机统一，便于监督、检查、评估，以促进从业人员更好地履行自己的职业责任和义务。

第 2 节　职业守则

《中华人民共和国公民道德建设实施纲要》中明确指出："要大力倡导以爱岗敬业、诚实守信、办事公道、服务群众、奉献社会为主要内容的职业道德，鼓励人们在工作中做一个好建设者。"因此，我国现阶段各行各业普遍适用的职业道德的基本内容，即"爱岗敬业、诚实守信、办事公道、服务群众、奉献社会"。

一、爱岗敬业

通俗地说就是"干一行爱一行"，它是人类社会所有职业道德的一条核心规范。它要求从业者既要热爱自己所从事的职业，又要以恭敬的态度对待自己的工作岗位，爱岗敬业是职责，也是成才的内在要求。

所谓爱岗，就是热爱自己的本职工作，并为做好本职工作尽心竭力。爱岗是对人们工作态度的一种普遍要求，即要求职业工作者以正确的态度对待各种职业劳动，努力培养热爱自己所从事工作的幸福感、荣誉感。

所谓敬业，就是用一种恭敬严肃的态度来对待自己的职业。任何时候用人单位只会倾向于选择那些既有真才实学又踏踏实实工作、持良好态度工作的人。这就要求从业者只有养成干一行、爱一行、钻一行的职业精神，专心致志搞好工作，才能实现敬业的深层次含义，并在平凡的岗位上创造出奇迹。一个人如果看不起本职岗位，心浮气躁，好高骛远，不仅违背了职业道德规范，而且会失去自身发展的机遇。虽然社会职业在外部表现上存在差异性，但只要从业者热爱自己的本职工作，并能在自己的工作岗位上兢兢业业工作，终会有机会创出一流业绩。

爱岗敬业是职业道德的基础，是社会主义职业道德所倡导的首要规范。爱岗就是热爱自己的本职工作，忠于职守，对本职工作尽心尽力；敬业是爱岗的升华，就是以恭敬严肃的态度对待自己的职业，对本职工作一丝不苟。爱岗敬业，就是对自己的工作要专心、认真、负责任，为实现职业上的目标而努力。

二、诚实守信

诚实就是实事求是地待人做事，不弄虚作假。在职业行为中最基本的体现就是诚实劳动。每一名从业者，只有为社会多工作、多创造物质或精神财富，并付出卓有成效的劳动，社会所给予的回报才会越多，即“多劳多得”。

守信，要求讲求信誉、重信誉、信守诺言。要求每名从业者在工作中严格遵守国家的法律、法规和本职工作的条例、纪律；要求做到秉公办事，坚持原则，不以权谋私；要求做到实事求是、信守诺言，对工作精益求精，注重产品质量和服务质量，并同弄虚作假、坑害人民的行为进行坚决的斗争。

三、办事公道

所谓办事公道是指从业人员在办事情、处理问题时，要站在公正的立场上，按照同一标准和同一原则办事的职业道德规范，即处理各种职业事务要公道正派、不偏不倚、客观公正、公平公开。对不同的服务对象一视同仁、秉公办事，不因职位高低、贫富亲疏的差别而区别对待。

如一个服务员接待顾客不以貌取人，无论对于那些衣着华贵的大老板还是对那些衣着平平的乡下人，对不同国籍、不同肤色、不同民族的宾客能一视同仁，同样热情服务，这就是办事公道。无论是对于那些一次购买上万元商品的大主顾，还是对于一次只买几元钱小商品的人，同样周到接待，这就是办事公道。

四、服务群众

群众是指听取群众意见，了解群众需要，为群众着想，端正服务态度，改进服务措施，提高服务质量。做好本职工作是服务人民最直接的体现。要有效地履职尽责，必须坚持工作的高标准。工作的高标准是企业建设的客观需要，是强烈的事业心、责任感的具体体现，也是履行岗位责任的必然要求。

五、奉献社会

奉献社会是社会主义职业道德的最高境界和最终目的。奉献社会是职业道德的出发点和归宿。奉献社会就是要履行对社会、对他人的义务，自觉地、努力地为社会、为他人做出贡献。当社会利益与局部利益、个人利益发生冲突时，要求每一个从业人员把社会利益放在首位。

奉献社会是一种对事业忘我的全身心投入，这不仅需要有明确的信念，更需要有崇高的行动。当一个人任劳任怨，不计较个人得失，甚至不惜献出自己的生命从事于某种事业时，他关注的其实是这一事业对人类、对社会的意义。

第2章 机械识图

第1节 投影基础

一、投影法

按照物体与影子之间的对应关系规律，创造出一种在平面上表达空间物体的方法，叫作投影法。正三棱锥的投影如图2—1所示。

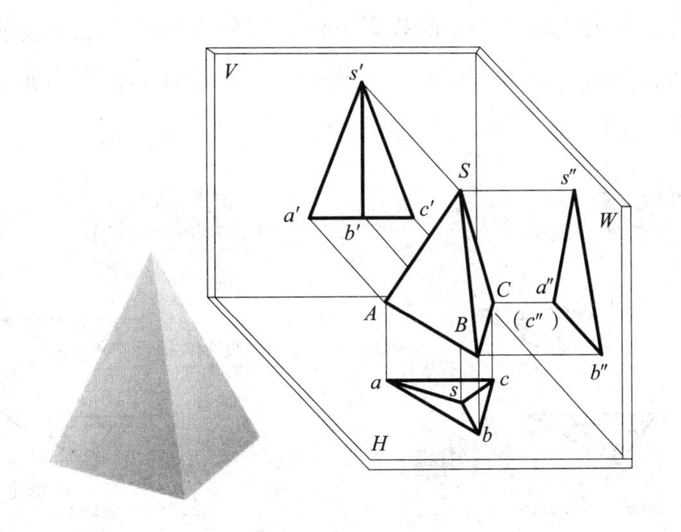

图2—1 正三棱锥的投影

1. 中心投影

中心投影：投射线汇交于一点（投影中心）的投影方法，如图2—2所示。

一个点光源把一个图形照射到一个平面上，这个图形的影子就是它在这个平面上的中心投影，平面为投影面，各射线为投射线。空间图形经过中心投影后，直线还是直线，但平行线可能变成了相交的直线。中心投影后的图形与原图形相比虽然有所改变，但直观性强，看起来与人的视觉效果一致，最像原来的物体，所以在绘画时经常使用这种方法，但在立体几何中很少用中心投影原理来画图。

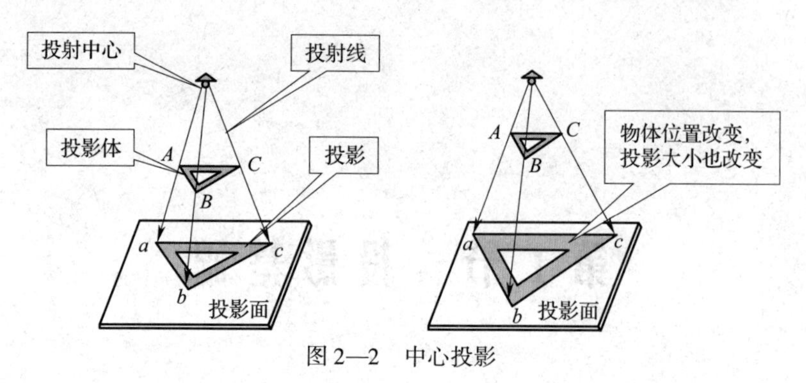

图2—2　中心投影

中心投影的投影特点：

（1）中心投影法得到的投影一般不反映形体的真实大小。

（2）度量性较差，作图复杂。

2. 平行投影法

平行投影：投射线相互平行的投影方法。可分为斜投影法（投射线与投影面相倾斜的平行投影法，见图2—3a）、正投影法（投射线与投影面相垂直的平行投影法，见图2—3b）。

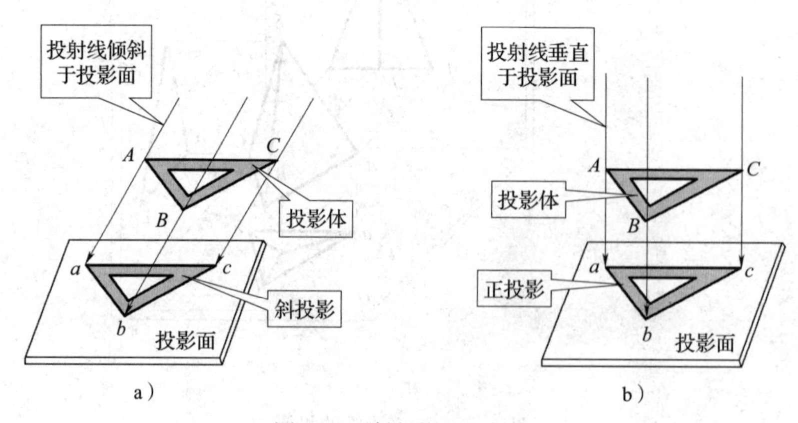

图2—3　斜投影和正投影

a）斜投影　b）正投影

斜投影法：投射线倾斜于投影面。

正投影法：投射线垂直于投影面。

（1）平行投影法特点

1）投影大小与物体和投影面之间的距离无关。

2）度量性较好。

注：工程图样大多数采用正投影法（简单，角度唯一）。

（2）平行投影法性质

平行投影法具有真实性、定比性、平行性、从属性、同素性、类似性、积聚性。

1）真实性。当元素平行于投影面时，其投影反映元素的真实性，线段反映实长，平面反映实形。

2）定比性。一条直线上任意三个点间的长度比不变$\overline{AC}/\overline{BC}=\overline{ac}/\overline{bc}$；两平行直线投影的长度比也不变 $AB//CD$，$ab//cd$，$\overline{AB}/\overline{CD}=\overline{ab}/\overline{cd}$。

3）平行性。两平行直线的投影一般仍平行（投影重合为其特例）。

4）从属性。若点在直线上，则该点的投影一定在该直线的投影上。

5）同素性。点的投影是点，直线的投影一般仍是直线。

6）类似性（相仿性）。一般情况下，平面形的投影都要发生变形，但投影形状总与原形相仿，即平面投影后，与原形的对应线段保持定比性，表现为投影形状与原形的边数相同、平行性相同、凸凹性相同及边的直线或曲线性质不变（除特殊位置外）。

7）积聚性。当直线平行于投影方向时，直线的投影为点；当平面平行于投影方向时，其投影为直线。

二、三视图的形成

一般只用一个方向的投影来表达形体是不确定的，通常须将形体向几个方向投影，才能完整清晰地表达出形体的形状和结构，如图 2—4 所示。

1. 三面投影体系

选用三个互相垂直的投影面，建立三面投影体系，如图 2—5 所示。在三面投影体系中，三个投影面分别用 V（正面）、H（水平面）、W（侧面）表示。三个投影面的交线 OX、OY、OZ 称为投影轴，三个投影轴的交点称为原点。

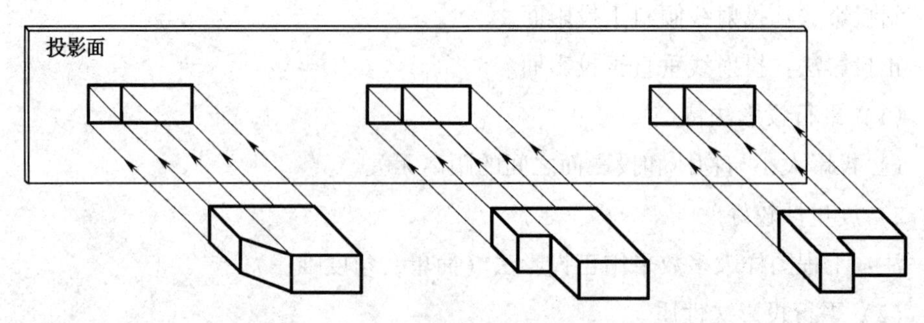

图 2—4　一个投影不能确定空间物体的情况

2. 三视图的形成

如图 2—6a 所示，将 L 形块放在三投影面中间，分别向正面、水平面、侧面投影。在正面的投影叫主视图，在水平面上的投影叫俯视图，在侧面上的投影叫左视图。

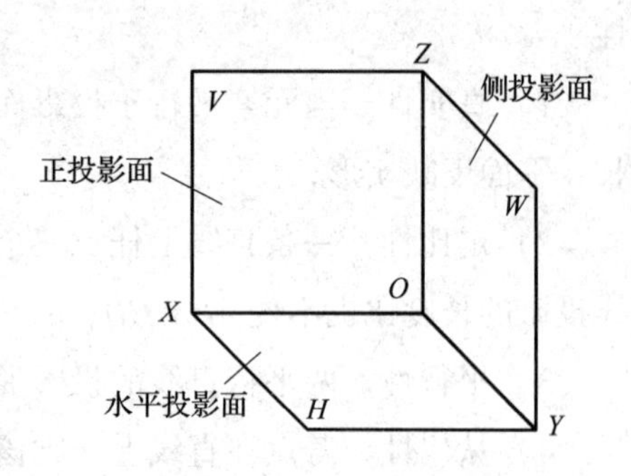

图 2—5　三面投影体系

为了把三视图画在同一平面上，如图 2—6b 所示，规定正面不动，水平面绕 *OX* 轴向下转动 90°，侧面绕 *OZ* 轴向右转 90°，使

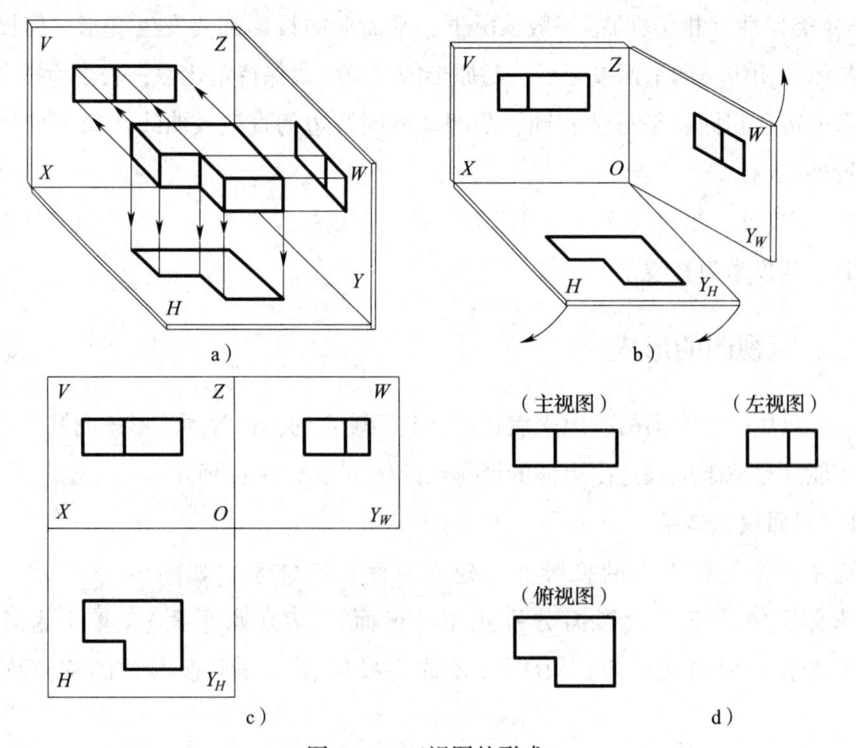

图 2—6　三视图的形成

三个互相垂直的投影面展开在一个平面上（见图 2—6c）。为了画图方便，把投影面的边框去掉，得到如图 2—6d 所示的三视图。

三、三视图的投影关系

如图 2—7 所示，三视图的投影关系为：

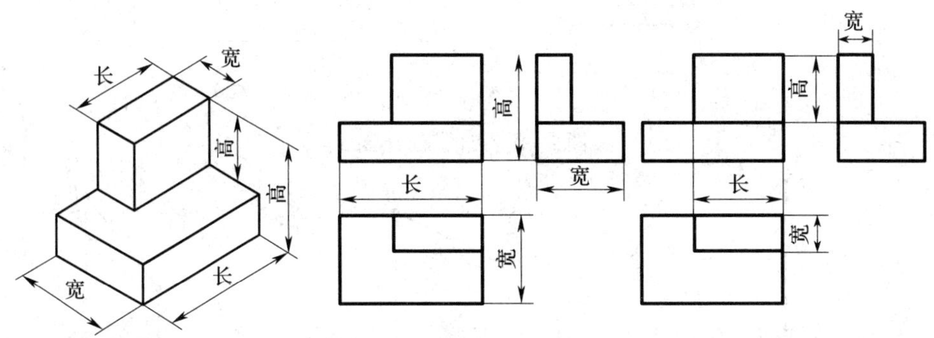

图 2—7　三视图的投影关系

V 面、*H* 面（主、俯视图）——长对正；

V 面、*W* 面（主、左视图）——高平齐；

H 面、*W* 面（俯、左视图）——宽相等。

这是三视图间的投影规律，是画图和看图的依据。

（1）机械制图主要采用正投影法，它的优点是能准确反映形体的真实形状，便于度量，能满足生产上的要求。

（2）三个视图都是表示同一形体，它们之间是有联系的，具体表现为视图之间的位置关系、尺寸之间的“三等”关系以及方位关系。

（3）三视图中，除了整体保持“三等”关系外，每一局部也保持“三等”关系，其中特别要注意的是俯视图、左视图的对应，在度量宽相等时，度量基准必须一致，度量方向必须一致。

四、点、线、面的投影

1. 点的投影

在三面投影体系中，用正投影法将空间点 *A* 向三投影面投影，如图 2—8 所示。

已知某点的两个投影，就可根据“长对正、高平齐、宽相等”的投影规律求出该点的第三个投影。

2. 直线的投影

直线与单个投影面可有三种位置关系，如图 2—9 所示。

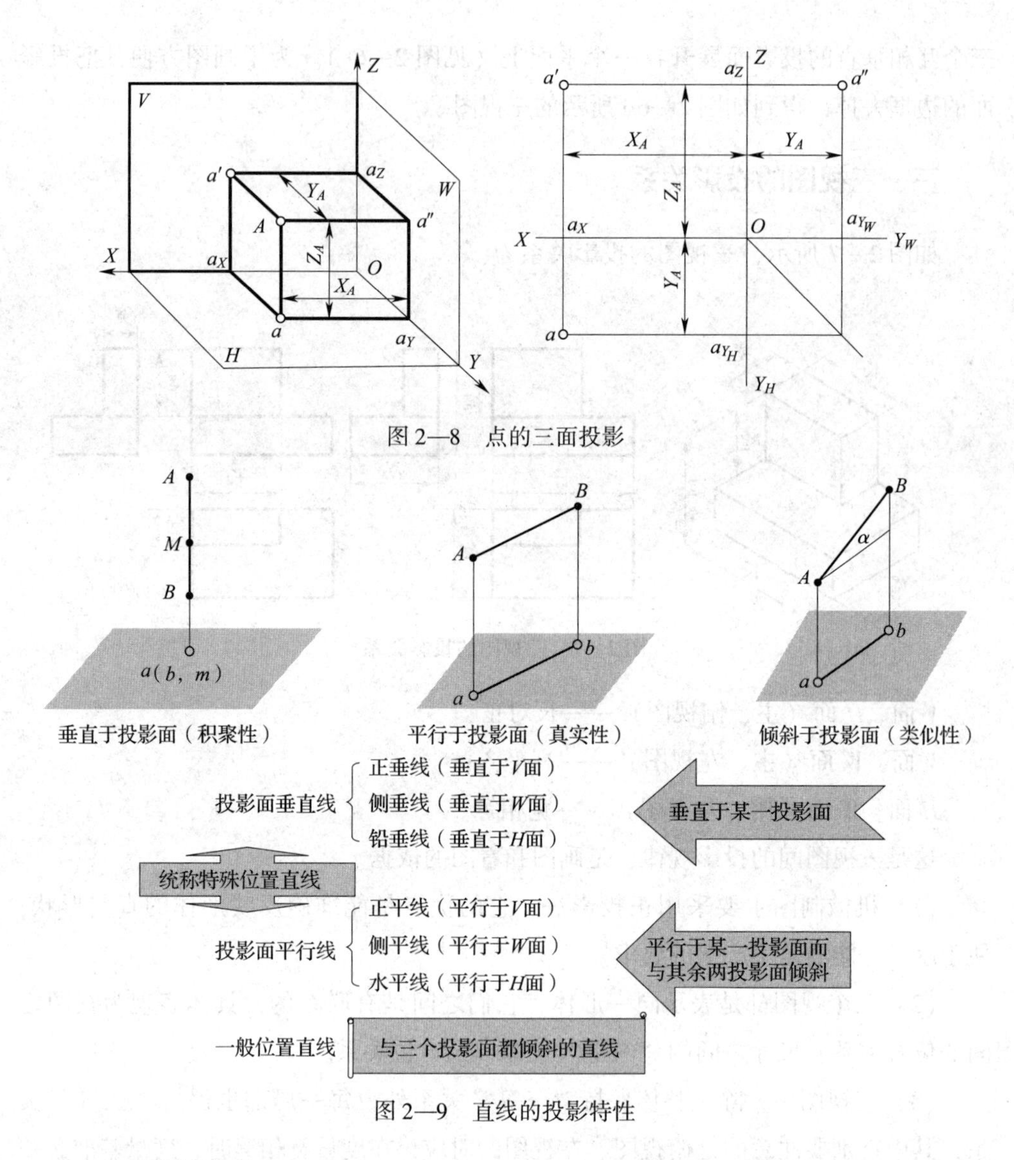

图 2—8　点的三面投影

图 2—9　直线的投影特性

直线的投影特性：

（1）投影面垂直线

在其垂直的投影面上，投影有积聚性；另外两个投影面上，投影为水平线段或垂直线段，并反映实长。

（2）投影面平行线

在其平行的那个投影面上的投影反映实长，并反映直线与另外两个投影面倾角；另外两个投影面上的投影为水平线段或垂直线段，并小于实长。

（3）投影面倾斜线

三个投影都缩短了，即都不反映空间线段的实长及其与三个投影面的夹角，且与三根投影轴都倾斜。

3. 平面的投影

平面与单个投影面可有三种位置关系，如图 2—10 所示。

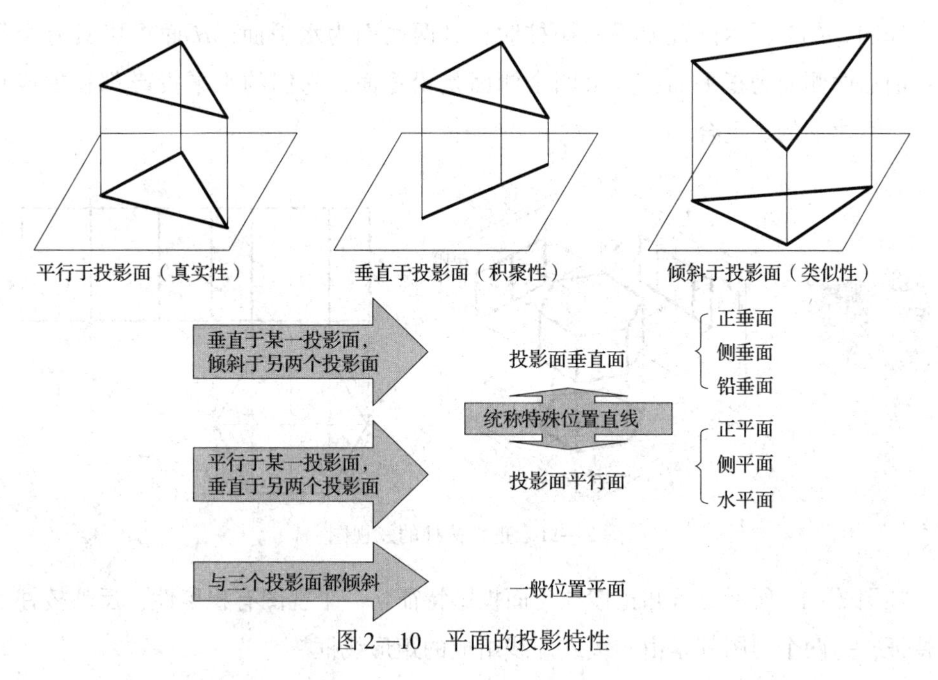

图 2—10　平面的投影特性

（1）投影面平行面

在它所平行的投影面上的投影反映实形；另外两个投影面上的投影分别积聚成与相应的投影轴平行的直线。

（2）投影面垂直面

在其垂直的投影面上，投影积聚为一条直线；另外两个投影面上，都是缩小的类似形。

（3）投影面倾斜面

三个投影都是缩小的类似形。

4. 小结

（1）点、直线和平面是构成形体的基本几何元素，研究它们的投影是为了正确表达形体和解决空间几何问题，奠定理论基础和提供有力的分析手段。

（2）要了解和掌握点、直线和平面的投影特性，尤其是特殊位置直线和平面的投影特性，这是后面学习的重要基础。

五、基本体的三视图

基本体可分为平面基本体和回转基本体。平面基本体主要有棱柱、棱锥等；回转基本体主要有圆柱、圆锥、球体等。

1. 棱柱

以正六棱柱为例，讨论其视图特点。

如图2—11所示位置放置六棱柱时，其两底面为水平面，*H*面投影具有全等性；前后两侧面为正平面，其余四个侧面是铅垂面，它们的水平投影都积聚成直线，与六边形的边重合。

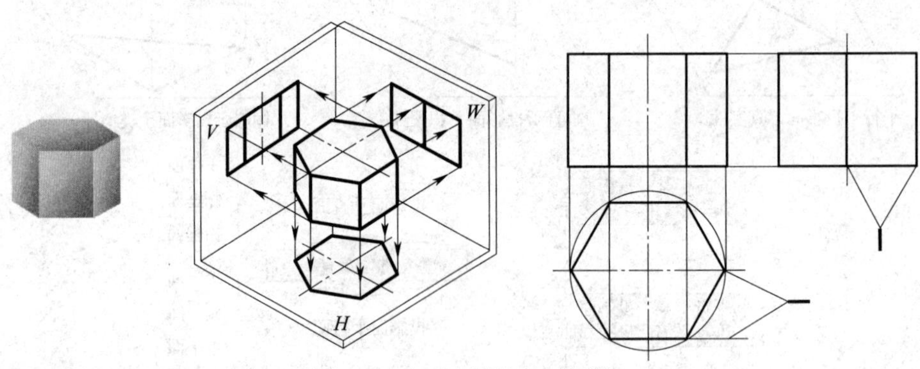

图2—11　正六棱柱的三视图

如图2—11所示，可知正棱柱三面投影特征：一个视图有积聚性，反映棱柱形状特征；另两个视图都是由实线或虚线组成的矩形线框。

2. 棱锥

以正三棱锥为例，讨论其视图特点。如图2—12所示，正三棱锥底面平行于水平面而垂直于其他两个投影面，所以俯视图为一正三角形，主、左视图均积聚为一直线段，棱面*SAC*垂直于侧面，倾斜于其他投影面，所以左视图积聚为一直线段，而主、俯视图均为类似形；棱面*SAB*和*SBC*均与三个投影面倾斜，它们的三个视图均为比原棱面小的三角形（类似形）。

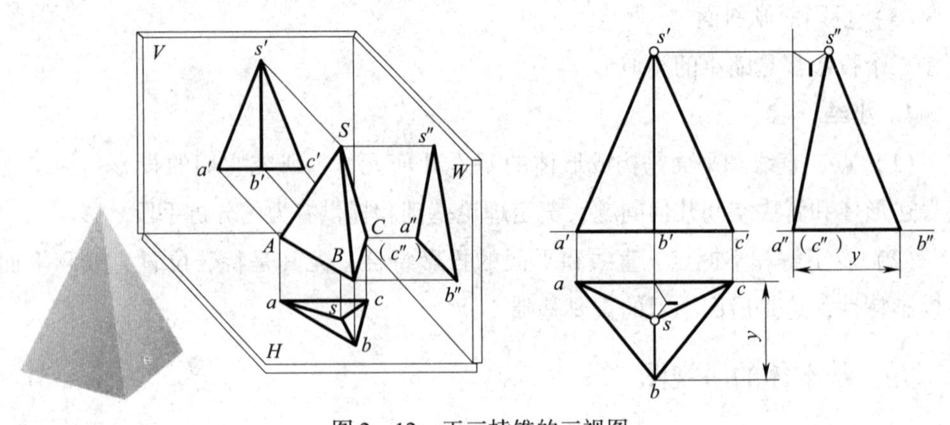

图2—12　正三棱锥的三视图

正棱锥的视图特点：一个视图为多边形，另两个视图为三角形线框。

3. 圆柱

圆柱体的三视图如图 2—13 所示。圆柱轴线垂直于水平面，则上下两圆平面平行于水平面，俯视图反映实形，主、左视图各积聚为一直线段，其长度等于圆的直径。圆柱侧面垂直于水平面，俯视图积聚为一个圆，与上、下圆平面的投影重合。圆柱侧面的另外两个视图，要画出决定投影范围的转向轮廓线（即圆柱侧面对该投影面可见与不可见的分界线）。

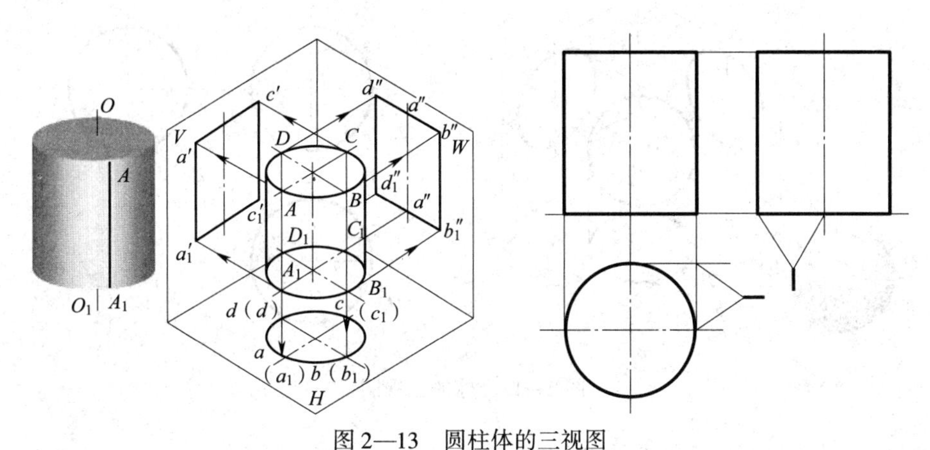

图 2—13　圆柱体的三视图

圆柱的视图特点：一个视图为圆，另两个视图为矩形线框。

4. 圆锥

圆锥体的三视图如图 2—14 所示。直立圆锥的轴线为铅垂线，底面平行于水平面，所以底面的俯视图反映实形（圆），其余两个视图均为直线段，长度等于圆的直径。圆锥侧面在俯视图上的投影重合在底面投影的圆形内，其他两个视图均为等腰三角形。

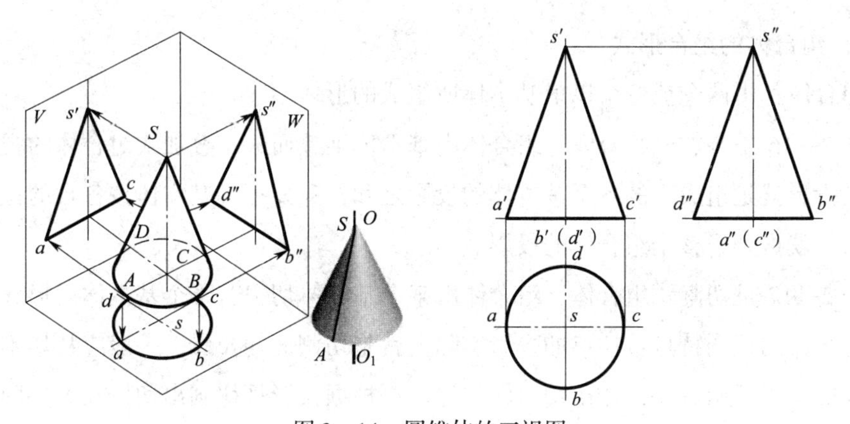

图 2—14　圆锥体的三视图

圆锥的视图特点：一个视图为圆，另两个视图为三角形线框。

5. 球

如图2—15所示，圆球的三个视图均为圆，圆的直径等于球的直径。球的主视图表示前、后半球的转向轮廓线（即A圆的投影），俯视图表示上、下半球的转向轮廓线（即B圆的投影），左视图即为左、右半球的转向轮廓线（即C圆的投影）。

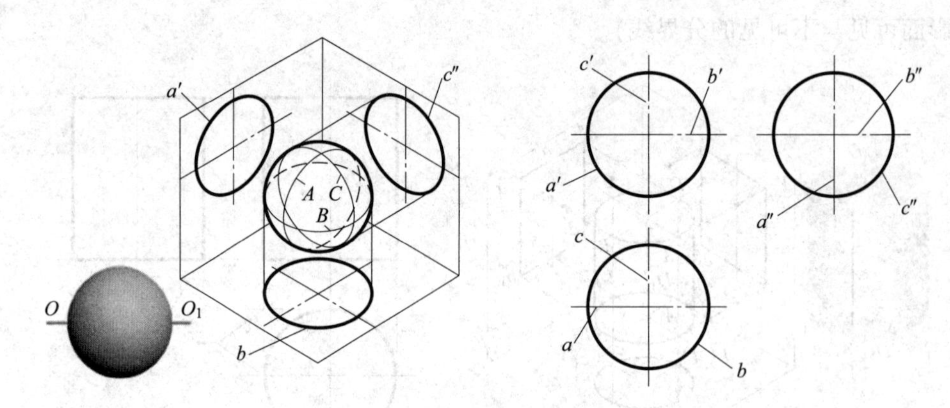

图2—15　球的三视图

球的视图特点：三个视图均为圆。

小结：

（1）对于基本平面体，画出所有棱线（或表面）的投影，并根据它们的可见与否，分别采用粗实线或虚线表示。

（2）对于回转基本体，要进行轮廓素线的投影与曲面的可见性的判断。

六、组合体的三视图

1. 组合体的组合形式

组合体：由两个或两个以上基本体所组成的形体。

图2—16是叠加式组合体，组合体由基本体堆叠而成。叠加式组合体的视图特点：其投影就是组成它的各个基本体的投影之和，只要把各基本体按各自的位置逐个画出，就得到了整个组合体的投影。

图2—17是切割式组合体，组合体由某个基本体切去若干个基本体后形成。切割式组合体的视图特点：切口的投影实际上就是切割面的投影，一般应从切割面有积聚性的投影开始着手，作出切口的位置，再根据投影规律画出切口在另外两个视图上的投影。

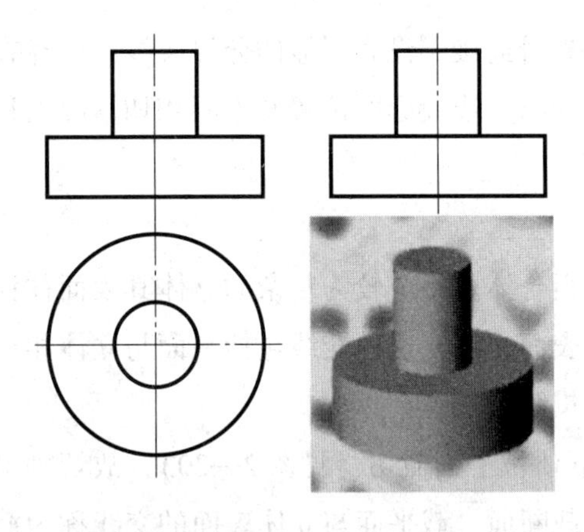

图 2—16　叠加式组合体及其视图

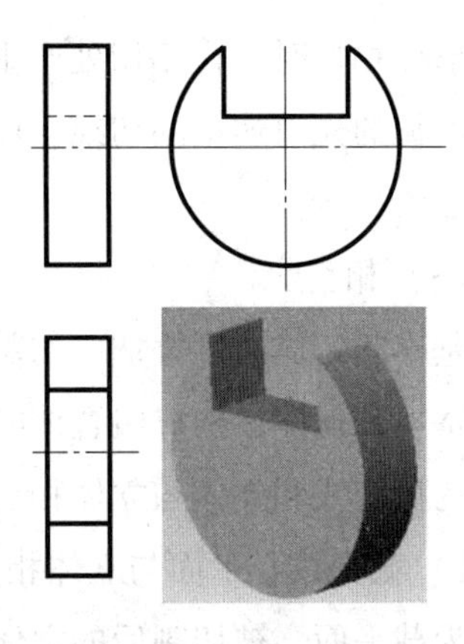

图 2—17　切割式组合体及其视图

2. 组合体表面的连接关系

（1）不平齐和平齐（见图 2—18）

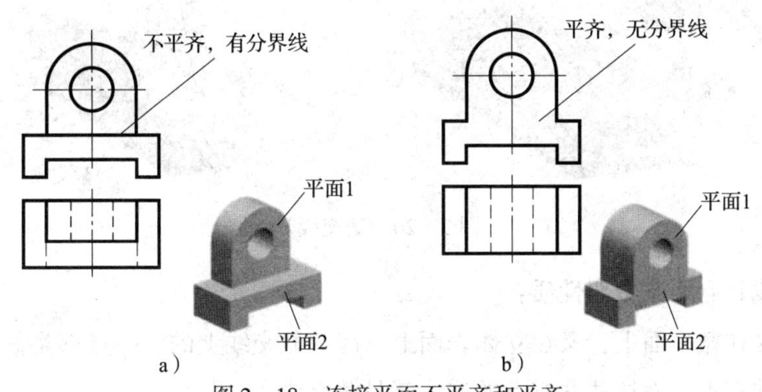

图 2—18　连接平面不平齐和平齐

a）不平齐，有分界线　b）平齐，无分界线

（2）相切

相切是基本体叠加和切割时表面连接关系的特殊情况，如图 2—19 所示。

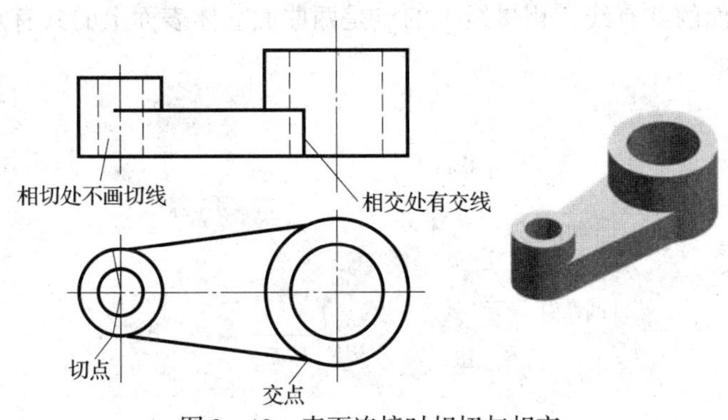

图 2—19　表面连接时相切与相交

形体相切时，在相切处产生面与面的光滑连接，没有明显的分界棱线，但存在着看不见的光滑连接的切线，读图时注意找出切线投影的位置及不同相切情况的投影特点。

（3）相交

基本几何体通过叠加、切割方式形成组合体。一个较为复杂的立体其表面往往存在基本几何体在构成组合体时所形成的表面交线，这种交线包括平面与立体相交形成的截交线和立体与立体相交形成的相贯线。

1）截交线。平面与立体相交可看成立体被平面截切（见图2—20），故切割平面称为截平面，被切割后的立体表面称为截断面，截平面与立体表面的交线称为截交线。

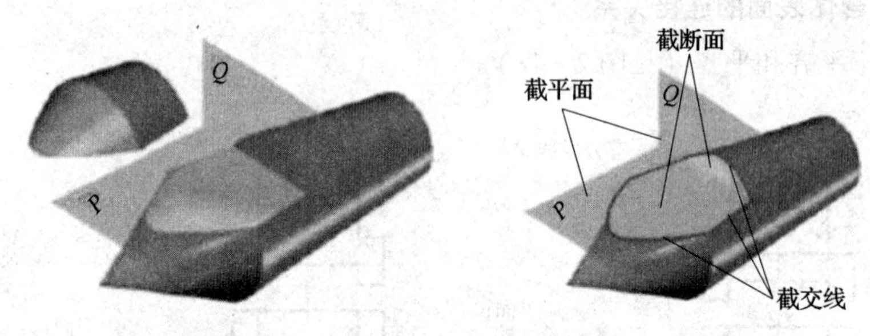

图2—20　截交线

截交线具有两条重要性质：

①它既在截平面上，又在立体表面上，因此截交线上的每一点都是截平面与立体表面的共有点，而这些共有点的连线就是截交线。

②由于立体表面占有一定的空间范围，所以截交线一般是封闭的平面图形。

2）相贯线。相交的两基本体叫作相贯体，其表面产生的交线叫作相贯线，如图2—21所示。通常相贯线为空间曲线，特殊情况下为平面曲线或直线。相贯线是相交两立体表面的共有线，相贯线上的点是两曲面立体表面上的共有点。

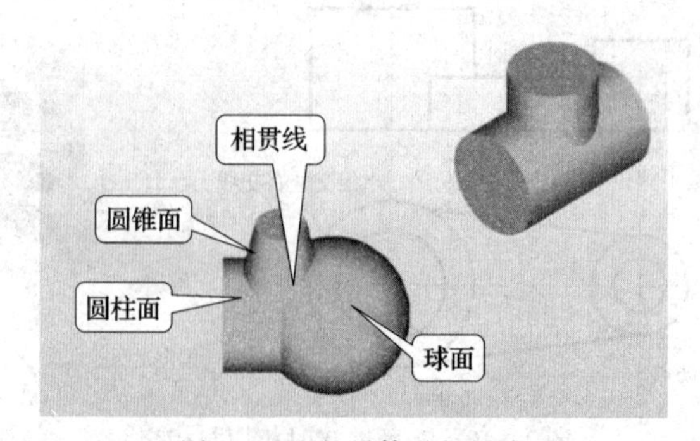

图2—21　相贯体及相贯线

七、组合体三视图的绘制

1. 形体分析

组合体的形体分析是指把组合体分解为若干个基本体，弄清各部分的形状、相对位置、组合方式及表面连接关系。

如图 2—22 所示，轴承座可分为底板、圆筒和加强肋三大部分。圆筒叠加在底板的右上方，加强肋与底板及圆筒相交，底板上切去三个圆孔（一大孔和两小孔，大孔直径与圆筒内径相同），圆筒前部横切一小圆孔。

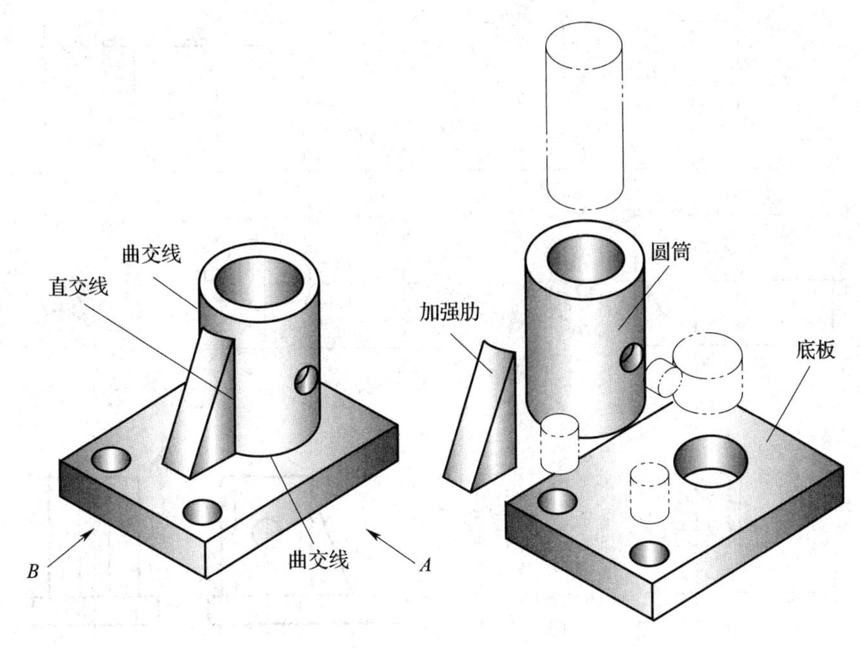

图 2—22　轴承座

2. 视图画法

选择图 2—22 所示的轴承座为例。

（1）选择主视图

主视图是最主要的视图，一般选取组合体最能反映各部分形状特征和自然位置的一面画主视图。图 2—22 中 *A* 向作为主视图的方向，它能反映轴承座三大部分的相对位置及形状，若选 *B* 向作主视图方向，则加强肋的位置和形状不能反映，圆筒上的小孔形状也看不见。两者相比较，采用 *A* 向作主视图投影方向较好。

（2）画图步骤（见图 2—23）

1）布置视图，画出视图的定位线（见图 2—23a 的轴线及主、左视图中的底线）。

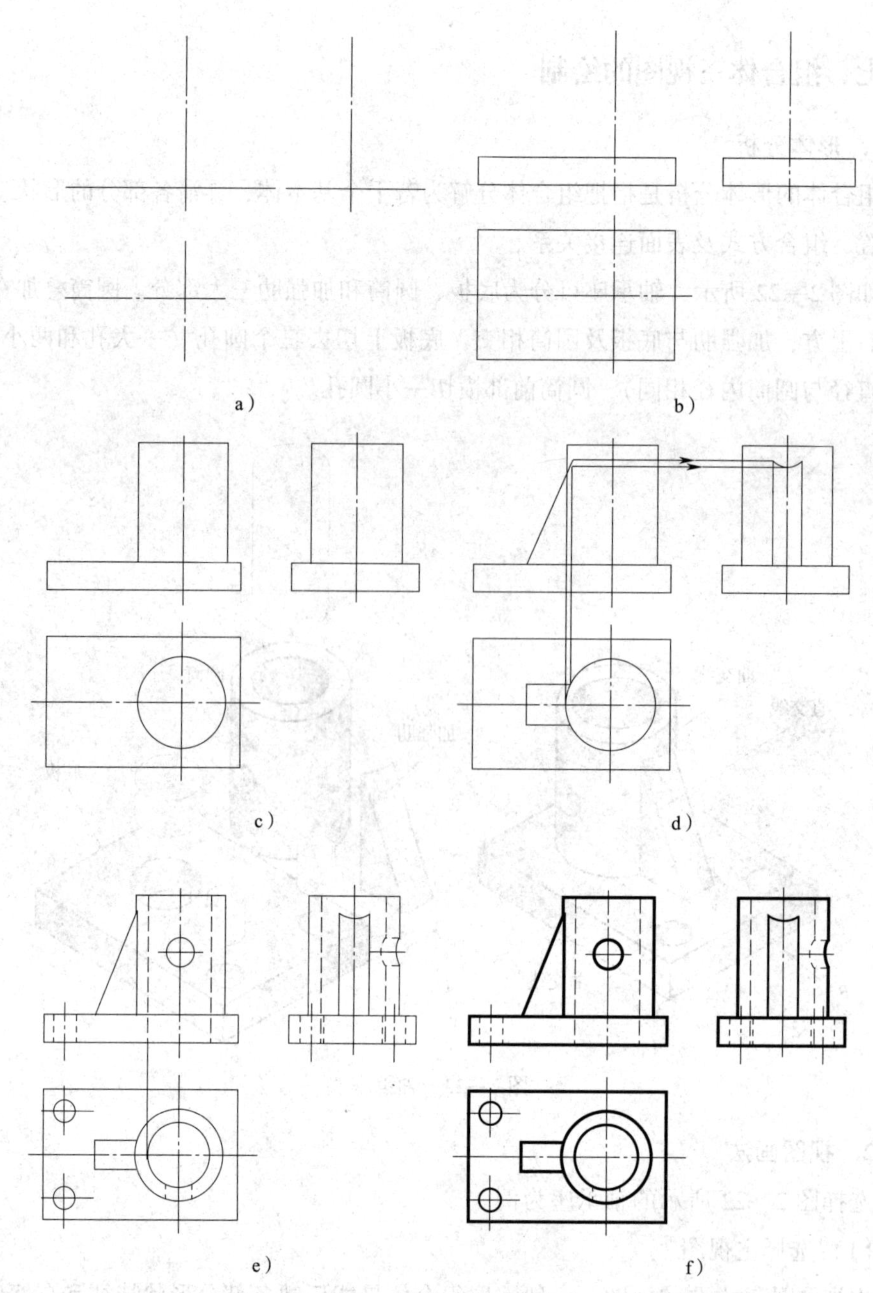

图2—23　轴承座的画图步骤

2）画底板的轮廓（见图2—23b）。

3）画圆筒的外部轮廓（见图2—23c）。

4）画加强肋的轮廓（见图2—23d）。

5）画出各部分细部结构（见图2—23e）。

6）检查、描深图线（见图2—23f）。

八、组合体读图方法

1. 读图时需要注意的问题

（1）要把几个视图联系起来进行分析

读图时，一般无法根据立体的一个视图或两个视图确定其空间形状，因此必须将有关视图联系起来分析，如图 2—24 所示，已知主视图和俯视图，还要联系左视图才可确定空间形状。

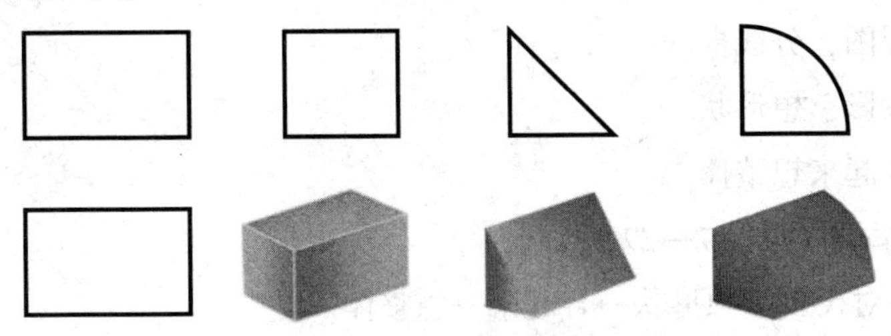

图 2—24　两个视图相同的空间形状主要取决于第三视图

（2）注意抓特征视图

形状特征视图：最能反映物体形状特征的那个视图，如图 2—25 所示。

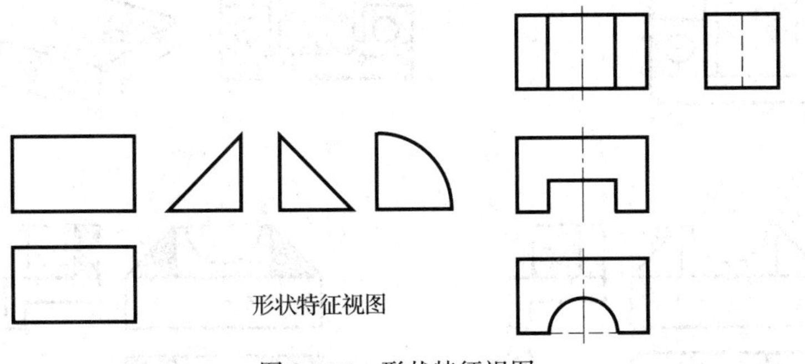

图 2—25　形状特征视图

位置特征视图：最能反映物体位置特征的那个视图，如图 2—26 所示。

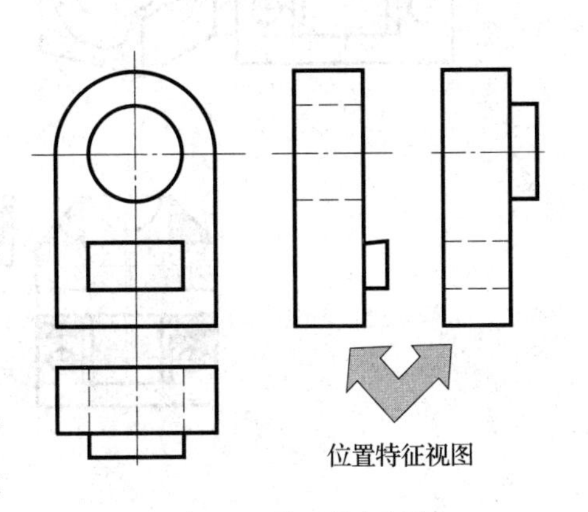

图 2—26　位置特征视图

2. 读图的基本方法

根据视图间的投影关系，进行形体分析、面形分析和图线分析，称为投影分析。

（1）形体分析

根据视图的图形特点、形体的投影特征，把组合体分解成若干部分，并分析其组合形式。

（2）面形分析

分析视图中每个线框的含义。每个封闭线框一般表示物体一个面的投影；相邻两个封闭线框则表示物体不同位置面的投影。

（3）图线分析

视图中每条图线（虚线或实线），可表示以下含义：垂直面（平面、曲面）的投影、面与面交线的投影、曲面转向线的投影。

3. 一般读图步骤

（1）看视图，分线框。

（2）对投影，想形状。

（3）综合起来想整体。

4. 读图举例（见图 2—27）

分部分→对投影→想形状→合起来→想整体。

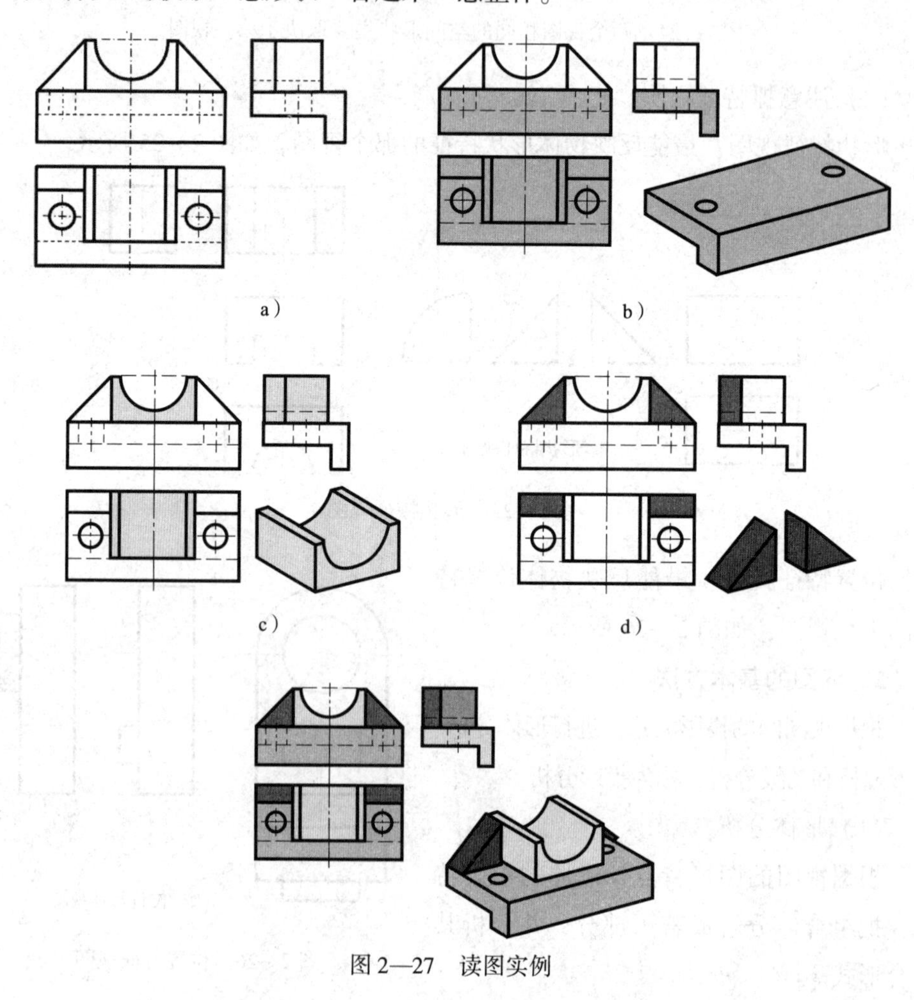

图 2—27 读图实例

小结：

(1) 形体分析法是组合体读图的基本方法，必须了解、掌握并能应用。

(2) 组合体组成部分之间的表面连接关系是正确读出组合体视图的关键。

第 2 节　零　件　图

一、零件图的内容

如图 2—28 所示，零件图一般包括下列内容：

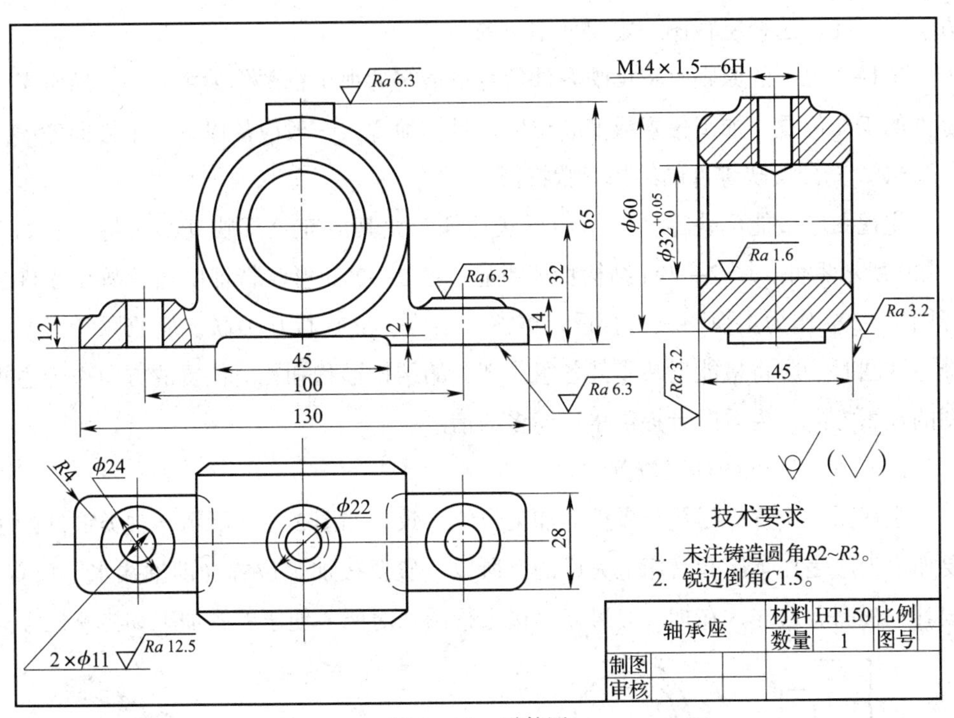

图 2—28　零件图

1. 一组图形

正确、完整、清晰地表达出零件各部分的内、外结构形状。

2. 全部尺寸

用以确定零件各部分结构形状的大小和相对位置。

3. 技术要求

应采用规定的代号、符号、数字和字母等标注在图上。需用文字说明的，可在图样右下方空白处注写。

4. 标题栏

填写零件名称、材料、数量、比例、编号、制图和审核者的姓名、日期等内容。

二、零件图的视图选择

图形是零件图的主体内容，选择视图是绘制零件图的首要任务。

选择视图的原则是根据零件的结构特点，选用适当的表示方法，在完整、清晰地表示零件形状的前提下，力求看图方便、制图简便。

1. 主视图的选择

主视图是一组图形的核心，是表达零件结构形状的主要视图。主视图选择得恰当与否，将直接影响其他视图的数量和表示方法的选择，并关系到看图、画图是否方便。因此，选择主视图一定要仔细斟酌。

选择主视图的原则是将反映零件信息量最多的那个视图作为主视图，通常考虑零件的工作位置、加工位置或安装位置。具体地说，一般应从以下三个方面考虑。

（1）充分反映零件的结构形状特征

主视图应最能反映零件的结构形状特征，尤其应充分反映其结构特征。如图 2—29 所示零件，图 2—29a 结构特征明显，图 2—29b 形状特征明显，故该零件选择图 2—29a 作为主视图较为合适。当然，结构、形状相互关联，应兼顾考虑。选择主视图时，应将最能反映零件各组成部分的结构形状和相对位置的方向作为主视图的投影方向，为看图者提供尽可能多的信息。

（2）考虑零件的加工位置

主视图的位置应尽量与零件的加工位置一致。如图 2—30 所示，轴类零件的主要加工工序是在车床和磨床上完成的，所以一般要按加工位置（即轴线水平放置）画其主视图。这样，在加工时可以直接进行图物对照，便于看图加工和检测尺寸。

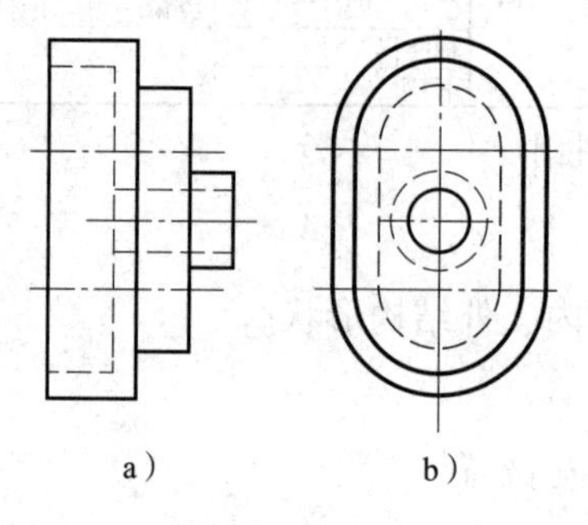

图 2—29　零件结构、形状特征的比较

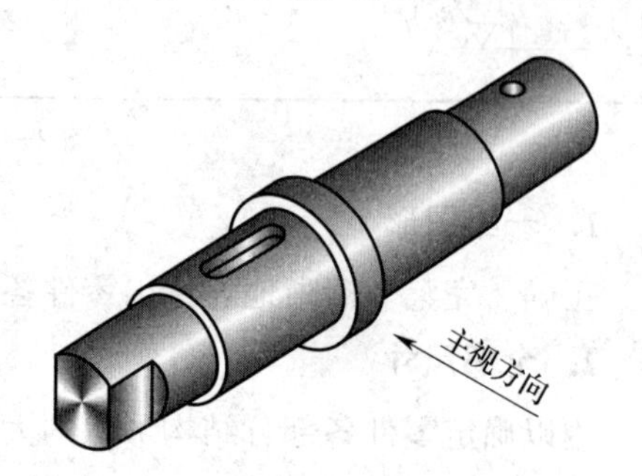

图 2—30　按加工位置选择主视图

（3）考虑零件的工作位置或安装位置

主视图的位置应尽量与零件在机器上的工作位置或安装位置一致，易于将零件图与机器或部件联系起来，想象它的工作情况。如图 2—31 所示，吊车上的吊钩和汽车上的前拖钩虽然结构相似，但由于它们的工作位置和安装位置不同，所以根据它们的工作位置、安装位置和形状特征选定的主视图也就不一样。

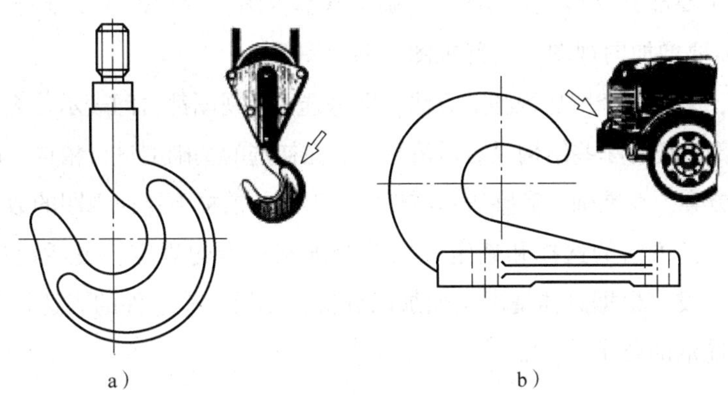

图 2—31　吊钩与前拖钩主视图的选择

a）吊钩　b）前拖钩

运用上述三点原则选择主视图时，应综合考虑，灵活应用。

2. 其他视图数量和表示方法的选择

一般情况下，仅一个主视图难以完整、清晰地表示零件的结构形状，还需要选择其他视图以补充表示零件的形状。

图 2—32a 所示零件为支架，其视图数量、各视图表示方法的选择如图 2—32b 所示。

选择其他视图时，应按下述原则选取。

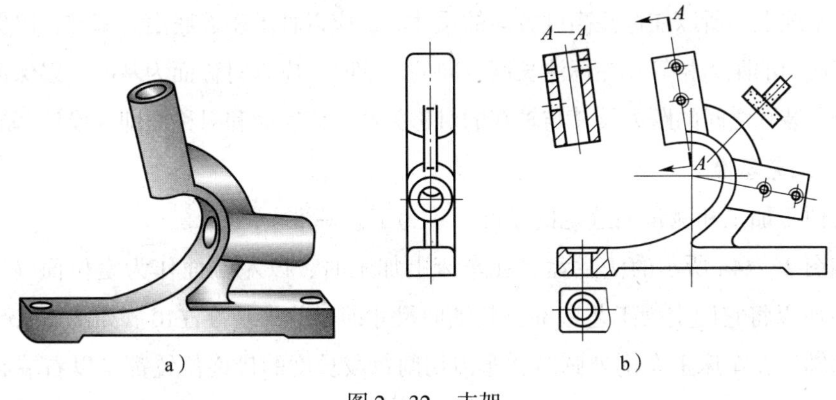

图 2—32　支架

（1）视图的数量

所选的每个视图都必须具有独立存在的意义及明确的表示重点，并应相互配合、彼此互补。既要防止视图数量过多、表达松散，又要避免将表示方法过多集中在一个视图上。

（2）选图的步骤

先考虑主要部分（较大的结构），确定基本视图，后考虑次要部分（较小的结构），根据需要增加向视图、局部视图、斜视图等。

初选时，采用逐个增加视图的方法，即每选一个视图都自问表示什么、是否需要剖视、怎样剖、还有哪些结构没表示清楚等。在初选的基础上进行精选，以确定一组合适的表示方案，在准确、完整表示零件结构形状的前提下，使视图的数量最少。

总之，表达方法的选择和确定必须符合国家标准的规定，灵活地运用上述原则。从实际出发，根据具体情况全面加以分析、比较，使零件的表达符合正确、完整、清晰又简洁的要求。

三、零件图的尺寸标注

正确、完整、清晰、合理地对零件图进行尺寸标注，不但科学地反映了零件的原本形状，便于读零件图，更重要的是能提高零件加工的工艺性并有效地改进零件的加工精度。

零件有长、宽、高三个方向的尺寸，每个方向至少要有一个尺寸基准，常用的为面基准和线基准。根据尺寸基准作用的不同，又分为设计基准和工艺基准。

1. 设计基准

根据零件的结构和设计要求所选定的基准，称为设计基准。

如图 2—33 所示为轴承座，因为一根轴通常要有两个轴承座支承，两者的轴孔应在同一轴线上。所以在标注高度方向的尺寸时，应以轴承座的底面为基准，以保证两轴孔到底面的距离相等；在标注长度方向的尺寸时，应以对称面为基准，以保证底面上两个安装孔之间的距离及其与轴孔的对称关系。该底面和对称面即为设计基准。

2. 工艺基准

为便于加工和测量而选定的基准，称为工艺基准。

如图 2—34a 所示的法兰盘，在车床上加工时，以左端面作为定位面（图 2—34b），所以将它确定为工艺基准，其轴向尺寸即以此为基准注出。如图 2—35 所示的阶梯轴，在车床上车削外圆时，车刀切削每段长度的最终位置都是以右端面为起点来测定的，所以将它确定为工艺基准，其轴向尺寸即以此为基准注出。

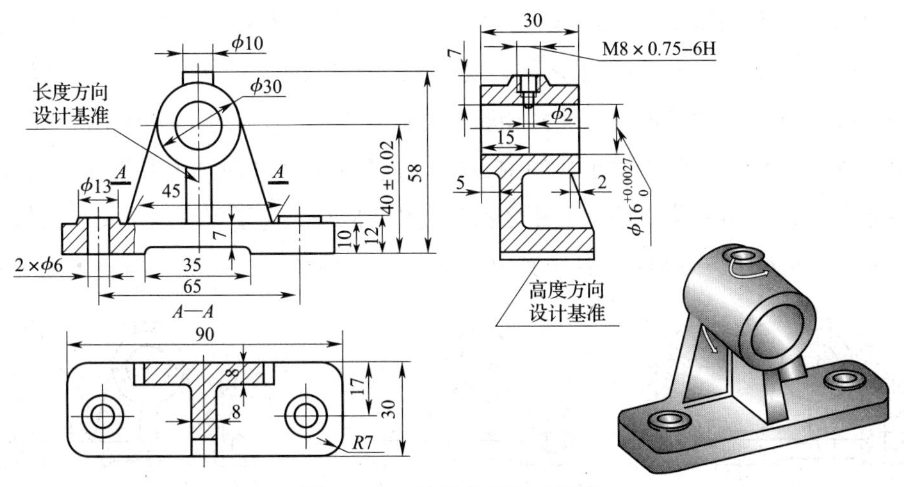

图 2—33　轴承座的尺寸标注

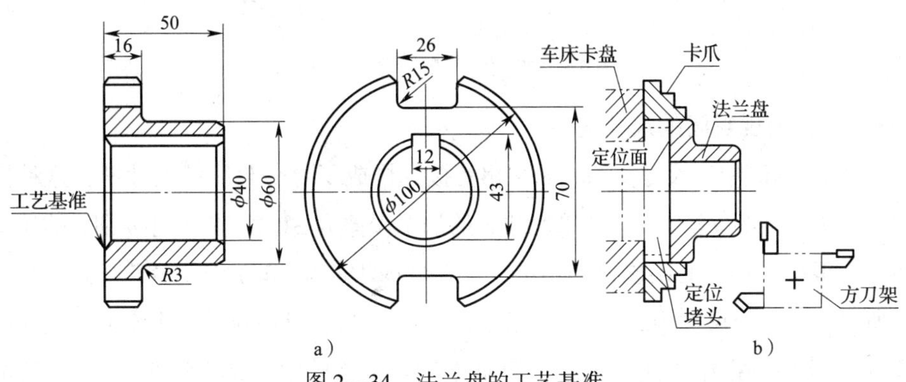

图 2—34　法兰盘的工艺基准

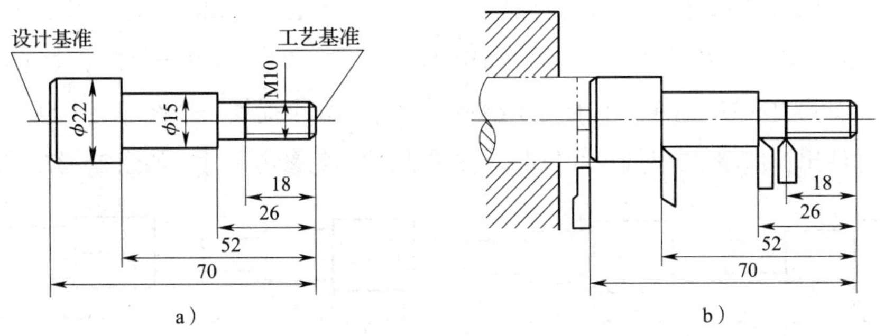

图 2—35　阶梯轴的设计基准与工艺基准

有些零件，工艺基准与设计基准重合。例如，图 2—33 中轴承座的底面既是设计基准，又是工艺基准。

此外，根据尺寸基准的重要性不同，还可将基准分为主要基准和辅助基准。所谓辅助基准，是指除了在长、宽、高三个方向各自确定的一个主要基准（设计基准）之外，为了方便测量和标注一般尺寸而选定的基准。例如，图 2—33 中凸台的端面就是一个高度方向上的辅助基准，以它为基准来测量螺孔深度比较方便。但需注意两点：第一，辅助基准与主要基准之间必须有直接的尺寸联系，如图2—33中的辅助基准是靠尺寸58与主要基准（底面）相联系的；第二，主要尺寸必须从基准出发直接注出。例如，图2—36a中轴承孔的中心高，应从基准（底面）出发直接注出尺寸，而不能像图2—36b那样以两个尺寸之和来代替。同理，为了保证两个安装孔与机座上的两个螺孔对中，必须直接注出其中心距 l，而不应如图2—36b那样注出两个 e。

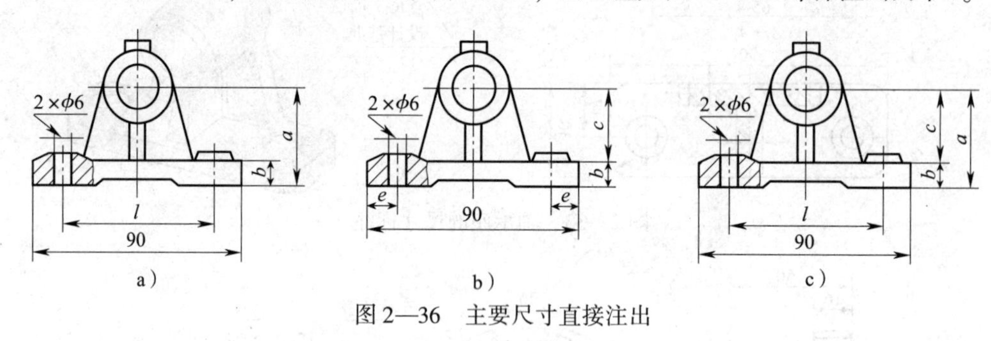

图2—36　主要尺寸直接注出

3. 避免出现封闭的尺寸链

在图2—36c中，尺寸 a、b、c 互相衔接，构成了一个封闭的尺寸链，这种情形应尽量避免。因为 $a=b+c$，如果尺寸 a 的加工误差为 ±0.2，则尺寸 b 和 c 的误差就只能定得很小（如 b 的误差为 ±0.015，c 的误差只能为 ±0.005），这将给加工带来困难。所以，当几个尺寸构成一个封闭的尺寸链时，应在其中挑选一个次要的尺寸空出不注（如图2—36a中未注尺寸 c）。例如，在图2—37a中，尺寸形成了一个闭合的回路，构成了封闭的尺寸链。这时，就应挑选出一个不重要的轴段，将其尺寸空出，如图2—37b所示。如果三个轴段的尺寸都需保证，总长的要求并不严格，就应将其空出不注，如图2—37c所示。有时为了给零件轮廓的大小提供一个参考值，也可将欲空出的尺寸注出，但需加括号以示区别，这样的尺寸称为参考尺寸，如图2—37d所示。

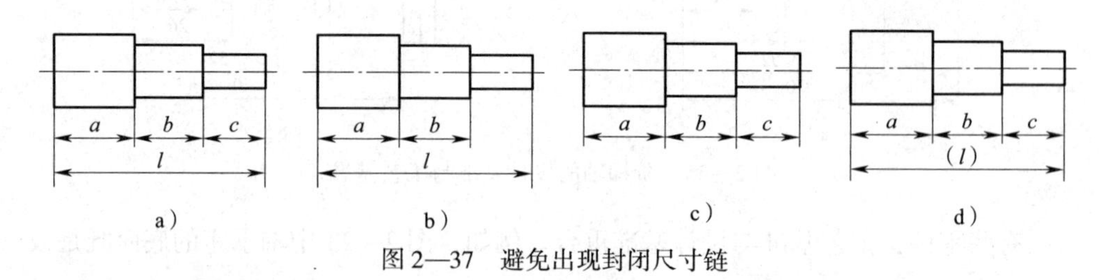

图2—37　避免出现封闭尺寸链

四、零件图的识读

从事各种专业工作的技术人员，必须具备识读零件图的能力。要看懂一张零件图，不仅要看懂零件的视图，想象出零件的形状，还要分析零件的结构、尺寸和技术要求的内容，然后才能确定加工方法、工序以及测量和检验方法。下面以蜗轮减速器箱体（见图 2—38）为例，说明识读零件图的一般方法。

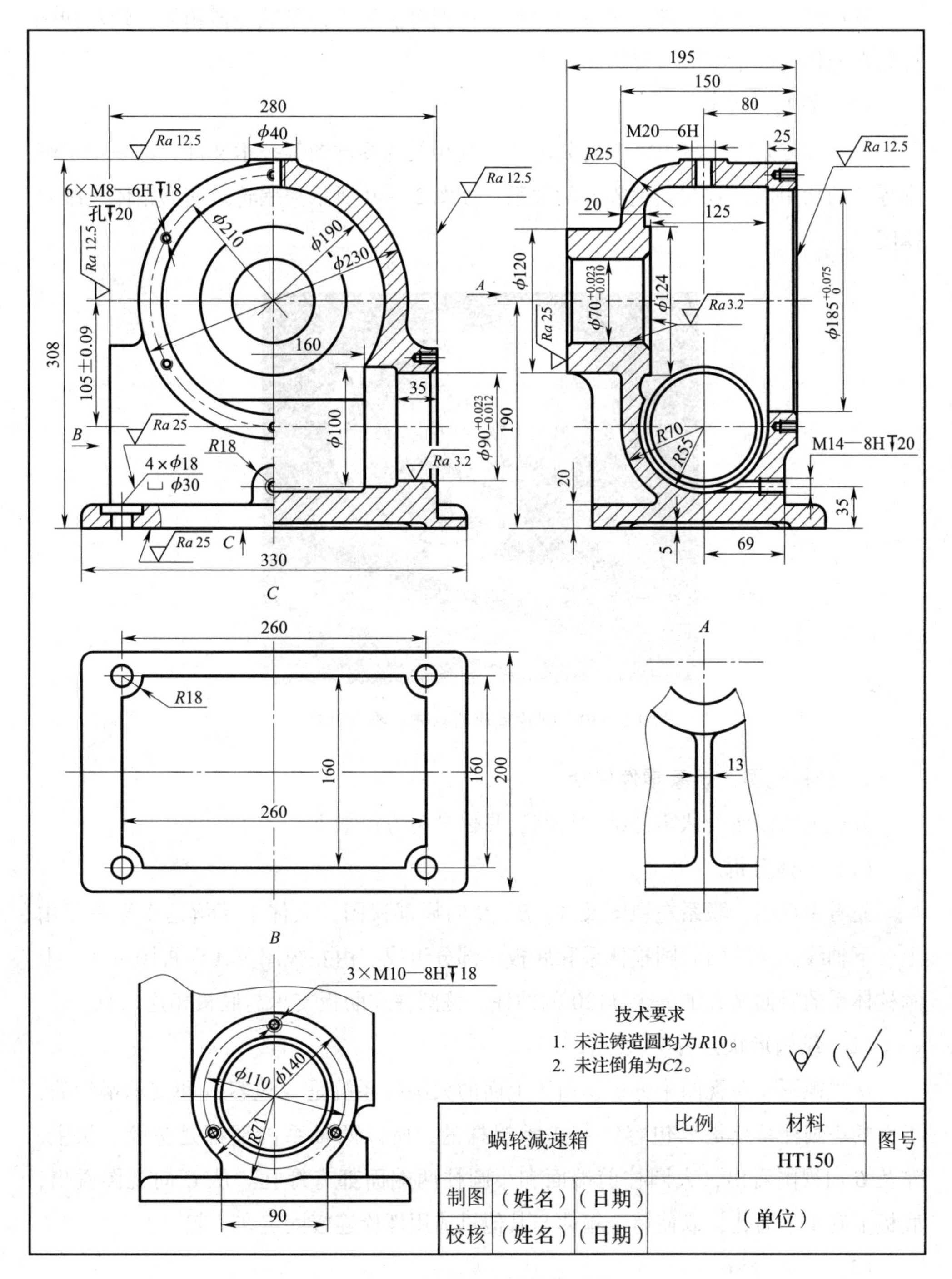

图 2—38　蜗轮减速器箱体零件图

1. 了解零件在机器中的作用

（1）看标题栏

从标题栏中可知零件的名称、材料、比例等。该零件是减速器箱体，蜗轮和蜗杆装在箱体内的上下方，靠它支承而运转。

（2）看其他资料

当零件复杂时，尽可能参看装配图及其相关的零件图等技术文件，进一步了解本零件的功用以及它与其他零件的关系。如图2—39所示为蜗轮减速器箱体三维立体图。

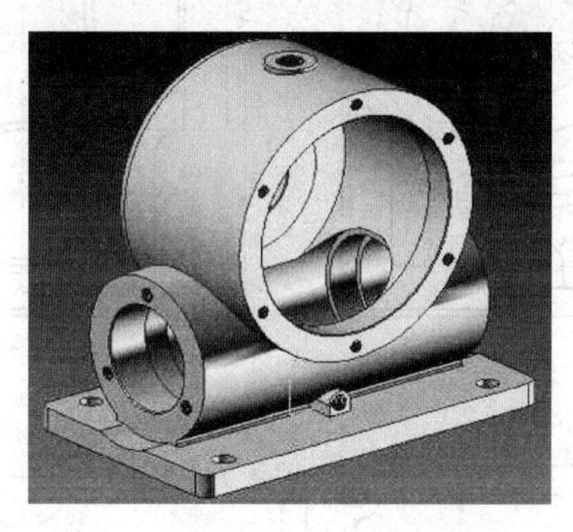

图2—39　蜗轮减速器箱体三维立体图

2. 分析视图，想象零件形状

分析视图以便确认零件结构形状，具体分析方法如下：

（1）形体分析

先看主视图，联系左视图及*A*、*B*、*C*向局部视图，大体上了解这个箱体是由上、下轴线交叉的两大圆柱体系和底板三部分组成。由左视图及*A*向视图可知，上圆柱体系的后面又叠加一个ϕ120的圆柱。该圆柱靠肋板支承与底板相连。

（2）结构形状分析

从主视图、左视图来分析，由于上面的大圆柱系统是“包容”和支承蜗轮的，下面的小圆柱系统是“包容”和支承蜗杆的，所以两轴系内部都是空腔。从主、左及*B*向视图看出，大圆柱前端面和小圆柱两端面都有螺孔。从*C*向视图看出，底板上有4个通孔，以使整个箱体与其他机体用螺栓连接固定在一起。

（3）工艺分析

从主视图、左视图及*C*向视图看出，底板的底面中间凹进5 mm，主要是为了减少加工面，提高安装的稳定性。A 向视图除了表达肋板厚度外，还表示了拔模斜度。另外还有一些凸台、倒角、圆角等都是为了满足加工和装配的工艺性而设计的结构。

（4）线面分析

难看懂的局部形状，特别是复杂的结构必须按照投影规则仔细分析。通过上述全面分析，再综合起来想象，就能正确地认识零件的形状（见图 2—40）。

图 2—40　蜗轮减速器箱体

3. 分析零件的尺寸

（1）尺寸基准分析

由主视图可知，箱体左、右是对称的，所以长度方向尺寸的主要基准是零件的左、右对称平面。而高度方向尺寸的主要基准是箱体的底面，宽度方向尺寸的主要基准是 ϕ230 前端面。

（2）分析重要的设计尺寸

为了保证蜗轮蜗杆准确地啮合传动，上、下轴孔中心距要求较严（105 ± 0.09），须单独标注。其他各轴孔（$\phi70^{+0.030}_{0}$、$\phi185^{+0.072}_{0}$、$\phi90^{+0.035}_{0}$）和上轴孔中心高都属于重要的设计尺寸，加工时应保证它们的精度。另外一些安装尺寸，如底板上的 260、160 和大圆柱前端面 ϕ210 等，其精度虽要求不高，但考虑到与其他零件装配时的对准性，所以也属重要尺寸。

4. 看技术要求

零件图上的技术要求是合格零件的质量指标，在生产过程中须严格遵守。图中还有文字说明的技术要求，看图时一定要仔细分析零件的表面粗糙度、尺寸偏差、形位公差以及其他技术要求才能制定出合理的加工方法。

第 3 节　装　配　图

一、装配图的主要内容

装配图是表达机器或部件的图样，主要表达其工作原理和装配关系。在机器设计过程中，装配图的绘制位于零件图之前，并且装配图与零件图的表达内容不同，它主要用于机器或部件的装配、调试、安装、维修等场合，也是生产中的一种重要的技术文件。

如图 2—41 和图 2—42 所示是铣刀头立体图和装配图。从装配图中可以看出，一张完整的装配图应包括下列基本内容：

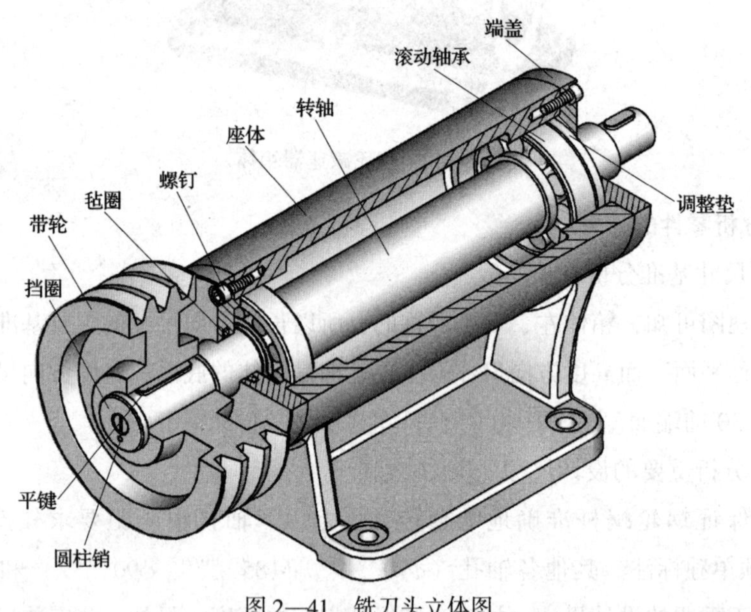

图 2—41　铣刀头立体图

1. 一组图形

一组视图正确、完整、清晰地表达产品或部件的工作原理、各组成零件间的相互位置和装配关系及主要零件的结构形状。

2. 必要的尺寸

标注出反映产品或部件的规格、外形，以及装配、安装所需的必要尺寸和一些重要尺寸。

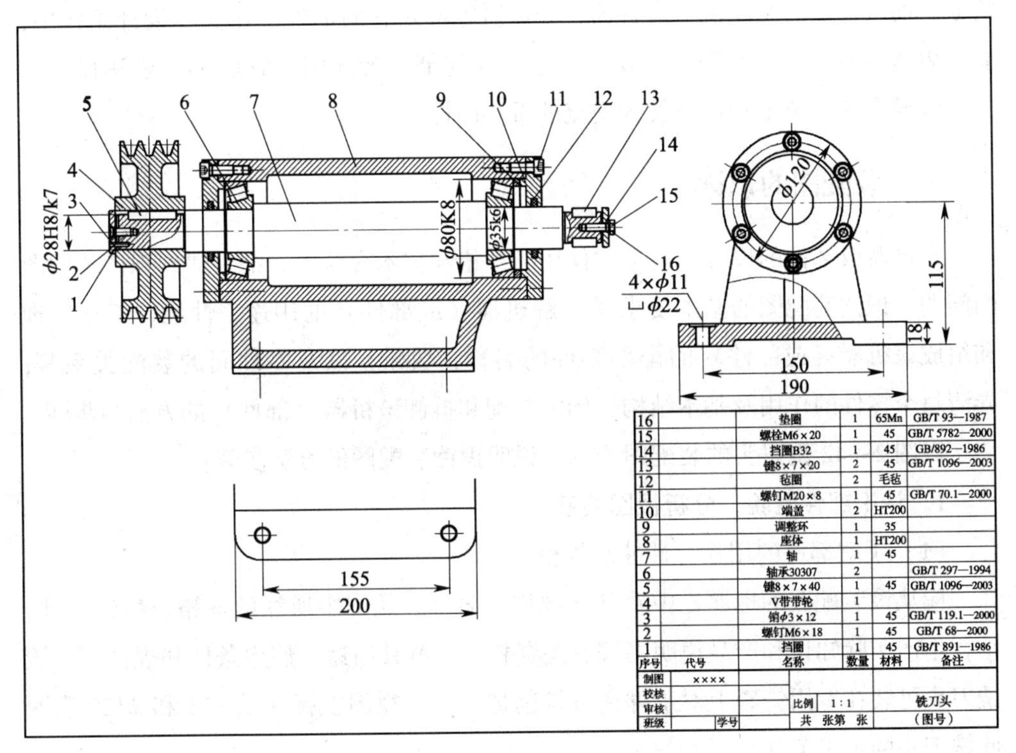

16		垫圈	1	65Mn	GB/T 93—1987
15		螺栓M6×20	1	45	GB/T 5782—2000
14		挡圈B32	1	45	GB/892—1986
13		键8×7×20	2	45	GB/T 1096—2003
12		毡圈	2	毛毡	
11		螺钉M20×8	1	45	GB/T 70.1—2000
10		端盖	2	HT200	
9		调整环	1	35	
8		座体	1	HT200	
7		轴	1	45	
6		轴承30307	2		GB/T 297—1994
5		键8×7×40	1	45	GB/T 1096—2003
4		V带带轮	1		
3		销φ3×12	1	45	GB/T 119.1—2000
2		螺钉M6×18	1	45	GB/T 68—2000
1		挡圈	1	45	GB/T 891—1986
序号	代号	名称	数量	材料	备注

制图	××××			
校核				
审核			比例 1∶1	铣刀头
班级	学号		共　张第　张	（图号）

图 2—42　铣刀头装配图

3. 技术要求

在装配图中用文字或国家标准规定的符号注写出该装配体在装配、检验、使用等方面的要求。

4. 零部件序号、标题栏和明细栏

按国家标准规定的格式绘制标题栏和明细栏，并按一定格式将零部件进行编号，填写标题栏和明细栏。

二、装配图的用途与形式

1. 装配图的用途

装配图在生产中具有重要的用途。在机器或部件的设计过程中，首先要分析计算并绘制装配图，然后以装配图为依据，进行零件设计，画出零件图，按零件图制造零件，再按装配图中的装配关系和技术要求把零件装配成机器或部件。因此，装配图应表达出机器或部件的工作原理、零件间的装配关系和各零件的主要结构形状及需要的尺寸和技术要求。

2. 装配图的形式

装配图是表达机器或部件的图样。机器与部件的关系是：如汽车是一台完整的机器，而汽车上的发动机、离合器、变速器等都是它的部件。在实际设计工作中，要有表达机器的总装配图，也要有表达部件的部件装配图，它们都是表达设计思想、指导零部件装配和进行技术交流的重要图样。

三、装配图的识读

在机器或部件的设计、制造、使用、维修和技术交流中，都会遇到识读装配图的问题，识读装配图的基本要求是了解机器（或部件）的用途、性能、工作原理和组成该机器（或部件）的全部零件的名称、数量，以及零件间的装配关系等；弄清每个零件的作用及基本结构；确定装配和拆卸该机器（部件）的方法与步骤。

以图2—42铣刀头的装配图为例，说明识读装配图的方法步骤：

1. 认识部件概貌，分析视图关系

（1）了解部件的用途、性能和规格

应从该装配图的标题栏中看到该部件的名称。从图中所注的规格、特性尺寸，结合生产实际知识和产品说明书等有关资料，了解其用途、使用条件和规格等。该铣刀头可装在专用铣床上对工件进行铣削加工。主视图上标注的115和ϕ120表明此铣刀头的加工范围。

（2）了解部件的组成

由明细表对照装配图上的序号，了解组成该部件的零件（标准件和非标准件）名称、数量、规格及位置。由装配图可知铣刀头由16种零件组成。

（3）分析视图关系

通过对装配图中各视图表达内容、方法及其标准的分析，了解各视图的表达重点和各视图间的关系。图2—42用了沿部件前后对称平面剖切而得到的全部视图作为主视图。主视图已将传动关系及各零件间的关系正确、完整、简练、清晰地表达出来了，为了补充说明螺钉11的分布情况及主要件座体的大致形状结构，又补画了采用拆卸画法的局部剖视的左视图。

2. 分析装配干线，弄清装配关系

看图时应以反映装配关系比较明显的那个视图为主，本例应以全剖的主视图为主。由图2—42可见，铣刀装在铣刀盘上，铣刀盘通过键13与轴7相连。当动力通过带轮4经键5传递到轴7时，即可带动刀盘旋转，从而对零件进行铣削。

轴7由两圆锥滚子轴承6及座体8支撑，用两端盖10及调整环9调节轴承的松紧及轴7的轴向位置。

两端盖用螺钉11与座体8连在一起，端盖内装入起密封作用的毡圈12。

带轮 4 的轴向固定是由挡圈 1 及螺钉 2、销 3 来实现的。挡圈 14、垫圈 16 及螺栓 15 用于轴向固定铣刀盘。

3. 分析零件结构，确定零件形状

根据装配图，分析零件在部件中的作用，并通过对零件各部分形状和构成进行分析，确定零件的形状、主要尺寸、拆装方法。

4. 归纳总结，并获得完整概念

对装配图做了视图表达分析和具体零件的形体结构分析的基础上，进一步完善构思、归纳总结，可获得对装配体从总体到零件的认识，即能结合装配图说明其传动路线、拆装顺序，以及安装中应注意的问题。

第3章 公差配合与测量知识

第1节 公 差 配 合

如图3—1所示为公差与配合示意图。

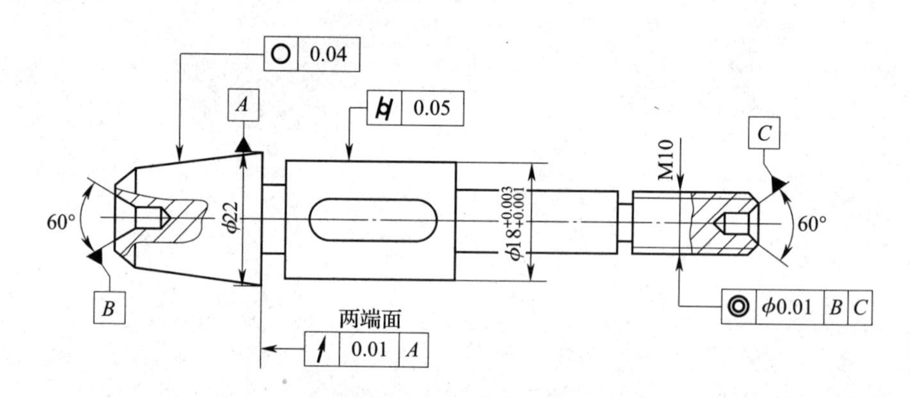

图3—1 公差与配合示意图

一、公差与配合的基本概念

1. 零件的互换性

（1）互换性的含义

在机械制造业中，零件的互换性是指在同一规格的一批零部件中，可以不经选择、修配或调整，任取一件都能装配在机器上，并能达到规定的使用性能要求，零部件具有的这种性能称为互换性。能够保证产品具有互换性的生产，称为遵守互换性原则的生产。

（2）互换性的分类

互换性按其互换程度可分为完全互换与不完全互换。

1）完全互换。完全互换是指一批零部件装配前不经选择，装配时也不需修配和调整，装配后即可满足预定的使用要求，如螺栓、销等标准件的装配大都属此类情况。

2）不完全互换。当装配精度要求很高时，若采用完全互换将使零件的尺寸公差很小，加工困难，成本很高，甚至无法加工，则可采用不完全互换法进行生产。将其制造公差适当放大，以便于加工。在完工后，再用量仪将零件按实际尺寸大小分组，按组进行装配。如此，既能保证装配精度与使用要求，又能降低成本。此时，仅是组内零件可以互换，组与组之间不可互换，因此，叫分组互换法。

在装配时允许用补充机械加工或钳工修刮办法来获得所需的精度，称为修配法。用移动或更换某些零件以改变其位置和尺寸的办法来达到所需的精度，称为调整法。

不完全互换只限于部件或机构在制造厂内装配时使用，对厂外协作，则往往要求完全互换。究竟采用哪种方式为宜，要由产品精度、产品复杂程度、生产规模、设备条件及技术水平等一系列因素决定。

2. 基本术语

（1）基本尺寸

基本尺寸是设计给定的尺寸。

（2）极限尺寸

极限尺寸是指允许尺寸变化的两个极限值，它是以基本尺寸为基数来确定的。

（3）尺寸偏差（简称偏差）

尺寸偏差是指极限尺寸减其基本尺寸所得的代数差，分别称为上偏差和下偏差。

例如，一根轴的直径为 ϕ（50 ±0.008）。

基本尺寸：ϕ50

最大极限尺寸：ϕ50.008

最小极限尺寸：ϕ49.992

上偏差 = 最大极限尺寸 - 基本尺寸，代号：孔为 ES，轴为 es。

下偏差 = 最小极限尺寸 - 基本尺寸，代号：孔为 EI，轴为 ei。

（4）尺寸公差（简称公差）

尺寸公差是指尺寸允许的变动量。

公差 = 最大极限尺寸 - 最小极限尺寸 = 上偏差 - 下偏差

例如，一根轴的直径为 ϕ（50 ±0.008）。

上偏差 = 50.008 - 50 = 0.008，下偏差 = 49.992 - 50 = -0.008

公差 = 50.008 - 49.992 = 0.016　或 = 0.008 -（-0.008）= 0.016

（5）零线

零线是指在公差带图中确定偏差的一条基准直线，即零偏差线。通常以零线表示基本尺寸。

（6）尺寸公差带（简称公差带）

尺寸公差带是指在公差带图中，由代表上、下偏差的两条直线所限定的区域。

3. 配合

基本尺寸相同的、相互接合的孔和轴公差带之间的关系，称为配合。

根据使用的要求不同，孔和轴之间的配合有松有紧，因而国家标准规定配合分三类，即间隙配合、过盈配合和过渡配合。

间隙配合：孔与轴配合时，具有间隙（包括最小间隙等于零）的配合，如图3—2所示。

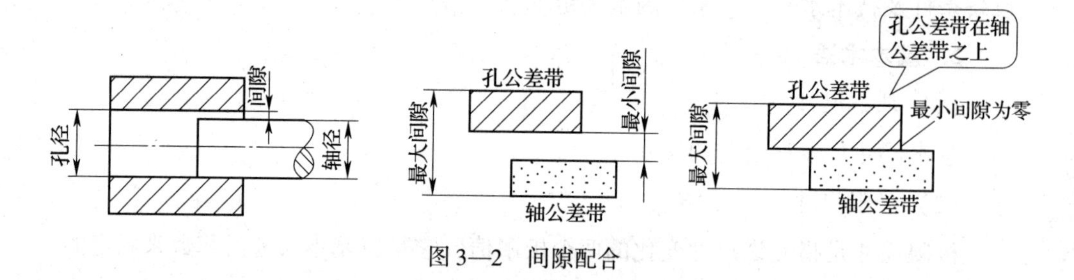

图3—2　间隙配合

过盈配合：孔和轴配合时，孔的尺寸减去相配合轴的尺寸，其代数差为负值为过盈。具有过盈的配合称为过盈配合，如图3—3所示。

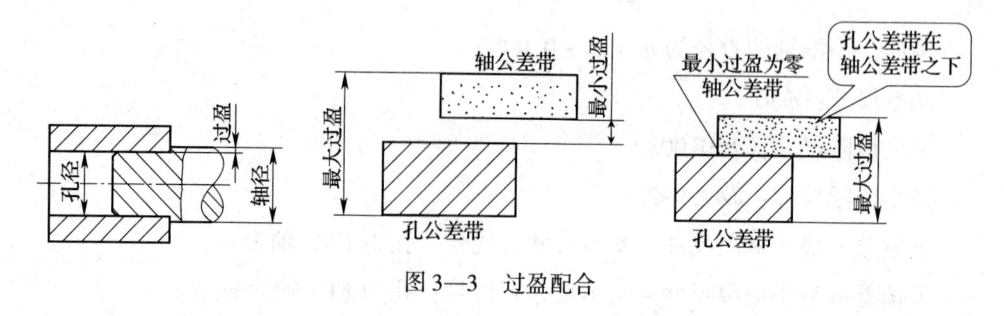

图3—3　过盈配合

过渡配合：可能具有间隙或过盈的配合为过渡配合，如图 3—4 所示。

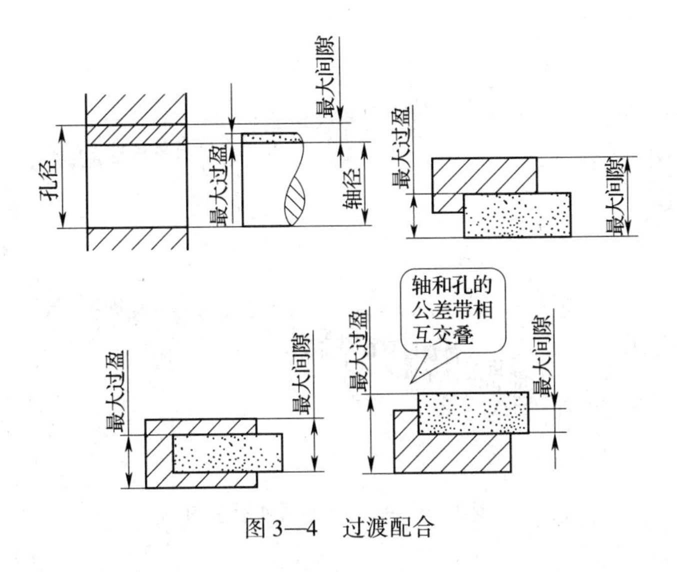

图 3—4　过渡配合

4. 标准公差与基本偏差

公差带由公差带大小和公差带位置这两个要素组成。

标准公差确定公差带大小，基本偏差确定公差带位置。

标准公差是标准所列的，用以确定公差带大小的任一公差。标准公差分为 20 个等级，即 IT01、IT0、IT1 至 IT18。IT 表示公差，数字表示公差等级，从 IT01 至 IT18 依次降低。

基本偏差是标准所列的，用以确定公差带相对零线位置的上偏差或下偏差，一般指靠近零线的那个偏差。当公差带在零线的上方时，基本偏差为下偏差；反之则为上偏差，如图 3—5 所示。

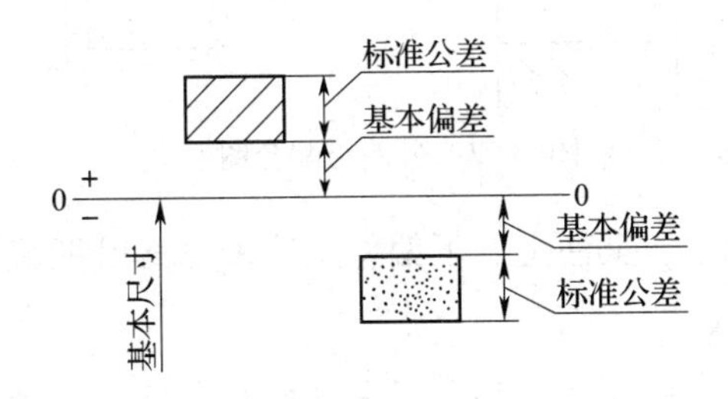

图 3—5　标准公差与基本偏差

轴与孔的基本偏差代号用拉丁字母表示，大写为孔，小写为轴，各有 28 个。其中 H（h）的基本偏差为零，常作为基准孔或基准轴的偏差代号。

如图 3—6 所示，A—H（a—h）的基本偏差用于间隙配合；P—ZC（p—zc）用于过盈配合；J（j）—N（n）用于过渡配合。

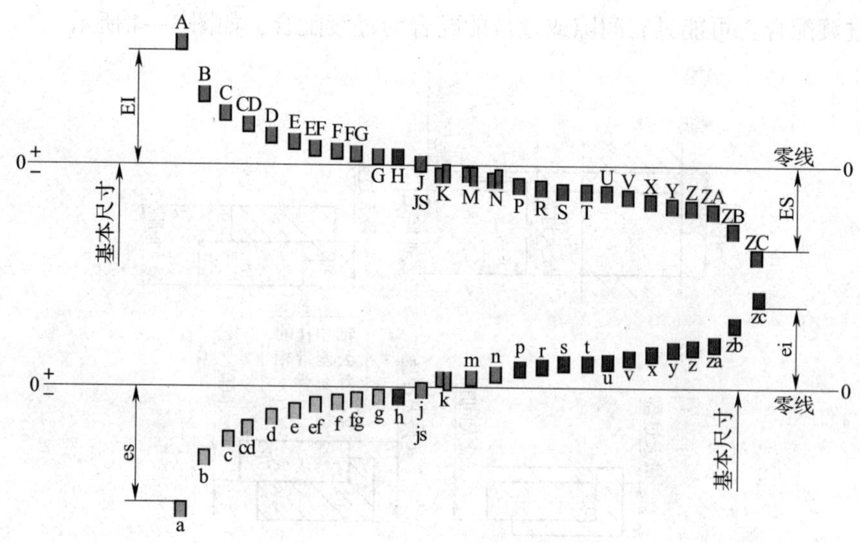

图3—6　基本偏差系列示意图

二、公差与配合的标注及查表方法

1. 公差与配合在图样中的标注

（1）零件图中的标注形式

1）注基本尺寸及上、下偏差值（常用方法）。这种方式数值直观，适合单件或小批量生产，零件尺寸使用通用量具进行测量，如图3—7所示。

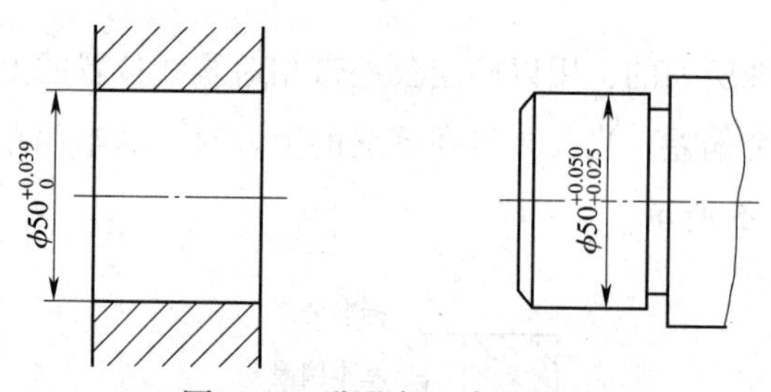

图3—7　公差与配合图示1

2）既注公差带代号，又注上、下偏差。这种方式既明确配合精度，又有公差数值，如图3—8所示。

3）注公差带代号。此注法能和专用量具检验零件尺寸统一起来，适合大批量生产，零件图上不必标注尺寸偏差数值，如图3—9所示。

（2）装配图中配合尺寸的标注形式

1）基孔制的标注形式：

$$\text{基本尺寸}\frac{\text{基准孔的基本偏差代号（H）　公差等级代号}}{\text{配合轴基本偏差代号　公差等级代号}}$$

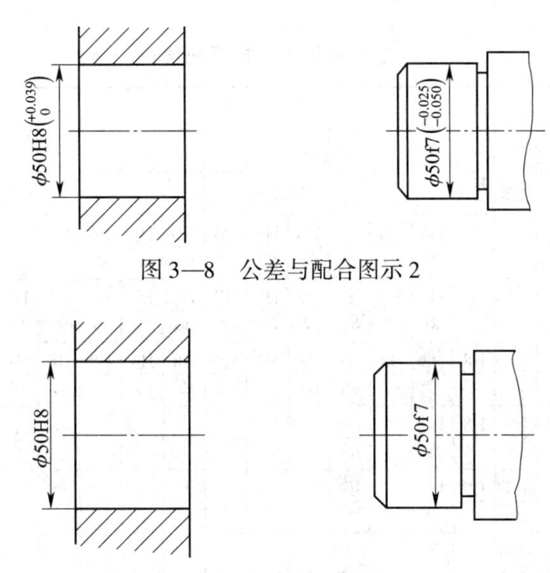

图 3—8　公差与配合图示 2

图 3—9　公差与配合图示 3

如图 3—10 所示，表示基本尺寸为 50，基孔制，8 级基准孔与公差等级为 7 级、基本偏差代号为 f 的轴的间隙配合。

标注形式也可写成 φ50H8/f7。

2）基轴制的标注形式：

$$\text{基本尺寸}\frac{\text{配合孔基本偏差代号}\quad\text{公差等级代号}}{\text{基准轴的基本偏差代号（h）}\quad\text{公差等级代号}}$$

如图 3—11 所示，表示基本尺寸为 50，基轴制，6 级基准轴与公差等级为 7 级、基本偏差代号为 P 的孔的过盈配合。

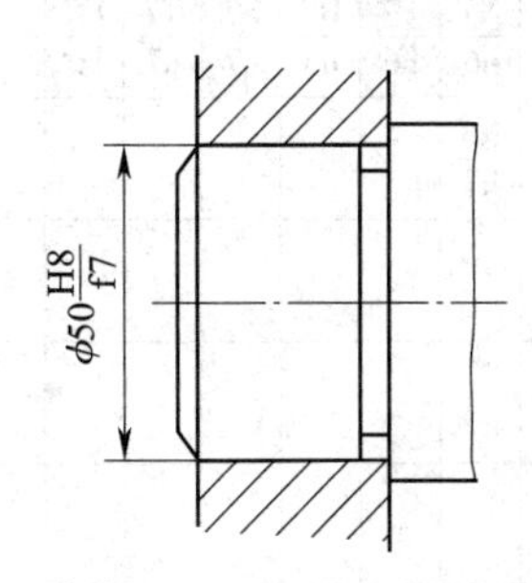

图 3—10　公差与配合图示 4

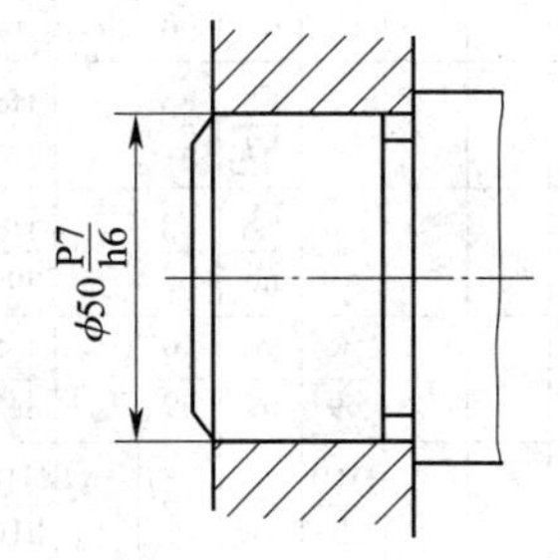

图 3—11　公差与配合图示 5

标注形式也可写成 φ50P7/h6。

2. 优先、常用配合

国家标准根据机械工业产品生产使用的需要，制定优先及常用配合，应尽量选用优先配合和常用配合，见表 3—1 和表 3—2。

表 3—1　　基孔制优先、常用配合

基准孔	轴																				
	a	b	c	d	e	f	g	h	js	k	m	n	p	r	s	t	u	v	x	y	z
	间隙配合								过渡配合			过盈配合									
H6						H6/f5	H6/g5	H6/h5	H6/js5	H6/k5	H6/m5	H6/n5	H6/p5	H6/r5	H6/s5	H6/t5					
H7						H6/f6	H7/g6	H7/h6	H7/js6	H7/k6	H7/m6	H7/n6	H7/p6	H7/r6	H7/s6	H7/t6	H7/u6	H7/v6	H7/x6	H7/y6	H7/z6
H8					H8/e7	H8/f7	H8/g7	H8/h8	H8/js7	H8/k7	H8/m7	H8/n7	H8/p7	H8/r7	H8/s7	H8/t7	H8/u7				
			H8/c8	H8/d8	H8/e8	H8/f8		H8/h8													
H9			H9/c9	H9/d9	H9/e9	H9/f9		H9/h9													
H10			H10/c10	H10/d10				H10/h10													
H11		H11/b11	H11/c11	H11/d11				H11/h11													
H12		H12/b12						H12/h12	红色为优先配合。其中 常用：59 种 优先：13 种												

表 3—2　　基轴制优先、常用配合

基准轴	孔																				
	A	B	C	D	E	F	G	H	JS	K	M	N	P	R	S	T	U	V	X	Y	Z
	间隙配合								过渡配合			过盈配合									
h5						F6/h5	G6/h5	H6/h5	JS6/h5	K6/h5	M6/h5	N6/h5	P6/h5	R6/h5	S6/h5	T6/h5					
h6						F7/h6	G7/h6	H7/h6	JS7/h6	K7/h6	M7/h6	N7/h6	P7/h6	R7/h6	S7/h7	T7/h7	U7/h6				
h7					E8/h7	F8/h7		H8/h7	JS8/h7	K8/h7	M8/h7	N8/h7									
h8					E8/h8	F8/h8		H8/h8													
h9				D9/h9	E9/h9	F9/h9		H9/h9													
h10				D10/h10				H10/h10													
h11	A11/h11	B11/h11	C11/h11	D11/h11				H11/h11													
h12		B12/h12						H12/h12	红色为优先配合。其中 常用：47 种 优先：13 种												

3. 轴、孔极限偏差的查表

若已知基本尺寸和公差带代号，则尺寸的上下偏差值可从极限偏差表中查得。

查表的步骤一般是先查出轴和孔的标准公差，然后查出轴和孔的基本偏差（配合件只列出一个偏差）；最后由配合件的标准公差和基本偏差的关系，算出另一个偏差。优先及常用配合的极限偏差可直接由表查得，也可按上述步骤进行。

三、形状公差和位置公差

形状公差和位置公差简称形位公差，是指零件的实际形状和实际位置对理想形状和理想位置的允许变动量。

对一般零件来说，它的形状和位置公差，可由尺寸公差、加工机床的精度等加以保证。而对于精度较高的零件，则根据设计要求，需在零件图上注出有关的形状和位置公差。

1. 形位公差代号、基准代号

（1）形位公差的名称和符号（见表 3—3）

表 3—3　形位公差的名称和符号

分类	名称	符号
形状公差	直线度	—
	平面度	▱
	圆度	○
	圆柱度	⌭
	线轮廓度	⌒
	面轮廓度	⌓

分类		名称	符号
位置公差	定向	平行度	//
		垂直度	⊥
		倾斜度	∠
	定位	同轴度	◎
		对称度	⌯
		位置度	⌖
	跳动	圆跳动	↗
		全跳动	⌰

（2）形位公差代号、基准代号

公差框格：公差要求在矩形框格中给出，必须按标准标注，如图 3—12 所示。

基准代号：相对于被测要素的基准，如图 3—13 所示。

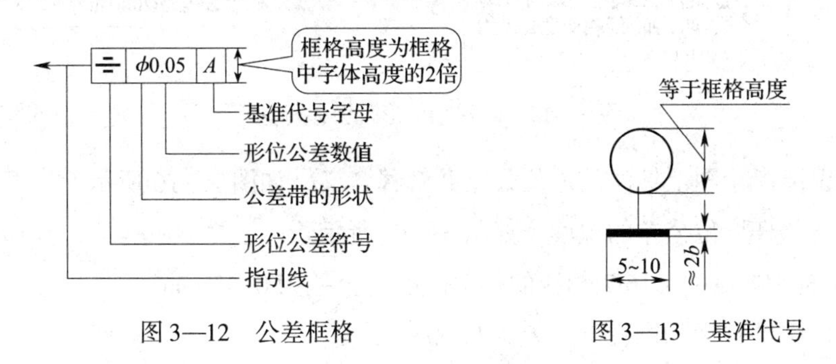

图 3—12　公差框格　　　图 3—13　基准代号

2. 形位公差标注示例（见图3—14）

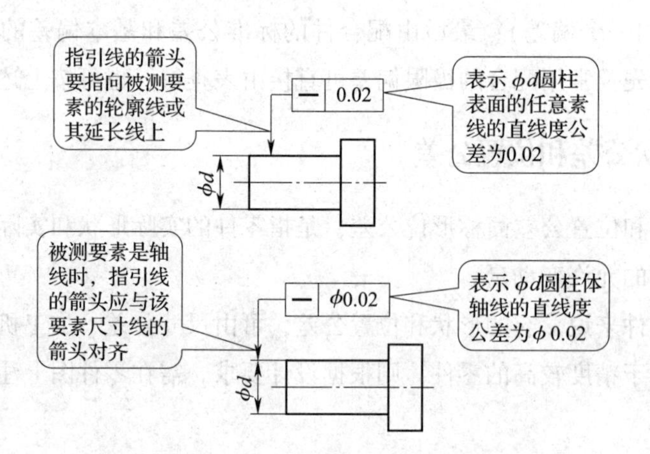

图3—14　形位公差标注示例

当基准符号不便直接与公差框格连接时，应用基准代号。此时公差框格应增加第三格，并写与基准符号圆圈内相同的字母代号。

3. 形位公差的识读方法

（1）识读阶梯轴所注的形位公差的含义，如图3—15所示。

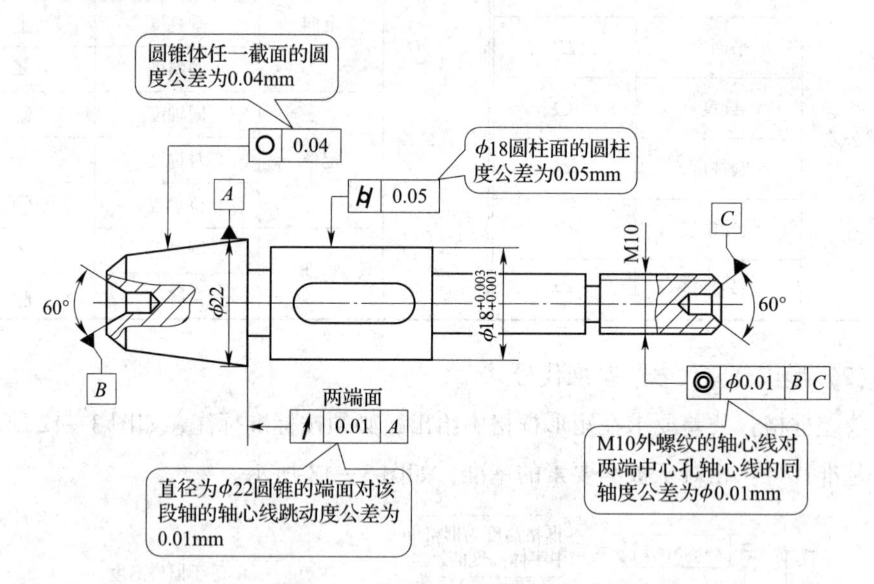

图3—15　阶梯轴的形位公差标注

（2）识读齿轮图上标注的形位公差并解释含义，如图3—16所示。

（3）活塞杆形位公差的识读，如图3—17所示。

1）球面 $SR750$ 对 $\phi16f7$ 轴线的径向圆跳动公差为0.03 mm。

2）$\phi16f7$ 圆柱面的圆柱度公差为0.005 mm。

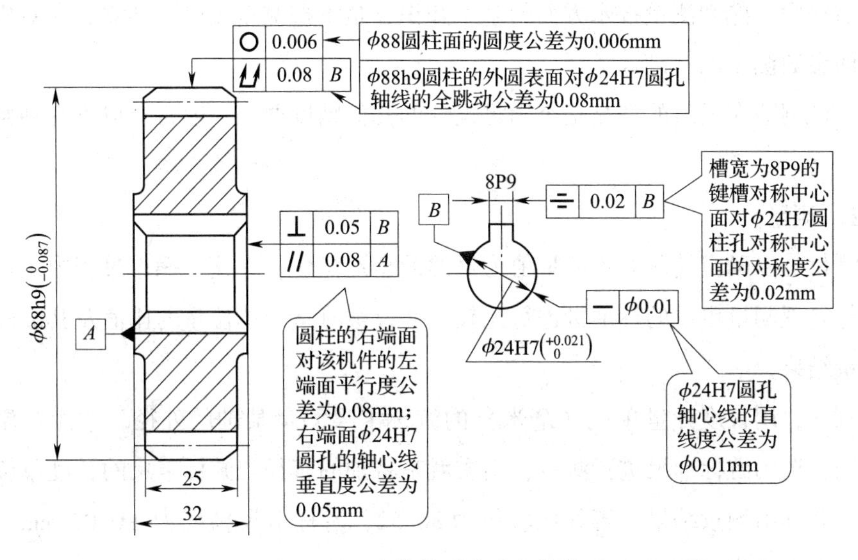

图 3—16　齿轮的形位公差标注

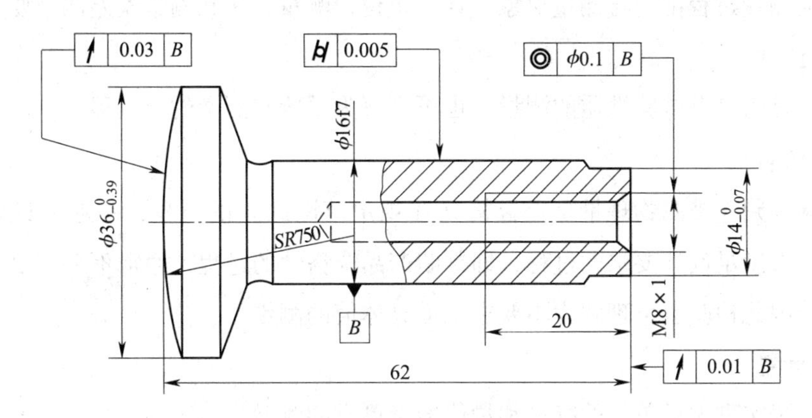

图 3—17　活塞杆的形位公差标注

3）螺纹 M8 ×1 的轴线对 φ16f7 轴线的同轴度公差 φ0. 1 mm。

4）右端面对 φ16f7 轴线的端面圆跳动公差为 0. 01 mm。

第 2 节　测量基础知识

一、测量的定义

测量技术是一门具有自身专业体系、涵盖多种学科、理论性和实践性都非常强的前沿科学。熟知测量技术方面的基本知识，是掌握测量技能、独立完成对机械产品几何参数测量的基础。

一件制造完成后的产品是否满足设计的几何精度要求，通常有以下几种判断方式。

1. 测量

测量是以确定被测对象的量值为目的的全部操作。在这一操作过程中，将被测对象与复现测量单位的标准量进行比较，并以被测量与单位量的比值及其准确度表达测量结果。

例如，用长度计量单位（毫米）的游标卡尺测量某轴的外径。被测对象为轴的直径，选用游标卡尺进行测量，实质就是将轴的直径与游标卡尺的长度单位进行比较，并读出测量结果。若其比较值为30.52，游标卡尺精度为±0.02 mm，则测量结果可表达为（30.52±0.02）mm。

任何测量过程都包含测量对象、计量单位、测量方法和测量误差四个要素。

2. 测试

测试是指具有试验性质的测量，也可理解为试验和测量的全过程。

3. 检验

检验是判断被测物理量是否合格（在规定范围内）的过程，一般来说就是确定产品是否满足设计要求的过程，即判断产品合格性的过程，通常不一定要求测出具体值。因此检验也可理解为不要求知道具体值的测量。

4. 计量

计量是实现测量单位的统一和量值准确可靠的测量。

二、测量基准

测量基准是在测量零件或组件时用来作为参照基准的点、线、面。在几何量计量领域内，测量基准可分为长度基准和角度基准两类。

1. 长度基准

1983年第十七届国际计量大会根据国际计量委员会的报告，批准了米的新定义，即“一米是光在真空中1/299 792 458 s时间间隔内的行程长度”。根据米的定义建立的国家基准、副基准和工作基准，一般都不能在生产中直接用于对零件进行测量。为了确保量值的合理和统一，按《国家计量检定系统》规定，检定系统通过检定逐级或直接传递给工作中使用的、不同精度等级的长度测量器具。

2. 角度基准

由于常用角度单位（度）是由圆周角定义的，即 1 个圆周角等于 360°，而弧度与度、分、秒又有确定的换算关系，因此无须建立角度的自然基准。

三、测量方法分类

根据获得测量结果的不同，测量方法可分为：

1. 直接测量和间接测量

从测量器具的读数装置上直接得到被测量的数值或对标准值的偏差称直接测量。如用游标卡尺、外径千分尺测量轴径等。通过测量与被测量有一定函数关系的量，根据已知的函数关系式求得被测量的测量称为间接测量。如通过测量一圆弧相应的弓高和弦长而得到其圆弧半径的实际值。

2. 绝对测量和相对测量

测量器具的示值直接反映被测量的测量为绝对测量。用游标卡尺、外径千分尺测量轴径不仅是直接测量，也是绝对测量。将被测量与一个标准量值进行比较得到两者差值的测量为相对测量。如用内径百分表测量孔径为相对测量。

3. 接触测量和非接触测量

测量器具的测头与被测件表面接触并有机械作用的测力存在的测量为接触测量，如用千分尺测量零件长度等。

测量器具与被测件的表面没有接触，也没有机械力存在的测量，为非接触测量，如用光切法显微镜测量表面粗糙度。

4. 单项测量和综合测量

对个别的、彼此没有联系的某一单项参数的测量称为单项测量。同时测量各零件的多个参数及其综合影响的测量称为综合测量。用测量器具分别测出螺纹的中径、半角及螺距属单项测量，而用螺纹量规的通端检测螺纹则属综合测量。

5. 被动测量和主动测量

产品加工完成后的测量为被动测量，正在加工过程中的测量为主动测量。被动测量只能发现和挑出不合格品。而主动测量可通过其测得值的反馈，控制设备的加工过程，预防和杜绝不合格品的产生。

四、测量误差

由于测量过程的不完善而产生的测量误差，将导致测得值的分散及不确定。因此，在测量过程中，正确分析测量误差的性质及其产生的原因，对测得值进行必要的数据处理，获得满足一定要求的置信水平的测量结果，是十分重要的。

测量误差定义：被测量的测得值 X 与其真值 X_0之差，即 $\Delta = X - X_0$。

由于真值是不可能确切获得的，因而上述测量误差的定义也是理想的概念。在实际工作中往往将比被测量值的可信度（精度）更高的值，作为其当前测量值的“真值”。

1．误差来源

测量误差主要因测量器具、测量方法、测量环境和测量人员等因素产生。

（1）测量器具

如测量器具设计中存在的原理误差，如杠杆机构、阿贝误差等；制造和装配过程中的误差将会引起其示值误差的产生。例如，刻线尺的制造误差、量块制造与检定误差、表盘的刻制与装配偏心、光学系统的放大倍数误差、齿轮分度误差等。其中最重要的是基准件的误差，如刻线尺和量块的误差，它是测量器具误差的主要来源。

（2）测量方法

如间接测量法中因采用近似的函数关系原理而产生的误差或多个数据经过计算后的累积误差。

（3）测量环境

测量环境主要包括温度、气压、湿度、振动、空气质量等因素。在测量过程中，温度是最重要的因素。测量温度对标准温度（+20℃）的偏离、测量过程中温度的变化以及测量器具与被测件的温差等都将产生测量误差。

（4）测量人员

测量人员引起的误差主要有视差、估读误差、调整误差等，它的大小取决于测量人员的操作技术和其他主观因素。

2．误差分类

测量误差按其产生的原因、出现的规律，及对测量结果的影响，可以分为系统误差、随机误差和粗大误差。

（1）系统误差

在规定条件下，绝对值和符号保持不变或按某一确定规律变化的误差，称为系统误差。其中绝对值和符号不变的系统误差为定值系统误差，按一定规律变化的系统误差为变值系统误差，如量块的误差、刻线尺的误差、刻度盘偏心的误差。系统误差大部分能通过修正值或找出其变化规律后加以消除。

(2) 随机误差

在规定条件下，绝对值和符号以不可预知的方式变化的误差，称为随机误差。就某一次测量而言，随机误差的出现无规律可循，因而无法消除。但若进行多次等精度重复测量，则与其他随机事件一样具有统计规律的基本特性，可以通过分析，估算出随机误差值的范围。随机误差主要由温度波动、测量力变化、测量器具传动机构不稳、视差等各种随机因素造成，虽然无法消除，但只要认真、仔细地分析产生的原因，还是能减少其对测量结果的影响。

(3) 粗大误差

明显超出规定条件下预期的误差，称为粗大误差。粗大误差是由某种非正常原因造成的，如读数错误、温度的突然大幅度变动、记录错误等。该误差可根据误差理论，按一定规则予以剔除。

五、零件测量基础与方法

零件切削加工后的质量指标包括精度和表面粗糙度。

1. 精度

精度是指加工后零件的实际尺寸、形状等参数与绝对准确的理论参数相符合的程度。其偏差越小，则加工精度越高。精度包括尺寸精度、形状精度和位置精度三个方面。

(1) 尺寸精度

尺寸精度是指尺寸的误差程度，以公差大小表示。标准公差分成 20 级，即 IT01、IT0、IT1 ~ IT18。

(2) 形状精度

形状精度是指零件表面与理想表面形状的接近程度，如圆柱度、圆度、平面度等。

(3) 位置精度

位置精度是指表面、轴线或对称面之间的实际位置与理想位置的接近程度，如同轴度、平行度、垂直度等。

2. 表面粗糙度

表面粗糙度是零件表面微观粗糙不平的程度。

由于切削加工，在零件表面上总会留下细微的凹凸不平的刀痕而使表面粗糙，影响机器产品的使用性能和寿命。为了保证零件的使用性能，要限制表面粗糙度的范围。

常用的表面粗糙度数值见表3—4。

表3—4　常用的表面粗糙度数值

Ra（μm）	0.012 0.025 0.05 0.1	0.2 0.4 0.8 1.6	3.2 6.3 12.5 25	50 100

3. 量具

在加工过程中，为了保证零件的尺寸符合要求，需使用量具进行测量。量具的种类很多，在生产中常用的量具有卡钳、钢直尺、游标卡尺、千分尺、量规、百分表等。

精度不高的工件，可用卡钳、钢直尺测量；比较精确的工件则用游标卡尺和千分尺测量。（有关内容将在第12章介绍。）

六、零件图的绘制

零件测绘是依据实际零件，目测比例，徒手或部分徒手绘出零件草图，然后根据零件草图按比例绘制零件图的过程。在仿制、改造、修配机器或部件时，经常需要进行零件测绘。

由于零件草图是绘制零件图的依据，必要时还要直接根据它制造零件，因此，绘制草图决不可草率从事。一张完好的零件草图必须具备零件图应有的全部内容，要求做到图形正确、尺寸完整、线型分明、字体工整，并注写出技术要求和标题栏中的相关内容。

下面以球阀上的阀盖（见图3—18）为例，说明零件测绘的方法和步骤。

1. 零件测绘的方法和步骤

（1）了解和分析测绘对象

首先应了解零件的名称、用途、材料以及它在机器（或部件）中的位置、作用和与相邻零件的关系，然后对零件的内、外结构形状进行分析。

阀盖为铸钢件，其内凸缘与阀体配合，用四个双头螺柱将阀盖与阀体连接起来，以形成流体通道，并起密封作用。阀盖的外凸缘车制有外螺纹，将与带有内螺纹的圆管相接以形成管路系统。阀盖具有盘盖类零件的典型结构。

（2）确定表达方案

先根据零件的结构形状特征、工作位置或安装位置以及加工位置选择主视图，再根据表达需要选择其他视图，并综合考虑是否需用剖视、断面和简化画法等表达方法。确定的表达方案应将零件的结构形状正确、清晰、简练地表示出来。据此，确定阀盖的合理表达方案，应当是全剖的主视图和不剖的左视图。

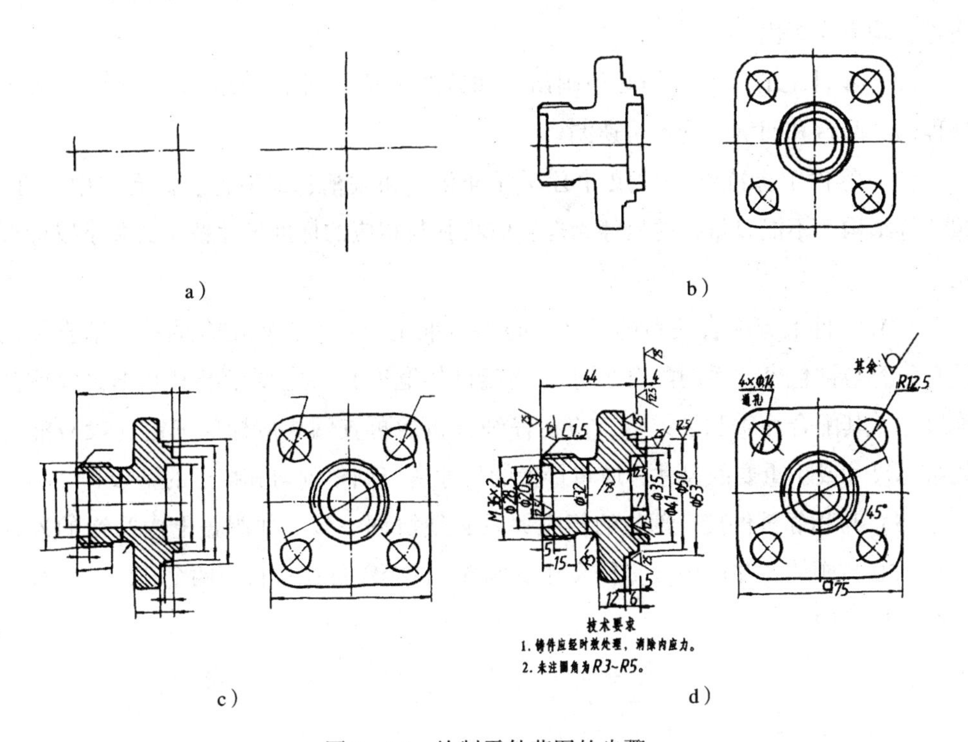

图 3—18　绘制零件草图的步骤

（3）画零件草图

1）在图纸上定出各视图的位置，画出主、左视图的对称线和作图基准线，如图 3—18a 所示。布置视图时，要考虑到各视图间应留有标注尺寸的位置。

2）目测比例，详细地画出零件的结构形状，如图 3—18b 所示。

3）确定尺寸基准，按正确、完整、清晰、合理标注尺寸的要求，画出全部尺寸界线、尺寸线和箭头。经校核后，按规定线型加深所有图线，如图 3—18c 所示。

4）逐个测量并标注尺寸，注写表面粗糙度、尺寸公差等技术要求和标题栏中的相关内容，完成全图，如图 3—18d 所示。

（4）根据草图画零件图

草图画完后，应根据它绘制零件图，其绘图方法和步骤同前。

2. 零件尺寸的测量

测量尺寸是零件测绘过程中的一个重要环节，尺寸数值要量得准确。全部尺寸都应集中量取，这样不但可以提高效率，还可以避免错误和遗漏。测量尺寸时，应根据对尺寸精确程度的要求选用不同的测量工具。

3．零件测绘的注意事项

（1）零件上的制造缺陷（砂眼、气孔等），以及由于长期使用造成的磨损、碰伤等，均不应画出。

（2）零件上的细小结构必须画出，如铸造圆角、倒角、倒圆、退刀槽、砂轮越程槽、凸台和凹坑等均不可遗漏。

（3）零件上标准结构的尺寸必须标准化，如键槽、退刀槽、销孔、中心孔、螺纹等结构，不能以量得的尺寸为准，应将其与相应的标准尺寸核对，并予以标准化。

（4）零件上有配合关系的尺寸，必须量准主要尺寸，如配合的孔、轴直径及具有包容与被包容关系的配合尺寸（如键槽的宽度）一定要量准其基本尺寸或公称尺寸。其配合性质和公差值，应在仔细分析后再查阅相应标准确定（没有配合关系的尺寸或不重要的尺寸，应将量得的尺寸适当圆整到与其接近的整数）。

（5）与相邻零件接合部位的相应关系必须协调一致。如阀盖上内凸缘的外径尺寸 $\phi50$ 与阀体左端的内孔直径尺寸 $\phi28.5$，两个零件连接板上四个孔的定位尺寸 $\phi74$、45°必须一致等。

第4章

常用金属材料及热处理知识

第1节　常用金属材料

一、常用金属材料的分类

金属，是个大家庭，现在世界上有86种金属。根据金属的颜色和性质等特征，通常人们把金属分成两大类：黑色金属和有色金属。

1. 黑色金属

黑色金属主要是指铁、锰、铬及其合金，如钢、生铁、铁合金、铸铁等。钢和铁是黑色金属的两大类，都是以铁和碳为主要元素的合金。

（1）钢的分类

含碳量在2.11%以下的铁碳合金称为钢。钢中除了铁、碳以外还含有少量其他元素，如锰、硅、硫、磷等。锰、硅是炼钢时作为脱氧剂而加入的，称为常存元素；硫、磷是由炼钢原料带入的，称为杂质元素。

1）按化学成分分类

①碳素钢。这种钢中除铁以外，主要还含有碳、硅、锰、硫、磷等几种元素，其总量一般不超过2%。

按含碳量多少，碳素钢又可分为：

a. 低碳钢。含碳量小于等于0.25%。

b. 中碳钢。含碳量为0.25%～0.60%。

c. 高碳钢。含碳量为0.60%～1.70%。

②合金钢。这种钢中除碳素钢所含有的各元素外，尚还有其他一些元素，如铬、镍、钛、钼、钨、钒、硼等。如果碳素钢中锰的含量超过0.8%，或硅的含量超过0.5%，这种钢也称为合金钢。

根据合金元素的多少，合金钢又可分为：

a. 普通低合金钢（普低钢），合金元素总含量小于等于5%。

b. 中合金钢，合金元素总含量为5%～10%。

c. 高合金钢，合金元素总含量大于等于10%。

此外，合金钢还经常按显微组织进行分类，如根据正火组织的状态，分为珠光体钢、贝氏体钢、马氏体钢和奥氏体钢，有些含合金元素较多的高合金钢，在固态下只有铁素体组织，不发生铁素体向奥氏体转变，称为铁素体钢。

2）按用途分类

①结构钢。用于桥梁、船舶及机械等构件。

②工具钢。用于制造各种工具，如模具、刀具、量具等。这类钢要求硬度比较高，所以含碳量一般也较高。

③特殊用途钢。具有特殊物理和化学性能的钢的总称，如不锈钢、耐磨钢、耐酸钢、耐热钢、磁钢等。这类钢一般合金元素的含量较高。

3）按品质分类

①普通钢。含硫量不超过0.050%，含磷量不超过0.045%。

②优质钢。含硫量不超过0.035%，含磷量不超过0.035%。

③高级优质钢。含硫量不超过0.030%，含磷量不超过0.035%。

根据需要，钢材的分类方法可混合使用。按照使用性能和用途综合分类如图4—1所示。

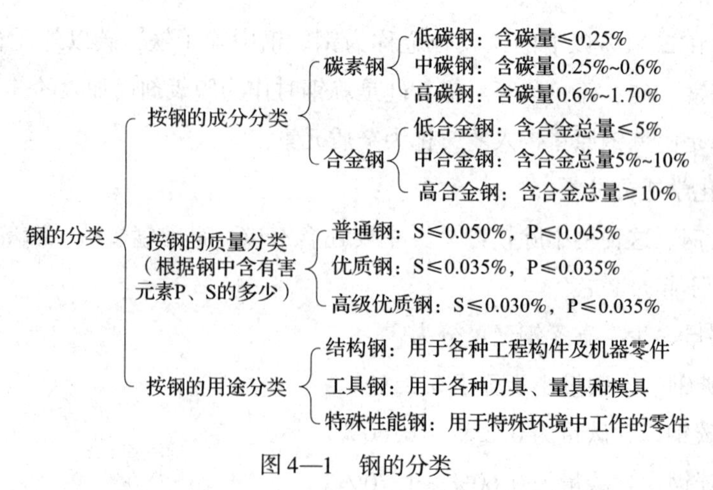

图4—1　钢的分类

（2）钢的编号和用途

钢的种类繁多，为了便于生产、管理和选用，必须分别给以特定的编号。我国各类钢的牌号表示方法及其用途简介如下：

1）碳素钢的编号（牌号）和用途

①普通碳素结构钢。其牌号由代表钢材屈服点的字母 Q、屈服强度值、质量等级（分 A、B、C、D 级）以及脱氧方法符号等组成。例如 Q235 – AF 表示屈服强度为 235 MPa、沸腾钢、A 级碳素结构钢。

碳素结构钢一般不经热处理而直接使用，多用于建筑结构、钢板、农机零件及各种受力不大的机器零件，如螺钉、拉杆、连杆和套环等。

②优质碳素结构钢。其牌号以两位数字表示，有 08、10、15、20…85 等。数字表示该号钢平均含碳量的万分之几。如 15 钢，其平均含碳量为 0.15%。这类钢含磷、硫量较少，力学性能较普通碳素结构钢高，主要用于制造重要的机件，如轴、齿轮、连杆等。

③碳素工具钢。其牌号是在符号“T”之后加数字来表示。数字表示含碳量的千分之几，如 T8，表示其平均含碳量为 0.8%。若为高级优质碳素工具钢，则在数字之后加“A”字，如 T10A。

碳素工具钢的牌号有 T7、T8、T9…T13 等。主要用于制造硬度高、耐磨的各种量具、刀具、模具，如钳工工具、冲模、丝锥等。

2）合金钢的编号和用途

①合金结构钢。在碳素钢中加入合金元素，如铬、镍、钨、锰、钛、硅等，就得到合金结构钢，其牌号是以数字和元素符号表示，如 12CrNi3 钢。前面的两位数字表示钢的平均含碳量的万分之几，元素符号表示钢中所含的合金元素，元素符号后面的数字表示合金元素平均含量的百分数（平均含量少于 1.5% 时，只标明元素符号而不标含量）。如 12CrNi3 钢，表示其平均含碳量为 0.12%、含铬量小于 1.5%、含镍量为 3%。

合金结构钢比碳素结构钢具有更好的力学性能，用于制造受力大、要求严格的重要机件，如机床主轴、连杆、压力容器、丝杆等。

②合金工具钢。这类钢的编号方法和合金结构钢相似，不同的是前面用一位数字表示平均含碳量的千分之几；当含碳量≥1% 时，则不标出含碳量数字（高速钢例外）。如 9CrSi 钢，表示平均含碳量 0.9%，硅、铬平均含量均小于 1.5%。

合金工具钢比碳素工具钢具有更好的力学性能，广泛用于制造各种量具、刀具和模具等。

如图 4—2 所示为钢材坯料。

图4—2　钢材坯料

a）小直径棒料　b）大直径棒料　c）厚板材　d）薄板材　e）（线材）盘钢
f）不锈钢钢管　g）不锈钢卷料　h）热轧卷板　i）角钢　j）槽钢　k）工字钢

（3）铸铁

含碳量在2%以上的铁碳合金。工业用铸铁一般含碳量为2%～4%。碳在铸铁中多以石墨形态存在，有时也以渗碳体形态存在。除碳外，铸铁中还含有1%～3%的硅，以及锰、磷、硫等元素。合金铸铁还含有镍、铬、钼、铝、铜、硼、钒等元素。碳、硅是影响铸铁显微组织和性能的主要元素。铸铁可分为：

1）灰铸铁。含碳量较高（2.7%～4.0%），碳主要以片状石墨形态存在，断口呈灰色，故称灰铸铁，简称灰铁。熔点低（1 145～1 250℃），凝固时收缩量小，抗压强度和硬度接近碳素钢，减震性好，易切削，它是铸造中用得最多的铸铁。牌号由“HT”（灰、铁两字的汉语拼音字首）和一组数字组成。如HT200，其中数字200表示抗拉强度不小于200 MPa。灰铸铁多用于铸造受力要求一般的零件，如机床床身、机座、气缸、箱体等结构件。

2）白口铸铁。碳、硅含量较低，碳主要以渗碳体形态存在，断口呈银白色，故称白口铸铁。凝固时收缩大，易产生缩孔、裂纹。硬度高，脆性大，不能承受冲击载荷，很难切削加工，很少用来铸造机件，多用作可锻铸铁的坯件和制作耐磨损的零部件。

3）可锻铸铁。由白口铸铁退火处理后获得，石墨呈团絮状分布，简称韧铁。其组织性能均匀，耐磨损，有良好的塑性和韧性，但实际上并不能锻造，用于铸造形状复杂、能承受强动载荷、强度要求较高的铸件。牌号如 KTH350 - 10。

4）球墨铸铁。将灰铸铁铁液经球化处理后获得，析出的石墨呈球状，简称球铁。这种铸铁与普通灰铸铁比，有较高的强度，较好的韧性和塑性。用于制造受力复杂、载荷大的机件，如内燃机、汽车零部件及农机具等。牌号如 QT600 - 02。

5）蠕墨铸铁。将灰铸铁铁液经蠕化处理后获得，析出的石墨呈蠕虫状。力学性能与球墨铸铁相近，铸造性能介于灰铸铁与球墨铸铁之间。用于制造汽车的零部件。

6）合金铸铁。普通铸铁加入适量合金元素（如硅、锰、磷、镍、铬、钼、铜、铝、硼、钒、锡等）获得。合金元素使铸铁的基体组织发生变化，从而具有相应的耐热、耐磨、耐蚀、耐低温或无磁等特性。用于制造矿山、化工机械和仪器、仪表等的零部件。

2. 有色金属

黑色金属以外的金属称为有色金属。狭义的有色金属又称非铁金属，是铁、锰、铬以外的所有金属的统称。广义的有色金属还包括有色合金。有色合金是以一种有色金属为基体（通常大于50%），加入一种或几种其他元素而构成的合金。有色金属可分为：重金属，一般密度在 4.5 g/cm^3 以上，如铜、铅、锌等；轻金属，密度小（0.53 ~ 4.5 g/cm^3），化学性质活泼，如铝、镁等；贵金属，地壳中含量少，提取困难，价格较高，密度大，化学性质稳定，如金、银、铂等；稀有金属，如钨、钼、锗、锂、镧、铀等。

（1）铜合金

工业纯铜又称紫铜，铜含量在 90% 以上，它的牌号用“铜”字汉语拼音字首“T”加数字表示，如 T1、T2、T3 等，数字越小，铜的纯度越高。纯铜具有良好的导电、导热性能和良好的塑性，且在大气中有一定的抗蚀性，但强度低、价格贵，所以在机械制造中应用不多，铜合金使用较多。

铜合金通常分为黄铜和青铜两类：

1）黄铜。黄铜是铜与锌及少量其他元素组成的合金，它的牌号用“黄”字汉语拼音字首“H”加上合金成分表示。例如H68表示含Cu为68%、其余为Zn的黄铜；HFe59－1－1表示Cu为59%、Fe为1%、Mn为1%、其余为Zn的铁锰黄铜。

只由铜和锌组成的黄铜，如H62、H68等，一般是轧成型材供应，很少用于铸造。它的力学性能比纯铜高，有良好的耐蚀性，常用于制造垫圈、衬套和其他承受摩擦的零件。

铸造用的黄铜，其牌号前面冠以“铸”字的汉语拼音字首“Z”。例如ZHSi80－3表示Cu为80%、Si为3%、其余为Zn的铸造黄铜。铸造黄铜一般用于制造轴瓦、轴套、蜗轮及其他抗磨零件。

2）青铜。铜与除镍和锌以外的元素形成的铜合金都叫青铜，有含锡青铜和不含锡的无锡青铜两种。

青铜有良好的耐磨性、抗蚀性，也有较好的力学性能。它的牌号用“青”字的汉语拼音字首“Q”加上合金成分表示。例如QSn8－12表示Sn为8%、Pb为12%、其余为Cu的青铜合金。青铜的铸造性能好，常用于制造轴瓦、蜗轮、螺母等耐磨零件。

用于铸造的青铜，其牌号前面冠以“Z”字首，如ZQSn10－1、ZQSn131等。

（2）铝合金

工业纯铝比重轻，有良好的导电、导热性，在大气下也有良好的耐蚀性，但强度和硬度低，在机械制造中多用它的合金。铝的牌号用“铝”字的汉语拼音字首“L”加上序号数字表示。例如L1、L2…L7，数字越大，纯度越低。

在铝中加入硅、铜、锰、镁等元素可得到强度较高的铝合金。铝合金的编号原则是：“LF”代表防锈铝合金，“LD”代表锻造铝合金，“LY”代表硬铝合金，“ZL”代表铸铝合金；字母后面的数字是序号。因此，从铝合金的牌号只能确定它是哪一种铝合金，其成分需在有关手册中查出。

防锈铝合金有良好的塑性和抗蚀性，但强度较低，一般用于制造冲压或模锻零件；锻造铝合金有良好的锻造性能，可用于锻制形状复杂的零件；硬铝合金的强度较高，具有一定塑性，常用于制造受力较大的构架、螺旋桨等机件；铸铝合金多属铝硅合金，它具有良好的铸造性能，且有较好的强度和耐蚀性，广泛用于制造油泵壳体、气缸头、活塞及发动机的附件等。

二、常用金属材料的性能

金属材料的性能通常包括物理性能、化学性能、力学性能和工艺性能等。

1. 金属材料的物理性能与化学性能

（1）密度

物质单位体积所具有的质量称为密度，用符号 ρ 表示。利用密度的概念可以帮助我们解决一系列实际问题，如计算毛坯的重量、鉴别金属材料等。常用金属材料的密度如下：铸钢为 7.8 g/cm^3，灰铸铁为 7.2 g/cm^3，钢为 7.85 g/cm^3，黄铜为 8.63 g/cm^3，铝为 2.7 g/cm^3。

（2）导电性

金属传导电流的能力叫作导电性。各种金属的导电性各不相同，通常银的导电性最好，其次是铜和铝。

（3）导热性

金属传导热量的性能称为导热性。一般来说，导电性好的材料，其导热性也好。若某些零件在使用中需要大量吸热或散热时，则要用导热性好的材料。如凝汽器中的冷却水管常用导热性好的铜合金制造，以提高冷却效果。

（4）热膨胀性

金属受热时体积发生胀大的现象称为金属的热膨胀。例如，被焊的工件由于受热不均匀而产生不均匀的热膨胀，就会导致焊件的变形和焊接应力。衡量热膨胀性的指标称为热膨胀系数。

（5）抗氧化性

金属材料在高温时抵抗氧化性气氛腐蚀作用的能力称为抗氧化性。热力设备中的高温部件，如锅炉的过热器、水冷壁管，汽轮机的气缸、叶片等，易产生氧化腐蚀。一般用作过热器管等材料的抗氧化腐蚀速度指标控制在≤0.1 mm/a。

（6）耐腐蚀性

金属材料抵抗各种介质（大气、酸、碱、盐等）侵蚀的能力称为耐腐蚀性。化工、热力设备中许多部件是在腐蚀条件下长期工作的，所以选材时必须考虑钢材的耐腐蚀性。

2. 金属材料的力学性能

金属材料受外部负荷时，从开始受力直至材料破坏的全部过程中所呈现的力学特征，称为力学性能。它是衡量金属材料使用性能的重要指标。力学性能主要包括强度、塑性、硬度和韧性等。

（1）强度

金属材料的强度性能表示金属材料对变形和断裂的抗力，它用单位截面上所受的力（称为应力）来表示。按外力作用的性质不同，可分为抗拉强度、抗压强度、抗弯强度等。常用的强度指标有屈服强度及抗拉强度等。工程上常用抗拉强度来表示金属的强度。

1）屈服强度。钢材在拉伸过程中，当拉应力达到某一数值而不再增加时，其变形却继续增加，这个拉应力值称为屈服强度，以 σ_s 表示。σ_s 值越高，材料的强度越高。

2）抗拉强度。金属材料在破坏前所承受的最大拉应力，以 σ_b 表示。σ_b 值越大，金属材料抵抗断裂的能力越大，强度越高。抗拉强度可用下式表示：

$$\sigma_b = \frac{P_b}{F_0}$$

式中 P_b——试样被拉断前的最大载荷，N；

F_0——试样原来的截面积，m^2；

σ_b——抗拉强度，Pa。

Pa（帕斯卡，简称帕）是国际单位制的应力单位。

$$1\ Pa = 1\ N/m^2$$

$1\ kg/mm^2 \approx 10\ MPa = 10^7\ Pa$。

一般钢的 σ_b 为 320 ~ 1 200 MPa（32 ~ 120 kg/mm^2），铁的 σ_b 为 250 ~ 300 MPa（25 ~ 30 kg/mm^2），铝的 σ_b 为 60 MPa。

（2）塑性

塑性是指金属材料在外力作用下产生塑性变形的能力。表示金属材料塑性性能的有伸长率、断面收缩率及冷弯角等。

1）伸长率。金属材料受拉力作用破断时，伸长量与原长度的百分比叫作伸长率，以 δ 表示。

$$\delta = \frac{L_1 - L_0}{L_0} \times 100\%$$

式中 L_0——试样的原标定长度，mm；

L_1——试样拉断后标距部分的长度，mm。

2）断面收缩率。金属材料受拉力作用断裂时，拉断处横截面缩小的面积与原始截面积的百分比叫作断面收缩率，以 φ 表示。

$$\varphi = \frac{F_0 - F}{F_0} \times 100\%$$

式中 F——试样拉断后，拉断处横截面面积，mm^2；

F_0——试样标距部分原始横截面面积，mm^2。

3）冷弯角。冷弯角也叫弯曲角，一般用长条形试件，根据不同的材质、板厚，按规定的弯曲半径进行弯曲，在受拉面出现裂纹时试件与原始平面的夹角，叫作冷弯角，以 α 表示。冷弯角越大，说明金属材料的塑性越好。

（3）冲击韧性

冲击韧性是衡量金属材料抵抗动载荷或冲击力的能力，冲击试验可以测定材料在突加载荷时对缺口的敏感性。冲击值是冲击韧性的一个指标，以 a_K 表示。a_K 值越大说明该材料的韧性越好。

$$a_K = \frac{A_K}{F}$$

式中　A_K——冲击吸收功，J；

F——试验前试样刻槽处的横截面积，cm^2；

a_K——冲击值，J/cm^2。

（4）硬度

金属材料抵抗外物压入的能力，称为硬度。测定硬度是在专门的硬度试验机上进行的。测量时把硬钢球或金刚石锥体，用一定的力压入被测金属的表层，然后根据压痕的大小或深浅来计算硬度值。常用的硬度有布氏硬度 HB、洛氏硬度 HR、维氏硬度 HV 三种，其中洛氏硬度用于测定硬度高的材料。

3．金属材料的工艺性能

金属材料的工艺性能是指承受各种冷热加工的能力。

（1）切削性能

切削性能是指金属材料是否易于切削的性能。切削时，若切削刀具不易磨损，切削力较小且被切削工件的表面质量高，则称此材料的切削性能好。一般灰铸铁具有良好的切削性能，钢的硬度在 180～200HBW 范围内时具有较好的切削性能。

（2）铸造性能

金属的铸造性能主要是指金属在液态时的流动性以及液态金属在凝固过程中的收缩和偏析程度。金属的铸造性能是保证铸件质量的重要性能。

（3）焊接性能

焊接性能是指材料在限定的施工条件下焊接成按规定设计要求的构件，并满足预定服役要求的能力。焊接性能受材料、焊接方法、构件类型及使用要求四个因素的影响。

焊接性能评定方法有很多，其中广泛使用的方法是碳当量法。这种方法是基于合金元素对钢的焊接性能不同程度的影响，而把钢中合金元素（包括碳）的含量按其作用换算成碳的相当含量，可作为评定钢材焊接性能的一种参考指标。碳当量法用于对碳钢和低合金钢淬硬及冷裂倾向的估算。

常用碳当量的计算公式：

$$碳当量\ CE = C + \frac{Mn}{6} + \frac{Cr + Mo + V}{5} + \frac{Ni + wCu}{15}$$

式中的元素符号表示它们在钢中所占的百分含量，若含量为一范围时，取上限。

经验证明：当 CE < 0.4% 时，钢材的淬硬倾向不明显，焊接性能优良，焊接时不必预热；当 CE = 0.4% ~ 0.6% 时，钢材的淬硬倾向逐渐明显，需采取适当预热和控制线能量等工艺措施；当 CE > 0.6% 时，钢材的淬硬倾向强，属于较难焊接的材料，需采取较高的预热温度和严格的工艺措施。

三、常用金属材料的应用

常用金属材料的应用见表 4—1。

表 4—1　　　　常用金属材料的应用

类别	牌号	强度（MPa）	主要用途及性能
灰铸铁	HT100	100	低负荷及不重要的零件，如盖、外罩、手轮、支架、重锤等
	HT150	150	承受中等应力（最小抗拉强度约 150 MPa）的零件，如支柱、底座、齿轮箱、工作台、刀架、端盖、阀体、管路附件及一般无工作条件要求的零件
	HT200	200	承受较大应力（最小抗拉强度分别为 200 MPa 和 250 MPa）和较重要的零件，如气缸、齿轮、机座、飞轮、床身、气缸体、气缸套、活塞、刹车轮、联轴器、齿轮箱、轴承座、油缸以及中等压力（80 MPa）液压筒、液压泵和阀的壳体等
	HT250	250	
	HT300	300	承受高应力（最小抗拉强度分别为 300 MPa、350 MPa、400 MPa）的重要零件，如齿轮、凸轮、车床卡盘、剪床和压力机的机身、高压液压缸和滑阀的壳体等
	HT350	350	
	HT400	400	
球墨铸铁	QT45－0	450	球墨铸铁是将普通铸铁用镁和硅铁（或其他球化剂）进行球化（变质）处理而获得的球状石墨的铸件。由于其中石墨是球状，大大减轻了石墨对金属基体的割断性和尖口作用。因此它既具有铸铁的优良特性，又兼有钢的高强度性能，有比钢更好的耐磨性、抗氧化性、减震性及非常小的缺口敏感性；同时还可经受多种热处理以提高强度。在机械制造工业中，广泛用其制造受磨损、高应力、有冲击作用的重要零件，如曲轴、气缸套、气阀、活塞、活塞环、齿轮等
	QT50－1.5	500	
	QT60－2	600	
	QT45－5	450	
	QT45－10	400	

续表

类别	牌号	强度（MPa）	主要用途及性能
可锻铸铁	KT30－6	300	具有高的冲击韧性和适度的强度，用于承受冲击、振动及扭转负荷下工作的零件，通常多用以制造农具、汽车零件、运输机、升降机和机床零件、纺织机零件以及管道配件等
	KT33－8	330	
	KT35－10	350	
	KT37－12	370	
	KTZ45－5	450	韧性较低，但强度大、硬度高，耐磨性好，且加工性良好，可用来代替低碳钢、中碳钢、低合金钢及有色合金制造要求较高强度和耐磨性的重要零件，如曲轴、连杆、齿轮、摇臂、凸轮轴、活塞环等，以及农具、军工用零件，是近代机械工业中得到广泛应用及有发展前途的结构材料
	KTZ50－4	500	
	KTZ60－3	600	
	KTZ70－2	700	
耐热铸铁	RTCr	180	在 600℃以下的空气和炉气介质中工作的零件（煤气发生炉的闸门、炉条、平炉冷却柜和其他零件）
	RTCr2	150	在 650℃以下的空气、炉气或发生炉煤气介质中工作的零件（炉条、炉条架、黄铁矿焙烧炉炉脊、平炉冷却柜、蒸汽锅炉的远距离操纵铁耙、换热管、黄铁矿焙烧炉的铁耙和耙齿以及其他零件）
	RTSi5	100	在 850℃以下的空气、炉气或发生炉煤气介质中工作的零件（换热管、节气阀、平炉冷却柜、煤气燃烧室反射板和蒸汽锅炉的炉栅横梁等）
	RTQSi5	220	在 950℃以下（含硅量小于 5%）和 1 000℃以下（含硅量超过 5.5%）的空气和炉气介质中工作的零件（换热管、炉条等）。在浇注复杂外形的零件时，应考虑到这种铸铁有随着含硅量的增加而增加的冷裂倾向
碳素钢铸件	ZG200－400	400	主要用于箱体类零件的制作、齿轮毛坯的制作、异形零件的毛坯制作，可根据强度进行选择
	ZG230－450	450	
	ZG270－500	500	
	ZG310－570	580	
	ZG340－640	650	
合金铸钢	ZG40Mn	650	在较高压力作用下，承受摩擦和冲击的零件，如齿轮等
	ZG40Mn2	600	用以制造承受摩擦的零件，如齿轮等，耐磨性较 ZG40Mn 高，可代替 ZG30CrMnSi
	ZG50Mn2	800	用以制造高强度的铸造零件，如齿轮、齿轮缘等
	ZG40Cr	640	用以制造高强度的铸造零件，如铸造齿轮、齿轮轮缘等主要零件

续表

类别	牌号	强度（MPa）	主要用途及性能
合金铸钢	ZG20SiMn	520	焊接性及液态流动性好，用以制造水压机工作缸、水轮机转子
	ZG35SiMn	580	用以制造承受摩擦的零件
	ZG35CrMo	600	用以制造链轮、电铲的支承轮、轴套、齿圈、齿轮等零件
	ZG50MnMo	700	用以制造车轮等零件
	ZG35CrMnSi	700	用以制造受冲击、受磨损的零件，如齿轮、滚轮等
	ZG42SiMn	600	适用于齿轮、车轮及其他耐磨零件
	ZG50SiMn	700	可代替ZG40Cr用以制造齿轮等
常用普通碳素结构钢	Q195（A1）	315~430	具有高的塑性、韧性和焊接性能及良好的压力加工性能，但强度低。用于制造地脚螺栓、犁铧、烟筒、屋面板、铆钉、低碳钢丝、薄板、焊管、拉杆、吊钩、支架、焊接结构
	Q215（A2）	335~450	
	Q235（A3）	375~500	具有高的塑性、韧性和焊接性能及冷冲压性能，以及一定的强度、好的冷弯性能。广泛用于一般要求的零件和焊接结构。如受力不大的拉杆、连杆、销、轴、螺钉、螺母、套圈、支架、机座、建筑结构、桥梁等
	Q255（A4）	410~550	具有较好的强度、塑性和韧性，较好的焊接性能和冷、热压力加工性能。用于制造强度要求不太高的零件，如螺栓、键、摇杆、轴、拉杆和钢结构用各种型钢、钢板等
	Q275（A5）	490~630	具有较好的强度、塑性、韧性和切削加工性能及一定的焊接性能。小型零件可以淬火强化，用于制造要求强度较高的零件，如齿轮、轴、链轮、键、螺栓、螺母、农机用型钢、输送链和链节
优质碳素结构钢	08	330	用于制造厚4 mm以下的钢板，用作冷压制品、冷拉钢丝、冷轧钢带和一些深冲击的钢板
	10	340	用于制造厚4 mm以下的冷压深冲制品，也可用于制造钢丝、钢带、焊接件、金属切削机床上的表面硬化零件、汽车车身零件、拉杆等
	15	380	用于制造热锻和热压制品、冷拉和冷顶锻机件、钢板、钢带、钢丝、机械铸件、金属切削机床上的表面渗碳或氰化的零件及渗碳或氰化的螺栓、螺钉、螺母、扳手等
	20	420	用于制造热锻和压制机件

续表

类别	牌号	强度(MPa)	主要用途及性能
优质碳素结构钢	25	460	用于制造热锻和热压机件、冷拉丝、钢板、钢带、钢管、金属切削机床上的渗碳和氰化零件，以及重型和中型机械制造中荷重不大的轴、螺栓、垫圈等
	30	500	用于制造热锻和热压机件、冷拉丝、钢板、钢带、钢丝，以及重型和一般机械制造中的轴、拉杆、套环等
	35	540	用于制造热锻和热压机件、冷拉和冷顶锻钢材、无缝钢管、机床上的零件、铸件，以及重型和中型机械制造中的锻制机轴、压制机气缸、减速器轴等
	40	580	用于制造热锻和热压制机件、冷拉丝、钢板、钢带、无缝钢管、金属切削机床的零件（经热处理后使用），以及重型机械制造中的曲轴、齿轮、轴和中型机械制造中的连接杆、齿轮、轴等
	45	610	用于制造热锻和热压机件、冷拉丝、铸件以及重型和中型机械制造中的轧制轴、轧钢机的牙轮、泵的活塞、齿轮、齿条、螺栓、销子、螺母、心轴摩擦盘、节管等
	50	640	用于制造热锻和热压机件、冷拉丝、钢板、钢带、金属切削机床的零件、铸件，以及重型机械制造中的锻制机轴、杆件、轮子、铸造齿轮、磨石机机轮等
	55	660	用于制造热锻和热压机件、冷拔钢带、铸件，以及重型和一般机械制造中的轧制轮轴和凸轮等
	60	690	用于制造热锻和热压制件、钢结构件、钢带和钢丝，以及拖拉机和一般机械制造中的轧制机轴、偏心轴、弹簧圈、连接器弹簧和压盖等
	65 ~ 70	710 ~ 730	一般用于制造圆、扁弹簧或钢丝绳所用的钢丝，以及要求有高硬度的器具，如犁铧、电车车轮等

续表

类别	牌号	强度（MPa）	主要用途及性能
常用合金结构钢	16Mn	480	焊接性能较好，一般用于要求较高的铆焊件，在箱体、架体零件的焊接用材上大量采用
	20Mn2	800	用以代替20Cr，用于制造截面尺寸小于50 mm的渗碳零件，如渗碳的小齿轮、小轴，力学性能要求不高的十字头销、活塞销、柴油机套筒、气门顶杆、操纵杆等，也可制造螺栓、铆焊件等
	35SiMn	900	合金调质钢，在调质状态下用于制造中速、中负荷载的零件，在淬火、回火状态下用于制造高负载、小冲击振动的零件，以及制造截面较大、表面淬火的零件，如汽轮机的主轴或轮毂、叶轮及各种重要的紧固件；通用机械中的传动轴、主轴、心轴、连杆、齿轮、蜗杆等
	20CrMnTi	1 100	工艺性优良，用于制造汽车、拖拉机的齿轮、凸轮，是Cr－Ni钢代用品
	40Cr	1 000	使用最广泛的钢种之一。调质后用于制造中速、中载的零件，如机床齿轮、轴、蜗杆、花键轴等；调质并高频淬火后用于制造表面高硬度、耐磨的零件，如齿轮、轴、主轴、曲轴、销子、连杆、紧固件等；经淬火及中温回火后用于制造重载、低冲击、耐磨的零件，如蜗杆、主轴、轴、套环等
	42CrMo	1 100	一般用于制造强度要求较高、断面尺寸较大的重要零件，如轴、齿轮、连杆、变速箱齿轮、增压器齿轮、发动机气缸、弹簧、弹簧夹、石油钻杆接头等
	38CrMoAl	1 000	高级渗氮钢，用于制造高疲劳强度、高耐磨性的零件，热处理后尺寸精确、强度较高的各种尺寸不大的渗氮件，如气缸套、座套、活塞螺栓、检验规、精密磨床主轴、车床主轴、精密丝杠、齿轮、阀杆、样板等
	15Cr	750	船舶主机螺钉、活塞销、凸轮、机车小零件及心部韧性高的渗碳零件
	20Cr	850	机床齿轮、齿轮轴、蜗杆、活塞销及气门顶杆等

续表

类别		牌号	强度（MPa）	主要用途及性能
常用有色金属（铜及铜合金）	紫铜	T1 ~ T4	245	导电和高纯度的合金用；导电用铜和高级合金用；一般用铜材和铜合金用；高温环境，如高炉风口小套等
	普通黄铜	H90	480	压力加工用、铸造用。可用于滑动轴承轴瓦、散热管、冷却管等，可制成各种板、管、带材
		H80	640	
		H68	660	
		H62	700	
	铅黄铜	HPb74 - 3	650	压力加工用、铸造用。可用于滑动轴承轴瓦，可制成阀体、阀座及滑动导轨，可制成各种板、管、带材
		HPb64 - 2	600	
		HPb63 - 3	600	
		HPb60 - 3	670	
		HPb59 - 1	650	
	锡黄铜	HSn90 - 1	520	压力加工用、铸造用。可用于滑动轴承轴瓦、衬套，可制成阀体、阀座及滑动导轨，可制成各种板、管、带材
		HSn70 - 1	700	
		HSn62 - 1	700	
	锡青铜	QSn4 - 3	550	压力加工用、铸造用。可用于滑动轴承轴瓦、衬套，可制成阀体、阀座及滑动导轨，可制成各种板、管、带材
		QSn4 - 4 - 4	550 ~ 650	
		QSn6. 5 - 0. 4	700 ~ 800	
		QSn6. 5 - 0. 1	700 ~ 800	
		QSn7 - 0. 2	360	
		QSn4 - 0. 3	600	
	铝青铜	QAl9 - 2	600 ~ 800	压力加工用、铸造用。可用于滑动轴承轴瓦、衬套，可制成阀体、阀座及滑动导轨，可制成各种板、管、带材
		QAl9 - 4	800 ~ 1 000	
		QAl10 - 3 - 1. 5	700 ~ 900	
		QAl10 - 4 - 4	900 ~ 1 100	

参照表 4—1，讨论图 4—3 中金属零件、产品等的用途，需具备什么性能？是什么合金材料？

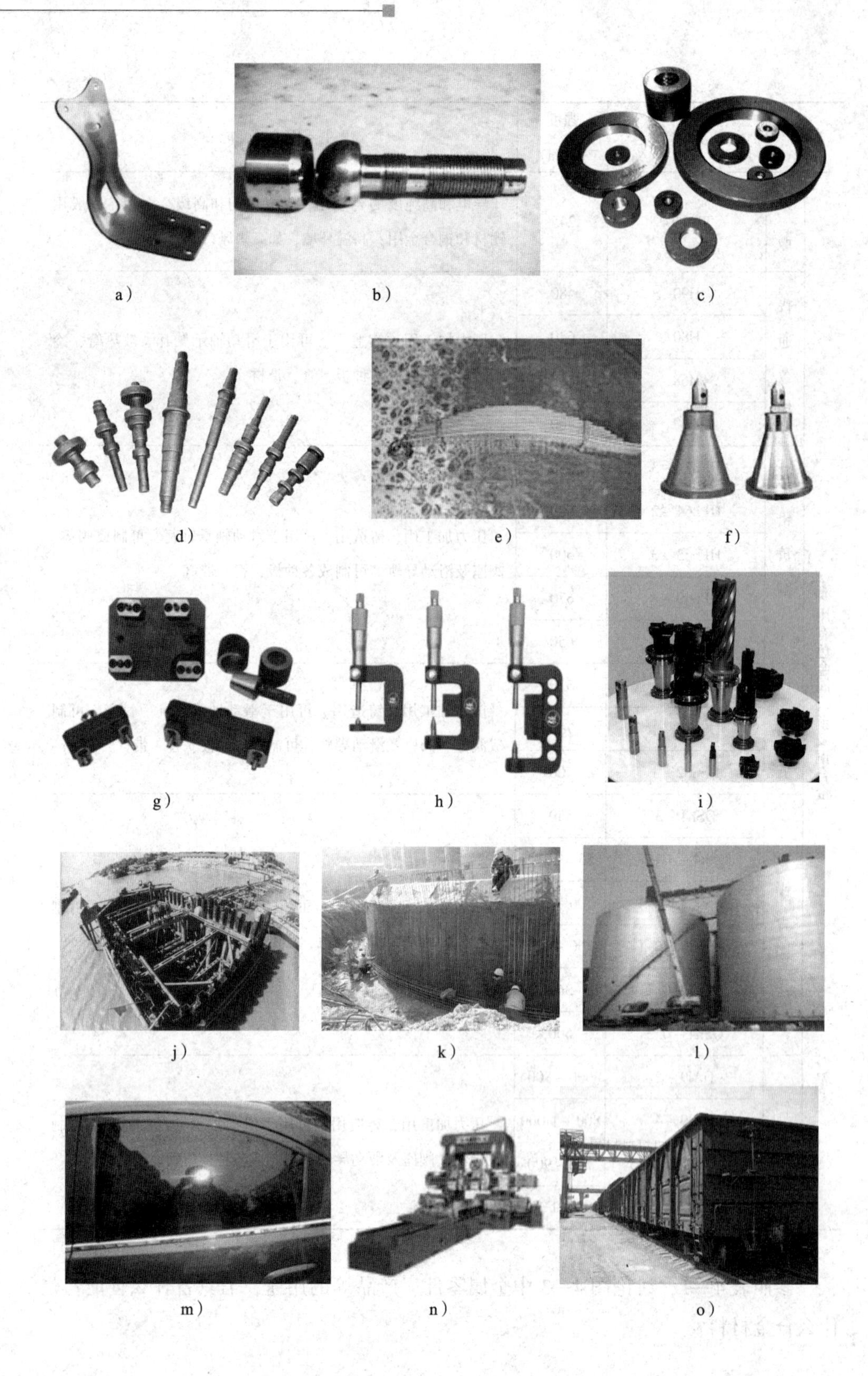

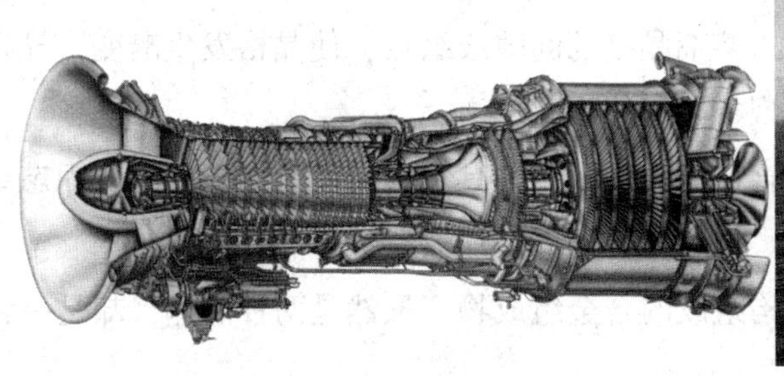

p）

q）

图 4—3　金属材料的应用

a）车削零件　b）车削螺钉类零件　c）车削盘环类零件　d）精铸轴类零件

e）卡车钢板弹簧　f）支承　g）位置度量规　h）千分尺　i）刀具

j）钢板桩施工　k）钢筋和泥土建筑　l）石油钢板仓　m）汽车覆盖件

n）龙门铣床　o）列车车皮　p）航空发动机　q）航空母舰

第 2 节　金属热处理

金属热处理是将金属工件放在一定的介质中加热到适宜的温度，并在此温度中保持一定时间后，又以不同速度在不同的介质中冷却，通过改变金属材料表面或内部的显微组织结构来控制其性能的一种工艺。它是利用固态金属相变规律，采用加热、保温、冷却的方法，改善并控制金属所需组织与性能（物理、化学及力学性能等）的技术。

一、金属热处理概述

1. 金属组织

金属：不透明并具有金属光泽及良好的导热和导电性，并且其导电能力随温度的增高而减小，富有延性和展性等特性的物质。金属是内部原子具有规律性排列的固体（即晶体）。

合金：由两种或两种以上金属或金属与非金属组成，具有金属特性的物质。

相：合金中成分、结构、性能相同的组成部分。

固溶体：是一个（或几个）组元的原子（化合物）溶入另一个组元的晶格中，而仍保持另一组元的晶格类型的固态金属晶体。固溶体分间隙固溶体和置换固溶体两种。

固溶强化：由于溶质原子进入溶剂晶格的间隙或结点，使晶格发生畸变，导致固溶体的硬度和强度升高，这种现象叫固溶强化。

化合物：合金组元间发生化合作用，生成一种具有金属性能的新的晶体固态结构。

机械混合物：由两种晶体结构组成的合金组成物，虽然是两种晶体，却是一种组成成分，具有独立的机械性能。

铁素体：碳在 $\alpha-Fe$（体心立方结构的铁）中的间隙固溶体。

奥氏体：碳在 $\gamma-Fe$（面心立方结构的铁）中的间隙固溶体。

渗碳体：碳和铁形成的稳定化合物（Fe_3C）。

珠光体：铁素体和渗碳体组成的机械混合物（$F+Fe_3C$，含碳量为0.8%）。

莱氏体：渗碳体和奥氏体组成的机械混合物（含碳量为4.3%）。

2. 热处理工艺特点

金属热处理是机械制造中的重要过程之一，与其他加工工艺相比，热处理一般不改变工件的形状和整体的化学成分，而是通过改变工件内部的显微组织，或改变工件表面的化学成分，赋予或改善工件的使用性能。其特点是改善工件的内在质量，而这一般不是肉眼所能看到的，所以，它是机械制造中的特殊工艺过程，也是质量管理的重要环节。

为使金属工件具有所需要的力学性能、物理性能和化学性能，除合理选用材料和各种成形工艺外，热处理工艺往往是必不可少的。钢铁是机械工业中应用最广泛的材料，其显微组织复杂，可以通过热处理予以控制，所以钢铁的热处理是金属热处理的主要内容。另外，铝、铜、镁、钛等及其合金也都可以通过热处理改变其力学、物理和化学性能，以获得不同的使用性能。

3. 热处理工艺的发展

在从石器时代进展到铜器时代和铁器时代的过程中，热处理的作用逐渐为人们所认识。早在商朝，就已经有了经过再结晶退火的金箔饰物。公元前770年—公元前222年，中国人在生产实践中就已发现，铜铁的性能会因温度和加压变形的影响而变化。白口铸铁的柔化处理就是制造农具的重要工艺。

公元前6世纪，钢铁兵器逐渐被采用，为了提高钢的硬度，淬火工艺遂得到迅速发展。随着淬火技术的发展，人们逐渐发现淬冷剂对淬火质量的影响。

1863年，英国金相学家和地质学家展示了钢铁在显微镜下的六种不同的金相组织，证明了钢在加热和冷却时，内部会发生组织改变，钢中高温时的相在急冷时转变为一种较硬的相。法国人奥斯蒙德确立的铁的同素异构理论，以及英国人奥斯汀最早制定的铁碳相图，为现代热处理工艺初步奠定了理论基础。与此同时，人们还研究了在金属热处理的加热过程中对金属的保护方法，以避免加热过程中金属的氧化和脱碳等。

20 世纪以来，金属物理的发展和其他新技术的移植应用，使金属热处理工艺得到更大发展。一个显著的进展是 1901—1925 年，在工业生产中应用转筒炉进行气体渗碳；20 世纪 30 年代出现露点电位差计，使炉内气氛的碳势达到可控，以后又研究出用二氧化碳红外仪、氧探头等进一步控制炉内气氛碳势的方法；20 世纪 60 年代，热处理技术运用了等离子场的作用，发展了离子渗氮、渗碳工艺；激光、电子束技术的应用，又使金属获得了新的表面热处理和化学热处理方法。

二、热处理工艺过程

热处理工艺一般包括加热、保温、冷却三个过程，有时只有加热和冷却两个过程。这些过程互相衔接，不可间断。

1. 加热

加热是热处理的重要工序之一。金属热处理的加热方法很多，最早是采用木炭和煤作为热源，进而应用液体和气体燃料。电的应用使加热易于控制，且无环境污染。利用这些热源可以直接加热，也可以通过熔融的盐或金属，以至浮动粒子进行间接加热。

金属加热时，工件暴露在空气中，常常发生氧化、脱碳（即钢铁零件表面碳含量降低），这对于热处理后零件的表面性能有很不利的影响。因而金属通常应在可控气氛或保护气氛中、熔融盐中和真空中加热，也可用涂料或包装方法进行保护加热。

加热温度是热处理工艺的重要工艺参数之一，选择和控制加热温度，是保证热处理质量的主要问题。加热温度随被处理的金属材料和热处理目的的不同而异，但一般都是加热到某特性转变温度以上，以获得高温组织。另外转变需要一定的时间，因此当金属工件表面达到要求的加热温度时，还须在此温度保持一定的时间，使内外温度一致，使显微组织转变完全，这段时间称为保温时间。采用高能密度加热和表面热处理时，加热速度极快，一般就没有保温时间，而化学热处理的保温时间往往较长。

2. 冷却

冷却也是热处理工艺过程中不可缺少的步骤，冷却方法因工艺不同而不同，主要是控制冷却速度。一般退火的冷却速度最慢，正火的冷却速度较快，淬火的冷却速度更快。冷却速度还因钢种不同而有不同的要求，例如空硬钢就可以用正火一样的冷却速度进行淬硬。

三、热处理工艺介绍

金属热处理工艺大体可分为整体热处理、表面热处理和化学热处理三大类。根据加热介质、加热温度和冷却方法的不同，每大类又可区分为若干不同的热处理工艺。同一种金属采用不同的热处理工艺，可获得不同的组织，从而具有不同的性能。钢铁是工业上应用最广泛的金属，而且钢铁显微组织也最为复杂，因此钢铁热处理工艺种类繁多。

1. 基本工艺

整体热处理是对工件整体加热，然后以适当的速度冷却，以改变其整体力学性能的金属热处理工艺。钢铁整体热处理大致有退火、正火、淬火和回火四种基本工艺。

退火是将工件加热到适当温度，根据材料和工件尺寸采用不同的保温时间，然后进行缓慢冷却，目的是使金属内部组织达到或接近平衡状态，或者是使前道工序产生的内部应力得以释放，获得良好的工艺性能和使用性能，或为进一步淬火作组织准备。

正火或称常化，是将工件加热到适宜的温度后在空气中冷却的金属热处理工艺。正火的效果同退火相似，只是得到的组织更细，常用于改善材料的切削性能，有时也用于一些要求不高的零件的最终热处理。

淬火是将工件加热保温后，在水、油或其他无机盐溶液、有机水溶液等淬冷介质中快速冷却的金属热处理工艺。淬火后钢件变硬，但同时变脆。

回火是为了降低钢件的脆性，将淬火后的钢件在高于室温而低于650℃的某一适当温度进行较长时间的保温，再进行冷却的金属热处理工艺。

退火、正火、淬火、回火是整体热处理中的“四把火”，其中的淬火与回火关系密切，常常配合使用，缺一不可。

2. 工艺结合

“四把火”随着加热温度和冷却方式的不同，又演变出不同的热处理工艺。为了获得一定的强度和韧性，把淬火和高温回火结合起来的工艺，称为调质。某些合金淬火形成过饱和固溶体后，将其置于室温或稍高的适当温度下保持较长时间，以提高合金的硬度、强度或电性、磁性等，这样的热处理工艺称为时效处理。

把压力加工形变与热处理有效而紧密地结合起来进行，使工件获得很好的强度、韧性配合的方法称为形变热处理。在负压气氛或真空中进行的热处理称为真空热处理，它不仅能使工件不氧化，不脱碳，保持处理后工件表面光洁，提高工件的性能，还可以通入渗剂进行化学热处理。

表面热处理是只加热工件表层，以改变其表层力学性能的金属热处理工艺。化学热处理是改变工件表层化学成分、组织和性能的金属热处理工艺。化学热处理与表面热处理的不同之处是后者改变了工件表层的化学成分。

热处理是机械零件和工模具制造过程中的重要工序之一。大体来说，它可以保证和提高工件的各种性能，如耐磨、耐腐蚀等。还可以改善毛坯的组织和应力状态，以利于进行各种冷、热加工。

目前，随着激光和等离子技术的日益成熟，利用这两种技术，在普通钢工件表面涂敷一层其他耐磨、耐蚀或耐热涂层，以改变原工件的表面性能，这种新技术称为表面改性。

四、加热缺陷及控制

1. 过热现象

热处理过程中加热过热最易导致奥氏体晶粒的粗大，使零件的机械性能下降。

（1）一般过热

加热温度过高或在高温下保温时间过长，引起奥氏体晶粒粗化称为过热。粗大的奥氏体晶粒会导致钢的强韧性降低，脆性转变温度升高，增加淬火时的变形开裂倾向。而导致过热的原因是炉温仪表失控或混料（常为不懂工艺发生的）。过热组织可经退火、正火或多次高温回火后，在正常情况下重新奥氏化使晶粒细化。

（2）断口遗传

有过热组织的钢材，重新加热淬火后，虽能使奥氏体晶粒细化，但有时仍出现粗大颗粒状断口。产生断口遗传的理论争议较多，一般认为因加热温度过高而使 MnS 之类的夹杂物溶入奥氏体并富集于晶接口，冷却时这些夹杂物沿晶接口析出，受冲击时易沿粗大奥氏体晶界断裂。

（3）粗大组织的遗传

有粗大马氏体、贝氏体、魏氏体组织的钢件重新奥氏化时，以慢速加热到常规的淬火温度，甚至再低一些，其奥氏体晶粒仍然是粗大的，这种现象称为组织遗传性。要消除粗大组织的遗传性，可采用中间退火或多次高温回火处理。

2. 过烧现象

加热温度过高，不仅引起奥氏体晶粒粗大，而且晶界局部出现氧化或熔化，导致晶界弱化，称为过烧。钢过烧后性能严重恶化，淬火时形成龟裂。过烧组织无法恢复，只能报废。因此在工作中要避免过烧的发生。

3. 脱碳和氧化

钢在加热时，表层的碳与介质（或气氛）中的氧、氢、二氧化碳及水蒸气等发生反应，降低了表层碳的浓度称为脱碳。脱碳钢淬火后表面硬度、疲劳强度及耐磨性降低，而且表面形成残余拉应力易形成表面网状裂纹。

加热时，钢表层的铁及合金元素与介质（或气氛）中的氧、二氧化碳、水蒸气等发生反应生成氧化物膜的现象称为氧化。高温（一般570℃以上）工件氧化后尺寸精度和表面光亮度恶化，具有氧化膜的淬透性差的钢件易出现淬火软点。

防止氧化和减少脱碳的措施有：工件表面涂料，用不锈钢箔包装密封加热，采用盐浴炉加热，采用保护气氛加热（如净化后的惰性气体、控制炉内碳势），采用火焰燃烧炉（使炉气呈还原性）。

4. 氢脆现象

高强度钢在富氢气氛中加热时出现塑性和韧性降低的现象称为氢脆。出现氢脆的工件通过除氢处理（如回火、时效等）也能消除氢脆。采用真空、低氢气氛或惰性气氛加热可避免氢脆。

第5章

常用非金属材料知识

第1节 常用工程塑料

广义来说，凡可作为工程材料即结构材料的塑料叫作工程塑料，常用工程塑料见表5—1。

狭义而言，具有某些金属性能，能承受一定的外力作用，并有良好的机械性能、电性能和尺寸稳定性，在高、低温下仍能保持其优良性能的塑料叫作工程塑料。

表5—1 常用工程塑料

国际牌号	国内牌号	国际牌号	国内牌号
PTFE	聚四氟乙烯	PVDF	聚二氟乙烯（聚偏氟乙烯）
PEEK	聚醚醚酮	PI	聚酰亚胺
POM	聚甲醛	PE	聚乙烯
HDPE	高密度聚乙烯（低压聚乙烯）	HMW－PE	高分子量聚乙烯
UHMW－PE	超高分子量聚乙烯	PPS	聚苯硫醚
PA66	尼龙66（聚酰胺66）	PA6	尼龙6（聚酰胺6）
PA46	尼龙46（聚酰胺46）	PP	聚丙烯
PBT	聚酯树脂	ABS	丙烯腈－丁二烯－苯乙烯共聚物

通用工程塑料：聚酰胺、聚碳酸酯、聚甲醛、丙烯腈—丁二烯—苯乙烯共聚物、聚苯醚（PPO）、聚对苯二甲酸丁二醇酯（PBTP）及其改性产品。

特种工程塑料（高性能工程塑料）：耐高温、结构材料，如聚砜（PSU）、聚酰亚胺

(PI)、聚苯硫醚（PPS)、聚醚砜（PES)、聚芳酯（PAR)、聚酰胺酰亚胺（PAI)、聚苯酯、聚四氟乙烯（PTFE)、聚醚酮类、离子交换树脂、耐热环氧树脂等。

如图 5—1 所示为工程塑料的应用。

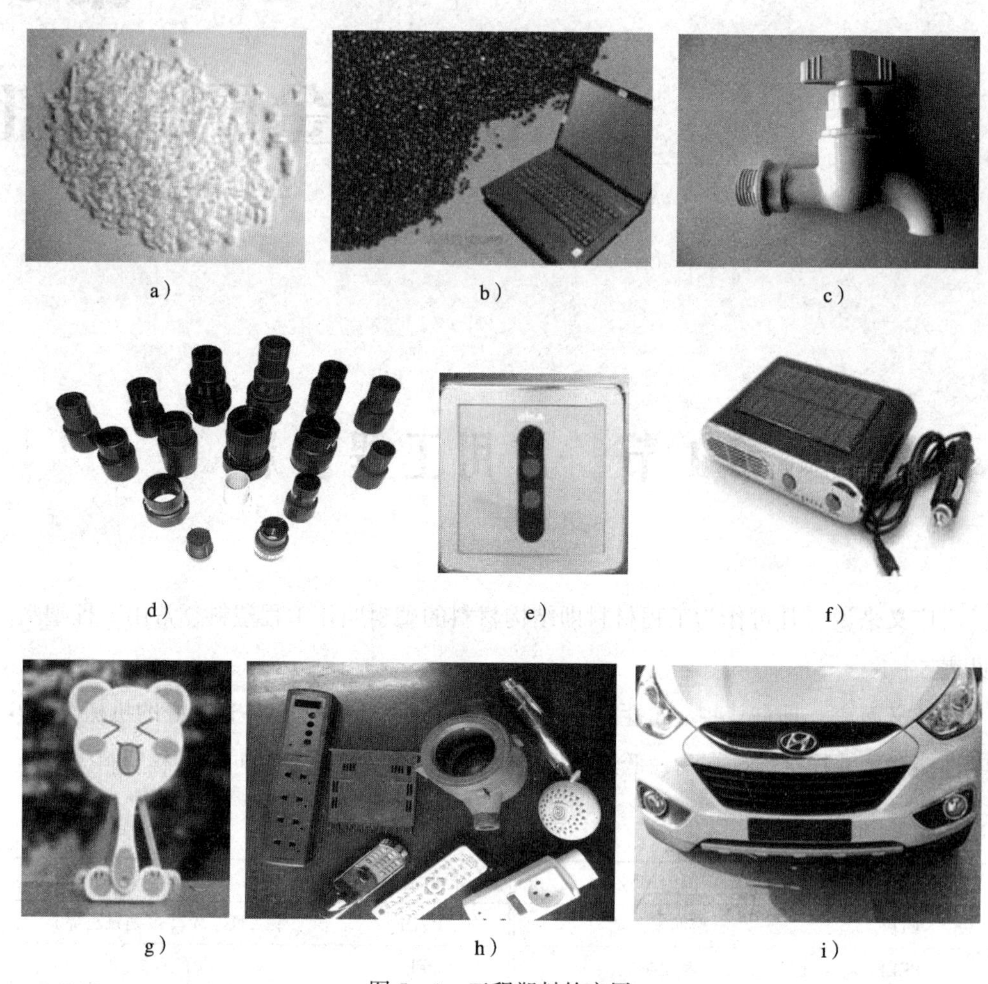

图 5—1 工程塑料的应用

a）ABS 原材料 b）染色 ABS 材料与手提计算机机壳 c）水龙头 d）电缆、电线接头 e）按钮开关 f）电子产品壳体 g）玩具壳体 h）家电产品零配件 i）汽车防撞护栏

一、ABS 塑料

ABS 塑料的主体是丙烯腈、丁二烯和苯乙烯的共混物或三元共聚物，是一种坚韧而有刚性的热塑性塑料。苯乙烯使 ABS 有良好的模塑性、光泽和刚度；丙烯腈使 ABS 有良好的耐热、耐化学腐蚀性和表面硬度；丁二烯使 ABS 有良好的抗冲击强度和低温回弹性。三种组分的比例不同，其性能也随之变化。

1. 性能特点

ABS 在一定温度范围内具有良好的抗冲击强度和表面硬度，有较好的尺寸稳定性、一定的耐化学药品性和良好的电气绝缘性。它不透明，一般呈浅象牙色，能通过着色而制成具有高度光泽的其他任何色泽制品。电镀级的外表可进行电镀、真空镀膜等装饰。通用级 ABS 不透水，燃烧缓慢，燃烧时软化，火焰呈黄色、有黑烟，最后烧焦、有特殊气味，但无熔融滴落，可用注射、挤塑和真空等成型方法进行加工。

2. 级别与用途

ABS 按用途不同可分为通用级（包括各种抗冲级）、阻燃级、耐热级、电镀级、透明级、结构发泡级和改性 ABS 等，如图 5—1 所示。通用级用于制造齿轮、轴承、把手、机器外壳和部件、各种仪表、计算机、收录机、电视机、电话等外壳和玩具等；阻燃级用于制造电子部件，如计算机终端、机器外壳和各种家用电器产品；结构发泡级用于制造电子装置的罩壳等；耐热级用于制造动力装置中的自动化仪表和电动机外壳等；电镀级用于制造汽车部件、各种旋钮、铭牌、装饰品和日用品；透明级用于制造度盘、冰箱内的食品盘等。

二、聚丙烯（PP）

聚丙烯是 20 世纪 60 年代发展起来的新型热塑性塑料，是由石油或天然气裂化得到丙烯，再经特种催化剂聚合而成，是目前塑料工业中发展速度最快的品种，产量仅次于聚乙烯、聚氯乙烯和聚苯乙烯而居第四位。

1. 性能特点

聚丙烯通常为白色、易燃的蜡状物，比聚乙烯透明，但透气性较低。密度为 0.9 g/cm^3，是塑料中密度最小的品种之一，在廉价的塑料中耐温最高，熔点为 164～170℃，低负荷下可在 110℃下连续使用。吸水率低于 0.02%，高频绝缘性好，机械强度较高，耐弯曲疲劳性尤为突出。在耐化学性方面，除浓硫酸、浓硝酸对聚丙烯有侵蚀外，对多种化学试剂都比较稳定。制品表面有光泽，某些氯代烃、芳烃和高沸点脂肪烃能使其软化或溶胀。缺点是耐候性较差，对紫外线敏感，加入炭黑或其他抗老剂后，可改善耐候性。聚丙烯收缩率较大，为 1%～2%。

2. 用途

可代替部分有色金属，广泛用于汽车、化工、机械、电子和仪器仪表等工业部门，如各种汽车零件、自行车零件、法兰、接头、泵叶轮、医疗器械（可进行蒸气消毒）、管道、化工容器、工厂配线和录音带等。由于无毒，还广泛用于食品、药品的包装以及日用品的制造。

三、聚乙烯（PE）

由乙烯聚合而成的聚乙烯是目前世界上热塑性塑料中产量最大的一个品种。它为白色蜡状半透明材料，柔而韧，稍能伸长，比水轻、易燃、无毒。按合成方法的不同，可分为高压、中压和低压三种，近年来还开发出超高分子量聚乙烯和多种乙烯共聚物等新品种。

1. 高压聚乙烯

高压聚乙烯又称低密度聚乙烯，密度为0.91～0.94 g/cm³，是聚乙烯中最轻的一个品种。分子中支链较多、结晶度较低（60%～80%），优点是具有优良的电性能和耐化学药品性能，在柔软性、伸长率、耐冲击性和透明性等方面均比中、低压聚乙烯好。缺点是易透气、透湿，机械强度比中、低压聚乙烯稍差，主要用作电线、电缆包皮、各种注射品、薄片、薄膜和涂层等方面。

2. 中、低压聚乙烯

中、低压聚乙烯又称高密度聚乙烯。

（1）中压聚乙烯

中压聚乙烯密度为0.95～0.98 g/cm³，是各种聚乙烯中最重要的一种。分子中支链较少，结晶度高达90%，耐热性和机械性能均优于其他聚乙烯，比高压和低压聚乙烯难透气、透湿，还具有优良的电性能及化学稳定性。主要用作电绝缘材料、汽车零件、管道、医用和日用瓶子、各种工业用板材和渔网等。

（2）低压聚乙烯

低压聚乙烯密度为0.94～0.96 g/cm³，分子中支链较高压聚乙烯少，接近或略高于中压聚乙烯，结晶度达80%～90%，机械强度和硬度介于中、高压聚乙烯之间，最高使用温度为100℃，制品可进行煮沸消毒；耐寒性好，在－70℃仍有柔软性；耐溶剂性比高压聚乙烯好，比高压聚乙烯难透气和透湿；在高温下几乎不被任何溶剂侵蚀，并耐各种强酸（除浓硝酸等氧化性酸外）和强碱的作用；吸湿性很小，有良好的绝缘性能。

3. 超高分子量聚乙烯

分子量为300万～600万，机械强度、抗冲性和耐磨性极佳，加工成型难，一般采用压缩与活塞挤出成型，主要用作齿轮、轴承、星轮、汽车燃料槽及其他工业用容器等。

四、聚酰胺（PA）

聚酰胺塑料商品名称为尼龙，是最早出现能承受负荷的热塑性塑料，也是目前机械、电子、汽车等工业部门应用较广泛的一种工程塑料。

1. 性能特点

聚酰胺有很高的抗张强度和良好的冲击韧性，有一定的耐热性，可在 80℃以下使用；耐磨性好，作转动零件有良好的消音性，转动时噪声小，耐化学腐蚀性良好。

2. 各品种的特性

聚酰胺品种很多，主要有聚酰胺 –6、–66、–610、–612、–8、–9、–11、–12、–1010 以及多种共聚物，如聚酰胺 –6/66、–6/9 等。

（1）聚酰胺 –6

聚酰胺 –6 又名聚己内酰胺，具有优良的耐磨性和自润滑性，耐热性和机械强度较高，低温性能优良，能自熄、耐油、耐化学药品，弹性好，冲击强度高，耐碱性优良，耐紫外线和日光。缺点是收缩率大，尺寸稳定性差。工业上用于制造轴承、齿轮、滑轮、传动皮带等，还可抽丝和制成薄膜作为包装材料使用。

（2）聚酰胺 –66

聚酰胺 –66 又名聚己二酰己二胺，性能和用途与聚酰胺 –6 基本一致，但成型比它困难。聚酰胺 –66 还能制作各种把手、壳体、支承架、传动罩和电缆等。

（3）聚酰胺 –610

聚酰胺 –610 又名聚癸二酰己二胺，吸水性小，尺寸稳定性好，低温强度高，耐强碱强酸，耐一般溶剂，强度介于 –66 和 –6 之间，密度较小，加工容易。主要用于机械工业、汽车、拖拉机中制作齿轮、衬垫、轴承、滑轮等精密部件。

（4）聚酰胺 –612

聚酰胺 –612 又名聚十二烷二酰己二胺，其性能与 –610 相近，尺寸稳定性更好，主要用于精密机械部件、电线电缆被覆、枪托、弹药箱、工具架和线圈架等。

（5）聚酰胺 –8

聚酰胺 –8 又名聚辛酰胺，性能与聚酰胺 –6 相近，可用于制作模制品、纤维、传送带、密封垫圈和日用品等。

（6）聚酰胺 –9

聚酰胺 –9 又名聚壬酰胺，耐老化性能最好，热稳定性好，吸湿性低，耐冲击性好，主要用于制作汽车或其他机械部件，电缆护套、金属表面涂层等。

（7）聚酰胺-11

聚酰胺-11又名聚十一酰胺，低温性能好，密度小，吸湿性低，尺寸稳定性好，加工范围宽，主要用于制作硬管和软管，适于输送汽油。

（8）聚酰胺-12

聚酰胺-12又名聚十二酰胺，密度最小，吸水性小，柔软性好，主要用于制作各种油管、软管、电线电缆被覆、精密部件和金属表面涂层等。

（9）聚酰胺-1010

聚酰胺-1010又名聚癸二酰癸二胺，具有优良的机械性能，拉伸、压缩、冲击、刚性等都很好，耐酸碱及其他化学药品，吸湿性小，电性能优良，主要用于制造合成纤维和各种机械零件等。

五、聚甲醛（POM）

聚甲醛是20世纪60年代出现的一种热塑性工程塑料，有均聚和共聚两大类，是一种没有侧链的、高密度、高结晶性的线型聚合物，用玻纤增强可提高其机械强度，用石墨、二硫化钼或四氟乙烯润滑剂填充可改进润滑性和耐磨性。

1. 性能特点

聚甲醛通常为白色粉末或颗粒，熔点为153~160℃，结晶度为75%，聚合度为1 000~1 500，具有综合的优良性能，如高的刚度和硬度，极佳的耐疲劳性和耐磨性，较小的蠕变性和吸水性，较好的尺寸稳定性和化学稳定性，良好的绝缘性等。主要缺点是耐热老化和耐大气老化性较差，加入有关助剂和填料后可得到改进。此外，聚甲醛易受强酸侵蚀，熔融加工困难，非常容易燃烧。

2. 用途

聚甲醛在机电工业、精密仪表工业、化工、电子、纺织、农业等部门均获得广泛应用，主要代替部分有色金属与合金制作一般结构零部件，耐磨、耐损耗以及承受高负荷的零件，如轴承、凸轮、滚轮、辊子、齿轮、阀门上的阀杆、螺母、垫圈、法兰、仪表板、汽化器、各种仪器外壳、箱体、容器、泵叶轮、叶片、配电盘、线圈座、运输带和管道、电视机微调滑轮、盒式色磁带滑轮、洗衣机滑轮、驱动齿轮和线圈骨架等。

六、聚砜（PSU）

聚砜是20世纪60年代出现的一种耐高温、高强度热塑性塑料，被誉为“万用高效工程塑料”。它一般呈透明、微带琥珀色，也有的是象牙色的不透明体，能在限宽的温度范围内制成透明或不透明的各种颜色，通常应用染料干混法而不能用颜料干染。

聚砜可用注射、挤塑、吹塑、中空成型、真空成型、热成型等方法加工成型，还能进行一般机械加工和电镀。

1. 性能特点

（1）耐热性能好，可在 -100 ~ 150℃的范围内长期使用。短期可耐温 195℃，热变形温度为 174℃（1.82 MPa）。

（2）蠕变值极低，在 100℃、20.6 MPa 负荷下，蠕变值仅为 0.5%。

（3）机械强度高，刚度好。

（4）优良的电气特性，在 -73 ~ 150℃的温度下长期使用，仍能保持相当高的电绝缘性能。在 190℃高温下，置于水或湿空气中也能保持介电性能。

（5）有良好的尺寸稳定性。

（6）有较好的化学稳定性和自熄性。

2. 成型和使用上的缺点

（1）成型加工性能较差，要求在 330 ~ 380℃的高温下加工。

（2）耐候及耐紫外线性能较差。

（3）耐极性有机溶剂（如酮类、氯化烃等）较差。

（4）制品易开裂。

加入玻纤、矿物质或合成高分子材料，可改善成型和使用性能。

3. 用途

聚砜主要用作高强度的耐热零件、耐腐蚀零件和电气绝缘件，特别适用于既要强度高、蠕变小，又要耐高温、高尺寸准确性的制品，如精密、小型的电子、电器、航空工业应用的耐热部件、汽车分速器盖，电子计算机零件、洗涤机零件、电钻壳件、电视机零件、印刷电路材料、线路切断器、电冰箱零件等。此外，还可用作结构型粘接剂。

七、聚对苯二甲酸丁二醇酯（PBTP）

聚对苯二甲酸丁二醇酯是国外 20 世纪 70 年代发展起来的一种具有优良综合性能的热塑性工程塑料。它熔融冷却后，迅速结晶，成型周期短，厚度达 100 μm 的薄膜仍具有高度透明性。

1. 性能特点

成型性和表面光亮度好，韧性和耐疲劳性好，适宜注射薄壁和形状复杂的制品；摩擦系数低、磨耗小，可用于制作各种耐磨制品。吸水率低、吸湿性小，在潮湿或高温环境下，甚至在热水中，也能保持优良电性能。耐化学药品、耐油、耐有机溶剂性好，特别能耐汽油、机油和焊油等。能适应黏合、喷涂和灌封等工艺。用玻纤增强可提高机械强度、使用温度和使用寿命，可在140℃以下作为结构材料长期使用。

可制成阻燃产品，达到UL－94V－0级，在正常加工条件下不分解、不腐蚀机具、制品机械强度不下降，并且使用中阻燃剂不析出。

2. 用途

电子工业中主要用于电视机行输出变压器、调谐器、接插件、线圈骨架、插销、小型马达罩、录音机塑料部件等。

八、丙烯腈—苯乙烯共聚物（AS）

AS是丙烯腈（A）、苯乙烯（S）的共聚物，也称SAN。

1. 性能特点

（1）粒料呈水白色，可为透明、半透明或着色成不透明。AS呈脆性，对缺口敏感，在－40～50℃范围内抗冲强度没有较大变化。

（2）耐动态疲劳性较差，但耐应力开裂性良好，最高使用温度为75～90℃，在1.82×10^{6} Pa下热变形温度为82～105℃。

（3）体积电阻$>10^{15}$ Ω·cm，耐电弧好，燃烧速度2 cm/min，燃时无滴落。

（4）具中等耐候性，老化后发黄，但可加入紫外线吸收剂改善。AS性能不受高湿度环境的影响，能耐无机酸碱、油脂和去污剂，较耐醇类而溶于酮类和某些芳烃、氯代烃。

2. 用途

AS制品能用作盘、杯、餐具、冰箱部件、仪表透镜和包装材料，并广泛应用于制作无线电零件。

九、分辨各种塑料材料

1. PVC料

化学名聚氯乙烯，物料很软，离开火源会自动熄灭，燃烧时火焰呈黄色，绿边，黄绿白烟，有氯气味。容易出现的问题有缺胶、披峰、缩水、夹水纹、油污、烧焦等。

2. HIPS 料

化学名聚苯乙烯，啤件表无光泽（无 ABS 光亮），断口无白色状，强度比 ABS 差，表面也不比 ABS 硬（用刀切可感觉到），容易燃烧（但不及 ABS），燃烧时为橙黄色火焰，浓浓黑烟有气泡产生（ABS 无），有淡淡香味，离开火源可继续燃烧。

3. GP 料

即 GPPS，容易出现的问题有表面不透明、困气、缺气、擦花等。注塑件透明度极高，很脆，其他特性与 HIPS 相似。

4. ABS 料

容易出现的问题有困气、气泡、混色、顶裂、闭孔、模印、拖花、缺胶。注塑件表面光亮，硬（相对 HIPS 料），强度高，折口成白色状，手摸注塑件表面光滑，极易燃烧，火焰为黄色，冒黑烟，有熔液下滴，有煳臭味，离开火源可继续燃烧。

5. PP 料

化学名聚丙烯，又名百折胶。容易出现的问题有哑色、料脆、料花、缺胶、缩水等。物料稍软，不易折断，比重轻，可浮于水面，手摸注塑件表面有触觉感，极易燃烧，离开火源不会自熄，火焰为蓝色，黄顶，少许白烟，会发胀，有熔液下滴，石油味，似煤。

6. PE 料

化学名聚乙烯，啤件较 PP 料软，不易折断，可浮于水面，燃烧时火焰为蓝色，黄色，极易燃烧，离开火源不会自熄，无烟，有熔液下滴，会发胀，有石蜡气味。

7. POM 料

俗名赛钢。容易出现的问题有缺胶、烧焦、温度过高变形、缩水等。啤件较脆，易折断，可以燃烧，离开火源可自燃，火焰呈清晰的蓝色，无烟，有熔液下滴，气味有毒特别刺鼻，会令人流泪（这是其最大特点）。

8. PA 料

化学名聚酰，又名尼龙。容易出现的问题有变形、缩水、缺胶、混色、混点等。最不易折断（特别是用水煲过之后），手摸注塑件有角蜡之感，火焰为蓝色，黄顶，有泡沫，有一股烧焦羊毛味，离开火源会自动熄灭。

9. PMMA

化学名聚甲基丙烯酸甲酯，又名亚加力（亚克力、有机玻璃），透明性最好，易于机械加工。

10．PC料

容易出现的问题有表面不光泽、顶爆、困气、缺胶、走料不齐、模花等。（防弹胶）注塑件坚硬、透明，不易投爆，不易折断，难燃烧，火焰为黄色，有浓烟，喷射火焰，离开火源会自动熄灭。

11．K料

材质较软，透明，不脆，燃烧特点似HIPS料。

12．KRATON料

又名橡胶料，外观似PVC，但表面不光，注塑件有烟火味，放入冰柜不会变硬，而PVC则越冻越硬，这是KRATON料与PVC最大的区别。

第2节　其他非金属材料

非金属材料包括耐火材料、耐火隔热材料、耐蚀（酸）非金属材料和陶瓷材料等。

一、耐火材料

耐火材料是指能承受高温下作用而不易损坏的材料。常用的耐火材料有耐火砌体材料、耐火水泥及耐火混凝土。

二、耐火隔热材料

耐火隔热材料又称为耐热保温材料。常用的隔热材料有硅藻土、蛭石、玻璃纤维（又称矿渣棉）、石棉以及它们的制品。

三、耐蚀（酸）非金属材料

常用的非金属耐蚀材料有铸石、石墨、耐酸水泥、天然耐酸石材和玻璃等。

1．铸石

铸石具有极优良的耐磨与耐化学腐蚀性、绝缘性及较高的抗压性能。在各类酸碱设备中，其耐腐蚀性比不锈钢、橡胶、塑性材料及其他有色金属高得多，但铸石脆性大、承受冲击荷载的能力低。因此，在要求耐蚀、耐磨或高温条件下，当不受冲击震动时，铸石是钢铁（包括不锈钢）的理想代用材料。

2. 石墨

石墨材料在高温下有高的机械强度。石墨材料常用来制造传热设备。

石墨具有良好的化学稳定性。除了强氧化性的酸（如硝酸、铬酸、发烟硫酸和卤素）之外，在所有的化学介质中都很稳定，甚至在熔融的碱中亦稳定。

不透性石墨可作为耐腐蚀的非金属无机材料。

3. 玻璃

玻璃按形成玻璃的氧化物可分为硅酸盐玻璃、磷酸盐玻璃、硼酸盐玻璃和铝酸盐玻璃等，其中硅酸盐玻璃是应用最为广泛的玻璃品种。硅酸盐玻璃的化学稳定性很高，抗酸性强，组织紧密而不透水，但它若长期在某些介质作用下，也会受侵蚀。硅酸盐玻璃具有较好的光泽和透明度，化学稳定性和热稳定性好，机械强度高，硬度大和电绝缘性强，但不耐氢氟酸、热磷酸、热浓碱液的腐蚀。一般用于制造化学仪器和高级玻璃制品、无碱玻璃纤维、耐热用玻璃和绝缘材料等。

4. 天然耐蚀石料

花岗岩强度高，耐寒性好，但热稳定性较差；石英岩强度高，耐久性好，硬度高，难于加工；辉绿岩及玄武岩密度高，耐磨性好，脆性大，强度极高，加工较难；石灰岩热稳定性好，硬度较低。

5. 水玻璃型耐酸水泥

水玻璃型耐酸水泥具有能抗大多数无机酸和有机酸腐蚀的能力，但不耐碱。水玻璃胶泥衬砌砖、板后必须进行酸化处理。

四、陶瓷材料

陶瓷是金属和非金属元素的固体化合物，共价键或离子键结合，稳定性高，熔点高，硬度高，抗化学物质能力强。陶瓷通常是绝缘体，并且是脆性材料。陶瓷是烧结体，一般不能完全致密，这对性能影响很大，获得完全致密的陶瓷体是烧结工艺研究的主要问题。

1. 陶瓷材料的分类

陶瓷一般分为普通陶瓷和新型陶瓷两大类。

2. 常用陶瓷材料

在工程中常用的陶瓷有电器绝缘陶瓷、化工陶瓷、结构陶瓷和耐酸陶瓷等。如图 5—2 所示就是用陶瓷材料做成的氮化硅保护管。

3. 新型功能陶瓷材料

新型陶瓷：采用化学方法制备高纯度或纯度可控制的材料做原料，获得传统陶瓷无法比拟的性能。

新型功能陶瓷材料有导电陶瓷、压电陶瓷、快离子陶瓷、磁性陶瓷材料、光学陶瓷材料、陶瓷系传感器材料等。如图 5—3 所示为氧化铝温控陶瓷和压电陶瓷。

图 5—2　氮化硅保护管

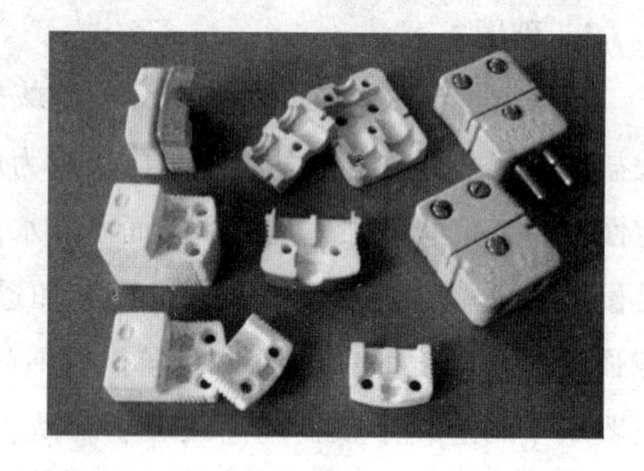

图 5—3　氧化铝温控陶瓷和压电陶瓷

第6章 液压及气动知识

第1节 液压传动知识

一、液压传动系统简介

液压传动是以液体为传动介质，利用流体的压力能来进行能量传递和控制的传动方式。液压传动最基本的原理就是帕斯卡原理。工作时，液压泵将电动机的机械能转换为压力能，通过各种控制阀和管路控制和传递具有压力能的液压油，最后借助于液压执行元件把液体压力能转换回机械能，带动机械运动。典型的液压传动系统如图6—1所示。

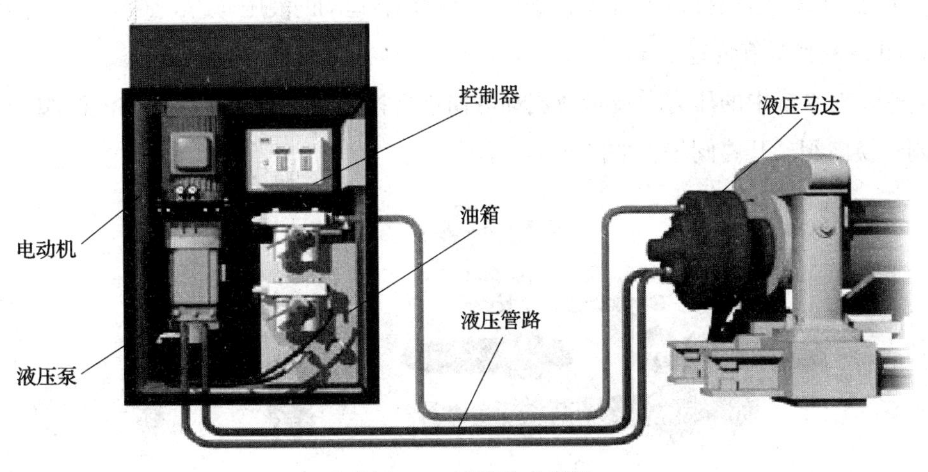

图6—1 液压传动系统

1. 液压系统的组成

完整的、能够正常工作的液压系统，应该由以下五个主要部分组成：

（1）动力装置

即液压泵，它是把机械能转换成液压能的装置，给液压系统供给具有压力能的液压油，如图 6—2 所示。

a） b） c） d）

图 6—2 液压泵

a）齿轮泵结构 b）齿轮泵外形 c）柱塞泵结构 d）柱塞泵外形

（2）执行装置

又称执行元件，它是把液压能重新转换成机械能，带动机械完成所需运动的装置。常见的执行元件有做直线运动的液压缸和做回转运动的液压马达，如图 6—3 所示。

（3）控制调节装置

它是对系统中的压力、流量或流动方向进行控制或调节的装置，如溢流阀、节流阀、换向阀、开停阀等，如图 6—4 所示。

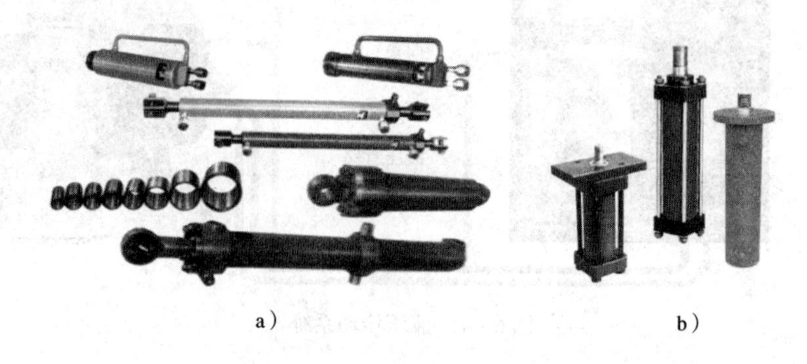

a） b）

c）　d）

图6—3　液压执行元件

a）、b）液压缸外形　c）液压马达结构　d）液压马达外形

a）　b）

c）　d）　e）

f）　g）　h）

图6—4　液压控制阀

a）、b）压力控制阀　c）、d）、e）流量控制阀　f）、g）、h）方向控制阀

（4）辅助装置

上述三部分之外的其他装置，如油箱，滤油器，油管等。它们对保证系统正常工作是必不可少的。

（5）工作介质

传递能量的流体，即液压油等。

2. 液压传动的应用及其优点

液压传动在机械工业部门的应用情况见表6—1。

表6—1　液压传动在各类机械行业中的应用实例

行业名称	应用场所举例
工程机械	挖掘机、装载机、推土机、压路机、铲运机等
起重运输机械	汽车吊、港口龙门吊、叉车、装卸机械、皮带运输机等
矿山机械	凿岩机、开掘机、开采机、破碎机、提升机、液压支架等
建筑机械	打桩机、液压千斤顶、平地机等
农业机械	联合收割机、拖拉机、农具悬挂系统等
冶金机械	电炉炉顶及电极升降机、轧钢机、压力机等
轻工机械	打包机、注塑机、校直机、橡胶硫化机、造纸机等
汽车工业	自卸式汽车、高空作业车、汽车中的转向器、减振器等
智能机械	折臂式小汽车装卸器、数字式锻炼机、模拟驾驶舱、机器人

液压传动之所以能得到广泛的应用，是由于它具有以下主要优点：

（1）由于液压传动是油管连接，所以借助油管的连接可以方便灵活地布置传动机构，这是其比机械传动优越的地方。

（2）液压传动装置的质量轻、结构紧凑、惯性小。

（3）可在大范围内实现无级调速。借助阀或变量泵、变量马达，可以实现无级调速，调速范围可达1:2 000，并可在液压装置运行的过程中进行调速。

（4）传递运动均匀平稳，负载变化时速度较稳定。

（5）液压装置易于实现过载保护——借助于设置溢流阀等，同时液压件能自行润滑，因此使用寿命长。

（6）液压传动容易实现自动化——借助于各种控制阀，特别是液压控制和电气控制结合使用时，能很容易地实现复杂的自动工作循环，而且可以实现遥控。

（7）液压元件已实现了标准化、系列化和通用化，便于设计、制造和推广使用。

二、液压传动介质及元件

1. 液压油的物理性质及选用

液压油是液压传动系统中的传动介质，而且还对液压装置的机构、零件起着润滑、冷却和防锈作用。液压传动系统的压力、温度和流速在很大的范围内变化，因此液压油的质量优劣直接影响液压系统的工作性能。

（1）液压油的分类

液压油包括石油型及难燃型，其中石油型又分为机械油、汽轮机油、液压油，难燃型分为乳化液和合成型。国际标准化组织把液压油用 H 来表示，常用的液压油名称及代号是：基础油（HH）、普通液压油（HL）、抗磨液压油（HM）、低温液压油（HV）。

（2）液压油的主要特性

1）可压缩性。液压油的体积随压力的增高而减小。

2）黏性。液体在外力作用下流动（或有流动趋势）时，分子间的内聚力要阻止分子相对运动而产生一种内摩擦力，它使液体各层间的运动速度不等，这种现象叫作液体的黏性。其中运动黏度是度量油液黏度的重要指标。机械油的牌号是用40℃时运动黏度的平均值来标志的：动力黏度 $\nu=\dfrac{\eta}{\rho}$，运动黏度 $\eta=\dfrac{F_f}{A\dfrac{du}{dy}}$。20 号机械油 $\nu=17\sim23$ cSt（厘斯），即此液压油的油液黏度是水黏度的 20 倍。

（3）液压油的选用原则

1）一般对于室内固定设备，液压系统压力 <7.0 MPa、温度 50℃以下选用 HL 油；系统压力 7.0～14.0 MPa、温度 50℃以下选 HL 或 HM 油，温度 50～80℃选 HM；系统压力 >14.0 MPa，选 HM 或高压抗磨液压油。

2）对于露天寒区或严寒区选 HV 或 HS 油。

3）对于高温热源附近设备，选抗燃液压油。

4）对于环保要求较高的设备（如食品机械），选环境可接受的液压油。

5）对于要求使用周期长、环境条件恶劣的液压设备选用液压油优等品；对于要求使用周期短、工况缓和的液压设备选用液压油一等品。

6）液压及导轨润滑共用一个系统，应选用液压导轨油。

7）使用电液脉冲马达的开环数控机床选用数控机床液压油，使用电液伺服机构的闭环系统，选用清净液压油。

8）含银部件的液压系统，选用抗银液压油。

2. 液压泵的工作原理及应用

液压泵将电动机输出的机械能转换为工作液体的压力能，是一种能量转换装置。液压泵起着向系统提供动力源的作用，是系统不可缺少的核心元件。

（1）液压泵的工作原理

液压泵都是依靠密封容积变化的原理进行工作的，故一般称为容积式液压泵。如图6—5所示是单柱塞液压泵。

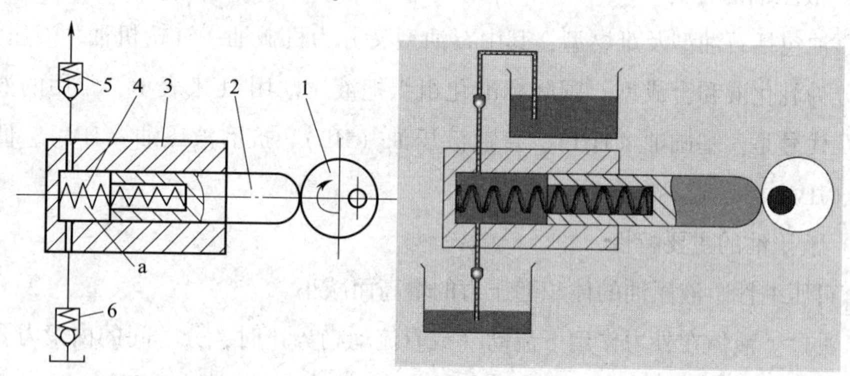

图6—5 单柱塞液压泵

1—偏心轮 2—柱塞 3—缸体 4—弹簧 5、6—单向阀

图中柱塞2装在缸体3中形成一个密封容积a，柱塞在弹簧4的作用下始终压紧在偏心轮1上。原动机驱动偏心轮1旋转使柱塞2做往复运动，使密封容积a的大小发生周期性的交替变化。当a由小变大时就形成部分真空，使油箱中的油液在大气压作用下，经吸油管顶开单向阀6进入油箱a而实现吸油；反之，当a由大变小时，a腔中吸满的油液将顶开单向阀5流入系统而实现压油。这样液压泵就将原动机输入的机械能转换成液体的压力能，原动机驱动偏心轮不断旋转，液压泵就不断地吸油和压油。

（2）液压泵的主要性能参数

1）压力参数

①工作压力 p。液压泵实际工作时输出油液的压力称为工作压力。

②额定压力 p_s。液压泵在正常工作条件下，按试验标准规定连续运转的最高压力称为液压泵的额定压力。

③最高允许压力 p_{max}。在超过额定压力的条件下，根据试验标准规定，允许液压泵短暂运行的最高压力值，称为液压泵的最高允许压力。

2）流量参数

①排量 V。在不考虑泄漏的情况下，泵轴每转一周所排出油液的体积。

②额定流量 q_s。液压泵在正常工作条件下，按试验标准规定（如在额定压力和额定转速下）必须保证的流量。

3）功率参数

①输入功率 P_i。指作用在液压泵主轴上的机械功率（电动机的输出功率）。

$$P_i = T_0\omega$$

式中　ω——电动机角速度，1/s；

T_0——电动机输出转矩，N · m；

P_i——泵的输入功率，W。

②泵的实际输出功率 P。考虑损失（泄漏、机械摩擦等）时，泵的输出功率。

4）效率参数

①容积效率 η_V。指液压泵流量上的损失，液压泵的实际输出流量总是小于其理论流量。

②总效率 η。指液压泵的实际输出功率与其输入功率的比值。

$$\eta = \frac{P}{P_i} = \frac{P_t}{P_i} \times \frac{P}{P_t} = \eta_m \eta_V$$

（3）液压泵的选用

液压泵的选择，通常是先根据对液压泵的性能要求选定液压泵的形式，再根据液压泵所应保证的压力和流量来确定它的具体规格。液压泵的工作压力是根据执行元件的最大工作压力来决定的，考虑到各种压力损失，泵的最大工作压力 $p_{泵}$ 可按下式确定：

$$p_{泵} \geqslant k_{压} p_{缸}$$

式中　$p_{泵}$——液压泵所需要提供的压力，Pa；

$k_{压}$——系统中压力损失系数，取 1.3 ~ 1.5；

$p_{缸}$——液压缸中所需的最大工作压力，Pa。

液压泵的输出流量取决于系统所需最大流量及泄漏量，即

$$Q_{泵} \geqslant K_{流} Q_{缸}$$

式中　$Q_{泵}$——液压泵所需输出的流量，m^3/min；

$K_{流}$——系统的泄漏系数，取 1.1 ~ 1.3；

$Q_{缸}$——液压缸所需提供的最大流量，m^3/min。

若为多液压缸同时动作，$Q_{缸}$ 为同时动作的几个液压缸所需最大流量之和。在 $p_{泵}$、$Q_{泵}$ 求出以后，就可具体选择液压泵的规格，选择时应使实际选用泵的额定压力大于所求出的 $p_{泵}$ 值，通常可放大 25%。泵的额定流量略大于或等于所求出的 $Q_{缸}$ 值即可。

（4）电动机参数的选择

驱动液压泵所需的电动机功率可按下式确定：

$$P_M = \frac{p_{泵} Q_{泵}}{60\eta}$$

式中 P_{M}——电动机所需的功率，kW；

$p_{泵}$——泵所需的最大工作压力，Pa；

$Q_{泵}$——泵所需输出的最大流量，m^3/min；

η——泵的总效率。

各种泵的总效率大致为：齿轮泵0.6～0.7，叶片泵0.6～0.75，柱塞泵0.8～0.85。

3. 液压控制阀的种类、工作原理及应用

液压控制阀是液压系统的控制元件，其功用在于控制工作液体的方向、压力和流量，以满足工作机构动作的要求。液压控制阀应用数量大，结构类型繁多，是液压系统必不可少的组成部分。按阀的基本功能分类可分为方向控制阀（见图6—6a、b、c）、流量控制阀（见图6—6d、e、f）和压力控制阀（见图6—6g、h、i、j、k）三大类。以下主要介绍单向阀、滑阀式换向阀、电磁换向阀。

a） b） c）
d） e） f）
g） h） i）

j）

k）

图6—6 各类液压元件

a)、b)、c) 方向控制阀 d)、e) 节流阀 f) 限量阀

g)、h)、i) 溢流阀 j)、k) 安全阀

(1) 单向阀

单向阀是允许液流正向流通而反向截止的阀类。对它的性能要求是：正向流通阻力小，而反向关闭严密。单向阀由阀芯、弹簧、阀体等组成（见图6—7）。当工作液体沿正向流动时，液体压力克服弹簧力和摩擦力将阀芯顶开，然后经阀口流出。当工作液体反向流动时，液体压力和弹簧力将阀芯压紧在阀座上，使液流不能通过。

单向阀的阀芯常用结构形式有球形和锥形两种。球形阀芯结构简单，但易产生振动和噪声，密封性能不如锥形阀芯，常用于低压小流量系统。锥形阀芯有导向结构，工作比较平稳，密封性好，适于高压大流量系统。另外，在液压支护设备的乳化液介质系统除采用球形和锥形阀芯外，还采用平面接触的阀芯，为保证密封性，阀芯和阀座之间均有阀垫。单向阀的阀体有直通式（见图6—7a）和直角式（见图6—7b）两种。直通式体积较小，结构简单，通常采用管式连接方式。直通式流通阻力较大，并且更换弹簧不便。直角式恰好与其相反，通常采用板式连接（见图6—7b），采用铸造通道以减小压力损失，若阀体为铸铁，则需加装一个钢制阀座。单向阀的弹簧仅用来克服阀芯移动时的惯性力和摩擦力，使其阀芯可靠地复位关闭，通常都很软，其开启压力一般为0.035 ~0.05 MPa，通过额定流量时，压力损失不应超过0.1 ~0.3 MPa。如将单向阀换上较硬的弹簧则成为背压阀，使系统回液保持一定压力，其弹簧刚度根据背压大小而定，一般为0.2 ~0.6 MPa。

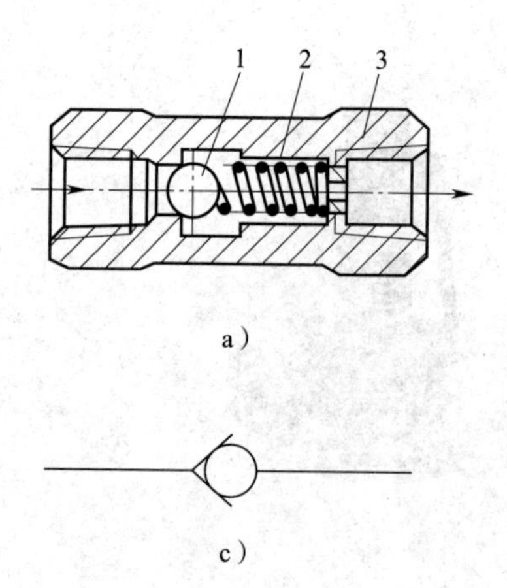

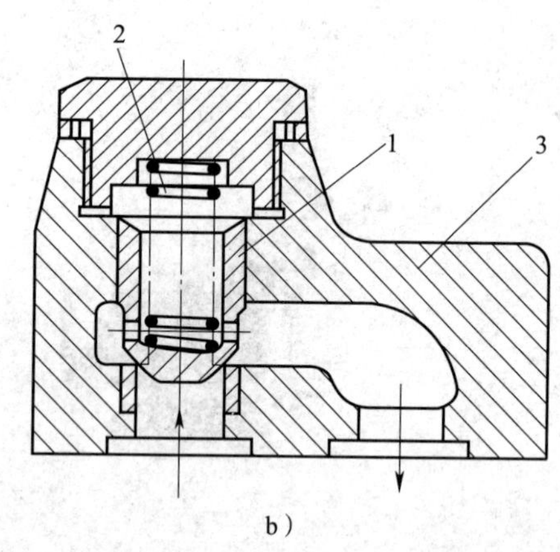

图6—7　单向阀

a）直通式　b）直角式　c）符号

1—阀芯　2—弹簧　3—阀体

（2）滑阀式换向阀

滑阀式换向阀主要由阀芯、阀体和操纵机构等组成。阀芯是一个具有数个台肩的圆柱体，称为滑阀。阀体孔内有数条沉割槽（即环形槽），每个沉割槽都通过相应的孔道与外部相连。如图6—8所示的滑阀式换向阀为五槽三台肩结构，还有三槽二台肩、四槽四台肩和五槽五台肩等多种结构。滑阀式换向阀是靠阀芯在阀体内做轴向运动，通过台肩与沉割槽的相互配合，而使相应的孔道接通或断开来实现换向的。当阀芯处于图6—8a所示位置时，接口P与B，接口A与T连通，液压缸活塞向左运动；当阀芯向右移动处于图6—8b所示位置时，接口P与A，接口B与T连通，液压缸活塞向右运动，从而实现液流和执行机构的换向。

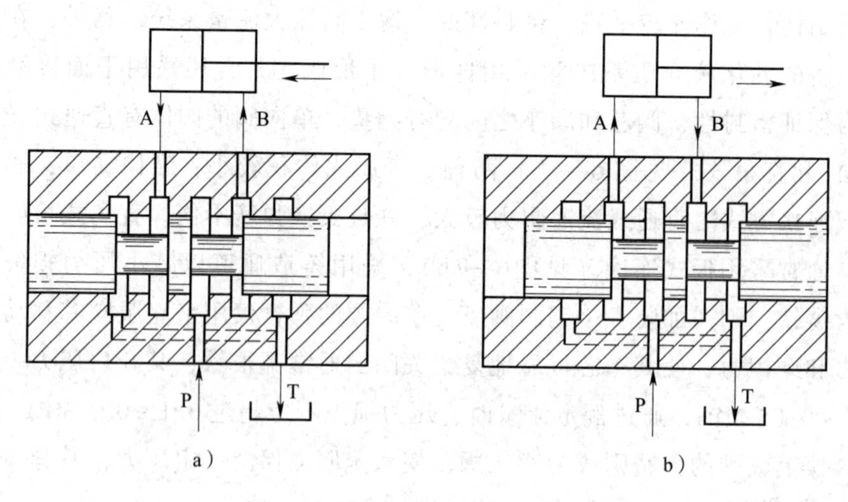

图6—8　滑阀式换向阀的工作原理

换向阀的功能主要由它的工作位置数、控制的接口数以及连通方式来决定。通常将阀体与外部管路连接的接口数叫作“通”；为改变液流方向，阀芯相对于阀体的不同工作位置叫作“位”。常用“几位几通”说明阀的功能特点。如图 6—8 所示为二位四通换向阀。在换向阀的图形符号中，用方框表示阀的工作位置，有几个方框就表示几“位”，一个方框内的接口数表示几“通”，方框内的箭头表示接口处于连通状态，并不一定表示液流的实际流向，方框内的符号“┴”或“┬”表示接口被阀芯封闭，方框外侧的符号表示操纵、复位、定位等方式。为便于连接管路，常将各接口标以不同的字母，*P* 表示进液口，*T* 表示回液口，*A* 和 *B* 表示通液口，*L* 表示泄液口。

（3）电磁换向阀

电磁换向阀以电磁力为动力推动阀芯运动换向。如图 6—9 所示，当电磁铁线圈通电时，衔铁被吸合，衔铁的移动通过推杆推动阀芯移动，实现换向；当电磁铁断电时，复位弹簧使阀芯恢复中位。电磁换向阀根据使用的电源不同可分为交流电磁（D 型）换向阀和直流电磁（E 型）换向阀两种。交流电磁铁可用 110 V、220 V 或 380 V 工业电源，其优点是电源简单方便，启动力大，换向快；缺点是启动电流大，在阀芯被卡死时会使线圈烧毁。由于换向力大，所以换向频率不能太高（30 次/min 左右）。直流电磁铁常用 24 V 或 110 V 直流电源，其优点是不论吸合与否，电流大小基本不变，不会因阀芯卡死而烧毁线圈，换向冲击也小，换向频率较高；缺点是需要直流电源。

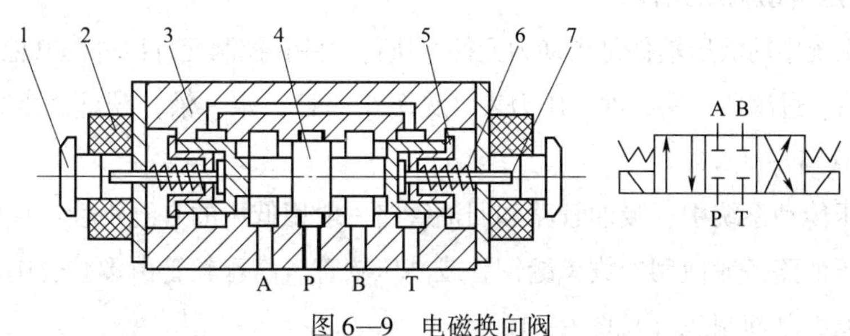

图 6—9　电磁换向阀

1—衔铁　2—线圈　3—阀体　4—阀芯　5—定位套　6—弹簧　7—推杆

根据电磁铁的衔铁是否浸在油液里，电磁铁又分为干式和湿式两种。干式电磁铁不允许油液进入电磁铁内部，因而在推杆处要有可靠的密封，密封处摩擦阻力较大，影响了换向的可靠性。

如图 6—10 所示是采用湿式直流电磁铁的三位四通电磁换向阀，其两端回油腔在阀体内由铸造流道贯通。回油腔的油液可进入封闭的导管内，衔铁浸在油内并在导管内运动，推杆处不需要密封装置，减小了运动阻力，提高了换向可靠性，并且没有外泄漏。另外，导管内油液对衔铁的运动产生阻尼作用，有利于减小冲击和噪声。循环油液还可带走线圈产生的部分热量，延长电磁铁的工作寿命。一般干式电磁铁只能工作50万～60万次，而湿式电磁铁则可达100万次。导管采用非导磁材料制成，若为导磁材料，则需要隔磁环将其隔断，避免磁力线通过导管构成回路，影响通过衔铁的磁力线。插头组件供接线用，内附整流装置，供交、直流两用。

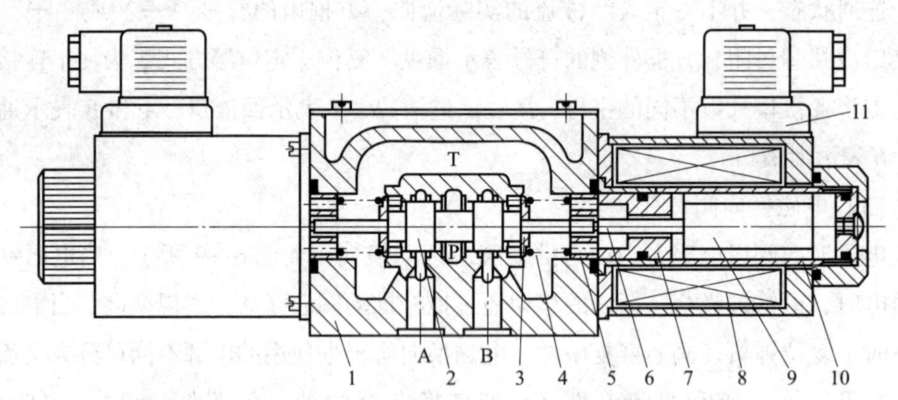

图6—10　采用湿式直流电磁铁的三位四通电磁换向阀

1—阀体　2—阀芯　3—定位套　4—弹簧　5—挡圈　6—推杆　7—隔磁环

8—线圈　9—衔铁　10—导管　11—插头组件

电磁换向阀常用于换向比较频繁、自动化程度较高的液压系统中。由于电磁铁吸力有限（<70 N），故常用于流量小于63 L/min的系统。

4．液压传动辅助元件

液压系统中的液压辅件是指动力元件、执行元件和控制元件以外的其他配件，如管件、油箱、过滤器、密封件、压力表（见图6—11）、水（液）位计、蓄能器等。

（1）管路

在液压传动系统中，吸油管路和回油管路一般用低压的有缝钢管或橡胶和塑料软管；高压油路一般使用冷拔无缝钢管或高压软管。高压软管由橡胶管中间加一层或几层钢丝编制网制成（见图6—12）。

图6—11　压力表

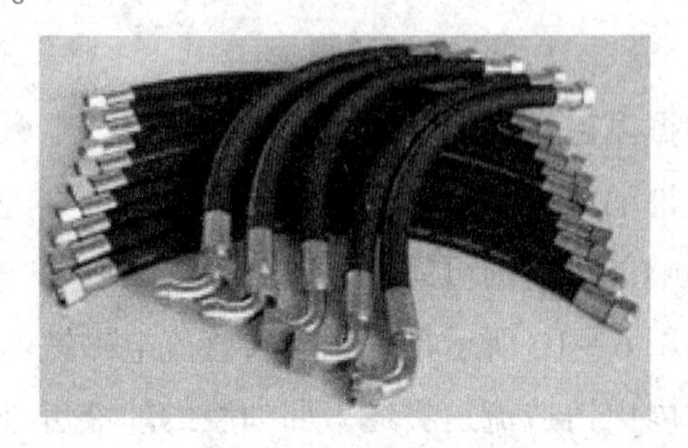

图6—12　高压软管

（2）管接头

管接头是连接油管与液压元件或阀板的可拆卸的连接件。常用的管接头有焊接管接头、卡套管接头、扩口管接头、胶管管接头、快速接头。液压系统中油液的泄漏多发生在管接头处，所以管接头的重要性不容忽视。

（3）油箱

油箱主要用来储存油液，此外还起着散发油液中的热量、逸出混在油液中的气体、沉淀油中的杂物等作用。油箱按与液压站其他部件的连接关系可分为总体式和分离式两种，通常用钢板焊接而成。

（4）过滤器（见图 6—13）

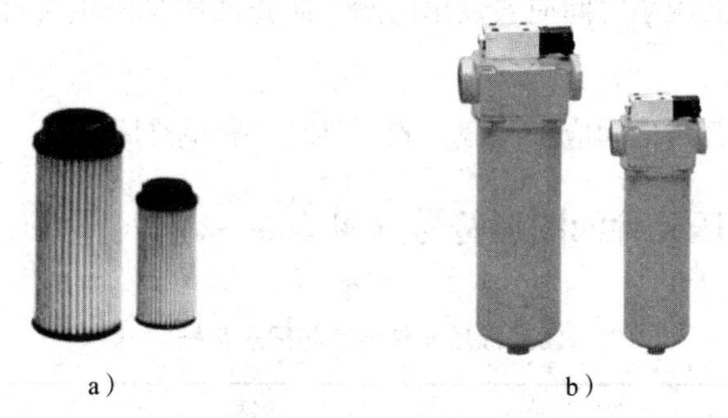

a）　　　　b）

图 6—13　过滤器

a）吸油管用过滤器　b）管路用过滤器

液压系统中 75% 以上的故障是和液压油的污染有关，油液的污染会加速液压元件的磨损、卡死阀芯、堵塞工作间隙和小孔、使元件失效，导致液压系统不能正常工作，因而必须使用过滤器对油液进行过滤。

1）过滤器的功用。过滤器的功用是过滤混在油液中的杂质，把杂质颗粒控制在能保证液压系统正常工作的范围内。

2）过滤器的主要参数和特性

①过滤精度：指过滤器对各种不同尺寸的污染颗粒的滤除能力。

②压降特性：指油液流过滤芯时产生的压力降。

③纳垢容量：指过滤器在压力降达到规定值之前可以滤除并容纳的污染物数量。

3）过滤器的安装

①安装在液压泵的吸油管路上，避免较大杂质颗粒进入液压泵，保护液压泵。

②安装在液压泵的压油管路上，保护液压泵以外的液压元件。

③安装在回油管路上，过滤回油箱的油液。

④安装在辅助泵输油管路上，不断净化系统中的油液。

（5）蓄能器（见图6—14）

蓄能器在液压系统中用作辅助动力源、保压和补充泄漏、缓和冲击与吸收压力脉动。充气式蓄能器使用最为广泛，按构造的不同又分为活塞式、气囊式和隔膜式三种形式。

图6—14 蓄能器

蓄能器的安装使用应注意：

1）气囊式蓄能器应垂直安装，油口向下。

2）用于吸收液压冲击和压力脉动的蓄能器应尽可能安装在振源附近。

3）安装在管路上的蓄能器须用支板和支架固定。

4）蓄能器和液压泵之间应安装单向阀，防止液压泵停止时蓄能器储存的压力油倒流而使泵反转。

5）蓄能器与管路之间应安装截止阀，供充气和检修用。

三、常用液压元件的图形符号（见表6—2）

表6—2　　常用液压元件名称与图形符号

名称	图形符号	名称	图形符号
液压泵 一般符号		单向定量液压泵	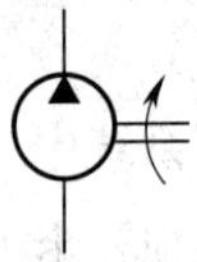
双向定量液压泵	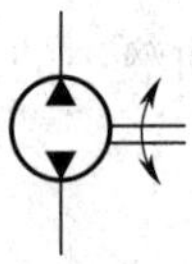	液压马达	
单向定量 液压马达	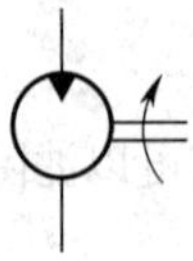	双向定量 液压马达	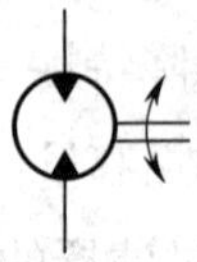
蓄能器		液压源	

续表

名称	图形符号	名称	图形符号
电动机	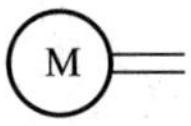 M	液压先导加压控制	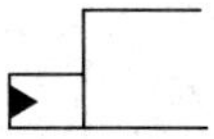
先导型电磁溢流阀	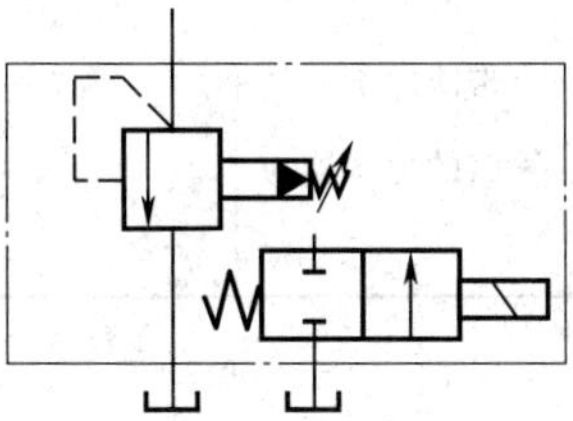	减压阀	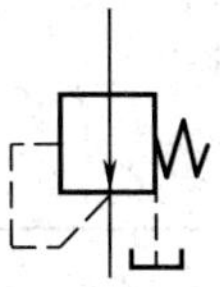
顺序阀	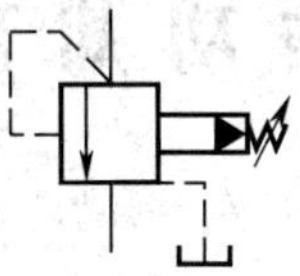	卸荷阀	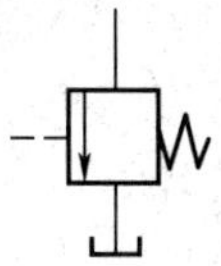
单向阀	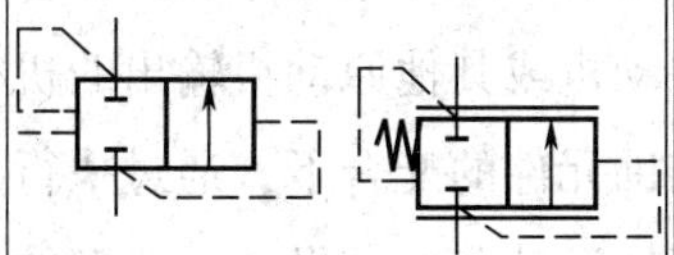	二位五通液动阀	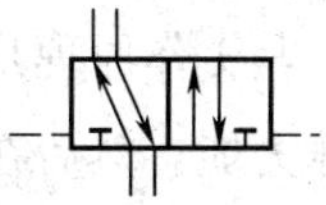
三位四通电液阀	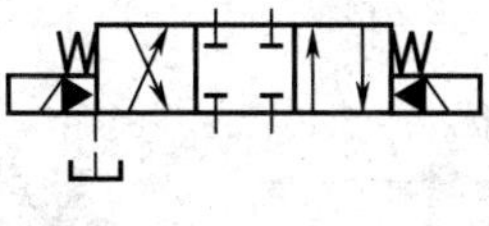	分流阀	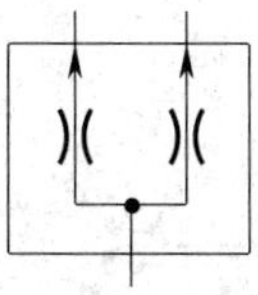
管路		柔性管路	
温度调节器		过滤器	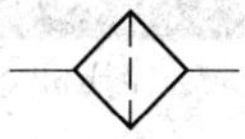

续表

名称	图形符号	名称	图形符号
交叉管路		控制管路	
冷却器		带冷却剂管路的冷却器	

第2节 气动传动知识

一、气压传动系统简介

气压传动是继机械、电气、液压传动之后，近几十年才被广泛应用的一种传动方式，其工作原理是利用空气压缩机将电动机或其他原动机输出的机械能转变为空气的压力能，然后在控制元件的控制和辅助元件的配合下，通过执行元件把空气的压力能转变为机械能，从而完成直线或回转运动并对外做功。典型的气压传动系统如图6—15所示。

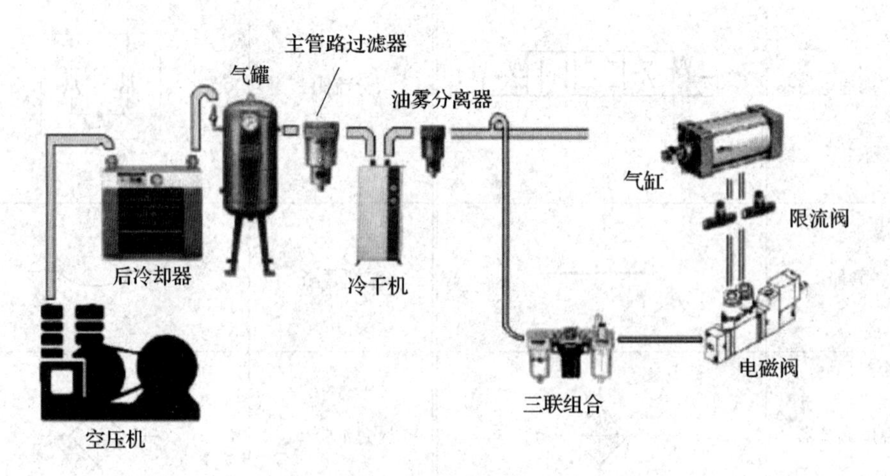

图6—15 气压传动系统

1. 气压传动系统的组成

气压传动系统主要由气源装置、执行元件、控制元件、辅助元件四部分组成。

（1）气源装置

气源装置用来将原动机输出的机械能转变为空气的压力能，主要设备是空气压缩机（见图 6—16）。

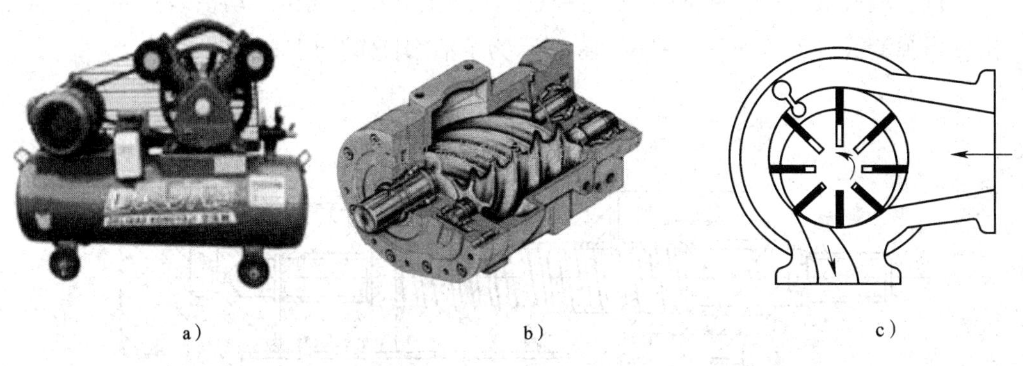

a）　　　　b）　　　　c）

图 6—16　空气压缩机

a）活塞式空气压缩机　b）螺杆式空气压缩机　c）叶片式空气压缩机

（2）控制元件

控制元件用来控制压缩空气的压力、流量和流动方向，以保证执行元件具有一定的输出力和速度，并按设计的程序正常工作，如压力阀、流量阀、方向阀等。

（3）执行元件

执行元件是将空气的压力能转变为机械能的能量转换装置，如气缸（见图 6—17）和马达。

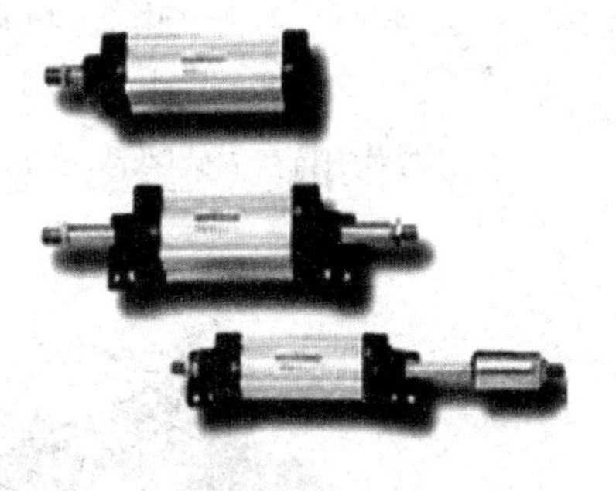

图 6—17　气缸

（4）辅助元件

辅助元件是用于辅助保证气动系统正常工作的一些装置，如过滤器、干燥器、空气过滤器、消声器和油雾器等。

2. 气压传动的优点

气压传动与机械、电气、液压传动相比，具有以下优点：

（1）空气介质取排容易，处理方便，清洁环保。

（2）安全、可靠，没有防爆的问题，并且便于实现过载自动保护。

（3）成本低、寿命长，维护简单，不存在介质变质、补充、更换等问题。

二、常用气动元件

1. 气动执行元件

气动执行元件在气动系统中是将压缩空气的压力能转变成机械能的元件。以下介绍几种常用的执行元件。

（1）单作用缸

仅一端有活塞杆，从活塞一侧供气聚能产生气压，气压推动活塞产生推力伸出，靠弹簧或自重返回。如图6—18所示为单活塞杆单作用气缸。

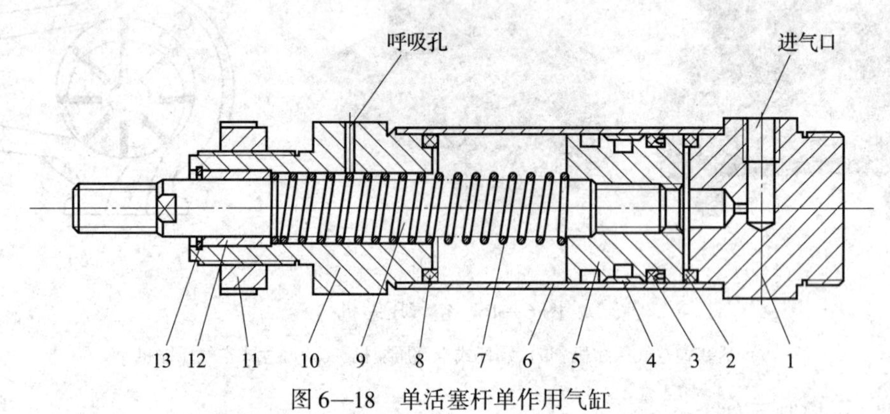

图6—18 单活塞杆单作用气缸

1—后缸盖 2、8—弹性垫 3—活塞密封圈 4—导向环 5—活塞 6—缸筒 7—弹簧 9—活塞杆 10—前缸盖 11—螺母 12—导向套 13—卡环

（2）双作用缸（见图6—19）

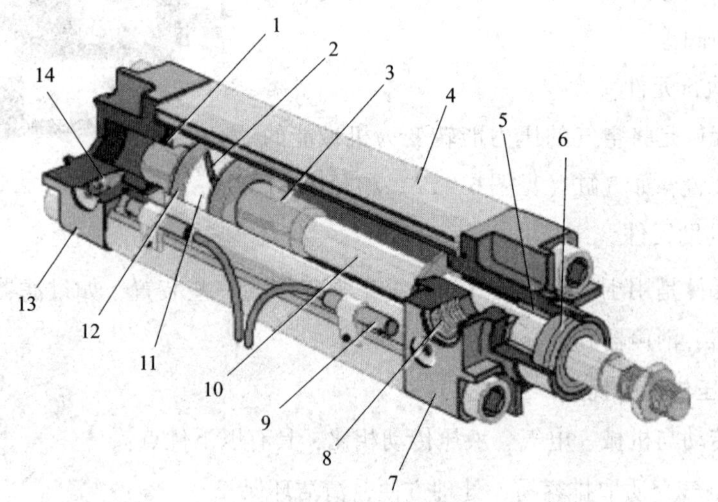

图6—19 双作用缸

1、3—缓冲柱塞 2—活塞 4—缸筒 5—导向套 6—防尘圈 7—前端盖 8—气口 9—传感器 10—活塞杆 11—耐磨环 12—密封圈 13—后端盖 14—缓冲节流阀

从活塞两侧交替供气，在一个或两个方向输出力。当从无杆腔输入压缩空气时，有杆腔排气，气缸两腔的压力差作用在活塞上所形成的力克服阻力负载推动活塞运动，使活塞杆伸出；当有杆腔进气，无杆腔排气时，使活塞杆缩回。若有杆腔和无杆腔交替进气和排气，活塞实现往复直线运动。

（3）真空吸盘（见图 6—20）

真空吸盘又称真空吊具，是真空设备执行器之一。吸盘材料一般采用丁腈橡胶制造，具有较大的扯断力，因而广泛应用于各种真空吸持设备上，如在建筑、造纸工业及印刷、玻璃等行业，实现吸持与搬送玻璃、纸张等薄而轻的物品的任务。真空吸盘的工作原理：首先将真空吸盘通过接管与真空设备（如真空发生器等）接通，然后与待提升物（如玻璃、纸张等）接触，起动真空设备抽吸，使吸盘内产生负气压，从而将待提升物吸牢，即可开始搬送待提升物。当待提升物搬送到目的地时，平稳地充气进真空吸盘内，使真空吸盘内由负气压变成零气压或稍为正的气压，真空吸盘就脱离待提升物，从而完成了提升搬送重物的任务。

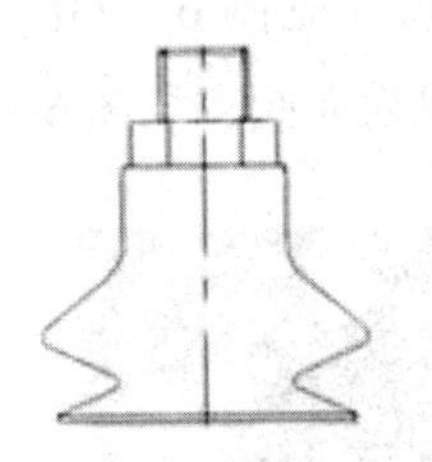

图 6—20　真空吸盘

（4）气动手爪（见图 6—21）

利用压缩空气作为动力，用来夹取或抓取工件的执行装置。手爪控制原理：当手爪由单向电控气阀控制时，电控气阀得电，手爪夹紧，电控气阀断电，手爪张开；当手爪由双向电控气阀控制时，手爪抓紧和松开分别由一个线圈控制，在控制过程中不允许两个线圈同时得电。一般气动手爪根据样式可分为 Y 型夹指和平型夹指，缸径分为 16 mm 和 20 mm 两种，其主要作用是替代人的抓取工作，可有效地提高生产效率及工作的安全性。

（5）摆动气缸

利用压缩空气驱动输出轴在一定角度范围内做往复回转运动的气动执行元件。用于物体的转拉、翻转、分类、夹紧、阀门的开闭以及机器人的手臂动作等。通常可分为齿轮齿条式摆动气缸、叶片式摆动气缸、伸摆气缸。如图 6—22 所示为叶片式摆动气缸，叶片式摆动气缸用内部止动块来改变其摆动角度。止动块与缸体固定在一起，叶片与转轴连在一起。气压作用在叶片上，带动转轴回转，并输出力矩。

叶片式摆动气缸有单叶片式和双叶片式，双叶片式的输出力矩比单叶片式大一倍，但转角小于180°。

图6—21　气动手爪

图6—22　叶片式摆动气缸

2. 气压控制阀

气压控制阀用于控制和调节压缩空气的方向、压力和流量。气阀有三种类型：压力控制阀，如溢流阀（见图6—23a）、顺序阀（见图6—23b）、减压阀（见图6—24），以及流量控制阀、方向控制阀（如电磁换向阀，见图6—25）。

a）

b）

图6—23　压力控制阀

a）溢流阀　b）顺序阀

图6—24　减压阀

图6—25　电磁换向阀

（1）减压阀

在气压传动系统中控制压缩空气的压力来控制执行元件的输出推力或转矩和依靠空气压力控制执行元件动作顺序的阀，称为压力控制阀，包含减压阀、顺序阀和安全阀。如图6—26、图6—27所示为直动式减压阀的实物和结构。

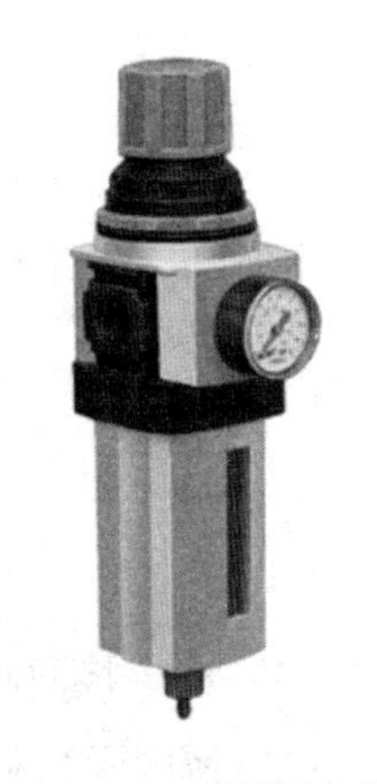
图6—26　减压阀实物

（2）节流阀

在气动系统中，气缸的运动速度需要通过控制调节压缩空气的流量来实现。流量控制阀是通过改变阀的流通面积来实现流量（或流速）控制的元件，包括节流阀、单向节流阀、排气节流阀等，如图6—28、图6—29所示。

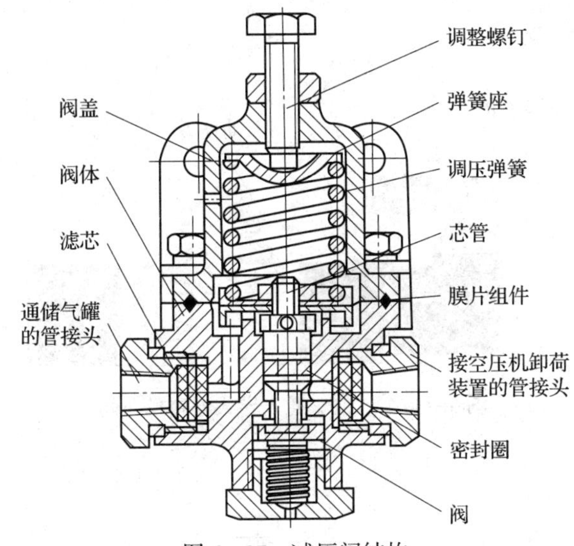

图6—27　减压阀结构

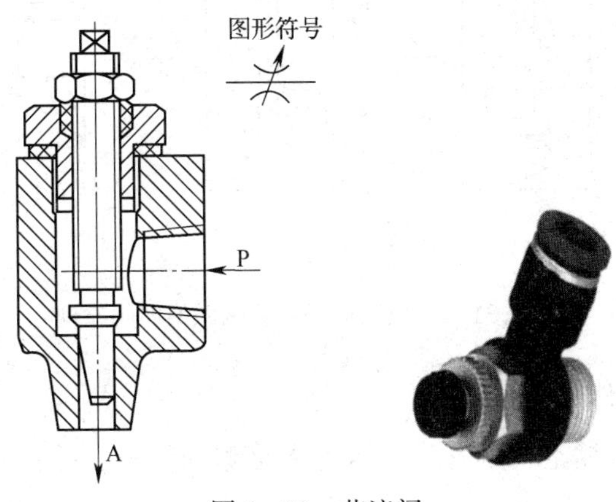

图6—28　节流阀

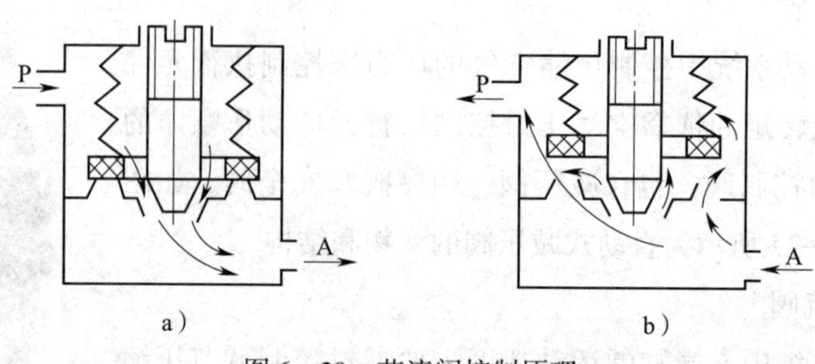

图6—29　节流阀控制原理

（3）电磁换向阀

电磁换向阀是利用电磁力的作用来实现阀的换向的，由电磁部分和主阀两部分组成。按控制方式的不同可分为直动式和先导式两种。先导式电磁换向阀如图6—30、图6—31所示。

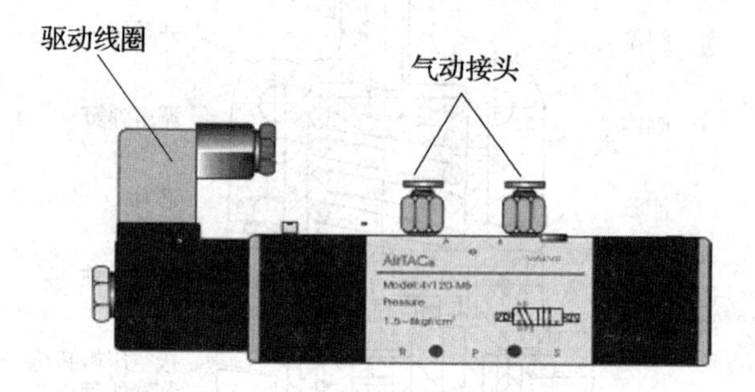

图6—30　二位三通先导式电磁换向阀

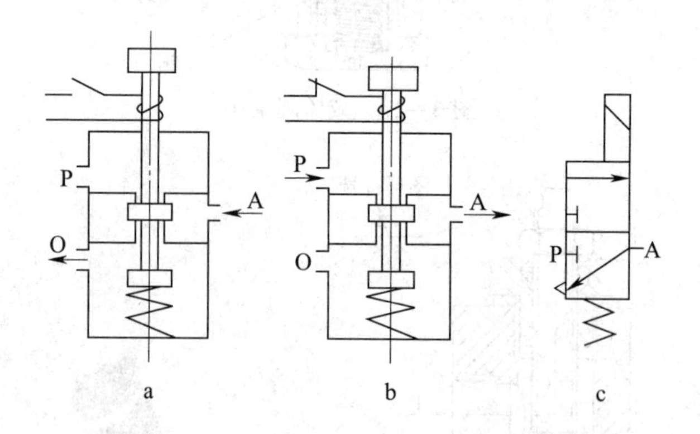

图6—31　二位三通先导式电磁换向阀原理

3．气动辅助元件

气动系统要求压缩空气具有一定压力和足够的流量，并具有一定的净化程度，因此气源净化装置是气压传动系统中必需的。其一般包括后冷却器、油水分离器、储气罐、干燥器以及气动三联件等。在气动技术中，将空气过滤器、减压阀和油雾器三种气源处理元件组装在一起称为气动三联件。气动三联件是气动元件及气动系统使用空气质量的最后保证，用以对进入气动仪表之气源净化过滤和减压至仪表供给额定的气源压力，相当于电路中的电源变压器的功能。空气过滤减压器设计轻小，安装方便，因此，它与气动变送器、气动调节器、阀门定位器等产品安装在一起配套使用，如图6—32所示。

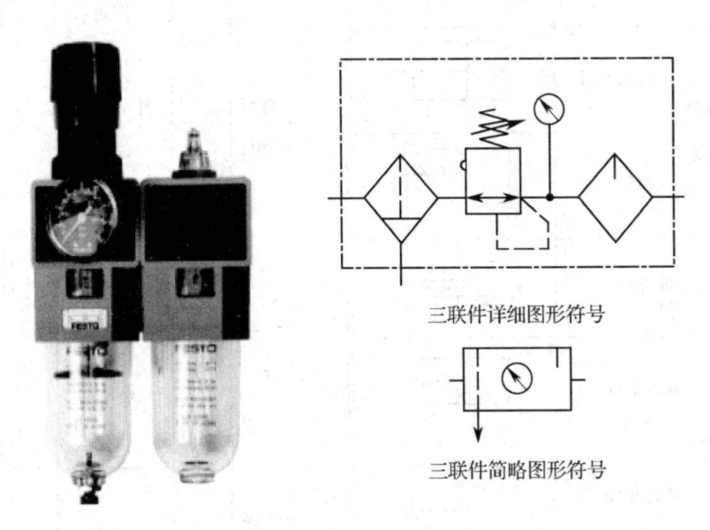

图6—32　气动三联件

(1) 气源处理三联件安装顺序

1) 安装时请注意清洗连接管道及接头，避免污物带入气路。

2) 安装时请注意气体流动方向与大体上箭头所指方向是否一致，注意接管及接头牙型是否正确。

3) 过滤器、调压阀（调压过滤器）给油器的固定：将固定支架的凸槽与本体上凹槽匹配，再用固定片及螺钉锁紧即可。

4) 单独使用调压阀、调压过滤器时的固定：旋转固定环使之锁紧附带的专用固定片即可。

(2) 气源处理三联件使用注意事项

1) 部分零件使用PC材质，禁止接近或在有机溶剂环境中使用。PC杯清洗请用中性清洗剂。

2) 使用压力请勿超过其使用范围。

3) 当出口风量明显减少时，应及时更换滤芯。

三、常用气压元件的图形符号（见表 6—3）

表 6—3　　常用气压元件名称与图形符号

类别	名称				符号
气缸	单作用气缸	不带弹簧			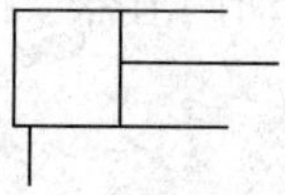
		带弹簧	弹簧压出		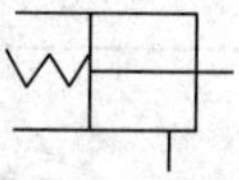
			弹簧压回		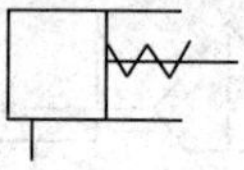
		伸缩缸			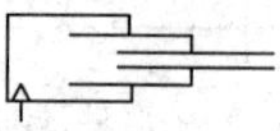
	双作用气缸	单活塞杆			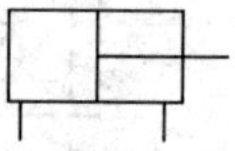
		双活塞杆			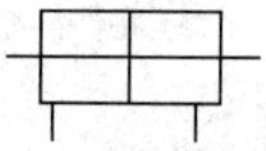
		缓冲气缸	不可调	单向	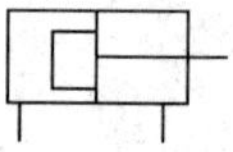
				双向	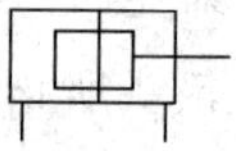
			可调	单向	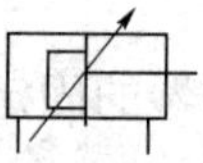
				双向	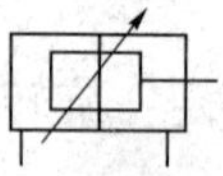
		伸缩缸			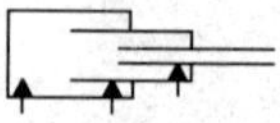
		增压缸			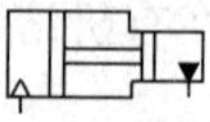
		气液增压缸			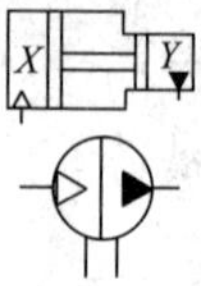 X Y

类别	名称			符号
压力控制阀	溢流阀	直动型	内部压力控制	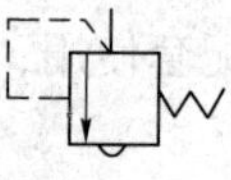
			外部压力控制	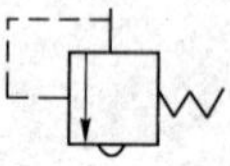
		先导型		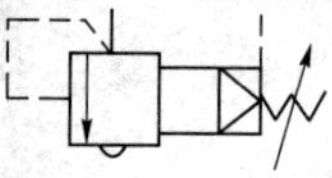
	减压阀	直动型	不带溢流	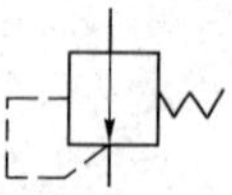
			带溢流	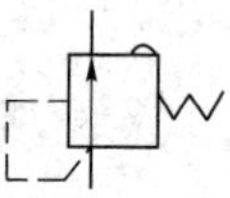
		先导型		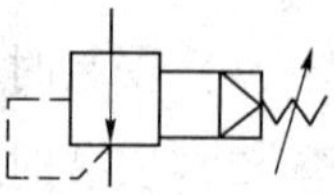
	顺序阀	直动型	内部压力控制	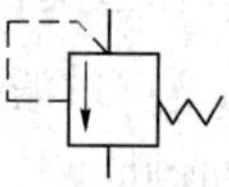
			外部压力控制	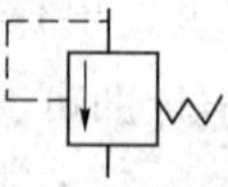
	单向顺序阀			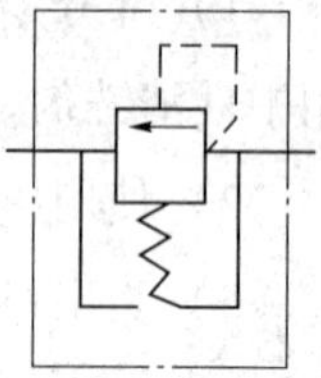

续表

类别	名称		符号	类别	名称		符号
气动辅助元件及其他	过滤器			气动辅助元件及其他	消声器		
	空气过滤器	人工排出			报警器		
		自动排出			压力指示器		
	除油器	人工排出			压力计		
		自动排出			压差计		
	空气干燥器				脉冲计数器	输出电信号	n
	油雾器				脉冲计数器	输出气信号	n
	气动三联件（简化符号）				温度计		
	气液转换器	单程作用			流量计		
		连续作用			累计流量计		
	压力继电器				电动机		M
	行程开关						
	模拟传感器						

第7章 机械传动知识

第1节　常用的传动副及其传动关系

机床的传动有机械、液压、气动、电气等多种传动形式。本节主要介绍机械传动。

传动副：用以传递运动和动力的装置称为传动副。机床上常用的传动副及其传动关系如下：

一、带传动

带传动（除同步齿形带外）是利用传动带与带轮之间的摩擦作用，将主动带轮的转动传到从动带轮。带传动有平带传动、V 带传动、多楔带传动和同步齿形带传动等。在机床的传动中，一般常用 V 带传动。

从图 7—1 可知，如果不考虑传动带与带轮之间的相对滑动，带轮的圆周速度 v_1、v_2 和传动带速度 $v_{带}$ 的大小是相同的，即：

$$v_1 = v_2 = v_{带}$$

因为 $v_1 = \pi d_1 n_1$，$v_2 = \pi d_2 n_2$

所以 $i_{12} = n_1/n_2 = d_2/d_1$

式中　d_1、d_2——分别为主动、从动带轮的直径，mm；

n_1、n_2——分别为主动、从动带轮的转速，r/min；

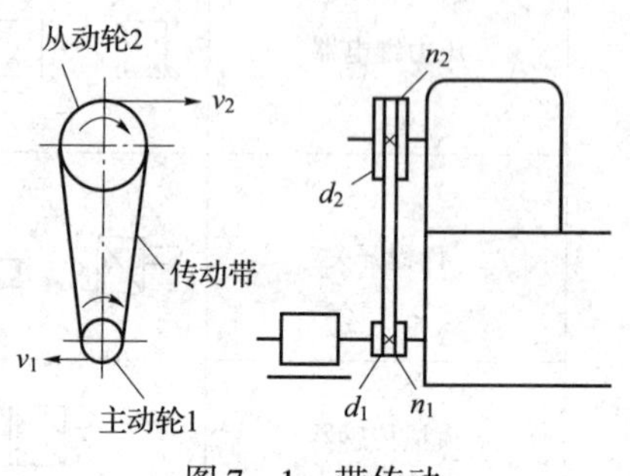

图 7—1　带传动

i——传动比，这里指主动轮（轴）与从动轮（轴）的转速之比。

从上式可知，带传动的传动比等于从动带轮直径与主动带轮直径之比，或在带传动中，带轮转速与其直径成反比。

如果考虑传动带与带轮之间的滑动，则其传动比为：

$$i_{12}=n_1/n_2=\varepsilon d_2/d_1$$

式中，ε 为滑动系数，约为 0.98。

带传动的优点是传动平稳，轴间距离较大，结构简单，制造和维护方便，过载时打滑，不致引起机器损坏。缺点是带传动不能保证准确的传动比，并且摩擦损失大，传动效率较低。

二、齿轮传动

齿轮传动是目前机床中应用最多的一种传动方式。齿轮传动种类很多，如直齿、斜齿、人字齿、圆弧齿等，其中最常用的是直齿圆柱齿轮传动，如图 7—2 所示。

若 z_1、n_1 分别代表主动轮的齿数和转速，z_2、n_2 分别代表从动轮的齿数和转速，则 $n_1z_1=n_2z_2$。

故传动比为 $i_{12}=n_1/n_2=z_2/z_1$。

从上式可知，齿轮传动的传动比等于主动齿轮转速与从动齿轮转速之比，或齿轮传动中，齿轮转速与其齿数成反比。

齿轮传动的优点是结构紧凑，传动比准确，可传递较大的圆周力，传动效率高。缺点是制造比较复杂，当精度不高时传动不平稳，有噪声，线速度不能过高，通常小于 12 ~ 15 m/s。

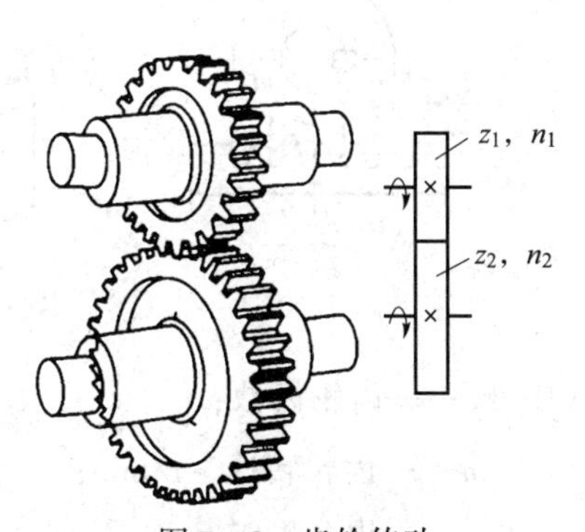

图 7—2　齿轮传动

三、蜗杆传动

如图 7—3 所示，蜗杆为主动件，将其转动传给蜗轮。这种传动方式只能蜗杆带动蜗轮转，反之则不可能。

若蜗杆的螺纹头数为 k，转速为 n_1，蜗轮的齿数为 z，转速为 n_2，则其传动比为：$i=n_1/n_2=z/k$。

蜗杆传动的优点是可以获得较大的降速比（因为 k 比 z 小很多），而且传动平稳，噪声小，结构紧凑。但传动效率比齿轮传动低，需要有良好的润滑条件。

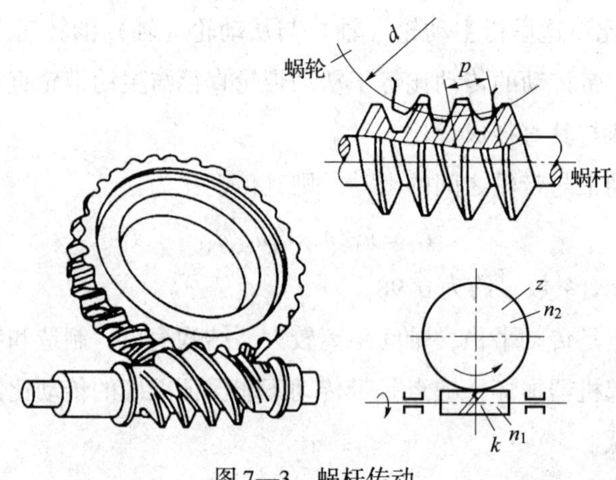

图 7—3　蜗杆传动

四、齿轮齿条传动

如图 7—4 所示，若齿轮按箭头所指方向旋转，则齿条向左做直线移动，其移动速度为：$v = pzn/60 = \pi mzn/60$（mm/s）

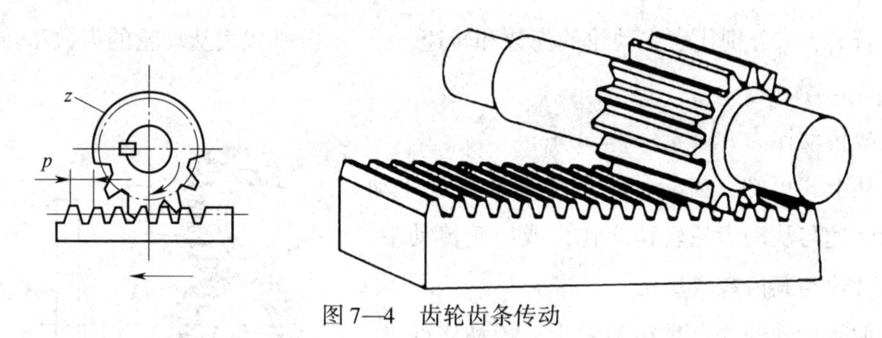

图 7—4　齿轮齿条传动

式中　z——齿轮齿数；

n——齿轮转速，r/min；

p——齿条齿距，$p = \pi m$，mm；

m——齿轮、齿条模数，mm。

齿轮齿条传动可以将旋转运动变成直线运动（齿轮为主动），也可以将直线运动变为旋转运动（齿条为主动）。

齿轮齿条传动的效率较高，但制造精度不高时传动的平稳性和准确性较差。

五、螺杆传动

螺杆传动也称丝杠螺母传动（见图 7—5），通常螺杆（又称丝杠）旋转，螺母不转，则它们之间沿轴线方向相对移动的速度为：

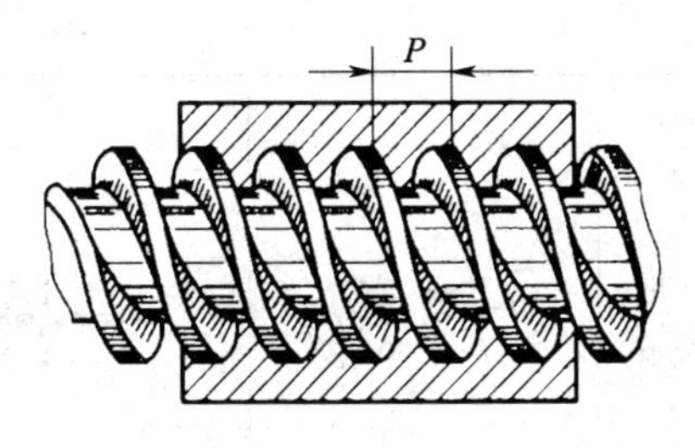

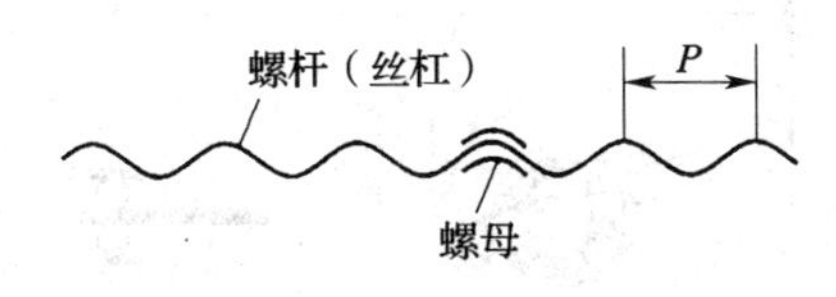

图 7—5　螺杆传动

$$v = nP/60 \qquad (\mathrm{mm/s})$$

式中　n——螺杆转速，r/min；

P——单头螺杆螺距，mm。

用多头螺杆传动时：

$$v = knP/60 \qquad (\mathrm{mm/s})$$

式中　k——螺杆螺纹头数。

螺杆传动一般是将旋转运动变为直线运动，其优点是传动平稳，噪声小，可以达到较高的传动精度，但传动效率较低。

第 2 节　传动链及其传动比

一、传动链概念及常用传动件简图符号

传动链是指实现从首端件向末端件传递运动的一系列传动件的总和，它是由若干传动副按一定方法依次组合起来的。为了便于分析传动链中的传动关系，可以把各传动件进行简化，用规定的一些简图符号（见表 7—1）表示。

表 7—1　　　　　　　　**常用传动件的简图符号**

名称	图形	符号	名称	图形	符号
轴			滑动轴承		

续表

名称	图形	符号	名称	图形	符号
滚动轴承			止推轴承	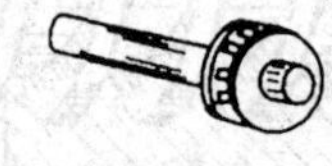	
双向摩擦离合器		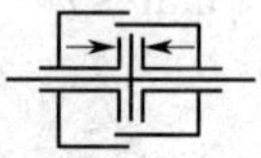	双向滑动齿轮		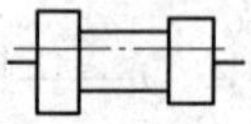
螺杆传动（整体螺母）			螺杆传动（开合螺母）	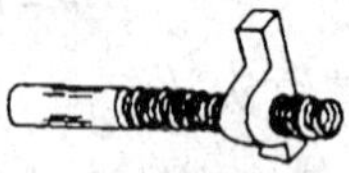	
平带传动		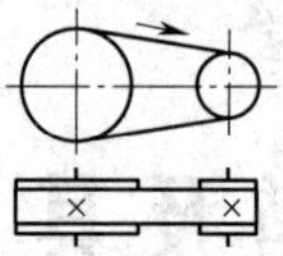	V带传动		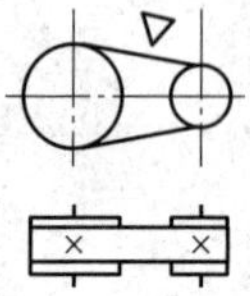
齿轮传动	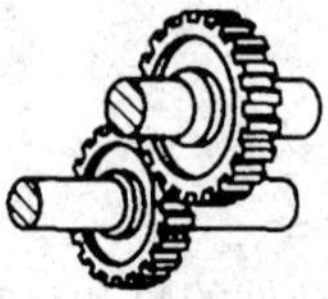	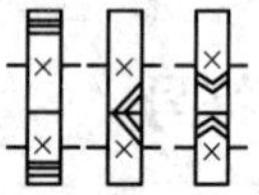	蜗杆传动	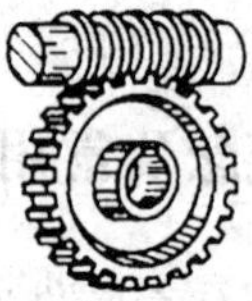	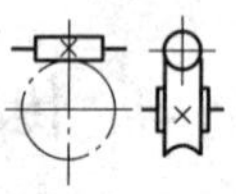
齿轮齿条传动		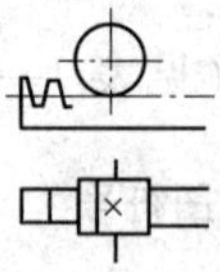	锥齿轮传动		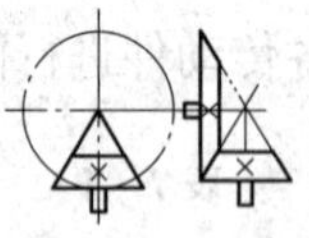

二、传动链的表示形式

传动链可以用规定的一些简图组成传动图，如图7—6所示，也可以用传动结构式来表示。

传动结构式的基本形式为：

$$—\mathrm{I}—\left\{\begin{matrix} i_1 \\ i_2 \\ \vdots \\ i_m \end{matrix}\right\}—\mathrm{II}—\left\{\begin{matrix} i_{m+1} \\ i_{m+2} \\ \vdots \\ i_n \end{matrix}\right\}—\mathrm{III}—\cdots$$

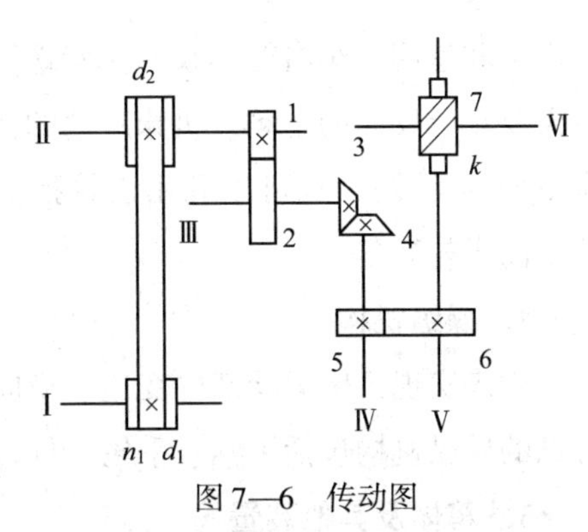

图 7—6　传动图

式中，罗马数字Ⅰ、Ⅱ、Ⅲ…表示传动轴，通常从首端件开始按运动传递顺序依次编写；i_1、i_2…i_m、i_{m+1}、i_{m+2}…i_n表示传动链中可能出现的传动比。

如图 7—6 所示，运动自轴Ⅰ输入，转速为 n_1，经带轮 d_1、传动带和带轮 d_2传至轴Ⅱ。再经圆柱齿轮 1、2 传到轴Ⅲ，经锥齿轮 3、4 传到轴Ⅳ，经圆柱齿轮 5、6 传到轴Ⅴ，最后经蜗杆 k 及蜗轮 7 传至轴Ⅵ，并把运动输出。

若已知 n_1、d_1、d_2、z_1、z_2、z_3、z_4、z_5、z_6、k 及 z_7的具体数值，则可确定传动链中任何一轴的转速。例如求轴Ⅵ的转速 n_{VI}，可按下式计算：

$$\begin{aligned} n_{\mathrm{VI}} &= n_1 i_{总}^{-1} = n_1(i_1 i_2 i_3 i_4 i_5)^{-1} \\ &= n_1 \times \frac{d_1}{d_2} \times \varepsilon \times \frac{z_1}{z_2} \times \frac{z_3}{z_4} \times \frac{z_5}{z_6} \times \frac{k}{z_7} \end{aligned}$$

式中　$i_1 \sim i_5$——传动链中相应传动副的传动比；

$i_{总}$——传动链的总传动比，$i_{总} = i_1 i_2 i_3 i_4 i_5$，即传动链的总传动比等于传动链中各传动副传动比的乘积。

三、机床机械传动的组成

机床机械传动主要由以下几部分组成：

1. 定比传动机构

具有固定传动比或固定传动关系的传动机构，例如前面介绍的几种常用的传动副。

2. 变速机构

改变机床部件运动速度的机构。例如，图 7—6 中变速箱的轴Ⅰ—Ⅱ—Ⅲ间采用的为滑动齿轮变速机构，主轴箱中轴Ⅳ—Ⅴ—Ⅵ间采用的为离合器式齿轮变速机构，轴Ⅸ—Ⅹ—Ⅺ间采用的为交换齿轮变速机构等。

3. 换向机构

变换机床部件运动方向的机构。为了满足加工的不同需要（如车螺纹时刀具的进给和返回，车右旋螺纹和左旋螺纹等），机床的主传动部件和进给传动部件往往需要正、反向的运动。机床运动的换向，可以直接利用电动机反转（如C616车床主轴的反转），也可以利用齿轮换向机构（如图7—6主轴箱中Ⅵ、Ⅶ、Ⅷ轴间的换向齿轮）等。

4. 操纵机构

用来实现机床运动部件变速、换向、启动、停止、制动及调整的机构。机床上常见的操纵机构包括手柄、手轮、杠杆、凸轮、齿轮齿条、拨叉、滑块及按钮等。

5. 箱体及其他装置

箱体用以支承和连接各机构，并保证它们相互位置的精度。为了保证传动机构的正常工作，还设有开停装置、制动装置、润滑与密封装置等。

四、机械传动的优缺点

机械传动与液压传动、电气传动相比较，其主要优点如下：

1. 传动比准确，适用于定比传动。
2. 实现回转运动的结构简单，并能传递较大的转矩。
3. 故障容易发现，便于维修。

但是，机械传动一般情况下不够平稳；制造精度不高时，振动和噪声较大；实现无级变速的机构较复杂，成本高。因此，机械传动主要用于速度不太高的有级变速传动中。

第3节　机床常用的变速机构

机床的传动装置应保证加工时能得到最有利的切削速度。在一般的机床上，实际操作时，只能从机床现有的若干转速中，通过变速机构，来选取接近于所要求的转速。

一、基本变速机构

变换机床转速的机构是由一些基本变速机构组成的。基本变速机构是多种多样的，其中滑动齿轮变速机构和离合器式变速机构是最常用的两种（见图7—7）。

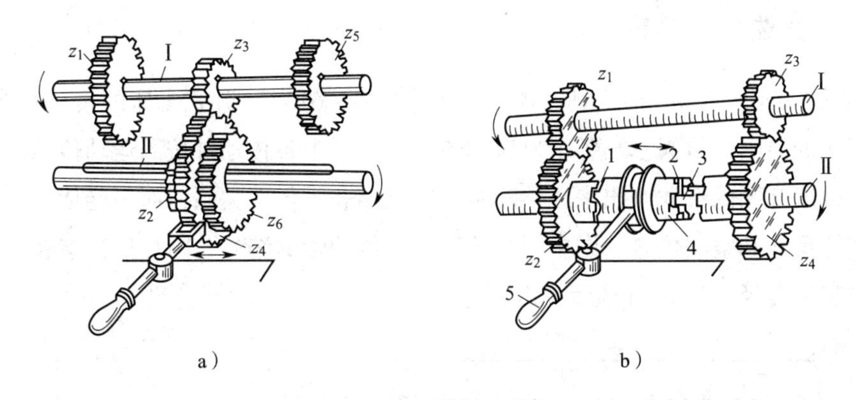

图7—7　变速机构

a）滑动齿轮变速机构　b）离合器式齿轮变速机构

1、2—离合器爪　3—键　4—牙嵌式离合器　5—手柄

1. 滑动齿轮变速机构（见图7—7a）

带长键的从动轴Ⅱ上，装有三联滑动齿轮（z_2、z_4和z_6）。通过手柄可使它分别与固定在主动轴Ⅰ上的齿轮z_1、z_3和z_5相啮合，轴Ⅱ可得到三种转速，其传动比为：

$$i_1 = z_2/z_1,\ i_2 = z_4/z_3,\ i_3 = z_6/z_5$$

这种变速机构的传动路线可用传动链的形式表示如下：

$$—\mathrm{I}—\left\{\begin{matrix}\dfrac{z_2}{z_1}\\ \dfrac{z_4}{z_3}\\ \dfrac{z_6}{z_5}\end{matrix}\right\}—\mathrm{II}—$$

2. 离合器式齿轮变速机构（见图7—7b）

从动轴Ⅱ两端套有齿轮z_2和z_4，它们可以分别与固定在主动轴Ⅰ上的齿轮z_1和z_3相啮合。轴Ⅱ的中部带有键3，并装有牙嵌式离合器4。当由手柄5左移或右移离合器时，可使离合器的爪1或爪2与齿轮z_2或z_4相啮合，轴Ⅱ可得到两种不同的转速，其传动比为$i_1 = z_2/z_1$以及$i_2 = z_4/z_3$，其传动链为：

$$—\mathrm{I}—\left\{\begin{matrix}\dfrac{z_2}{z_1}\\ \dfrac{z_4}{z_3}\end{matrix}\right\}—\mathrm{II}—$$

二、变速结构分析

如图7—8所示为C616型（相当于新编型号C6132）卧式车床的传动系统图，它用规定的简图符号表示出整个机床的传动链。图中各传动件按照运动传递的先后顺序，以展开图的形式画出来。传动系统图只能表示传动关系，而不能代表各传动件的实际尺寸和空间位置。图中罗马数字表示传动轴的编号，阿拉伯数字表示齿轮齿数或带轮直径，字母M表示离合器等。

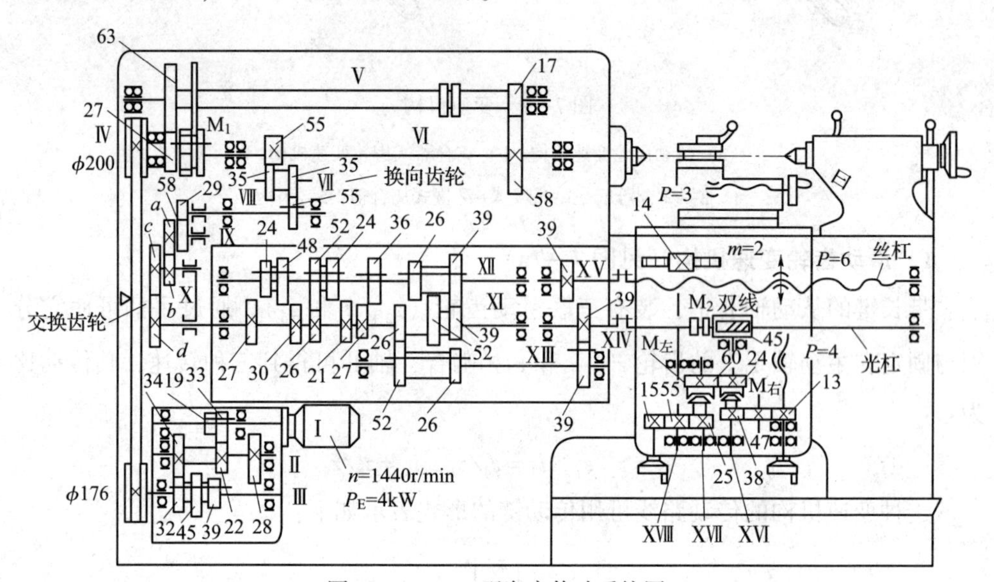

图7—8　C616型车床传动系统图

1. 主运动传动链

$$\text{电动机}—\mathrm{I}—\begin{Bmatrix}\frac{22}{33}\\ \frac{34}{19}\end{Bmatrix}—\mathrm{II}—\begin{Bmatrix}\frac{32}{34}\\ \frac{39}{28}\\ \frac{45}{22}\end{Bmatrix}—\mathrm{III}—\frac{\phi200}{\phi176}—\mathrm{IV}—\begin{Bmatrix}M_1\\ \frac{63}{27}—\mathrm{V}—\frac{58}{17}\end{Bmatrix}—\text{主轴}\mathrm{VI}$$

（1 440 r/min）

主轴可获得 $2\times3\times2=12$ 级转速，其反转是通过电动机反转实现的。

2. 进给运动传动链

$$\text{主轴}\mathrm{VI}—\begin{Bmatrix}\frac{55}{55}\\ \frac{35}{55}\times\frac{55}{35}\end{Bmatrix}—\mathrm{VIII}—\frac{58}{29}—\mathrm{IX}—\frac{b}{a}\times\frac{d}{c}—\mathrm{XI}—$$

（换向机构）　　　　（交换齿轮）

$$\begin{Bmatrix}\frac{24}{27}\\ \frac{24}{21}\\ \frac{36}{27}\\ \frac{48}{30}\\ \frac{52}{26}\end{Bmatrix}—\text{XII}—\begin{Bmatrix}\frac{39}{39}\cdot\frac{26}{52}\\ \frac{52}{26}\cdot\frac{26}{52}\\ \frac{39}{39}\cdot\frac{52}{26}\\ \frac{52}{26}\cdot\frac{52}{26}\end{Bmatrix}—\text{XIII}—\begin{cases}\frac{39}{39}—\text{XV}—\text{丝杠}(P=6)—\text{车螺纹}\\ \frac{39}{39}—\text{XIV}—\text{光杠}—\frac{45}{2}—\text{XVI}—\end{cases}$$

（增倍机构）

$$\begin{cases}\frac{60}{24}—\text{XVII}—M_{左}—\frac{55}{25}—\text{XVIII}—\text{齿轮、齿条}(z=14，m=2)—\text{纵向进给}\\ M_{右}—\frac{47}{38}\times\frac{13}{47}—\text{横进给丝杠}(P=4)—\text{横向进给}\end{cases}$$

第8章

机械加工常用设备

金属切削机床是对金属工件进行切削加工的机器。由于它是用来制造机器的，也是唯一能制造机床自身的机器，故又称为“工作母机”，习惯上简称为机床。机床是机械制造业的基本加工装备，它的品种、性能、质量和技术水平直接影响着其他机电产品的性能、质量、生产技术和企业的经济效益。机械工业为国民经济各部门提供技术装备的能力和水平，在很大程度上取决于机床的水平，所以机床属于基础机械装备。

实际生产中需要加工的工件种类繁多，其形状、结构、尺寸、精度、表面质量和数量等各不相同。为了满足不同加工的需要，机床的品种和规格也应多种多样。尽管机床的品种很多，各有特点，但它们在结构、传动及自动化等方面有许多类似之处，也有着共同的原理及规律。

第1节　切削机床的类型、牌号

一、切削机床的类型

机床种类繁多，为了便于设计、制造、使用和管理，需要进行适当的分类。

机床按加工方式、加工对象或主要用途分为12大类，即车床、钻床、镗床、磨床、齿轮加工机床、螺纹加工机床、铣床、刨插床、拉床、特种加工机床、锯床和其他机床等。在每一类机床中，又按工艺范围、布局形式和结构分为若干组，每一组又细分为若干系列。国家制定的机床型号编制方法就是依据此分类方法进行编制的。

机床按加工工件大小和机床质量，可分为仪表机床、中小机床、大型机床（10～30 t）、重型机床（30～100 t）和超重型机床（100 t 以上）。

机床按通用程度，可分为通用机床、专门化机床和专用机床。

机床按加工精度（指相对精度），可分为普通精度级机床、精密级机床和高精度级机床。

随着机床的发展，其分类方法也在不断发展。因为现代机床正向数控化方向转变，所以常被分为数控机床和非数控机床（传统机床）。数控机床的功能日趋多样化，工序更加集中。例如，数控车床在卧式车床的基础上，集中了转塔车床、仿形车床、自动车床等多种车床的功能；车削加工中心在数控车床功能的基础上，又加入了钻、铣、镗等类机床的功能。机床还有其他一些分类方法，不再一一列举。

二、切削机床的型号

为了简明地表示出机床的名称、主要规格和特性，以便对机床有一个清晰的概念，需要对每种机床赋予一定的型号。关于我国机床型号现行的编制方法，可参阅国家标准 GB/T 15375—2008《金属切削机床型号编制方法》（见图 8—1）。需要说明的是，对于已经定型，并按过去机床型号编制方法确定型号的机床，其型号不改变，故有些机床仍用原型号。

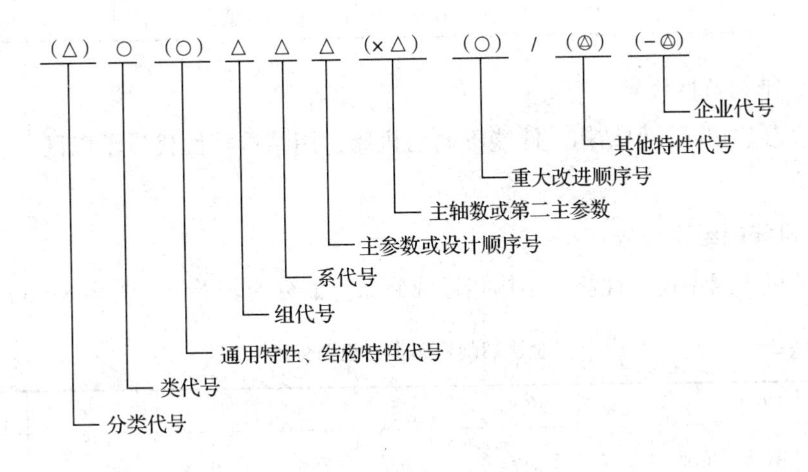

图 8—1　机床型号编制格式

图8—1中，（　）——代号或数字，当无内容时则不表示，若有内容则不带括号；

○——大写的汉语拼音字母；

△——阿拉伯数字；

◬——大写的汉语拼音字母，或阿拉伯数字，或两者兼有之。

在整个型号规定中，最重要的是类代号、组代号、主参数以及通用特性代号和结构特性代号。

1. 机床的类代号

机床按加工性质和所用刀具分为11大门类，见表8—1。

表8—1　　机床分类及代号

类别	车床	钻床	镗床	磨床			齿轮加工机床	螺纹加工机床	铣床	刨插床	拉床	锯床	其他机床
代号	C	Z	T	M	2M	3M	Y	S	X	B	L	G	Q
读音	车	钻	镗	磨	二磨	三磨	牙	丝	铣	刨	拉	割	其他

2. 特性代号

（1）通用特性代号（见表8—2）

表8—2　　机床通用特性代号

通用特性	高精度	精密	自动	半自动	数控	加工中心（自动换刀）	仿形	轻型	加重型	简式或经济型	柔性加工单元	数显	高速
代号	G	M	Z	B	K	H	F	Q	C	J	R	X	S
读音	高	密	自	半	控	换	仿	轻	重	简	柔	显	速

（2）结构特性代号

对主参数相同，但结构、性能不同的机床，用结构特性代号予以区分，如A、D、E等。

3. 机床的组系代号

同类机床因用途、性能、结构相近或有派生而分为若干组（见表8—3）。

表8—3　　金属切削机床类、组划分表

组别类别	0	1	2	3	4	5	6	7	8	9
车床C	仪表车床	单轴自动车床	多轴自动半自动车床	回轮转塔车床	曲轴及凸轮轴车床	立式车床	落地及卧式车床	仿形及多刀车床	轮轴辊锭及铲齿车床	其他车床

续表

组别类别	0	1	2	3	4	5	6	7	8	9
钻床 Z		坐标镗钻床	深孔钻床	摇臂钻床	台式钻床	立式钻床	卧式钻床	铣钻床	中心孔钻床	其他钻床
镗床 T			深孔镗床		坐标镗床	立式镗床	卧式铣镗床	精镗床	汽车拖拉机修理用镗床	其他镗床
磨床 M	仪表磨床	外圆磨床	内圆磨床	砂轮机	坐标磨床	导轨磨床	刀具刃磨床	平面及端面磨床	曲轴、凸轮轴、花键轴及轧辊磨床	工具磨床
2M		超精机	内圆珩磨机	外圆及其他珩磨机	抛光机	砂带抛光及磨削机床	刀具刃磨及研磨机床	可转位刀片磨削机床	研磨机	其他磨床
3M		球轴承套圈沟磨床	滚子轴承套圈滚道磨床	轴承套圈超精机		叶片磨削机床	滚子加工机床	钢球加工机床	气门、活塞及活塞环磨削机床	汽车、拖拉机修磨机床
齿轮加工机床 Y	仪表齿轮加工机		锥齿轮加工机	滚齿及铣齿机	剃齿及珩齿机	插齿机	花键轴铣床	齿轮磨齿机	其他齿轮加工机	齿轮倒角及检查机
螺纹加工机床 S				套丝机	攻丝机		螺纹铣床	螺纹磨床	螺纹车床	
铣床 X	仪表铣床	悬臂及滑枕铣床	龙门铣床	平面铣床	仿形铣床	立式升降台铣床	卧式升降台铣床	床身铣床	工具铣床	其他铣床
刨插床 B		悬臂刨床	龙门刨床			插床	牛头刨床		边缘及模具刨床	其他刨床
拉床 L			侧拉床	卧式外拉床	连续拉床	立式内拉床	卧式内拉床	立式外拉床	键槽、轴瓦及螺纹拉床	其他拉床
锯床 G			砂轮片锯床		卧式带锯床	立式带锯床	圆锯床	弓锯床	锉锯床	
其他机床 Q	其他仪表机床	管子加工机床	木螺钉加工机床		刻线机	切断机	多功能机床			

例如：C6 落地及卧式车床，C5 立式车床；C51 单柱立式车床，C52 双柱立式车床。

4. 机床主参数

机床主参数（见表8—4）反映机床加工性能的主要数据。

表8—4　　常见机床主参数及折算系数

机床名称	主参数名称	主参数折算系数
普通车床	床身上最大工件回转直径	1/10
自动车床、六角车床	最大棒料直径或最大车削直径	1/1
立式车床	最大车削直径	1/100
立式钻床、摇臂钻床	最大钻孔直径	1/1
卧式镗床	主轴直径	1/10
牛头刨床、插床	最大刨削或插削长度	1/10
龙门刨床	工作台宽度	1/100
卧式及立式升降台铣床	工作台工作面宽度	1/10
龙门铣床	工作台工作面宽度	1/100
外圆磨床、内圆磨床	最大磨削外径或孔径	1/10
平面磨床	工作台工作面的宽度或直径	1/10
砂轮机	最大砂轮直径	1/10
齿轮加工机床	（大多数是）最大工件直径	1/10

其中，卧式镗床的主参数是主轴直径；拉床的主参数是额定拉力。

5. 机床型号举例

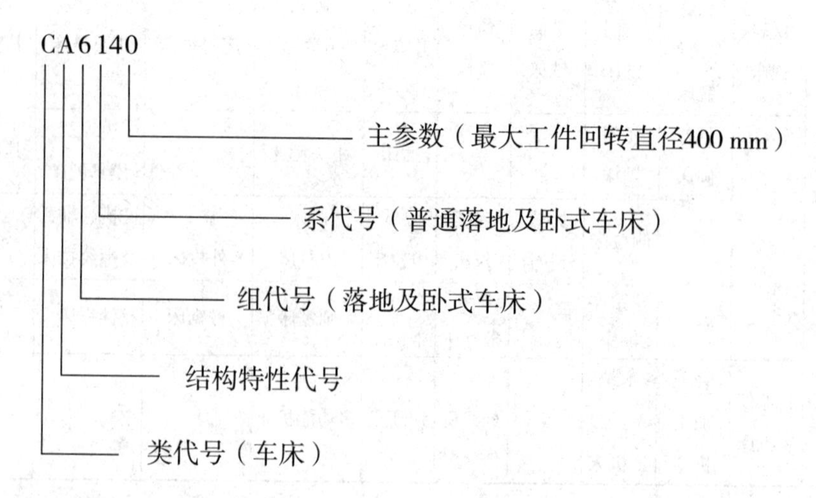

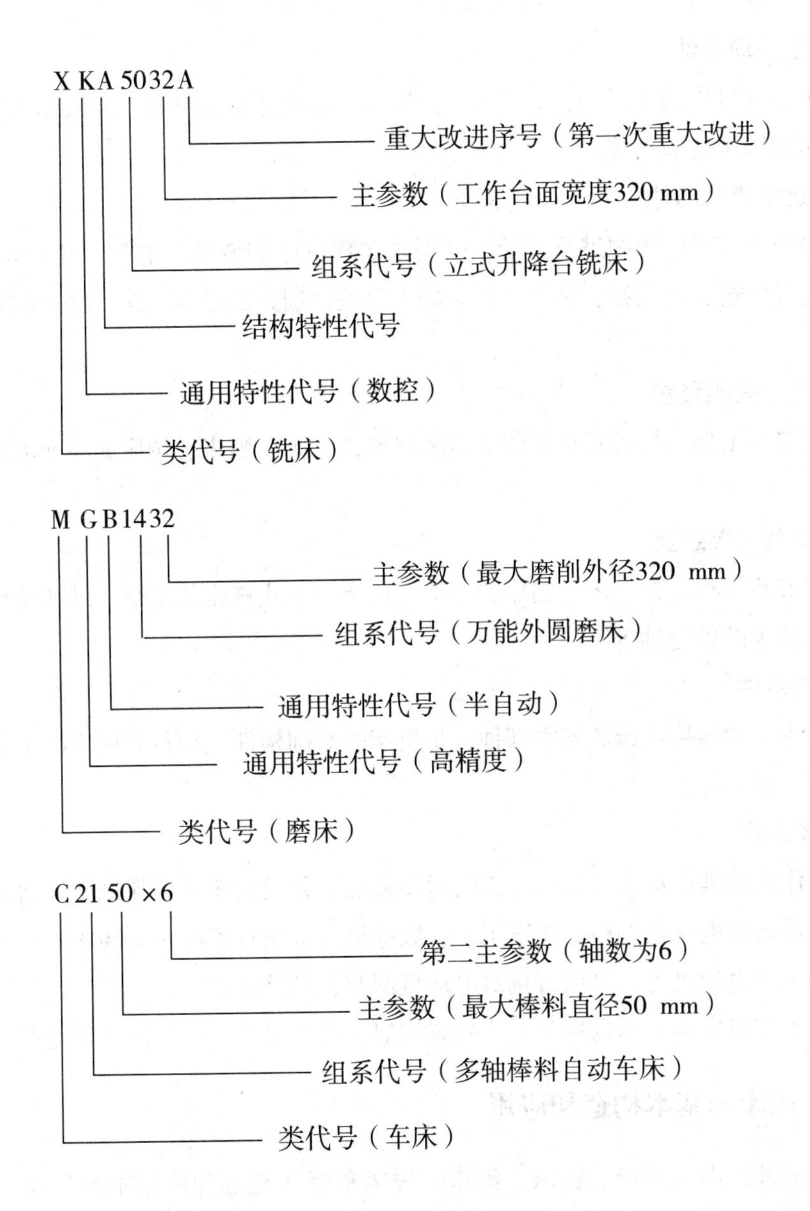

第2节　切削机床的基本构造和应用

一、切削机床的组成

尽管切削机床的外形、布局和构造各不相同，但归纳起来，它们都是由以下几个主要部分组成的。

1. 主传动部件

用来实现机床的主运动，如车床、摇臂钻床、铣床的主轴箱，立式钻床、刨床的变速箱和磨床的磨头等。

2. 进给传动部件

主要用来实现机床的进给运动，也用来实现机床的调整、退刀及快速运动等，如车床的进给箱、溜板箱，钻床、铣床的进给箱，刨床的进给机构，磨床的液压传动装置等。

3. 工件安装装置

用来安装工件，如卧式车床的卡盘和尾架，钻床、刨床、铣床和平面磨床的工作台等。

4. 刀具安装装置

用来安装刀具，如车床、刨床的刀架，钻床、立式铣床的主轴，卧式铣床的刀轴，磨床磨头的砂轮轴等。

5. 支承件

用来支承和连接机床的各零部件，是机床的基础构件，如各类机床的床身、立柱、底座、横梁等。

6. 动力源

为机床运动提供动力，是执行件的运动来源。普通机床通常都采用三相异步电动机，不需要对电动机调整，连续工作。数控机床采用直流或交流调速电动机、伺服电机和步进电动机等，可以直接对电动机调速，频繁启动。

其他类型机床的基本构造与上述机床类似，可看成是它们的演变和发展。

二、机床的基本构造和应用

在各类机床中，车床、钻床、刨床、铣床和磨床是五种最基本的机床，如图8—2～图8—6所示分别为这五种机床的外形图。

1. 车床的基本构造和应用

如图8—2a所示为卧式车床外观示意图，图8—2b为立式车床外观示意图。卧式车床主要由左右床腿、床身、主轴箱、进给箱、刀架、小滑板、中滑板、床鞍、尾座、丝杠、光杠和溜板箱等部分构成。

车床主要用于加工各种回转体表面。由于大多数机器零件都有回转体表面，所以车床比其他类型的机床应用更加普遍，一般占机床总数的40%左右。为了不断满足新的加工需要，车床的类型也在不断增多，其中以卧式车床应用最广泛。

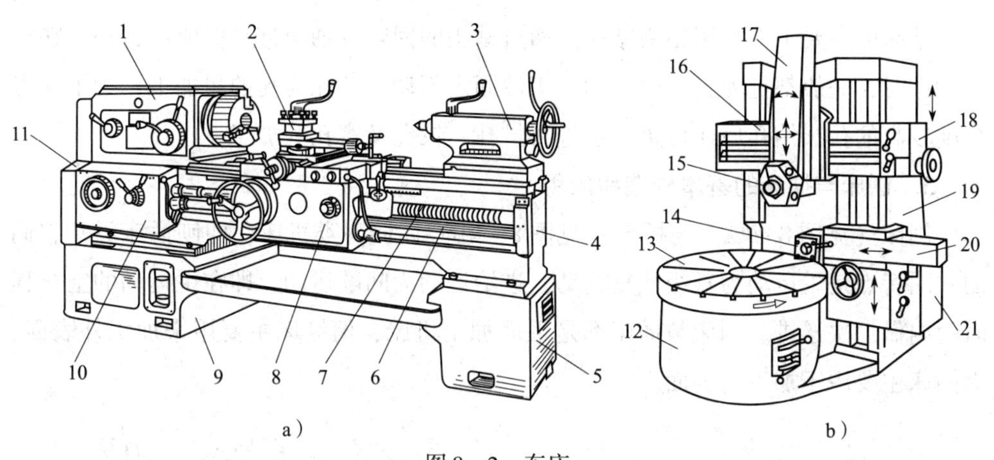

图 8—2　车床

a）卧式车床　b）立式车床

1—主轴箱　2、14—方刀架　3—尾座　4—床身　5、9—床腿　6—光杠　7—丝杠　8—溜板箱
10—进给箱　11—挂轮架　12—底座（主轴箱）　13—工作台　15—转塔　16—横梁
17—垂直刀架　18—垂直刀架进给箱　19—立柱　20—侧刀架　21—侧刀架进给箱

2. 钻床的基本构造和应用

钻床主要进行钻削加工，即用钻头、扩孔钻或铰刀等在工件上进行孔加工。钻床种类很多，常用的有台式钻床、立式钻床（见图 8—3a）和摇臂钻床（见图 8—3b）等。立式钻床主要由主轴、主轴箱、进给箱、立柱、工作台和底座等组成。

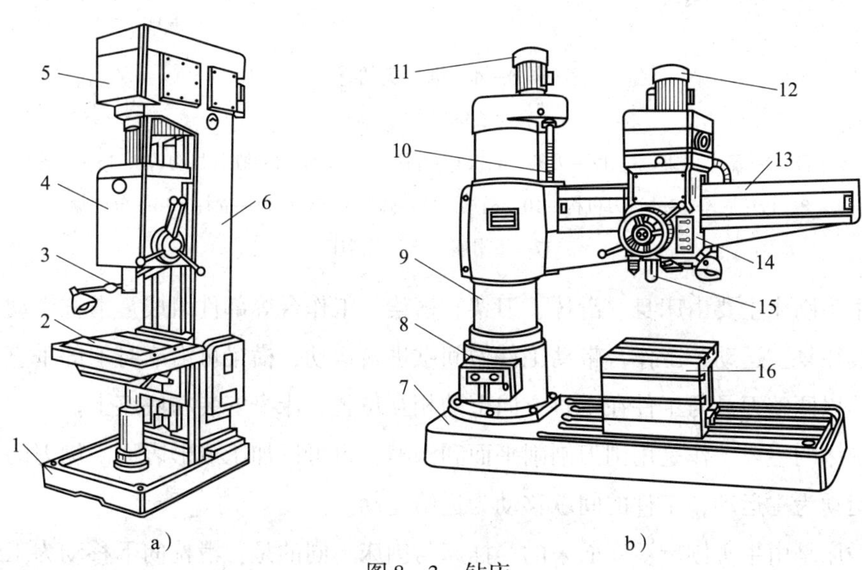

图 8—3　钻床

a）立式钻床　b）摇臂钻床

1、7—底座　2、16—工作台　3、15—主轴　4—进给箱　5—变速箱
6—立柱　8—外立柱　9—内立柱　10—丝杠　11、12—电动机　13—摇臂　14—主轴箱

钻床的主要工作是用钻头钻孔。通过钻头的回转及轴向移动做成形运动。在钻床工作时，一般都是刀具轴向移动，工件固定不动。钻孔为孔的粗加工，为了获得精度较高的孔，钻孔后还可进一步进行扩孔、铰孔及磨孔等加工。

3. 刨床与插床的基本构造和应用

刨床（见图8—4a）与插床（见图8—4b）属同一类机床，即刨插床类。它们的共同特点是主运动为直线往复运动，进给运动为间歇运动，即在主运动的空行程时间内做一次送进。刨床与插床都是平面加工机床，但刨床主要用来加工外表面，而插床主要用于加工内表面。

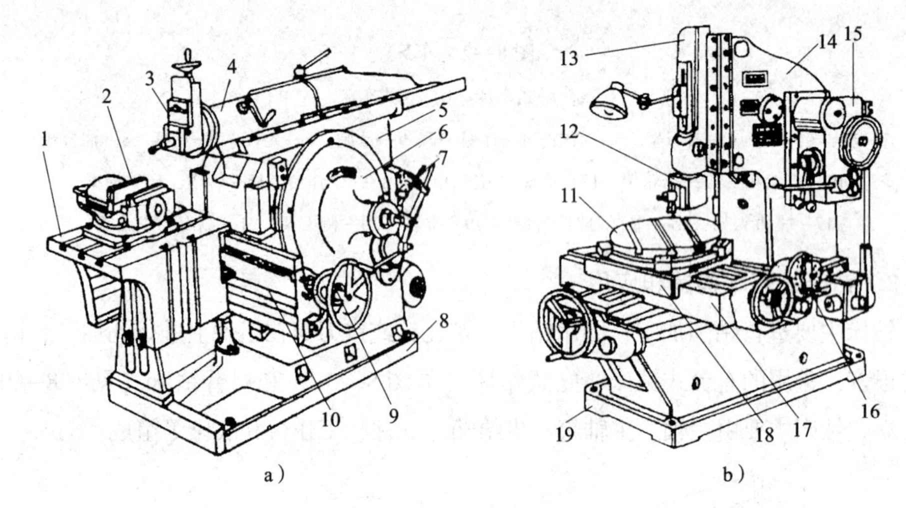

图8—4 刨床类机床

a）牛头刨床 b）插床

1—工作台 2—平口虎钳 3、12—刀架 4、13—滑枕 5—床身 6—摆杆机构 7、15—变速机构 8、19—底座 9—进刀机构 10—横梁 11—圆形工作台 14—立柱 16—分度盘 17—下滑座 18—上滑座

牛头刨床主要由床身、滑枕、刀架、横梁、工作台等部件组成。滑枕带动刀架做直线往复主运动，工作台带动工件做间歇进给运动，横梁可沿床身上的垂直导轨移动，以调整刀具与工件在垂直方向上的相互位置，床身安装在底座上。

刨床的主要工作是用刨刀刨削平面和沟槽，也可以加工成形表面。刨刀的直线往复运动为主运动，工件的间歇移动为进给运动。

插床是由牛头刨床演变而来的。插床与刨床不同的是：滑枕向下移动为工作行程，向上为空行程；滑枕可以在小范围内调整角度，以便加工倾斜面及沟槽；工作台由下滑座、上滑座及圆工作台组成；下滑座及上滑座可带动圆工作台分别做横向及纵向进给；圆工作台可回转完成圆周进给和进行圆周分度。

插床主要用来插键槽和花键槽等内表面。插床实际上是立式牛头刨床，它与牛头刨床的主要区别在于滑枕是直立的，插刀沿垂直方向做直线往复主运动，工件可以沿纵向、横向、圆周三个方向之一做间歇的进给运动。

4. 铣床的基本构造和应用

铣床是用铣刀进行加工的机床。铣床的种类很多，其中以卧式铣床、立式铣床、龙门铣床及双柱铣床应用最广。

如图 8—5a 所示为 X6132 型万能升降台卧式铣床。它的主轴是水平的，与工作台平行；床身用来固定和支承铣床上的其他部件和结构；横梁可沿床身的水平导轨移动，以调整其伸出长度；升降台可沿床身的垂直导轨上下移动，以调整工作台到铣刀的距离；工作台用来安装工件、夹具、分度头等，工作台位于回转台上，可沿回转台上的导轨做纵向进给；床鞍位于升降台上面的水平导轨上，可带动工作台一起做横向移动；主轴为空心轴，用来安装铣刀刀杆并带动铣刀回转。工作台的纵向、横向进给及升降，可以自动也可以手动。如图 8—5b 所示为立式铣床。立式铣床与卧式升降台铣床的主要区别在于它的主轴是直立的，并与工作台面相垂直。

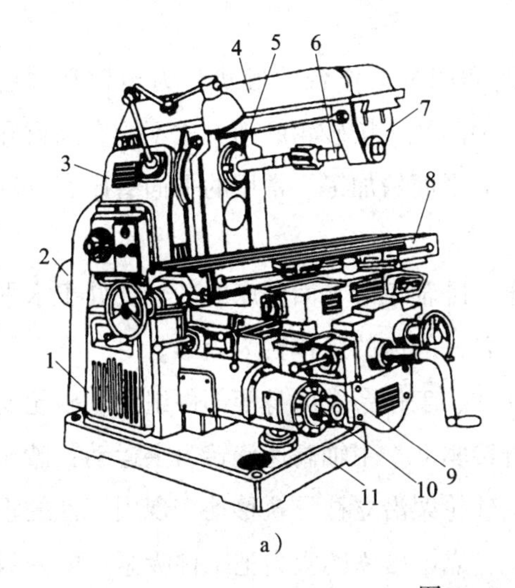

a）

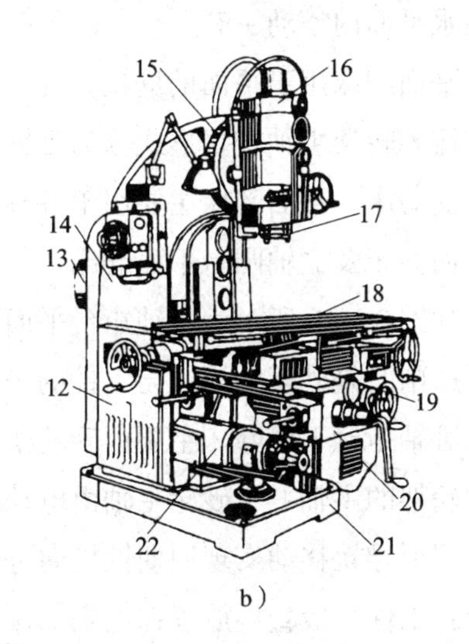

b）

图 8—5　铣床

a）卧式铣床　b）立式铣床

1、12—床身　2、13—主电动机　3、14—主轴箱　4—横梁　5、17—主轴　6—铣刀心轴　7—刀杆支架　8、18—工作台　9、20—垂直升降台　10、22—进给箱　11、21—底座　15—主轴头架旋转刻度盘　16—主轴头　19—横向滑座

铣床的主要工作是铣削平面和沟槽。铣削加工时，主运动是铣刀的旋转运动，进给运动是工件的移动。与刨削加工相比：铣削加工是以回转运动代替了刨削加工中的直线往复运动；以连续进给代替了间歇进给；以多齿铣刀代替了刨刀。所以，

铣削加工的生产率较高，其应用范围也要比刨削加工广泛得多。

5. 磨床的基本构造和应用

磨床是用砂轮进行磨削加工的机床。它是机器零件精密加工的主要设备之一，可以加工其他机床不能加工或很难加工的高硬度材料。磨床可用来磨削各种内外圆柱面、内外圆锥面、平面、成形表面等，它是以砂轮回转为主运动和各项进给运动作为成形运动的。磨床的种类很多，目前生产中应用最多的是外圆磨床、内圆磨床、平面磨床、无心磨床和工具磨床等。

在外圆磨床中以普通外圆磨床和万能外圆磨床应用最广。万能外圆磨床主要用于磨削外圆柱面、外圆锥面及台阶端面等，它由砂轮架、头架、尾座、工作台及床身等部件组成，如图8—6a所示。砂轮装在砂轮架主轴的前端，由单独的电动机驱动做高速旋转主运动。工件装夹在头架及尾座顶尖之间，由头架主轴带动做圆周进给运动。头架与尾座均装在工作台上，工作台由液压传动系统带动沿床身导轨做轴向（纵向）往复直线进给运动。砂轮架可以通过液压系统或横向进给手轮使其做机动或手动横向进给。为了磨削外圆锥面，工作台由上下两部分组成，上层工作台可在水平面内摆动±8°。

平面磨床用于平面的磨削加工。平面磨床按工作台的形状分为矩台和圆台两类；按砂轮架主轴布置形式分为卧轴与立轴两类；按砂轮磨削方式不同有周磨和端磨平面磨床。平面磨床主要用于各种零件的平面精加工。常用的平面磨床有卧轴矩台平面磨床及立轴圆台平面磨床。

如图8—6b所示为卧轴矩台平面磨床。卧轴矩台平面磨床的砂轮轴处于水平位置，磨削时是砂轮的周边与工件的表面接触，磨床的工作台为矩形。

卧轴矩台平面磨床主要由砂轮架、立柱、工作台及床身等部件组成。砂轮安装在砂轮架的主轴上，砂轮主轴由电动机直接驱动。主轴高速旋转为主运动；砂轮架沿燕尾形导轨移动实现周期性横向进给；砂轮架沿立柱导轨移动实现周期性的垂直进给；工件一般直接放置在电磁工作台上，靠电磁铁的吸力把工件吸紧；电磁吸盘随机床工作台一起安装在床身上，沿床身导轨做纵向往复进给运动。磨床工作台的纵向往复运动和砂轮架的横向周期进给运动，一般都采用液压传动。砂轮架的垂直进给运动通常用手动。为了减轻操作者的劳动强度和节省辅助时间，磨床还备有快速升降机构。

卧轴矩台平面磨床的加工范围较广，除了磨削水平面外，还可以用砂轮的端面磨削沟槽、台阶面等。用此类磨床磨削加工的尺寸精度较高，表面粗糙度参数值较小。

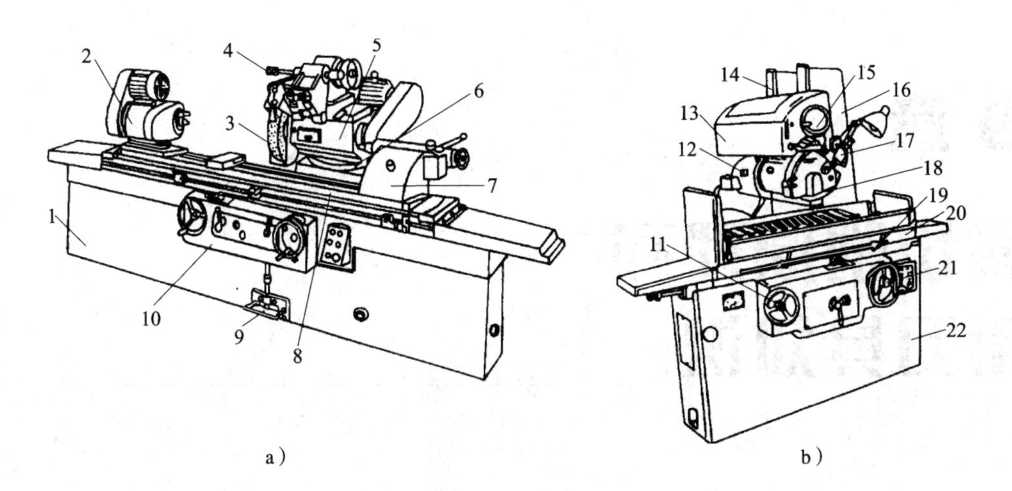

图 8—6　磨床

a）万能外圆磨床　b）平面磨床

1、22—床身　2—头架　3、4、18—砂轮　5、12—磨头　6—滑鞍　7—尾架　8、20—工作台　9—脚踏操纵板　10—液压控制箱　11—工作台纵向进给手轮　13—拖板　14—导轨　15—横向进给手轮　16—立柱　17—砂轮修整器　19—行程挡块　21—垂直进给手轮

第9章

金属切削原理和常用刀具知识

第1节　金属切削原理

一、金属切削原理

金属切削原理的研究始于19世纪中叶，半个多世纪以来，各国学者系统地总结和发展了前人的研究成果，充分利用近代技术和先进的测试手段，取得了很多新成就，系统内容主要包括金属切削中切屑的形成和变形、切削力和切削功、切削热和切削温度、刀具的磨损机理和刀具寿命、切削振动和加工表面质量等。

1．切削过程

（1）定义

切削过程是刀具与工件相互运动、受力，通过刀具把被切金属层变为切屑的过程。

（2）切削加工过程是一个动态过程，在切削过程中，工件上通常存在着三个不断变化的切削表面，即：

待加工表面：工件上即将被切除的表面。

已加工表面：工件上已切去切削层而形成的新表面。

过渡表面（加工表面）：工件上正被刀具切削着的表面，介于已加工表面和待加工表面之间。

以车削外圆为例，工件上的三个切削表面如图9—1所示。

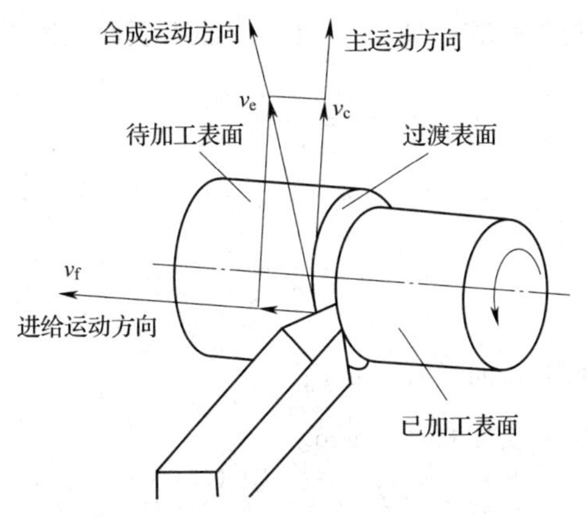

图 9—1　切削运动与切削表面

2. 切削运动

刀具与工件间的相对运动称为切削运动（即表面成形运动）。按作用来分，切削运动可分为主运动和进给运动。如图 9—1 所示，给出了车刀进行普通外圆车削时的切削运动，以及合成运动的切削速度 v_e、主运动速度 v_c 和进给运动速度 v_f 之间的关系。

二、切削三要素

1. 切削速度 v_c

（1）定义

切削速度 v_c 是刀具切削刃上选定点相对于工件的主运动方向上的瞬时线速度。由于切削刃上各点的切削速度可能是不同的，计算时常用最大切削速度代表刀具的切削速度。

（2）切削速度 v_c（m/s）的计算方法

主运动为回转运动时：

$$v_c = \frac{\pi dn}{1\,000 \times 60}$$

式中　d——切削刃上选定点的回转直径，mm；

n——主运动的转速，r/s 或 r/min。

2. 切削深度 a_p

（1）定义

工件上待加工表面与已加工表面之间的垂直距离，称为切削深度（又称背吃刀量）。

（2）计算方法

对于车削和刨削加工来说，切削深度 a_p（背吃刀量）是在与主运动和进给运动方向相垂直的方向上度量的已加工表面与待加工表面之间的距离，单位 mm。

$$a_p = \frac{d_w - d_m}{2}$$

对于钻孔加工来说：

$$a_p = \frac{d_m}{2}$$

式中　d_w——工件待加工表面直径，mm；

d_m——工件已加工表面直径，mm。

3. 进给量 *f*

进给量是指刀具在进给运动方向上相对于工件的位移量，用刀具或工件每转或每行程的位移量来表述，mm/r 或 mm/行程。

主运动为回转运动时：

$$v_f = nf$$

式中　v_f——进给速度，mm/min；

n——主运动转速，r/min。

三、切削热与切削液

1. 切削热的产生

切削金属时，由于切屑剪切变形所做的功和刀具前面、后面摩擦所做的功都转变为热，这种热叫切削热。

（1）影响切削温度的主要因素有切削用量、刀具几何参数、刀具磨损、切削液等。

（2）切削温度对刀具磨损起决定性的影响，同时也会影响加工工件的刚度、装夹精度，过热的切屑也容易飞出伤人等。

2. 切削液

切削液是为了提高切削加工效果而使用的液体，它具有冷却、润滑、冲洗、防锈等作用。工业切削液主要分为水基（冷却为主润滑为辅，如乳化液）和油基（润滑为主冷却为辅，如切削油）两种。

四、切削用量的合理控制

合理选择切削用量的原则是：粗加工时，一般以提高生产率为主，但也应考虑经济性和加工成本；半精加工和精加工时，应在保证加工质量的前提下，兼顾切削效率、经济性和加工成本。具体数值应根据机床说明书、切削用量手册，并结合经验而定。具体要考虑以下几个因素：

1. 背吃刀量 a_p

在机床、工件和刀具刚度允许的情况下，a_p就等于加工余量，这是提高生产率的一个有效措施。为了保证零件的加工精度和表面粗糙度，一般应留一定的余量进行精加工。数控机床的精加工余量可略小于普通机床。

2. 切削宽度 L

一般 L 与刀具直径 d 成正比，与切削深度成反比。经济型数控机床的加工过程中，一般 L 的取值范围为：$L=(0.6\sim0.9)\,d$。

3. 切削速度 v_c

提高 v_c 也是提高生产率的一个措施，但 v_c 与刀具耐用度的关系比较密切。随着 v_c 的增大，刀具耐用度急剧下降，故 v_c 的选择主要取决于刀具耐用度。另外，切削速度与加工材料也有很大关系。

4. 主轴转速 n（r/min）

主轴转速一般根据切削速度 v_c 来选定。

5. 进给速度 v_f

v_f 应根据零件的加工精度和表面粗糙度要求以及刀具和工件材料来选择。v_f 的增加也可以提高生产效率。加工表面粗糙度要求低时，v_f 可选择得大些，但是最大进给速度要受到设备刚度和进给系统性能等的限制。

五、合理选择使用切削液

现代切削加工尤其在高速切削中，切削液的使用十分普遍，切削过程中合理选择切削液，可减少切削热、机械摩擦和降低切削温度，减少工件热变形及表面粗糙度值，并能延长刀具的使用寿命，提高加工质量和生产效率。

第 2 节　常用切削刀具知识

一、刀具材料

在切削金属的过程中，刀具切削部分的材料承受着较大的压力、较高的温度及剧烈的摩擦作用而使刀具磨损。刀具使用寿命的长短和生产力的高低，取决于刀具材料的切削性能。此外，刀具切削部分材料的工艺性能对制造刀具和刀具刃磨质量也有显著影响。

1. 刀具材料必备的性能

（1）高硬度

刀具是从工件上去除材料，所以刀具材料的硬度必须高于工件材料的硬度。刀具材料最低硬度应在60HRC以上。对于碳素工具钢材料，在室温条件下硬度应在62HRC以上；高速钢硬度为63～70HRC；硬质合金刀具硬度为89～93HRC。

（2）高强度与强韧性

刀具材料在切削时受到很大的切削力与冲击力，如车削45钢，在背吃刀量 $a_p=4$ mm，进给量 $f=0.5$ mm/r的条件下，刀片所承受的切削力达到4 000 N，可见，刀具材料必须具有较高的强度和较强的韧性。一般刀具材料的韧性用冲击韧度 a_K 表示，反映了刀具材料的抗脆性和崩刃能力。

（3）较强的耐磨性和耐热性

刀具的耐磨性是刀具抵抗磨损的能力。一般刀具硬度越高，耐磨性越好。刀具金相组织中硬质点（如碳化物、氮化物等）越多，颗粒越小，分布越均匀，则刀具耐磨性越好。

刀具材料的耐热性是衡量刀具切削性能的主要标志，通常用高温下保持高硬度的性能来衡量，也称热硬性。刀具材料高温硬度越高，则耐热性越好，其高温抗塑性变形能力、抗磨损能力越强。

（4）优良的导热性

刀具导热性好，表示切削产生的热量容易传导出去，降低了刀具切削部分温度，减少了刀具磨损。另外，刀具材料导热性好，其耐热性和抗热裂纹性能也强。

（5）良好的工艺性与经济性

刀具不但要有良好的切削性能，本身还应该易于制造，这就要求刀具材料有较好的工艺性，如锻造、热处理、焊接、磨削、高温塑性变形等性能。此外，经济性也是刀具材料的重要指标之一，选择刀具时，要考虑经济效果，以降低生产成本。

2. 常用刀具材料

常用刀具材料有工具钢、高速钢、硬质合金、陶瓷和超硬刀具材料，目前应用最多的是高速钢和硬质合金。

（1）高速钢

高速钢是一种加入了较多的钨、铬、钒、钼等合金元素的高合金工具钢，有良好的综合性能。其强度和韧性是现有刀具材料中最高的。高速钢的制造工艺简单，容易刃磨成锋利的切削刃；锻造、热处理变形小，目前在复杂的刀具，如麻花钻、丝锥、拉刀、齿轮刀具和成形刀具制造中，仍占有主要地位。

高速钢可分为普通高速钢和高性能高速钢。

普通高速钢，如 W18Cr4V 广泛用于制造各种复杂刀具，其切削速度一般不太高，切削普通钢料时为 40 ~ 60 m/min。

高性能高速钢，如 W12Cr4V4Mo 是在普通高速钢中再增加一些含碳量、含钒量及添加钴、铝等元素冶炼而成的。它的耐用度为普通高速钢的 1.5 ~ 3 倍。

粉末冶金高速钢是 20 世纪 70 年代投入市场的一种高速钢，其强度与韧性分别提高 30% ~ 40% 和 80% ~ 90%，耐用度可提高 2 ~ 3 倍。目前我国尚处于试验研究阶段，生产和使用尚少。

（2）硬质合金

由难熔金属的硬质化合物和黏结金属通过粉末冶金工艺制成的一种合金材料。硬质合金具有硬度高、耐磨、强度和韧性较好、耐热、耐腐蚀等一系列优良性能，特别是它的高硬度和耐磨性，即使在 500℃ 的温度下也基本保持不变，在 1 000℃ 时仍有很高的硬度。硬质合金是以高硬度难熔金属的碳化物（WC、TiC）微米级粉末为主要成分，以钴（Co）或镍（Ni）、钼（Mo）为黏结剂，在真空炉或氢气还原炉中烧结而成的粉末冶金制品。

1）钨钴类硬质合金。主要成分是碳化钨（WC）和黏结剂钴（Co）。其牌号是由“YG”（“硬、钴”两字汉语拼音字首）和平均含钴量的百分数组成。例如，YG8 表示平均 $w_{Co}=8\%$，其余为碳化钨的钨钴类硬质合金。

2）钨钛钴类硬质合金。主要成分是碳化钨、碳化钛（TiC）及钴。其牌号由“YT”（“硬、钛”两字汉语拼音字首）和碳化钛平均含量组成。例如，YT15 表示平均 $w_{TiC}=15\%$，其余为碳化钨和钴含量的钨钛钴类硬质合金。

3）钨钛钽（铌）类硬质合金。主要成分是碳化钨、碳化钛、碳化钽（或碳化铌）及钴。这类硬质合金又称通用硬质合金或万能硬质合金。其牌号由“YW”（“硬”“万”两字汉语拼音字首）加顺序号组成，如 YW1、YW2。

（3）涂层刀具简述

涂层刀具是近 20 年出现的一种新型刀具材料，是刀具发展中的一项重要突破，是解决刀具材料中硬度、耐磨性与强度、韧性之间矛盾的一个有效措施。涂层刀具是在一些韧性较好的硬质合金或高速钢刀具基体上，涂覆一层耐磨性高的难熔化金属化合物而获得的。常用的涂层材料有 TiC、TiN 和 Al_2O_3 等。

在高速钢基体上刀具涂层多为 TiN，常用物理气相沉积法（PVD 法）涂覆，一般用于钻头、丝锥、铣刀、滚刀等复杂刀具上，涂层厚度为几微米，涂层硬度可达 80HRC，相当于一般硬质合金的硬度，耐用度可提高 2 ~ 5 倍，切削速度可提高 20% ~40%。

硬质合金的涂层是在韧性较好的硬质合金基体上，涂覆一层几微米至十几微米厚的高耐磨、难熔化的金属化合物，一般采用化学气相沉积法（CVD 法），在硬质合金刀片的表面上涂覆耐磨的 TiC 或 TiN、HfN、Al_2O_3 等薄层，形成表面涂层硬质合金。

（4）超硬刀具材料

超硬材料是指以金刚石为代表的具有很高硬度物质的总称。超硬材料的范畴虽没有一个严格的规定，但人们习惯上把金刚石和硬度接近于金刚石硬度的材料称为超硬材料。

1）金刚石。金刚石是目前世界上已发现的最硬的一种材料。金刚石刀具具有高硬度、高耐磨性和高导热性等性能，在有色金属和非金属加工中得到广泛的应用，尤其在铝和硅铝合金高速切削加工中，金刚石刀具是难以替代的主要切削刀具。

2）立方氮化硼（CBN）。立方氮化硼（CBN）的硬度（7 300 ~ 9000HV）仅次于金刚石，但它的耐热性和化学稳定性都大大高于金刚石，能耐 1 300 ~ 1 500℃的高温，并且与铁族金属的亲和力小。因此，它的切削性能好，不但适于非铁族难加工材料的加工，也适于铁族材料的加工。CBN 和金刚石刀具脆性大，故使用时机床刚性要好，主要用于连续切削，尽量避免冲击和振动。

3）陶瓷刀具。它的主要成分是 Al_2O_3，刀片硬度高、耐磨性好、耐热性高，允许用较高的切削速度，加之 Al_2O_3 的价格低廉，原料丰富，因此很有发展前途。但陶瓷材料性脆怕冲击，切削时容易崩刃。我国制成的 AM、AMF、AMT、AMMC 等牌号的金属陶瓷，其成分除 Al_2O_3 外，还含有各种金属元素，抗弯强度比普通陶瓷刀片高。

二、刀具结构

刀具的结构形式有整体式、焊接式、机夹重磨式和机夹可转位式等几种，主要由切削部分和夹持固定部分组成。

1. 夹持部分

夹持部分是用来将刀具夹持在机床上的部分，要求它能保证刀具正确的工作位置，传递所需要的运动和动力，并且夹固可靠，装卸方便。

2. 切削部分

切削部分是刀具上直接参加切削工作的部分，刀具切削性能的优劣，取决于切削部分的材料、角度和结构。狭义上的切削部分是指参与切削的刀刃及刀面。如图 9—2 所示，以硬质合金外圆车刀为例，切削部分主要包括：前面、主后面、副后面、主切削刃、副切削刃和刀尖。

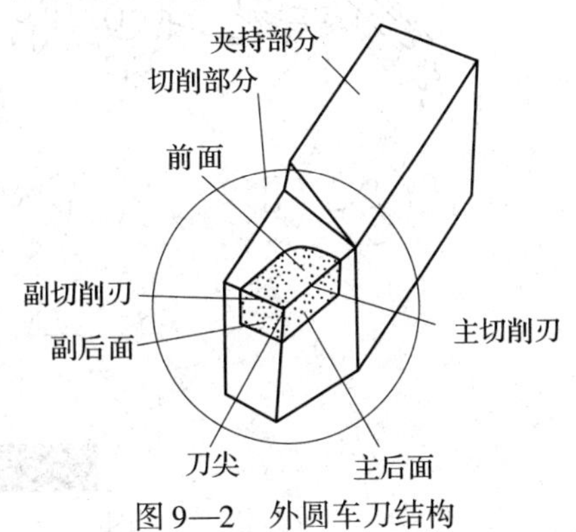

图 9—2　外圆车刀结构

（1）前面

刀具上切屑流过的表面，称为前面。

（2）主后面

刀具上与工件上的加工表面相对并且相互作用的表面，称为主后面。

（3）副后面

刀具上与工件上的已加工表面相对并且相互作用的表面，称为副后面。

（4）主切削刃

刀具上前面与主后面的交线称为主切削刃，称为主切削刃。

（5）副切削刃

刀具上前面与副后面的交线称为副切削刃，称为副切削刃。

（6）刀尖

主切削刃与副切削刃的交点称为刀尖。刀尖实际是一小段曲线或直线，称为修圆刀尖和倒角刀尖。

三、刀具角度

切削刀具的种类虽然很多，但它们切削部分的结构要素和几何角度有着许多共同的特征。如图 9—3 所示，各种多齿刀具或复杂刀具，就其一个刀齿而言，都相当于一把车刀的刀头。

1. 测量车刀切削角度的辅助平面

为了确定和测量车刀的几何角度，需要选取三个辅助平面作为基准，这三个辅助平面是切削平面、基面和正交平面，如图 9—4 所示。

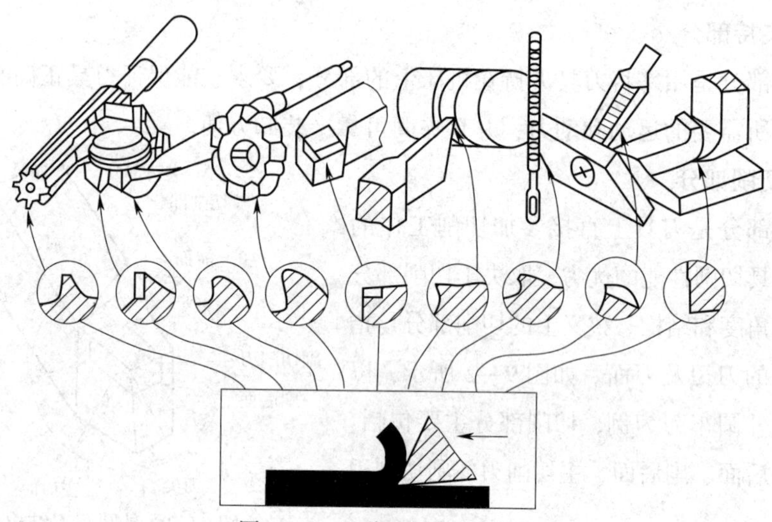

图9—3　几种刀具的切削刃

切削平面 p_s：是切于主切削刃某一选定点并垂直于刀杆底平面的平面。

基面 p_r：是过主切削刃某一选定点并平行于刀杆底面的平面。

正交平面 p_o：是垂直于切削平面又垂直于基面的平面。

可见这三个坐标平面相互垂直，构成一个空间直角坐标系。

2. 车刀的主要几何角度及其选择

（1）前角 γ_o

前角是在正交平面内测量的前面与基面间的夹角，如图9—5所示。前角的正负方向规定：刀具前面在基面之下时为正前角，刀具前面在基面之上时为负前角。前角一般在 $-5° \sim 25°$ 之间选取。

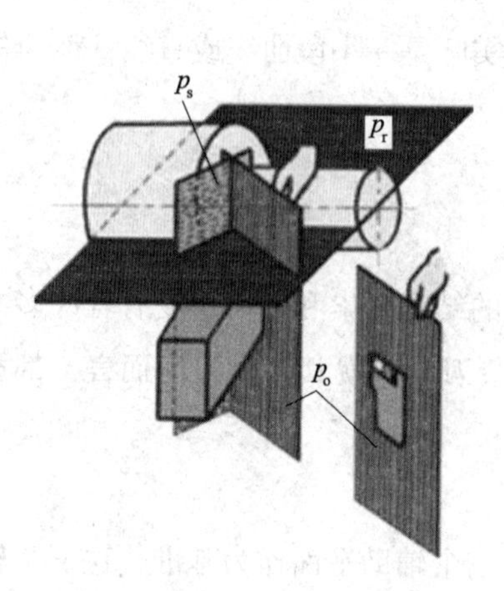

图9—4　测量车刀的辅助平面

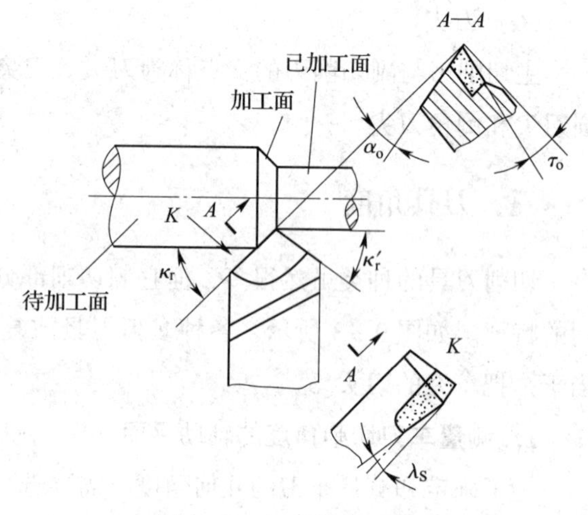

图9—5　车刀的主要角度

前角选择的原则：前角的大小主要解决刀头的坚固性与锋利性的矛盾，因此首先要根据加工材料的硬度来选择前角，加工材料的硬度高，前角取小值，反之取大值；其次要根据加工性质来考虑前角的大小，粗加工时前角要取小值，精加工时前角应取大值。

（2）后角 α_o

后角是在正交平面内测量的主后刀面与切削平面间的夹角。后角不能为零度或负值，一般在 6°～12°之间选取。

后角选择的原则：首先考虑加工性质，精加工时，后角取大值，粗加工时，后角取小值；其次考虑加工材料的硬度，加工材料硬度高，后角取小值，以增强刀头的坚固性，反之，后角应取大值。

（3）主偏角 κ_r

主偏角是在基面内测量的主切削刃在基面上的投影与进给运动方向的夹角。主偏角一般在 30°～90°之间选取。主偏角的选用原则：首先考虑车床、夹具和刀具组成的车工工艺系统的刚度，如车工工艺系统刚度好，主偏角应取小值，这样有利于提高车刀使用寿命和改善散热条件及减小工件加工表面粗糙度值；如车工工艺系统刚度差，例如加工细长轴类零件时，主偏角应取较大值 90°，以避免径向力较大，影响工件加工精度。其次要考虑加工工件的几何形状，当加工台阶时，主偏角应取 90°，加工中间切入的工件，主偏角一般取 60°。

（4）副偏角 κ_r'

副偏角是在基面内测量的副切削刃在基面上的投影与进给运动反方向的夹角。副偏角一般为正值。副偏角的选择原则：首先考虑车刀、工件和夹具有足够的刚性，才能减小副偏角，反之，应取大值；其次，考虑加工性质，粗加工时，副偏角可取 10°～15°，精加工时，副偏角可取 5°左右。

（5）刃倾角 λ_s

刃倾角是在切削平面内测量的主切削刃与基面间的夹角。当主切削刃呈水平时，$\lambda_s = 0°$；刀尖为主切削刃上最高点时，$\lambda_s > 0°$；刀尖为主切削刃上最低点时，$\lambda_s < 0°$，如图 9—6 所示。刃倾角一般在 −10°～5°之间选取。刃倾角的选择原则：主要看加工性质和排屑方向，粗加工时，工件对车刀冲击大，$\lambda_s \leq 0°$，精加工时，工件对车刀冲击力

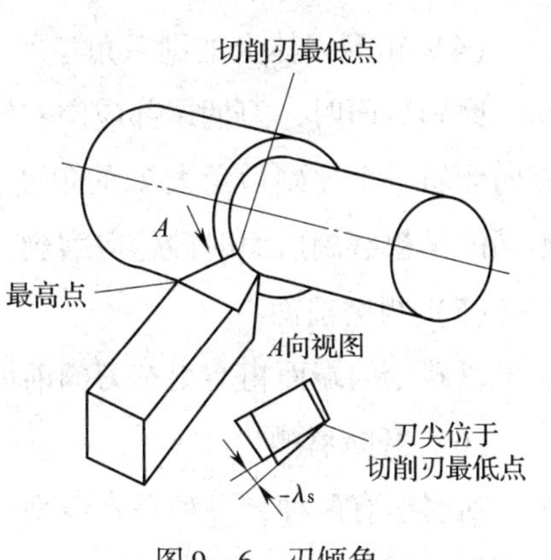

图 9—6　刃倾角

小，$\lambda_s \geqslant 0°$，一般取 $\lambda_s = 0°$。

四、刀具刃磨

1. 砂轮的选用

（1）氧化铝砂轮

呈白色，其砂粒韧性好，比较锋利，但硬度稍低，适用于刃磨高速钢与硬质合金的刀杆部分。氧化铝砂轮也叫刚玉。

（2）碳化硅砂轮

呈绿色，其砂粒硬度高，切削性能好，但较脆，适用于刃磨硬质合金车刀。

砂轮的粗细以粒度表示，粗磨时用粗粒度，精磨时用细粒度。

2. 以外圆车刀为例介绍刀具手工刃磨的方法和步骤

（1）先磨去前面、后面上的焊渣，并将车刀底面磨平，可用粒度号为24#～36#的氧化铝砂轮。

（2）粗磨主后面和副后面的刀柄部分

刃磨时，在砂轮的外圆柱略高于砂轮中心的水平位置将车刀翘起一个比刀体上后角大2°～3°的角度，并做左右缓慢移动，以便刃磨刀体上的主后角和副后角。可选粒度为24#～36#，硬度为中软的氧化铝砂轮。

（3）粗磨刀体上的主后面

磨后刀面时，刀柄应与砂轮轴线保持平行，同时刀体的底平面向砂轮方向倾斜一个比主后角大2°的角度。刃磨时，先把车刀已磨好的后隙面靠在砂轮的外圆上，以接近砂轮的中心位置为刃磨的起始位置，然后使刃磨继续向砂轮靠近，并做左右缓慢移动。当砂轮磨至刀刃处即可结束。这样可同时磨出主偏角与主后角。可选用36#～60#的碳化硅砂轮。

（4）粗磨刀体上的副后角

磨副后面时，刀柄尾部应向右转过一个副偏角的角度，同时车刀底平面向砂轮方向倾斜一个比副后角大2°的角度，具体刃磨方法与粗磨刀体上主后面大体相同，不同的是粗磨副后面时砂轮应磨到刀尖处为止。也可同时磨出副偏角和副后角。

（5）粗磨前面

以砂轮的端面粗磨出车刀的前面，并在磨前面的同时磨出前角。

（6）磨断屑槽

断屑槽有两种，一种是直线型，适用于切削较硬的材料；一种是圆弧型，适用于较软的材料。

手工刃磨的断屑槽一般为圆弧型，须将砂轮的外圆和端面的交角处用修砂轮的金刚石笔修磨成相应的圆弧。若刃磨出直线型断屑槽，则砂轮的交角须修磨得很尖锐。刃磨时可向下磨或向上磨，但选择刃磨断屑槽部位时，应考虑留出刀头倒棱的宽度。

刃磨断屑槽的注意事项：砂轮交角处应经常保持尖锐或具有一定形状的圆弧，当砂轮的棱边有较大的棱角时，应及时修整；刃磨的起点位置应该与刀尖、主切削刃离开一定的距离，与主切削刃的距离为断屑槽宽度的一半加上倒棱的宽度；刃磨时，注意不能用力过大，车刀沿刀柄方向缓慢移动，尺寸小的一次成形，尺寸大的可分为粗磨与精磨两个过程磨削成形。

（7）精磨主后面与副后面

精磨前最好修整好砂轮，保持砂轮平稳旋转，车刀的底平面靠在调整好的托架上，并使切削刃轻轻靠在砂轮端面上，沿砂轮的端面缓慢左右移动。可选用粒度为180#～200#的砂轮。

（8）磨负倒棱

负倒棱的倾斜角度为$-10°\sim-5°$，宽度$b=(0.5\sim0.8)f$。对于采用较大前角的硬质合金车刀，以及强度、硬度特别低的材料不宜采用负倒棱。

磨负倒棱时，用力轻微，要使主切削刃的后端向刀尖方向摆动。刃磨时可采用直磨法和横磨法，最好采用直磨法。

（9）磨过渡刃

磨过渡刃与磨后刀面的方法相同，刃磨车削较硬材料的车刀时，也可在过渡刃上磨出负倒棱。

（10）车刀的手工研磨

用油石研磨，要求动作平稳，用力均匀。

第 10 章 典型零件加工工艺

第 1 节　机械加工工艺规程的制定原则与步骤

一、机械加工工艺规程的制定原则

机械加工工艺规程的制定原则是优质、高产、低成本，即在保证产品质量的前提下，尽量提高劳动生产率和降低成本。在制定工艺规程时应注意以下问题：

1. 技术上的先进性

在制定机械加工工艺规程时，应在充分利用本企业现有生产条件的基础上，尽可能采用国内外先进工艺技术和经验，并保证良好的劳动条件。

2. 经济上的合理性

在规定的生产纲领和生产批量下，可能会出现几种能保证零件技术要求的工艺方案，此时应进行核算或对比，一般要求工艺成本最低，充分利用现有生产条件。

3. 有良好的劳动条件

在制定工艺方案时要注意采取机械化或自动化的措施，尽量减轻工人的劳动强度，保障生产安全，创造良好、文明的劳动条件。

由于工艺规程是直接指导生产和操作的重要技术文件，所以工艺规程应正确、完整、统一和清晰，所用术语、符号、计量单位、编号都要符合相应标准，必须可靠地保证零件图上技术要求的实现。在制定机械加工工艺规程时，如果发现零件图某一技术要求规定得不适当，应向有关部门提出建议，不得擅自修改零件图或违规操作。

二、制定机械加工工艺规程的内容和步骤

1. 计算零件年生产纲领，确定生产类型

2. 对零件进行工艺分析

在制定零件的加工工艺规程之前，应首先对零件进行工艺分析，其主要内容包括：

（1）分析零件的作用及零件图上的技术要求。

（2）分析零件主要加工表面的尺寸、形位精度、表面粗糙度以及设计基准等。

（3）分析零件的材质、热处理要求及机械加工的工艺性。

3. 确定毛坯

毛坯的种类和质量与零件加工质量、生产率、材料消耗以及加工成本都有密切关系。毛坯的选择应对生产批量的大小、零件的复杂程度、加工表面及非加工表面的技术要求等几方面综合考虑。正确选择毛坯的制造方式，可以使整个工艺过程更加经济合理，故应慎重对待。在通常情况下，主要应以生产类型来决定。

4. 制定零件的机械加工工艺路线

（1）确定各表面的加工方法

在了解各种加工方法特点、掌握其加工经济精度（尺寸精度、形位精度）和表面粗糙度的基础上，选择保证加工质量、生产率和经济性的加工方法。

（2）选择定位基准和装夹方案

根据粗、精基准选择原则合理选定各工序的定位基准和装夹方案。

（3）制定工艺路线

在对零件进行分析的基础上，划分零件粗加工、半精加工、精加工阶段，并确定工序集中与分散的程度，合理安排各表面的加工顺序，从而制定出零件的机械加工工艺路线。对于比较复杂的零件，可以先考虑几个方案，分析比较后，再从中选择比较合理的加工方案。

5. 确定各工序的加工余量、工序尺寸及其公差

6. 选择机床及工、夹、量、刃具

机械设备的选用应当既保证加工质量，又要经济合理。在成批生产条件下，一

般应采用通用机床和专用工夹具。

7. 确定各主要工序的技术要求及检验方法

8. 确定各工序的切削用量和时间定额

单件小批量生产厂，切削用量多由操作者自行决定，机械加工工艺过程卡片中一般不作明确规定。在中批，特别是在大批量生产厂，为了保证生产的合理性和节奏的均衡，则要求必须规定切削用量，并不得随意改动。

9. 填写工艺文件

第2节　轴类零件的加工工艺

轴类零件是机器中的常见零件，也是重要零件，其主要功用是支承传动零部件（如齿轮、带轮等），并传递转矩。轴的基本结构是由回转体组成，其主要加工表面有内外圆柱面、圆锥面、螺纹、花键、横向孔、沟槽等。

轴类零件的技术要求主要有以下几个方面：

（1）直径精度和几何形状精度

轴上支承轴颈和配合轴颈是轴的重要表面，其直径精度通常为IT5～IT9级，形状精度（圆度、圆柱度）控制在直径公差之内，形状精度要求较高时，应在零件图样上另行规定。

（2）相互位置精度

轴类零件中的配合轴颈（装配传动件的轴颈）对于支承轴颈的同轴度是其相互位置精度的普遍要求。普通精度的轴，配合轴颈对支承轴颈的径向圆跳动一般为0.01～0.03 mm，高精度轴为0.001～0.005 mm。此外，相互位置精度还有内外圆柱面间的同轴度、轴向定位端面与轴线的垂直度要求等。

（3）表面粗糙度

根据机器精密程度的高低、运转速度的大小，轴类零件表面粗糙度要求也不相同。支承轴颈的表面粗糙度 *Ra* 值一般为0.16～0.63 μm，配合轴颈 *Ra* 值为0.63～2.5 μm。

各类机床主轴是一种典型的轴类零件，如图10—1所示为车床主轴简图。下面以该车床主轴加工为例，分析轴类零件的加工工艺过程。

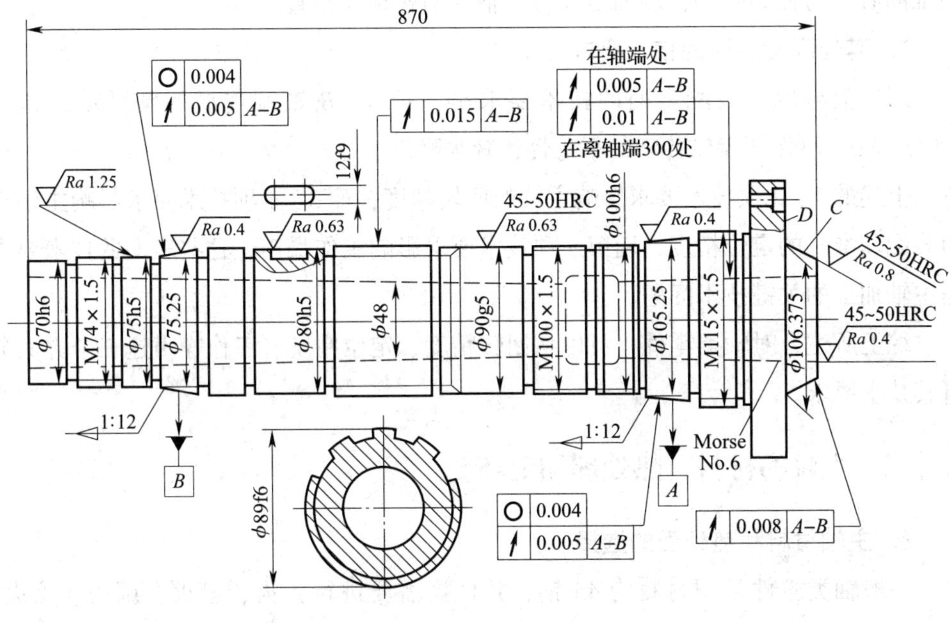

图 10—1　车床主轴简图

一、主轴的主要技术要求分析

1．支承轴颈的技术要求

一般轴类零件的装配基准是支承轴颈，轴上的各精密表面也均以支承轴颈为设计基准，因此轴件上支承轴颈的精度最为重要，它的精度将直接影响轴的回转精度。如图 10—1 所示，本主轴有三处支承轴颈表面（前后带锥度的 *A*、*B* 面为主要支承，中间为辅助支承），其圆度和同轴度（用跳动指标限制）均有较高的精度要求。

2．螺纹的技术要求

主轴螺纹用于装配螺母，该螺母是调整安装在轴颈上的滚动轴承间隙用的，如果螺母端面相对于轴颈轴线倾斜，会使轴承内圈因受力而倾斜，轴承内圈歪斜将影响主轴的回转精度。所以主轴螺纹的牙形要正，与螺母的间隙要小。必须控制螺母端面的跳动，使其在调整轴承间隙的微量移动中，对轴承内圈的压力方向正。

3．前端锥孔的技术要求

主轴锥孔用于安装顶尖或工具的莫氏锥柄，锥孔的轴线必须与支承轴颈的轴线同轴，否则影响顶尖或工具锥柄的安装精度，加工时将使工件产生定位误差。

4．前端短圆锥和端面的技术要求

主轴的前端圆锥和端面是安装卡盘的定位面，为保证安装卡盘的定位精度，其圆锥面必须与轴颈同轴，端面必须与主轴的回转轴线垂直。

5. 其他配合表面的技术要求

对轴上与齿轮装配表面的技术要求是：对 *A*、*B* 轴颈连线的圆跳动公差为 0.015 mm，以保证齿轮传动的平稳性，减少噪声。

上述的1、2项技术要求影响主轴的回转精度，而3、4项技术要求影响主轴作为装配基准时的定位精度，而第5项技术要求影响工作噪声，这些表面的技术要求是主轴加工的关键技术问题。

综上所述，对轴类零件，可以从回转精度、定位精度、工作噪声这三个方面分析其技术要求。

二、主轴的材料、热处理和毛坯

1. 主轴材料和热处理的选择

一般轴类零件常用材料为45钢，并根据需要进行正火、退火、调质、淬火、回火等热处理以获得一定的强度、硬度、韧性和耐磨性。

对于中等精度、尺寸较大而转速较高的轴类零件，可选用40Cr等牌号的合金结构钢，这类钢经调质和表面淬火处理，使其淬火层硬度均匀且具有较高的综合力学性能。精度较高的轴还可使用轴承钢GCr15和弹簧钢65Mn，它们经调质和局部淬火后，具有更高的耐磨性和耐疲劳性。

在高速重载、应变载荷条件下工作的轴，可以选用20CrMnTi、20Mn2B、20Cr等渗碳钢，经渗碳淬火后，表面具有很高的硬度，而心部的强度和冲击韧性好。

在实际应用中可以根据轴的用途选用其材料。如车床主轴属一般轴类零件，材料选用45钢，预备热处理采用正火和调质，最后热处理采用局部高频淬火。

2. 主轴的毛坯

轴类毛坯一般使用锻件和圆钢，结构复杂的轴件（如曲轴）可使用铸件。光轴和直径相差不大的阶梯轴一般以圆钢为主。外圆直径相差较大的阶梯轴或重要的轴宜选用锻件毛坯，此时采用锻件毛坯可减少切削加工量，又可以改善材料的力学性能。车床主轴属于重要的且直径相差大的零件，所以通常采用锻件毛坯。

三、主轴加工的工艺过程

一般轴类零件加工的典型工艺路线是毛坯及其热处理→轴件预加工→车削外圆→铣键槽等→最终热处理→磨削。

某厂生产的车床主轴如图10—1所示，其生产类型为大批生产，材料为45钢，毛坯为模锻件。该主轴的加工工艺路线见表 10—1。

表 10—1　　车床主轴加工工艺过程

序号	工序名称	工序简图	加工设备
1	备料		
2	精锻		立式精锻机
3	热处理	正火	
4	锯头		
5	铣端面、钻中心孔		专用机床
6	粗车	车各外圆面	卧式车床
7	热处理	调质 220～240HBW	
8	车大端部	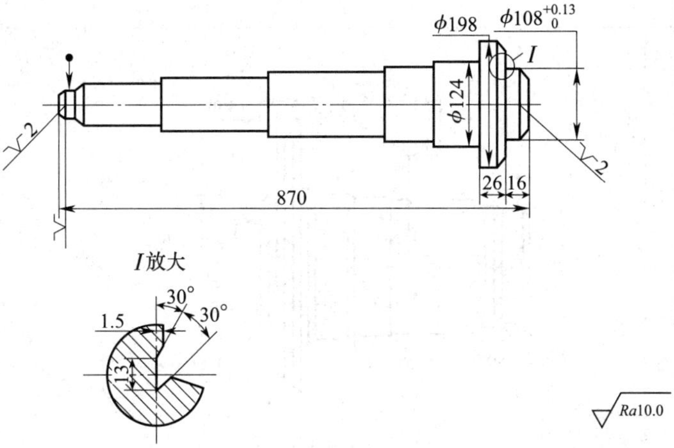	卧式车床 CA6140
9	仿形车小端各部	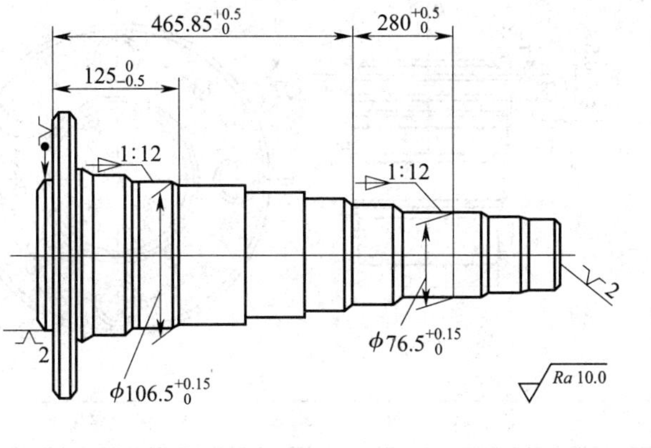	仿形车床 CE7120

续表

序号	工序名称	工序简图	加工设备
10	钻深孔	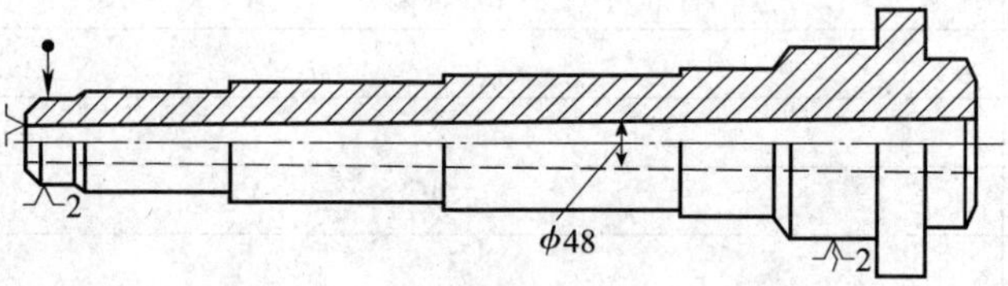	深孔钻床
11	车小端内锥孔（配1:20）锥堵	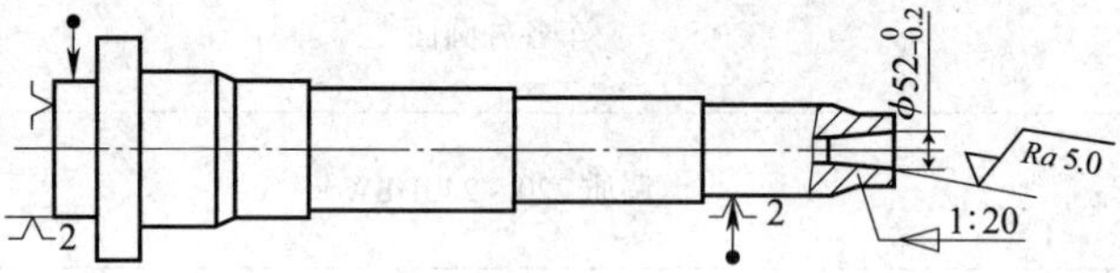	卧式车床CA6140
12	车大端锥孔（配莫氏6号锥堵）；车外短锥及端面	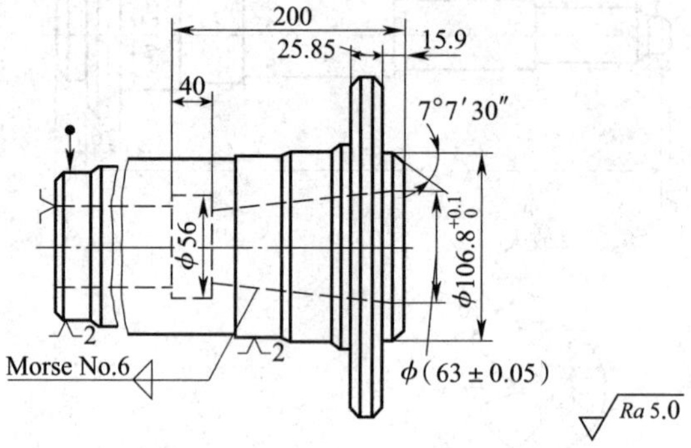	卧式车床CA6140
13	钻大端锥面各孔	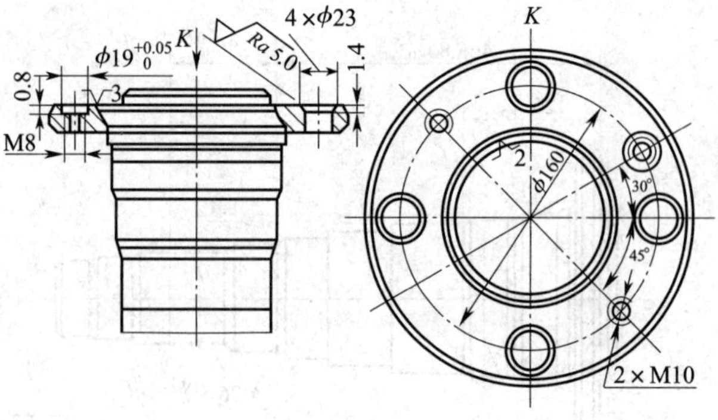	Z55钻床
14	热处理	高频感应加热淬火 $\phi90g6$、短锥及莫氏6号锥孔	

续表

序号	工序名称	工序简图	加工设备
15	精车各外圆并车槽	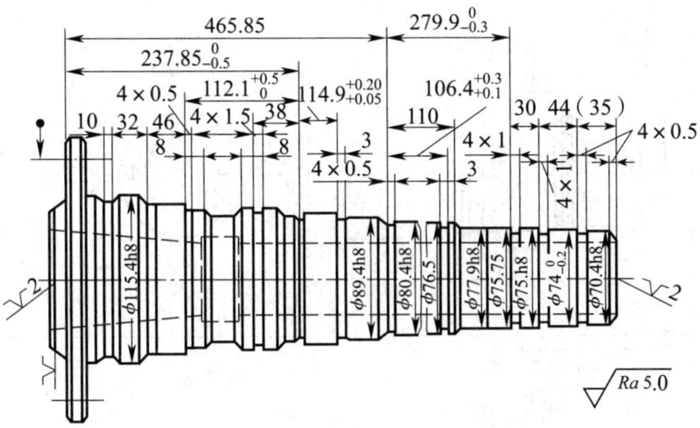	数控车床 CSK6163
16	粗磨外圆二段	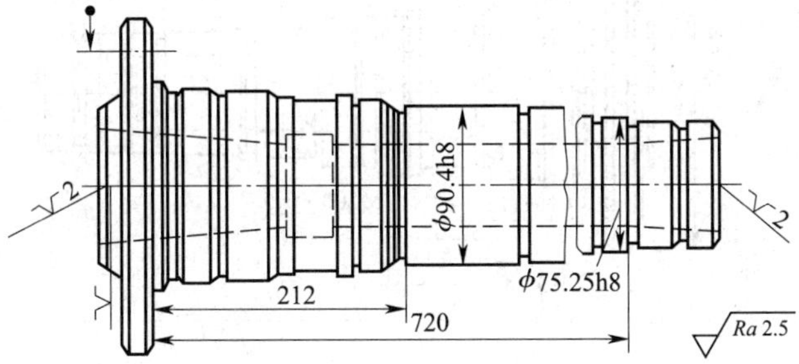	万能外圆磨床 M1432B
17	粗磨莫氏锥孔	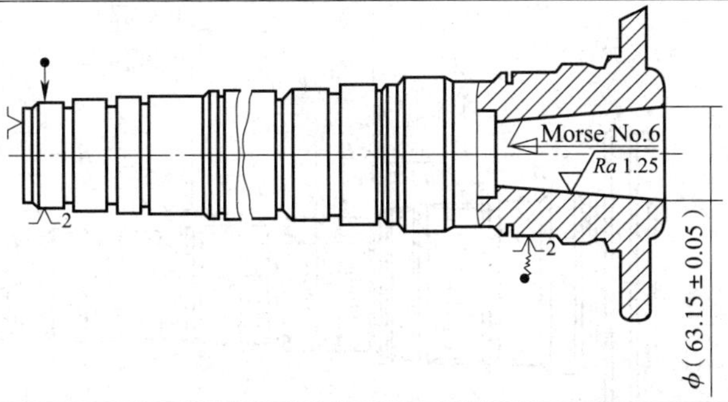	内圆磨床 M2120
18	粗精铣花键	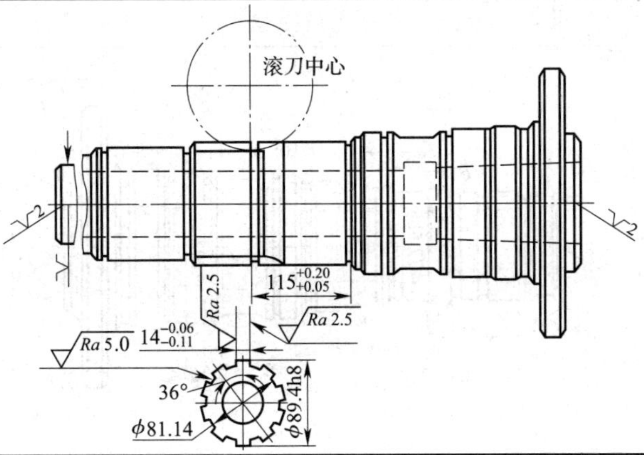	花键铣床 YB6016

续表

序号	工序名称	工序简图	加工设备
19	铣键槽	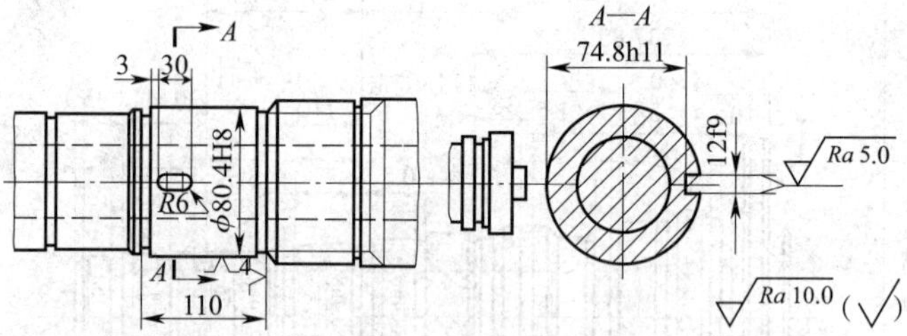	铣床 X52
20	车大端内侧面及三段螺纹（配螺母）	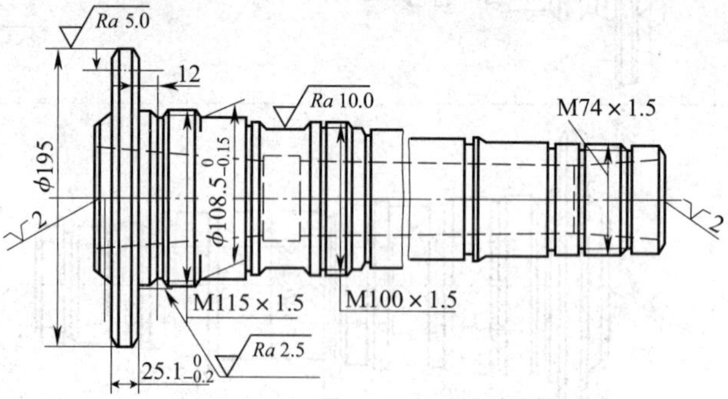	卧式车床 CA6140
21	粗精磨各外圆及 *E*、*F* 两端面	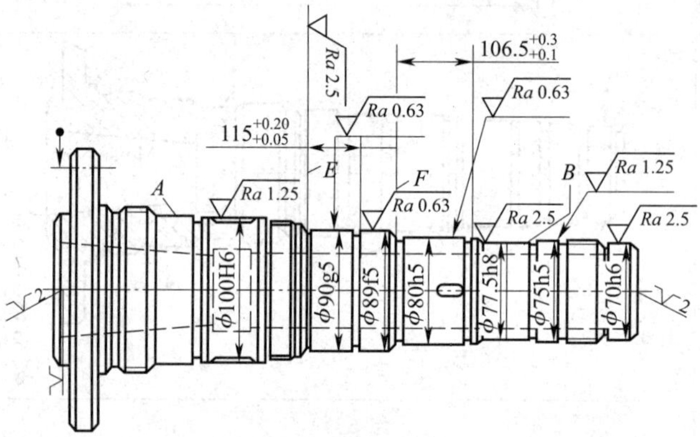	万能外圆磨床
22	粗精磨圆锥面	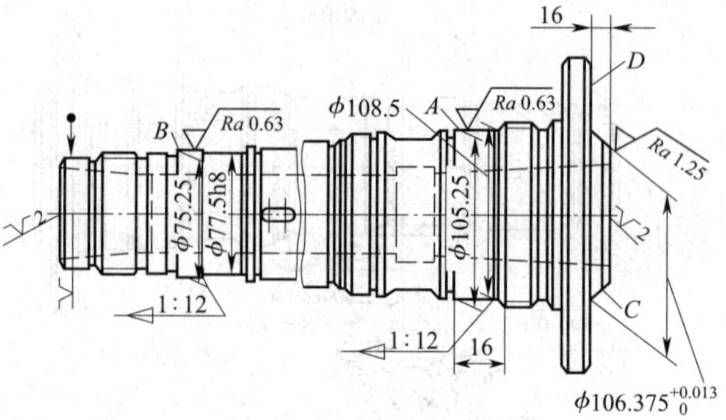	专用组合磨床

续表

序号	工序名称	工序简图	加工设备
23	精磨莫氏 6 号内锥孔	Morse No.6；Ra 0.63；φ80h5；φ100h6；φ63.348	主轴锥孔磨床
24	检查	按图样技术要求项目检查	

四、主轴加工工艺过程分析

1. 定位基准的选择

在一般轴类零件加工中，最常用的定位基准是两端中心孔。因为轴上各表面的设计基准一般都是轴的中心线，所以用中心孔定位符合基准重合原则。同时以中心孔定位可以加工多处外圆和端面，便于在不同的工序中都使用中心孔定位，这也符合基准统一原则。

当加工表面位于轴线上时，就不能用中心孔定位，此时宜用外圆定位，例如，表 10—1 中的工序 10 钻主轴上的通孔，就是采用以外圆定位方法，轴的一端用卡盘夹外圆，另一端用中心架架外圆，即夹一头，架一头。作为定位基准的外圆面应为设计基准的支承轴颈，以符合基准重合原则，如上述工艺过程中的工序 17 所用的定位面。

此外，粗加工外圆时为提高工件的刚度，采取用三爪卡盘夹一端（外圆），用顶尖顶一端（中心孔）的定位方式，如上述工艺过程的工序 8、9 中所用的定位方式。

由于主轴轴线上有通孔，在钻通孔后（工序 10）原中心孔就不存在了，为仍能够用中心孔定位，一般常用的方法是采用锥堵或锥套心轴，即在主轴的后端加工一个 1∶20 锥度的工艺锥孔，在前端莫氏锥孔和后端工艺锥孔中配装带有中心孔的锥堵，如图 10—2a 所示，这样锥堵上的中心孔就可作为工件的中心孔使用了。使用时在工序之间不许卸换锥堵，因为锥堵的再次安装会引起定位误差。当主轴锥孔的锥度较大时，可用锥套心轴，如图10—2b所示。

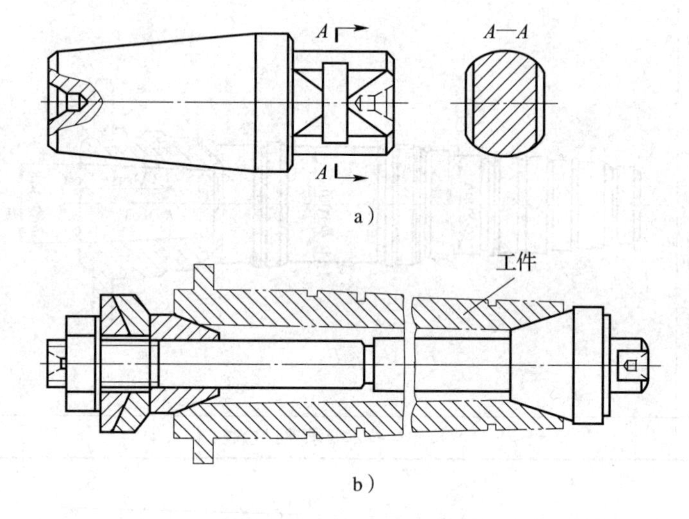

图10—2　锥堵与锥套心轴

a）锥堵　b）锥套心轴

为了保证以支承轴颈为基准的前锥孔跳动公差（控制二者的同轴度），采用互为基准的原则选择精基准，即工序11、12以外圆为基准定位车加工锥孔（配装锥堵），工序16以中心孔（通过锥堵）为基准定位粗磨外圆；工序17再一次以支承轴颈附近的外圆为基准定位磨前锥孔（配装锥堵），工序21、22，再一次以中心孔（通过锥堵）为基准定位磨外圆和支承轴颈；最后在工序23又是以轴颈为基准定位磨前锥孔。这样在前锥孔与支承轴颈之间反复转换基准，加工对方表面，提高相互位置精度（同轴度）。

2. 划分加工阶段

主轴的加工工艺过程可划分为三个阶段：调质前的工序为粗加工阶段；调质后至表面淬火前的工序为半精加工阶段；表面淬火后的工序为精加工阶段。表面淬火后首先磨锥孔，重新配装锥堵，以消除淬火变形对精基准的影响，通过精修基准，为精加工做好定位基准的准备。

3. 热处理工序的安排

45钢经锻造后需要正火处理，以消除锻造产生的应力，改善切削性能。粗加工阶段完成后安排调质处理，一是可以提高材料的力学性能，二是作为表面淬火的预备热处理，为表面淬火准备了良好的金相组织，确保表面淬火的质量。对于主轴上的支承轴颈、莫氏锥孔、前短圆锥和端面，这些重要且在工作中经常摩擦的表面，为提高其耐磨性均需表面淬火处理，表面淬火安排在精加工前进行，以通过精加工去除淬火过程中产生的氧化皮，修正淬火变形。

4．安排加工顺序的几个问题

（1）深孔加工应安排在调质后进行

钻主轴上的通孔虽然属粗加工，但宜在调质后进行。因为主轴经调质后径向变形大，如先加工深孔后调质，会使深孔变形，得不到修正，安排调质处理后钻深孔，避免了热处理变形对孔的形状的影响。

（2）外圆表面的加工顺序

对轴上的各阶梯外圆表面，应先加工大直径外圆，后加工小直径外圆，避免加工初始就降低工件刚度。

（3）铣花键和键槽等

次要表面的加工安排在精车外圆之后，否则在精车外圆时产生断续切削，影响车削精度，也易损坏刀具。主轴上的螺纹要求精度高，为保证与之配装的螺母的端面跳动公差，要求螺纹与螺母成对配车，加工后不许将螺母卸下，以避免弄混。所以车螺纹应安排在表面淬火后进行。

（4）数控车削加工

数控机床的柔性好，加工适应性强，适用于中、小批生产。本主轴加工虽然属于大批生产，但是为了便于产品的更新换代，提高生产效率，保证加工精度的稳定性，在主轴加工工艺过程中的工序 15 也可采用数控机床加工，在数控加工工序中，自动地车削各阶梯外圆并自动换刀切槽，采用工序集中方式加工，既提高了加工精度，又保证了生产的高效率。由于是自动化加工，排除了人为错误的干扰，确保加工质量的稳定性，取得了良好的经济效益。同时，采用数控加工设备为生产的现代化提供了基础。在大批生产时，一些关键工序也可以采用数控机床加工。

第 3 节　齿轮的加工工艺

一、齿轮概述

如图 10—3 所示为齿轮传动的种类，如图 10—4 所示为齿轮及其应用。

图10—3　齿轮传动的种类

图10—4　齿轮及其应用

1. 齿轮传动的特点

与其他机械传动相比，齿轮传动的主要优点是：

（1）能保证恒定的传动比，因此传动平稳，应用广泛。

（2）传递功率和圆周速度范围广，功率可以从很小到几十万千瓦，圆周速度可由很低到300 m/s。

（3）传动效率高，一对齿轮的传动效率可达98%～99.5%。

（4）工作可靠，使用寿命长，结构紧凑。

齿轮传动的主要缺点是：

（1）制造和安装的精度要求比较高，需要专门的加工、测量设备，成本较高。

（2）不宜用于轴间距离较大的传动。

2. 齿轮加工的方法概述（见图10—5）

齿轮加工的方法一种是成形法，如铣齿；另一种是展成法，如滚齿和插齿。

（1）成形法的特点是所用刀具的切削刃形状与被切削齿轮齿槽的形状相同。此方法由于存在分度误差及刀具的制造安装误差，所以加工精度较低，一般只能加工出9～10级精度的齿轮。此外，加工过程中需多次不连续分度，生产率也很低，因此主要用于单件小批量生产及修配工作中加工精度不高的齿轮。

图 10—5　齿轮的加工方法

（2）展成法是应用齿轮啮合原理来进行加工的，用这种方法加工出来的齿形轮廓是刀具切削刃运动轨迹的包络线。齿数不同的齿轮，只要模数和压力角相等，都可以用同一把刀具来加工。用展成原理加工齿形的方法主要有滚齿、插齿、剃齿、珩齿和磨齿等，其中剃齿、珩齿、磨齿属于齿形精加工方法。展成法的加工精度和生产率都较高，刀具通用性好，在生产中应用十分广泛。

二、齿轮的材料、热处理与毛坯

1. 齿轮的材料与热处理

（1）材料的选择

齿轮材料的选择对齿轮的加工性能和使用寿命都有直接的影响。

一般来说，对于低速、重载的传力齿轮，以及有冲击载荷的传力齿轮，其齿面受压产生塑性变形或磨损，且轮齿容易折断，所以应选用机械强度、硬度等综合力学性能好的材料（如20CrMnTi），经渗碳淬火，芯部具有良好的韧性，齿面硬度可达56~62HRC；线速度高的传力齿轮，齿面易产生疲劳点蚀，所以齿面硬度要高，可用38CrMoAlA渗氮钢，这种材料经渗氮处理后表面可得到一层硬度很高的渗氮层，而且热处理变形小；非传力齿轮可以用非淬火钢、铸铁、夹布胶木或尼龙等材料。

（2）齿轮的热处理

齿轮加工中，根据不同的目的安排两种热处理工序。

1）毛坯热处理。在齿坯加工前后安排预先热处理（通常为正火或调质），其主要目的是消除锻造及粗加工引起的残余应力，改善材料的切削性能和提高综合力学性能。

2）齿面热处理。齿形加工后，为提高齿面硬度和耐磨性，常进行渗碳淬火、高频感应加热淬火、碳氮共渗或渗氮等表面热处理工序。

2. 齿轮毛坯

齿轮的毛坯形式主要有棒料、锻件和铸件。棒料用于小尺寸、结构简单且对强度要求低的齿轮；当齿轮要求强度高、耐磨和耐冲击时，多用锻件；对于直径大于400~600 mm的齿轮，常用铸造方法铸造齿坯。为了减少机械加工量，对大尺寸、低精度齿轮，可以直接铸出轮齿；采用压力铸造、精密锻造、粉末冶金、热轧和冷挤等新工艺，可制造出具有轮齿的齿坯，以提高劳动生产率，节约原材料。

三、圆柱齿轮的加工工艺过程及工艺分析

1. 圆柱齿轮的加工工艺过程

齿轮加工的工艺路线是根据齿轮材质和热处理要求、齿轮结构及尺寸大小、精度要求、生产批量和车间设备条件而定，一般可归纳成如下的工艺路线：毛坯制造——齿坯热处理——齿坯加工——齿形加工——齿圈热处理——齿轮定位表面精加工——齿圈的精整加工。

2. 圆柱齿轮的加工工艺过程分析

（1）定位基准选择

齿轮加工时的定位基准应尽可能与设计基准相一致，以避免由于基准不重合而产生的误差，即要符合“基准重合”原则。在齿轮加工的整个过程中（如滚、剃、珩、磨等）也应尽量采用相同的定位基准，即符合基准统一原则。

对于小直径轴齿轮，可采用两端中心孔或锥体作为定位基准，符合基准统一原则；对于大直径的轴齿轮，通常用轴颈和一个较大的端面组合定位，符合基准重合原则；带孔齿轮则以孔和一个端面组合定位，既符合基准重合原则，又符合基准统

一原则。

（2）齿坯加工

齿形加工前的齿轮加工称为齿坯加工。齿坯的外圆、端面或孔径常作为齿形加工、测量和装配的基准，所以齿坯的精度对于整个齿轮的精度有着重要的影响。另外，齿坯加工在齿轮加工总工时中占有较大的比例，因而齿坯加工在整个齿轮加工中占有重要的地位。

齿坯加工的主要内容包括：齿坯的孔加工、端面和中心孔的加工（轴类齿轮）以及齿圈外圆和端面的加工。对于轴类齿轮和套筒齿轮的齿坯，其加工过程和一般轴、套类基本相同。

（3）齿形加工

齿圈上的齿形加工是整个齿轮加工的核心。尽管齿轮加工有许多工序，但都是为齿形加工服务的，其目的在于最终获得符合精度要求的齿轮。

齿形加工方案的选择主要取决于齿轮的精度等级、结构形状、生产类型和齿轮的热处理方法及生产工厂的现有条件，对于不同精度的齿轮，常用的齿形加工方案如下：

1）8级精度以下的齿轮。调质齿轮用滚齿或插齿就能满足要求。对于淬硬齿轮可采用滚（插）齿——剃齿或冷挤——齿端加工——淬火——校正孔的加工方案。根据不同的热处理方式，在淬火前齿形加工精度应提高一级以上。

2）6~7级精度齿轮。对于淬硬齿面的齿轮可采用滚（插）齿——齿端加工——表面淬火——校正基准——磨齿（蜗杆砂轮磨齿），该方案加工精度稳定；也可采用滚（插）齿——剃齿或冷挤——表面淬火——校正基准——内啮合珩齿的加工方案，这种方案加工精度稳定，生产率高。

3）5级以上精度的齿轮。一般采用粗滚齿——精滚齿——表面淬火——校正基准——粗磨齿——精磨齿的加工方案。大批大量生产时也可采用粗磨齿——精磨齿——表面淬火——校正基准——磨削外珩自动线的加工方案。这种加工方案加工的齿轮精度可稳定在5级以上，且齿面加工纹理十分错综复杂，噪声极低，是品质极高的齿轮。磨齿是目前齿形加工中精度最高、表面粗糙度值最小的加工方法，最高精度可达3~4级。

4）齿端加工。齿轮的齿端加工方式有倒圆、倒尖、倒棱和去毛刺。经倒圆、倒尖、倒棱后的齿轮，沿轴向移动时容易进入啮合。

5）精基准的修整。齿轮淬火后其孔常发生变形，孔直径可缩小0.01~0.05 mm。为确保齿形加工质量，必须对基准孔予以修整。修整的方法一般采用磨孔或推孔。对于成批或大批大量生产的未淬硬的外径定心的花键孔及圆柱孔齿轮，常采用推孔。推孔生产率高，并可用加长推刀前导引部分来保证推孔的精度。对于以小径定心的花键孔或已淬硬的齿轮，以磨孔为好，可稳定地保证精度。磨孔应以齿面定位，符合互为基准原则。

四、齿轮加工工艺过程

1. 圆柱齿轮（见图10—6）加工工艺过程举例

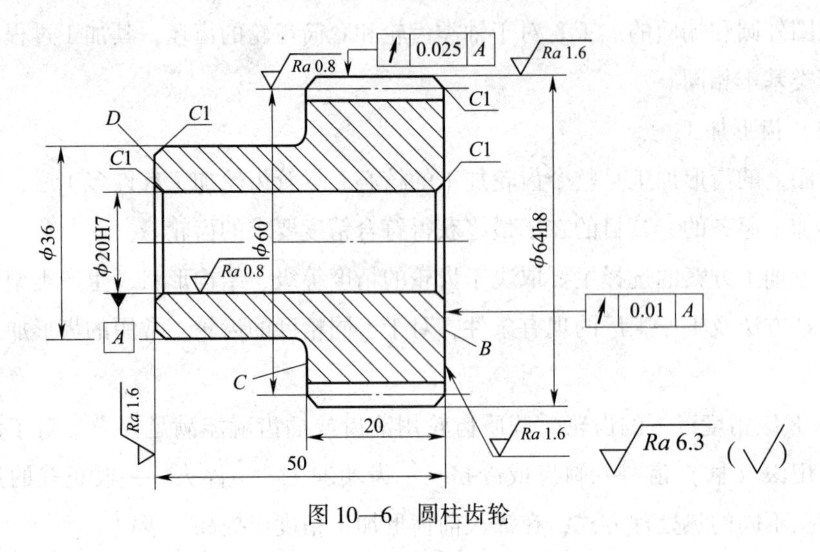

图10—6　圆柱齿轮

（1）毛坯

锻造成形。

（2）热处理

正火处理。

（3）粗车

内孔尺寸一般设计为装配基准，在设定内孔粗车尺寸时一般按花键拉刀的前导向尺寸确定（比图纸设计尺寸减小0.5～0.6 mm，作为热处理后的精磨余量）。

选用拉床定位的端面时应尽量选用大端面，而且要求同内孔一次装夹车成，以保证其垂直精度。

齿坯的其余部分可在粗车加工时留有一定的精车余量。

（4）拉花键

拉内花键用大端面和内孔定位拉制。

（5）精车

选用内花键的大径尺寸 D 定位，用车工专用“花键微锥心轴”一次定位加工，在工件掉头加工时，可随心轴一起整体掉头加工完成后，再拆卸工件。

车工用微锥花键心轴，实际上是一个圆柱微锥心轴，因为在设计心轴时，已把花键的键宽和小径尺寸减小了0.5~0.7 mm（渐开线花键的齿厚减小0.5 mm），使花键心轴完全靠外径和微锥来定位锁紧齿坯，这样主要是为了排除多点接触对精度的干涉。

（6）滚齿

滚齿的定位仍使用花键大径和大端面为工艺基准，齿厚为粗切加工，留适当磨削余量。

（7）钳工

齿廓倒角，一般是指齿高的两端和沿齿长的齿顶倒钝 *C*2。

（8）热处理

按热处理工艺渗碳淬火。

（9）磨

由于齿轮在渗碳淬火的热处理过程中会产生热变形，变形量大小不一，变形位置一般在孔的收缩或涨大和盘状的翘曲变形。

为了消除热变形对齿轮各部加工的影响，可按下列方法消除：

仍以内花键大径为定位基准，装上花键心轴，对齿轮的外径和大端面一次装夹后磨光（磨去的便是变形量），因为这是微量磨削，一般不会造成尺寸变化，这样，可以在工艺上保证两个精度，即齿节圆对内花键的同轴度和齿端面对内花键的垂直度。

在内圆磨床上，将齿轮的大外圆和大端面的跳动同时校正在0.03 mm以内，把花键内孔磨成。

再以内孔和大端面定位磨齿面为成品尺寸。

以上三步做法主要为了保证齿轮各部位对内花键的形位精度，避免由于热处理变形造成内花键大径和小径偏心，影响装配。

2. 齿轮加工工艺的一般过程（见表10—2）

表10—2　　齿轮加工工艺的一般过程

序号	工序名称	技术内容
1	下料	
2	毛坯制造	锻造：（1）自由锻造：用于品种多，单件小批量生产 （2）模锻：主要用于大批量生产 铸造：用于铸铁齿轮毛坯生产

续表

序号	工序名称	技术内容
3	齿坯加工	轴类齿坯加工： （1）铣两端面 （2）打两中心孔 （3）精车轴颈、外圆、圆锥和端面 （4）磨工艺轴颈和定位端面 盘类齿轮加工： （1）车端面，镗内孔，粗精加工分两道工序完成 （2）车端面，镗内孔，粗精加工在一次装夹中完成 （3）拉内孔，车端面和外圆
4	加工花键、键槽、螺纹等	根据生产规模、设备情况和精度要求，可以灵活采用多种组合方案；根据不同精度要求选择相应的加工方法，如拉、插、车、磨等
5	齿形粗加工和半精加工	根据精度要求，从整体毛坯上切出齿槽，有时在槽侧留出适当的精加工余量 圆柱齿轮：成形铣削、滚齿、插齿等 直齿圆锥齿轮：成形铣削、精锻、粗拉齿、刨齿等 曲线齿锥齿轮：精锻、专用粗切机铣齿等
6	齿形精加工（热处理前）	圆柱齿轮：滚、插、剃、挤 直齿圆锥齿轮：刨齿、双刀盘铣齿、圆拉法拉齿 曲线齿锥齿轮：铣齿
7	齿端倒角去毛刺	换挡齿轮：齿端按一定要求修整成一定形状 一般齿轮：去掉齿两边锐边、毛刺
8	齿轮几何精度检验	不要求热处理的齿轮，本工序为终检，否则为中间检验
9	热处理	根据材料不同、要求不同而异，常用调质、渗碳淬火、高频淬火
10	安装基准面的精加工	轴类齿轮：精磨各安装轴颈和定位端面，修整中心孔 盘类齿轮：精磨内孔及定位端面 本工序多用于分度圆或分度圆锥作定位基准
11	齿形加工（热处理后）	根据齿轮的精度要求、生产批量和尺寸形状选择加工方法 磨齿：用于精度要求较高的圆柱、圆锥齿轮，生产效率低 珩齿：用于减小表面粗糙度值，降低噪声，生产效率很高，主要用于大批量生产 研齿：用于曲线齿锥齿轮，可减小表面粗糙度值，降低噪声及改善接触区
12	强力喷丸	提高齿轮的弯曲疲劳强度和接触疲劳强度
13	磷化处理	为减小齿面间的摩擦，齿面最好进行磷化处理 作用：降低摩擦系数；在高载荷下防止摩擦面胶合
14	清理齿面	去除齿面的毛刺、污物

续表

序号	工序名称	技术内容
15	成品齿轮的配对检验或最终检验	圆柱齿轮：按图纸要求检验其几何精度、接触区、噪声 圆锥齿轮：在滚动检验机上配对，检验接触区位置、大小和形状，并检验噪声，按配对齿轮打上标记，以便成对装配使用
16	防锈和包装入库	

第 4 节　拨动杆的加工工艺

一、零件的工艺分析

如图 10—7 所示是某机床变速箱体中操纵机构上的拨动杆，作用是把转动变为拨动，实现操纵机构的变速功能。本零件生产类型为中批生产。下面对该零件进行精度分析。对于形状和尺寸（包括形状公差、位置公差）较复杂的零件，一般采取化整体为部分的分析方法，即把一个零件看作由若干组表面及相应的若干组尺寸组成的，然后分别分析每组表面的结构及其尺寸、精度要求，最后再分析这几组表面之间的位置关系。由图 10—7 零件图样中可以看出，该零件上有三组加工表面，具体分析如下：

1. 以尺寸 ϕ16H7 为主的加工表面，包括 ϕ25h8 外圆、端面，及与之相距（74 ± 0. 3）mm 的孔 ϕ10H7。其中 ϕ16H7 孔中心与 ϕ10H7 孔中心的连线，是确定其他各表面方位的设计基准，以下简称为两孔中心连线。

2. 表面粗糙度 *Ra*6. 3 μm 的平面 *M*，以及平面 *M* 上角度为 130°的槽。

3. *P*、*Q* 两平面，及相应的 2 × M8 螺纹孔。

这三组加工表面之间主要的相互位置要求是：

第 1 组和第 2 组为零件上的主要表面。第 1 组加工表面垂直于第 2 组加工表面，平面 *M* 是设计基准。第 2 组表面上槽的位置度公差 ϕ0. 5 mm，即槽的中心线与 *B* 面轴线垂直且相交，偏离误差不大于 0. 5 mm。槽的方向与两孔中心连线的夹角为 22°47′ ± 15′。第3 组及其他螺孔为次要表面。第 3 组上的 *P*、*Q* 两平面与第 1 组的 *M* 面垂直，*P* 面上螺孔 M8 的轴线与两孔中心连线的夹角为 45°。*Q* 面上螺孔 M8 的轴线与两孔中心连线平行，而平面 *P*、*Q* 位置分别与 M8 的轴线垂直，*P*、*Q* 位置也就确定了。

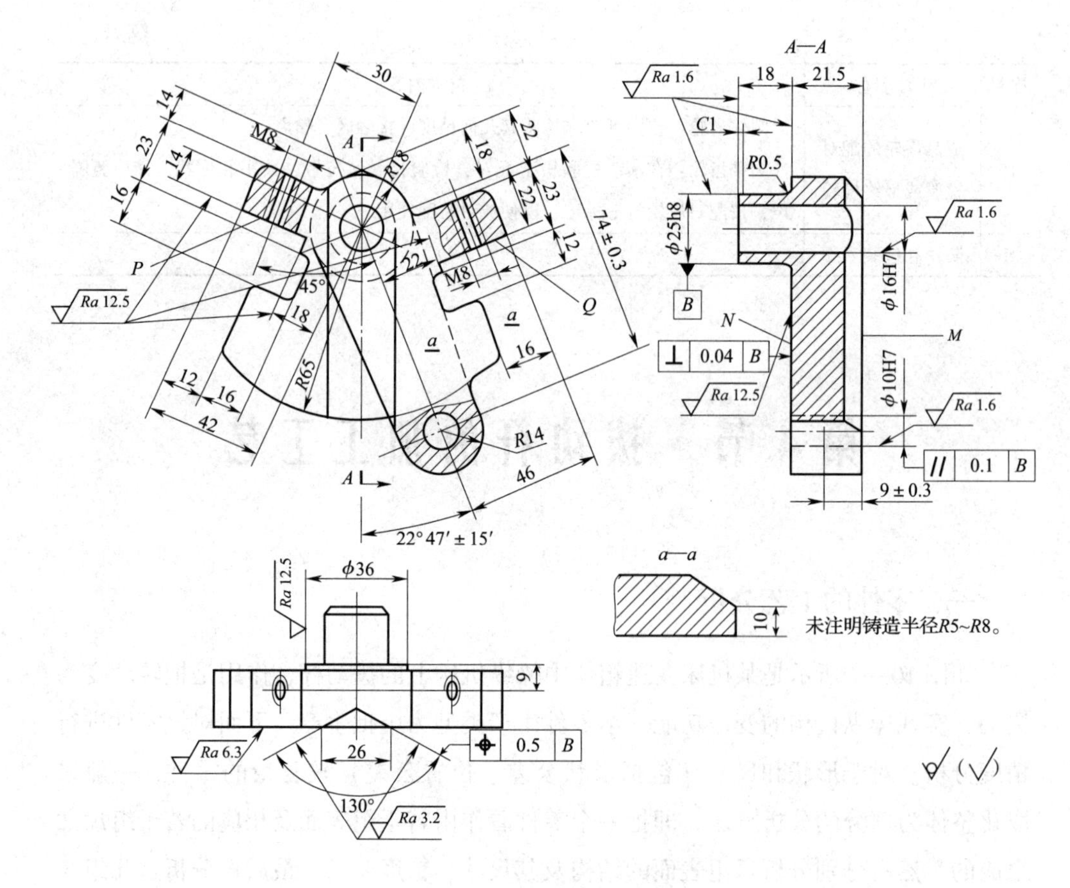

图10—7　拨动杆零件简图

二、毛坯的选择

此拨动杆形状复杂，其材料为铸铁，因此选用铸件毛坯。

三、定位基准的选择

1. 精基准的选择

选择基准的顺序是首先考虑以什么表面为精基准定位加工工件的主要表面，然后考虑以什么面为粗基准定位加工出精基准表面，即先确定精基准，再选出粗基准。由零件的工艺分析可以知道，此零件的设计基准是 M 平面和 $\phi16$ 和 $\phi10$ 两孔中心的连线，根据基准重合原则，应选设计基准为精基准，即以 M 平面和两孔为精基准。由于多数工序的定位基准都是一面两孔，也符合基准同一原则。

2. 粗基准的选择

根据粗基准选择应合理分配加工余量的原则，应选 $\phi25$ mm 外圆的毛坯面为粗基准（限制四个自由度），以保证其加工余量均匀；选平面 N 为粗基准（限制一个自由度），以保证其有足够的余量；根据要保证零件上加工表面与不加工表面相互位置的原则，应选 R14 mm 圆弧面为粗基准（限制一个自由度），以保证 ϕ10 mm 孔轴线在 R14 mm 圆心上，使 R14 mm 处壁厚均匀。

四、工艺路线的拟定

1. 各表面加工方法的选择

根据典型表面加工路线，M 平面的表面粗糙度 Ra6. 3 μm，采用面铣刀铣削；130°槽采用粗刨—精刨加工；平面 P、Q 用三面刃铣刀铣削；孔 ϕ16H7、ϕ10H7 可采用钻—扩—铰加工；ϕ25mm 外圆采用粗车—半精车—精车，N 面也采用车端面的方法加工；螺孔采用钻底孔 - 攻螺纹加工。

2. 加工顺序的确定

虽然零件某些表面需要粗加工、半精加工、精加工，但由于零件的刚度较好，不必划分加工阶段。根据基准先行、先面后孔的原则，以及先加工主要表面（M 平面、ϕ25 mm 外圆和 ϕ16 mm 孔），后加工次要表面（P、Q 平面和各螺孔）的原则，安排机械加工路线如下：

（1）以 N 面和 ϕ25 mm 毛坯面为粗基准，铣 M 平面。

（2）以 M 平面定位，同时按 ϕ25 mm 毛坯外圆面找正，粗车—半精车—精车 ϕ25 mm 外圆到设计尺寸，钻—扩—铰 ϕ16 mm 孔到设计尺寸，车端平面 N 到设计尺寸。

（3）以 M 面（三个自由度）、ϕ16 mm（两个自由度）和 R14 mm（一个自由度）为定位基准，钻—扩—铰 ϕ10 mm 孔到设计尺寸。

（4）以 N 平面和 ϕ16 mm、ϕ10 mm 两孔为基准，粗刨—精刨 130°槽。

（5）铣 P、Q 平面（一面两孔定位）。

（6）钻—攻螺纹加工螺孔（一面两孔定位）。

五、确定加工余量及工序尺寸（略）

六、填写工艺文件

该零件的机械加工工艺过程卡见表 10—3。其中工序 30 的机械加工工序卡见表 10—4。

表10—3　　　　　　　　机械加工工艺过程卡

机械加工工艺过程卡片	产品型号		零件图号		共1页
	产品名称		零件名称	拨动杆	第1页

材料牌号	HT200	毛坯种类	铸件	毛坯外形尺寸		每毛坯可制件数		每件台数		备注	

序号	工序名称	工序内容	车间	工段	设备	工艺装备	工时	
							准终	单件
10	铣	铣 M 平面	机加		X62	V口虎钳、面铣刀		
20	车	车 $\phi25$ mm外圆，钻—扩—铰 $\phi16H7$ 孔，车 N 面，倒角	机加		C6140	车夹具、锥柄钻头等		
30	钻	钻—扩—铰 $\phi10H7$ 孔	机加		Z35	钻夹具、钻头等		
40	刨	粗刨—精刨130°槽	机加		B665	刨夹具、成形刨刀		
50	铣	铣 P、Q 面	机加		X62	铣夹具、三面刃铣刀		
60	钻	钻2×M8底孔 2×$\phi6.5$ mm	机加		Z35	回转钻模、钻头		
70	钻	攻螺纹2×M8	机加		Z35	回转钻模、M8丝锥		

标记	处数	更改文件号	签字	日期		设计（日期）		审核（日期）		会签（日期）	

表10—4　　　　　　　　机械加工工序卡

机械加工工序卡	产品型号		零件图号		共1页
	产品名称		零件名称	拨动杆	第1页

（见图10—7）	车间	工序号	工序名称	材料牌号
		30	钻—扩—铰孔 $\phi10H7$	HT200
	毛坯种类	毛坯外形尺寸	每毛坯可制件数	每台件数
	铸件		1	1
	设备名称	设备型号	设备编号	同时加工件数
	摇臂钻床	Z35		1

续表

工步号	工步内容	工艺装备	主轴转速（r/min）	切削速度（m/min）	进给量（mm/r）	切削深度（mm）	进给次数	工步工时	
								机动	辅助
1	钻孔 ϕ10H7 至尺寸 ϕ9 mm	钻夹具、ϕ9 mm 钻头	195	13.5	0.3		1		
2	扩孔 ϕ10H7 至尺寸 ϕ9.8 mm	扩孔刀 ϕ9.8 mm	68	6.2			1		
3	铰孔 ϕ10H7	铰刀 ϕ10H7	68	7.5	0.18		1		

标记	处数	更改文件号	签字	日期		设计（日期）	审核（日期）	会签（日期）	

第 5 节　箱体的加工工艺

箱体类零件是机器或部件的基础零件，轴、轴承、齿轮等有关零件按规定的技术要求装配到箱体上，连接成部件或机器，使其按规定的要求工作，因此箱体类零件的加工质量不仅影响机器的装配精度和运动精度，而且影响机器的工作精度、使用性能和寿命。下面以图 10—8 所示某车床主轴箱体零件的加工为例讨论箱体类零件的工艺过程。

一、箱体类零件的结构特点和技术要求分析

该车床主轴箱体属中批生产，材料为 HT200 铸铁。一般来说，箱体类零件的结构较复杂，内部呈腔形，其加工表面主要是平面和孔。对箱体类零件，应针对平面和孔的技术要求进行分析。

1. 平面的精度要求

箱体类零件的设计基准一般为平面，本箱体各孔系和平面的设计基准为 G 面、H 面和 P 面，其中 G 面和 H 面还是箱体的装配基准，因此它有较高的平面度和较小的表面粗糙度值要求。

2. 孔系的技术要求

箱体上有孔间距和同轴度要求的一系列孔，称为孔系。为保证箱体孔与轴承外

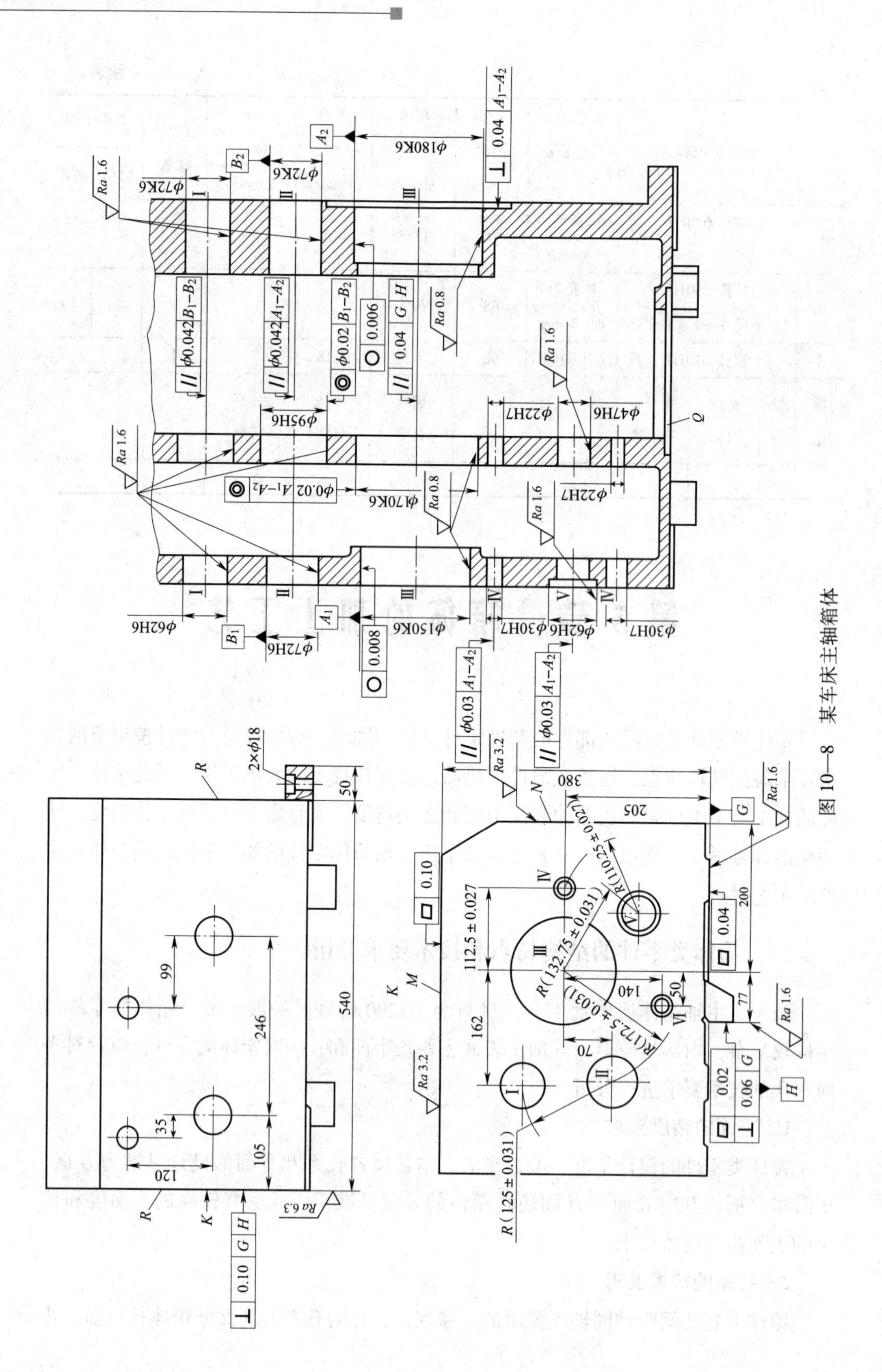

图 10—8　某车床主轴箱体

圈配合及轴的回转精度，孔的尺寸精度为 IT7，孔的几何形状误差控制在尺寸公差范围之内。为保证齿轮啮合精度，孔轴线间的尺寸精度、孔轴线间的平行度、同一轴线上各孔的同轴度误差和孔端面对轴线的垂直度误差，均应有较高的要求。

3. 孔与平面间的位置精度

箱体上主要孔与箱体安装基面之间应符合平行度要求。本箱体零件主轴孔中心线对装配基准面（G、H 面）的平行度误差为 0.04 mm。

4. 表面粗糙度

重要孔和主要表面的表面粗糙度会影响连接面的配合性质或接触刚度，本箱体零件主要孔表面粗糙度为 Ra0.8 μm，装配基准面表面粗糙度为 Ra1.6 μm。

二、箱体类零件的材料及毛坯

箱体类零件的材料常用铸铁，这是因为铸铁容易成形，切削性能好，价格低，且吸振性和耐磨性较好。根据需要可选用 HT150—350，常用 HT200。在单件小批量生产情况下，为缩短生产周期，可采用钢板焊接结构。某些大负荷的箱体有时采用铸钢件。在特定条件下，可采用铝镁合金或其他铝合金材料。

铸铁毛坯在单件小批生产时，一般采用木模手工造型，毛坯精度较低，余量大；在大批量生产时，通常采用金属模机器造型，毛坯精度较高，加工余量可适当减小。单件小批生产直径大于 50 mm 的孔，成批生产大于 30 mm 的孔，一般都铸出预孔，以减少加工余量。铝合金箱体常用压铸制造，毛坯精度很高，余量很小，一些表面不必经切削加工即可使用。

三、箱体类零件的加工工艺过程

箱体类零件的主要加工表面是孔系和装配基准面。如何保证这些表面的加工精度和表面粗糙度、孔系之间及孔与装配基准面之间的距离尺寸精度和相互位置精度，是箱体类零件加工的主要工艺问题。

箱体类零件的典型加工路线为平面加工——孔系加工——次要面（紧固孔等）加工。

四、箱体类零件的加工工艺过程分析

1. 主要表面的加工方法选择

箱体的主要加工表面为平面和轴承支承孔。箱体平面的粗加工和半精加工主要采用刨削和铣削，也可采用车削。当生产批量较大时，可采用各种组合铣床对箱体各平面进行多刀、多面同时铣削；尺寸较大的箱体，也可在多轴龙门铣床上进行组合铣削，可有效提高箱体平面加工的生产率。箱体平面的精加工，单件小批量生产时，除一些高精度的箱体仍需手工刮研外，一般多用精刨代替传统的手工刮研；当生产批量大而精度又较高时，多采用磨削。为提高生产效率和平面间的位置精度，可采用专用磨床进行组合磨削等。

箱体上公差等级为IT7级精度的轴承支承孔，一般需要经过3～4次加工。可采用扩—粗铰—精铰，或采用粗镗—半精镗—精镗的工艺方案进行加工（若未铸出预孔应先钻孔）。以上两种工艺方案，表面粗糙度值可达 *Ra*0.8～1.6 μm。铰的方案用于加工直径较小的孔，镗的方案用于加工直径较大的孔。当孔的加工精度超过IT6级，表面粗糙度值 *Ra* 小于0.4 μm时，还应增加一道精密加工工序，常用的方法有精细镗、滚压、珩磨、浮动镗等。

2. 箱体加工定位基准的选择

（1）粗基准的选择

粗基准的选择对零件主要有两个方面的影响，即影响零件上加工表面与不加工表面的位置和加工表面的余量分配。为了满足上述要求，一般宜选箱体上重要的毛坯孔作粗基准。本箱体零件就是以主轴孔Ⅲ和距主轴孔较远的Ⅱ轴孔作为粗基准。本箱体不加工面中，内壁面与加工面（轴孔）间位置关系重要，因为箱体中的大齿轮与不加工内壁间隙很小，若加工出的轴承孔与内壁有较大的位置误差，会使大齿轮与内壁相碰。从这一点出发，应选择内壁为粗基准，但是夹具的定位结构不易实现以内壁定位。由于铸造时内壁和轴孔是同一个型芯浇铸的，以轴孔为粗基准可同时满足上述两方面的要求，因此实际生产中，一般以轴孔为粗基准。

（2）精基准的选择

选择精基准主要是应能保证加工精度，所以一般优先考虑基准重合原则和基准同一原则，本零件的各孔系和平面的设计基准和装配基准为 *G*、*H* 面和 *P* 面，因此可采用 *G*、*H* 面和 *P* 面作精基准定位。

3. 箱体加工顺序的安排

箱体机械加工顺序的安排一般应遵循以下原则：

（1）先面后孔的原则

箱体加工顺序的一般规律是先加工平面，后加工孔。先加工平面，可以为孔加工提供可靠的定位基准，再以平面为精基准定位加工孔。平面的面积大，以平面定位加工孔的夹具结构简单、可靠，反之则夹具结构复杂、定位也不可靠。由于箱体上的孔分布在平面上，先加工平面可以去除铸件毛坯表面的凹凸不平、夹砂等缺陷，对孔加工有利，如可减小钻头的歪斜，防止刀具崩刃，同时对刀调整也方便。

（2）先主后次的原则

箱体上用于紧固的螺孔、小孔等可视为次要表面，因为这些次要孔往往需要依据主要表面（轴孔）定位，所以这些螺孔的加工应在轴孔加工后进行。对于次要孔与主要孔相交的孔系，必须先完成主要孔的精加工，再加工次要孔，否则会使主要孔的精加工产生断续切削、振动，影响主要孔的加工质量。

（3）孔系的数控加工

由于箱体类零件具有加工表面多、加工的孔系的精度高、加工量大的特点，生产中常使用高效自动化的加工方法。过去在大批、大量生产中，主要采用组合机床和加工自动线，现在数控加工技术，如加工中心、柔性制造系统等已逐步应用于各种不同批量的生产中。车床主轴箱体的孔系也可选择在卧式加工中心上加工，加工中心的自动换刀系统使得一次装夹可完成钻、扩、铰、镗、铣、攻螺纹等加工，减少了装夹次数，实行工序集中的原则，提高了生产率。

五、箱体类零件的加工工艺

该车床主轴箱体的加工工艺过程见表 10—5。

表 10—5　　车床主轴箱体的加工工艺过程

序号	工序名称	工序内容	加工设备
1	铸造	铸造毛坯	
2	热处理	人工时效	
3	清砂、油漆	清理铸件夹砂，喷涂底漆	
4	划线	划各孔各面加工线，考虑 II、III 孔加工余量并兼顾内壁及外形；划轴承孔端面加工线	划线平台
5	刨削	按线找正，粗刨 M 面、斜面，精刨 M 面；M 面定位，按线找正，粗、精刨 G、H、N 面；G、H 面定位，按线找正，粗、精刨 P 面	牛头刨床或龙门刨床
6	镗削	G、H、P 面定位，粗镗纵向各孔	镗床
7	铣削	M、P 面定位，铣削底面 Q 处开口沉槽	铣床
8	钳工	刮研箱体 G、H 面达 8 ~ 10 点/25 mm^2	
9	镗削	G、H、P 面定位，半精镗、精镗轴承孔；切轴承孔内环槽	加工中心
10	钻削	G、H、P 面定位，钻镗 N 面上横向各孔	加工中心

续表

序号	工序名称	工序内容	加工设备
11	钻孔、攻螺纹	*M*、*P* 面定位，钻 *G*、*N* 面上各次要孔、螺纹底孔；攻螺纹 *G*、*H*、*P* 面定位，钻 *M*、*P*、*R* 面上各次要孔、螺纹底孔；攻螺纹	加工中心
12	钳工	去毛刺、清洗、打标记	
13	油漆	各不加工外表面	
14	检验	按图样要求检验	

第 11 章

工具、量具和夹具的使用与维护知识

第 1 节　常 用 工 具

1. 扳手

扳手用以紧固或拆卸带有棱边的螺母和螺栓。常用的扳手有呆扳手、梅花扳手、套筒扳手、活扳手、管子扳手等，如图 11—1 所示。

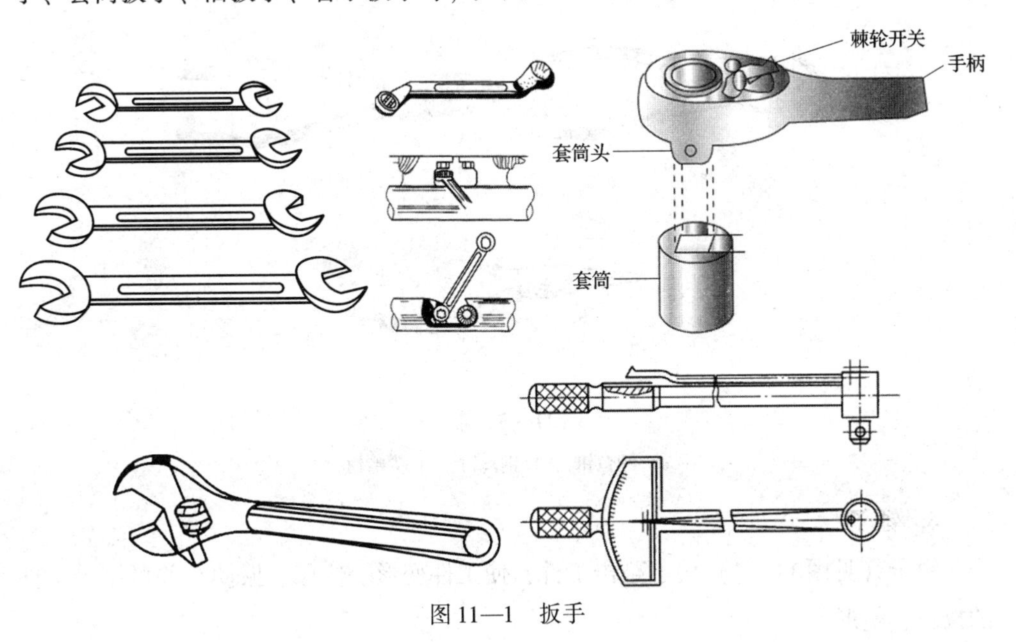

图 11—1　扳手

2．螺钉旋具

螺钉旋具又称螺丝刀，是用来拧紧或旋松带槽螺钉的工具，如图11—2所示。螺钉螺具分为标准、十字形，其规格（杆部长）分为50 mm、65 mm、75 mm、100 mm、125 mm、150 mm、200 mm、250 mm、300 mm和350 mm等几种。

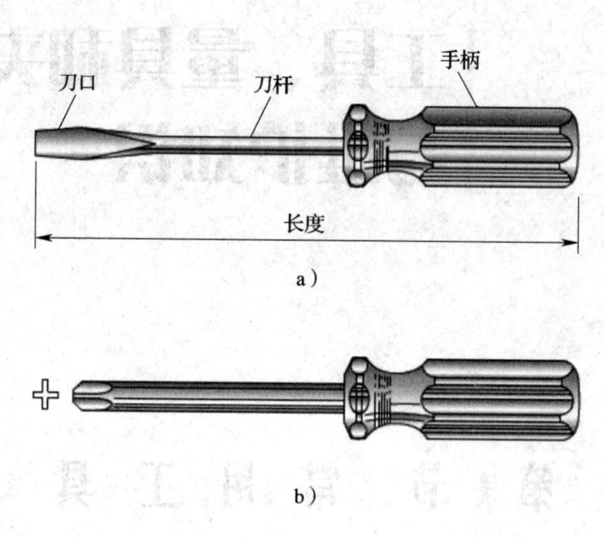

图11—2　螺钉旋具

a）标准螺钉旋具　b）十字形螺钉旋具

3．钳子

钳子分为钢丝钳、鲤鱼钳和尖嘴钳，如图11—3所示。

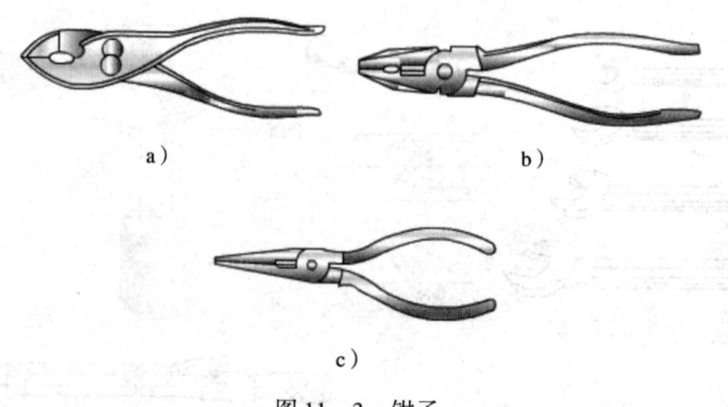

图11—3　钳子

a）鲤鱼钳　b）钢丝钳　c）尖嘴钳

4．锤子

锤子（见图11—4）用于敲击工件，使工件变形、位移、振动，并可用于工件的校正、整形。

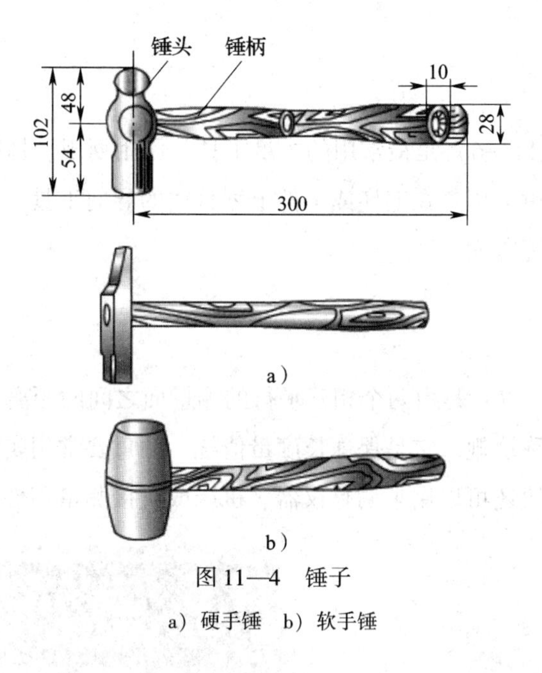

图 11—4　锤子

a）硬手锤　b）软手锤

第 2 节　常用量具、量仪

机加工常用的量具一般分为普通量具和精密量具两类。本节介绍钳工常用的一些比较精密的量具、量仪，熟悉和掌握它们的使用与维护方法。

一、卡钳和钢卷尺

内外卡钳是测量长度的工具。外卡钳，如图 11—5a 所示，用于测量圆柱体的外径或物体的长度等；内卡钳，如图 11—5b 所示，用于测量圆柱孔的内径或槽宽等。

卷尺，如图 11—5c 所示，用于丈量较大尺寸的物体，属于直接测量。

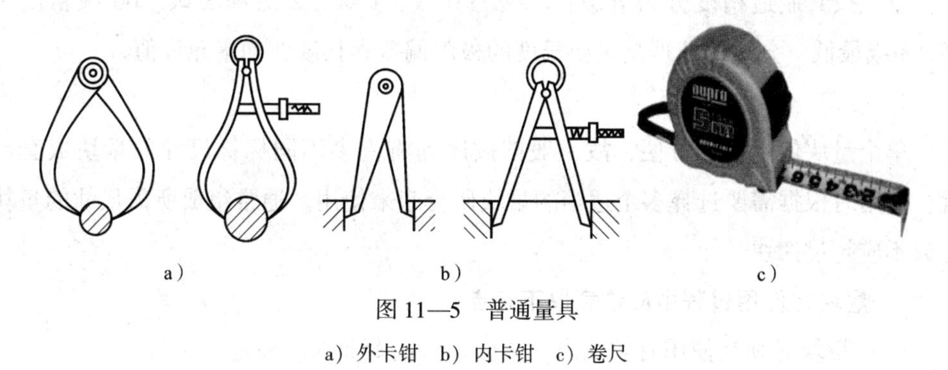

图 11—5　普通量具

a）外卡钳　b）内卡钳　c）卷尺

二、钢直尺

钢直尺（见图11—6）是最常用的丈量工具，可用划规、划线盘直接在钢直尺上量取数据，也是钳工用来在毛坯或工件上划直线的导向工具。钢直尺广泛应用于数学、测量、工程等方面。

三、量块

量块（见图11—7）是由两个相互平行的测量面之间的距离来确定其工作长度的高精度量具，又称块规。它是保证长度量值统一的重要常用实物量具。除了作为工作基准之外，量块还可以用来调整仪器、机床或直接测量零件。

图11—6　钢直尺

图11—7　套装量块

1. 一般特性

量块是以其两端面之间的距离作为长度的实物基准（标准），是一种单值量具，其材料与热处理工艺应满足量块尺寸稳定、硬度高、耐磨性好的要求。

2. 结构

绝大多数量块制成直角平行六面体，也有的制成 $\phi20$ 圆柱体。每块量块都有两个表面非常光洁、平面度精度很高的平行平面，称为量块的测量面（或称工作面）。

3. 精度

量块按其制造精度分为五级：00级、0级、1级、2级和3级。00级精度最高，3级最低。分级的依据是量块长度的极限偏差和长度变动量允许值。

4. 使用

单个量块使用很不方便，故一般都按序列将许多不同标称尺寸的量块成套配置，使用时根据需要选择多个适当的量块研合起来使用。通常组成所需尺寸的量块总数不应超过四块。

5. 量块在使用过程中应注意以下几点：

（1）量块必须在使用有效期内，并应及时送专业部门检定。

（2）所选量块应先放入航空汽油中清洗，并用洁净绸布将其擦干，待量块温度与环境温度相同后方可使用。

（3）使用环境良好，防止各种腐蚀性物质对量块产生损伤及因工作面上的灰尘而划伤工作面，影响其研合性。

（4）轻拿、轻放量块，杜绝磕碰、跌落等情况的发生。

（5）不得用手直接接触量块，以免造成汗液对量块的腐蚀及手温对测量精确度的影响。

（6）使用完毕应先用航空汽油清洗量块，并擦干后涂上防锈脂放入专用盒内妥善保管。

四、游标卡尺

游标卡尺是一种比较精密的量具，如图 11—8 所示，游标卡尺由主尺和副尺（游标）组成，主尺和固定卡脚一体，副尺和活动卡脚一体。它可以直接量出工件的内外径、宽度、长度和深度等，其精度有 0.1 mm、0.02 mm、0.05 mm 三种。

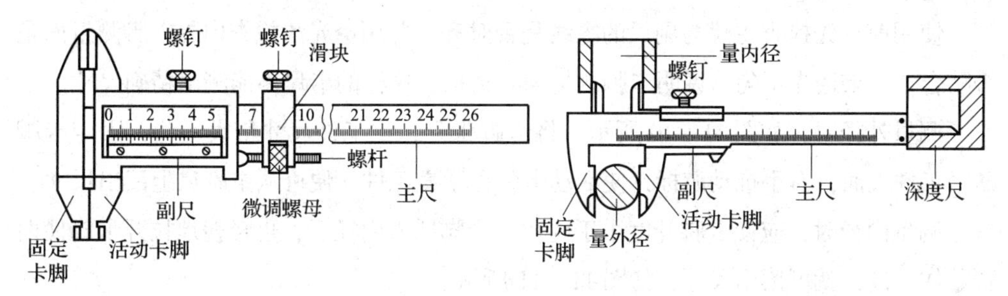

图 11—8 游标卡尺

1. 游标卡尺的刻线原理

（1）精度为 0.02 mm 的游标卡尺

主尺每小格 1 mm，每大格 10 mm，主尺上的 49 mm 在副尺上分为 50 小格，如图 11—9 所示。副尺每格的长度为 $49 \div 50 = 0.98$ mm，主尺和副尺的每格相差 $1 - 0.98 = 0.02$ mm，所以这种尺的精度为 0.02 mm。

（2）精度为 0.05 mm 的游标卡尺

主尺每小格 1 mm，每大格 10 mm，主尺上的 39 mm 在副尺上分为 20 小格，副尺每格的长度为 $39 \div 20 = 1.95$ mm，主尺的 2 格和副尺的 1 格相差 $2 - 1.95 = 0.05$ mm，所以这种尺的精度

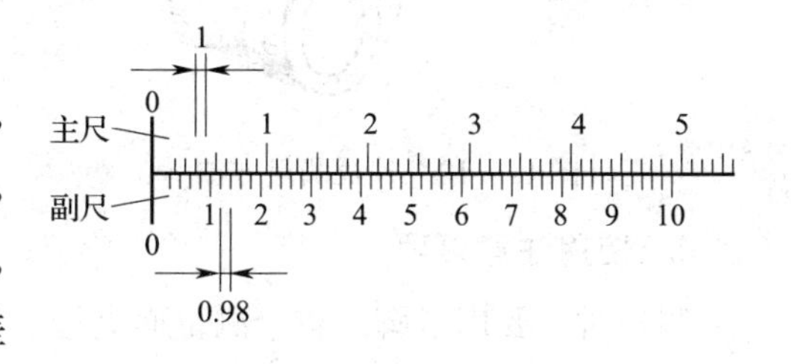

图 11—9 刻线原理

为0.05 mm。

（3）精度为0.1 mm的游标卡尺

主尺每小格1 mm，每大格10 mm，一种是主尺上的9 mm在副尺上分为10个小格，副尺每格的长度为9 ÷ 10 = 0.9 mm，主尺和副尺的每格相差1 − 0.9 = 0.1 mm。另一种是主尺上的19 mm在副尺上分为10个小格，副尺每格的长度为19 ÷ 10 = 1.9 mm，主尺的2格和副尺的1格相差2 − 1.9 = 0.1 mm，所以这两种尺的精度为0.1 mm。

2. 游标卡尺读数方法

（1）查出副尺零线前主尺上的整数。

（2）在副尺上查出哪一条刻线与主尺刻线对齐。

（3）将主尺上的整数和副尺上的小数相加，即工件尺寸 = 主尺整数 + 副尺格数 × 精度。

另外，机械加工中经常使用的还有深度游标卡尺、高度游标卡尺，分别用于测量深度、高度等，其原理同游标卡尺一样。

3. 游标卡尺的使用方法

使用前首先检查主尺与副尺的零线是否对齐，并用透光法检查内外卡脚测量面是否贴合，如果透光不匀，说明卡脚测量面有磨损，这样的卡尺不能测出精确尺寸。

测量外径时，如图11—10所示，将卡脚张开，比工件尺寸稍大一些，固定卡脚贴紧工件表面，右手推动游标，使活动卡脚也紧靠工件，便可从主副尺上读出尺寸。

测量内径时，应使卡脚开度小于内径，卡脚插入内径后，再轻轻地拉开卡脚使两脚贴住工件，就可读出尺寸，如图11—11所示。

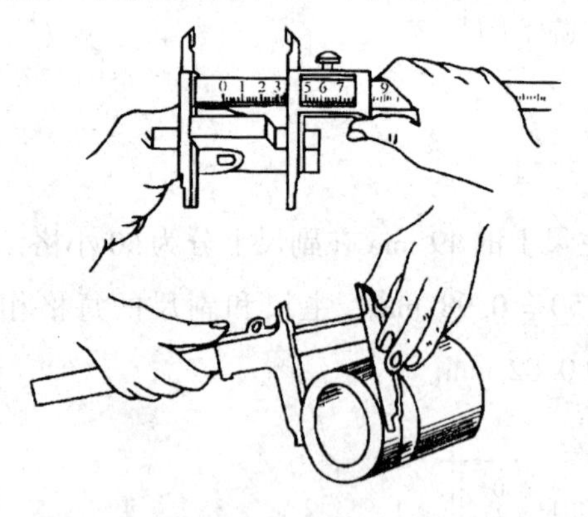

图11—10　外径测量方法

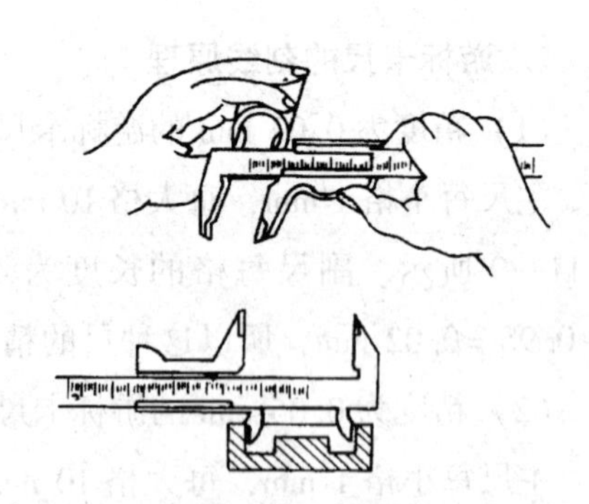

图11—11　内径测量方法

4. 使用注意事项

测量时，要用卡脚的整个测量面进行。

注意测量力，设有控制测力装置的卡尺，使用时用拇指推动游标，测量力的大小要靠手感来控制，测量时应该使两个测量面恰好能稳定地接触被测表面。具有控制测力装置（微动装置）的卡尺，当两测量面与被测表面接触时，应该把微动装置的紧固螺钉紧固住，然后慢慢旋动微动装置，使卡尺的量爪测量面轻轻地与被测面接触。

游标卡尺只能对处于静止的工件进行测量。

5. 游标卡尺的维护保养方法

（1）游标卡尺不能和手锤、锉刀、车刀等刃具堆放在一起。

（2）游标卡尺使用完毕应擦干净放入专用盒内。

（3）游标卡尺刻度表面生锈时，不可用研磨砂擦除。

随着技术的发展，游标卡尺也在不断地改进，现有数字显示型游标卡尺，即测量后，副尺上直接显示出所测尺寸。

五、万能角度尺

万能角度尺用来测量零件和样板等的内外角度。测量的范围为 0°～320°，游标分度值有 2′、5′两种。其构造如图 11—12 所示，其基准板、扇形尺、游标副尺固定在扇形板上，直角尺紧固在扇形板上，直尺紧固在直角尺上。直尺和直角尺可以滑动拆装，以改变测量范围，所以能获得较大的测量范围。调整后测量范围为 0°～50°、50°～140°、140°～230°、230°～320°。

读数方法：扇形主尺上的刻度为整数角度，游标副尺上的刻度为小于 1°的角度，测量后主尺与副尺读数相加之和为测量角度。

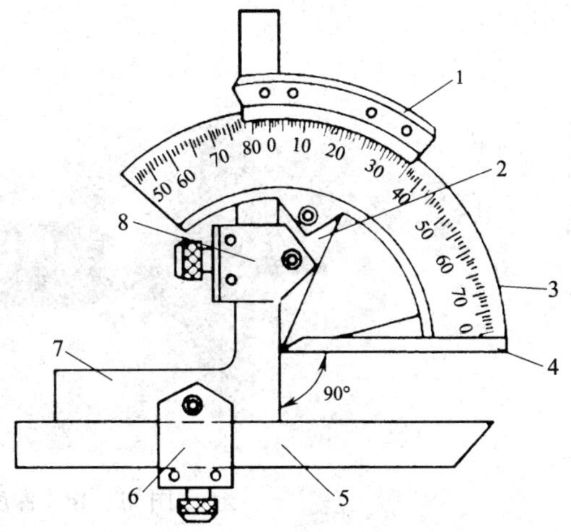

图 11—12　万能角度尺

1—游标　2—扇形板　3—主尺　4—基准座

5—直尺　6、8—套箍　7—直角尺

六、千分尺（微动螺旋量具）

千分尺是利用精密螺旋副原理制成的一种测量工具，其测量精度比游标量具高，常用来测量精度较高的零件，可分为外径千分尺、深度千分尺、内径千分尺等。

1. 外径千分尺

外径千分尺是生产中常用的测量工具，主要用来测量工件的长、宽、厚及外径，测量范围在 0～500 mm

时，它的调节范围在25 mm以内，所以从零开始，每增加25 mm为一种规格。测量范围在500～1 000 mm时，它的调节范围在100 mm以内，每增加100 mm为一种规格。测量时能准确地读出尺寸，精度可达0.01 mm，在使用熟练之后，能测出0.001～0.01 mm之间的尺寸。其构造如图11—13所示，由框架、测砧、固定套筒（带有刻度的主尺）、测微螺杆、活动套筒（带有刻度的副尺）、旋钮、微调旋钮等组成。活动套筒与测微螺杆是紧固为一体的。

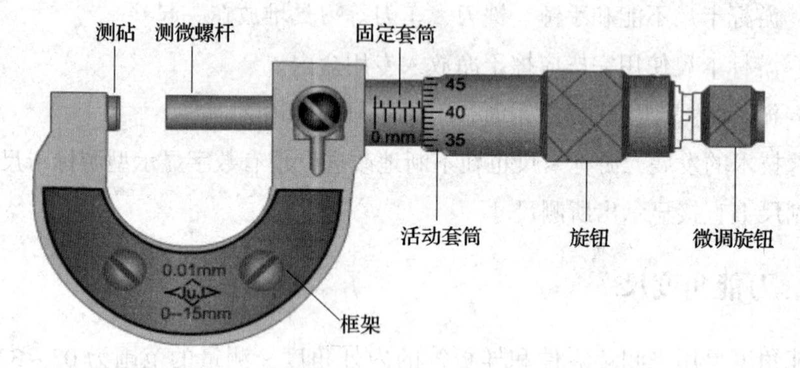

图11—13　外径千分尺

2. 深度千分尺

深度千分尺用来测量精度要求较高的孔深、槽深和台阶高度等。它的刻度原理和刻线方向与普通千分尺相同。使用前应放在精确的平面上进行校验，使用时应使底座贴紧工件，旋动棘轮使测轴接触工作测面，即可得到准确的尺寸，如图11—14所示。

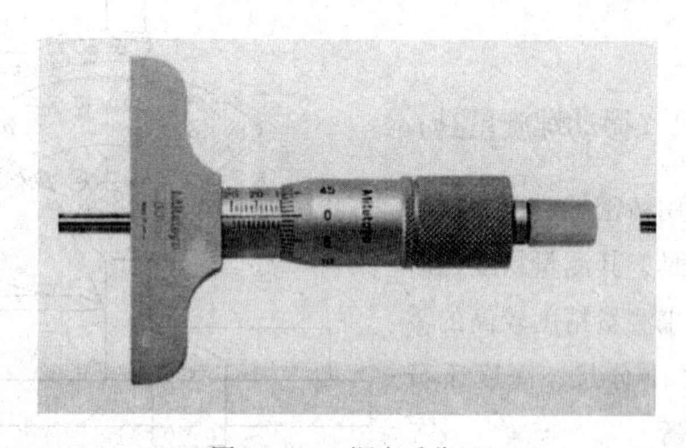

图11—14　深度千分尺

3. 内径千分尺

内径千分尺是用来测量内径尺寸的，有普通形式（见图11—15）和杠杆形式（见图11—16）两种。

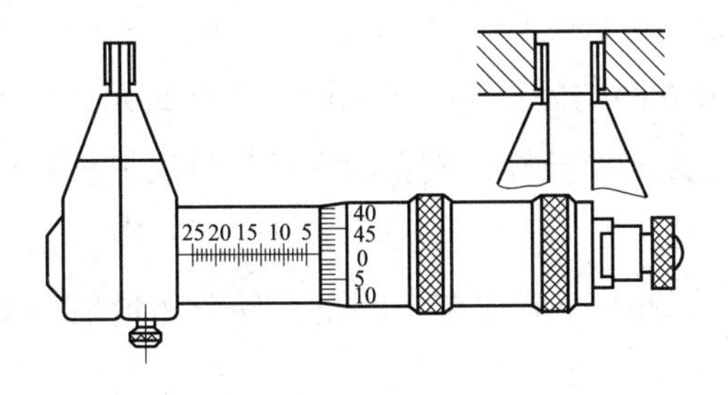

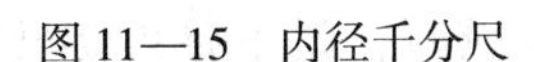
图 11—15　内径千分尺

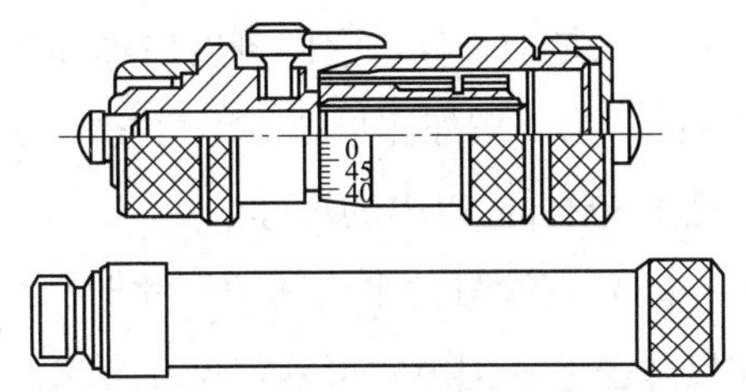

图 11—16　杠杆千分尺

4. 千分尺的刻线原理

千分尺的刻线原理是利用螺旋副将角度的位移变为直线的位移。固定套筒上的刻度为 25 mm，有 50 个小格，每格 0.5 mm，正好等于螺杆测轴的螺距，将活动套筒沿圆周等分成 50 个小格，活动套筒每转一圈，就移动 0.5 mm，与螺距相等，每转一个小格就为 0.01 mm。

5. 千分尺的读数方法

第一步，读出活动套筒边缘在固定套筒上的尺寸。

第二步，看活动套筒上哪一格与固定套筒上的基准线对齐。

第三步，把两个数加起来，其和就是所测的实际尺寸。

6. 千分尺的使用和维护

（1）外径千分尺使用前，应先将检验棒置于固定测砧与测微螺杆之间，检查固定套筒中线（也就是基准线）和活动套筒的零线是否重合，如不重合，必须校检调整后使用。

（2）使用时，当两个测量面接触工件后，棘轮出现空转，并发出“咔咔”响声，即可读尺寸。测量时注意不可拧动活动套管，只能旋转棘轮。在工作条件不便查看尺寸时，可旋紧止动销，然后取下千分尺读数。

（3）使用内径千分尺时，先要进行校验，方法为用外径千分尺校核，看其对内径千分尺测量的尺寸是否与内径千分尺的标准尺寸相符合。用加长杆时，接头必须旋紧，否则将影响测量的准确度。测量尺寸时一只手扶住固定端，另一只手旋转套筒，做上下左右摆动，这样测量才能取得比较准确的尺寸。在测量大孔径时，一般需要两个人合作进行测量，要按孔径的大小选择合适的接杆或接杆组。

（4）测量小孔时用普通内径千分尺，这种尺的刻线方向与外径千分尺、杠杆式内径千分尺相反，当活动套管顺时针旋转时，活动套管连同左面卡脚一起向左移动，测距越来越大。

（5）测量较大孔时，应使用杠杆式内径千分尺。它由两部分组成，一是尺头部分，二是加长杆。它的刻度原理和螺杆螺距与外径千分尺相同，螺杆最大行程为13 mm。为了增加测量范围，可在尺头上旋入加长杆，成套的内径千分尺加长杆可测至1 500 mm以内的尺寸。

（6）当测量两平面间的尺寸时，应在两平面间取多点测量，各个测量值均要在尺寸公差范围内才可确定尺寸合格。

（7）当千分尺的两个测量面与被测表面快接触时，就不要再旋转微分筒了，而要改为旋转测力装置，使两测量面与被测面接触，等到棘轮空转，发出“咔咔”声时，方可读出尺寸。

（8）受条件限制不能在测量工件时读出尺寸，可以旋紧锁紧装置，后取下千分尺读出尺寸。

（9）使用时不得强行转动微分筒，要尽量使用测力装置，切忌把千分尺先固定好再用力向工件上卡，这样会损坏测量表面或弄弯测微螺杆。

（10）退尺时要旋转微分筒，不要旋转测力装置，以防把测力装置拧松，影响尺的“0”位。

（11）千分尺使用完毕可放在盒内，在干燥的地方保存，不可以把千分尺放在磁场附近，不可同其他工具进行混放。

（12）千分尺应定期送到计量站校检以保证使用精度和测量的准确性。

七、百分表

百分表是钳工常用的一种精密量具，包括普通百分表、内径百分表、杠杆百分表等多种，一般量程为0～10 mm，大量程可达0～100 mm，分度值0.01 mm，它能校验机床精度、测量工件尺寸及形状的微量偏差及位移量。在钳工的装配和检修工作中，使用百分表可以提高某些零件、部件的同轴度、直线度、垂直度等组装后的精度，优点是方便、可靠、准确、迅速。

1．百分表的结构

如图11—17所示，淬火的触头连接齿杆、齿条，推动16个齿的小齿轮转动，与小齿轮同轴有一个100齿的大齿轮，这个大齿轮带动中间的一只10齿的小齿轮转动，10齿小齿轮的同轴伸出盘面，装有大指针，大指针可围绕盘面转动。拉簧将齿杆拉回原位，所有传动机构都装在外壳内，表盘的外圈可以转动，以调整盘面刻度的位置。10齿的小齿轮又和另一个100齿的大齿轮啮合，在这根轴的下端装有游丝，用来消除齿轮啮合的间隙，以保障其精度。这根轴的上端露出盘面有一个小指针，用

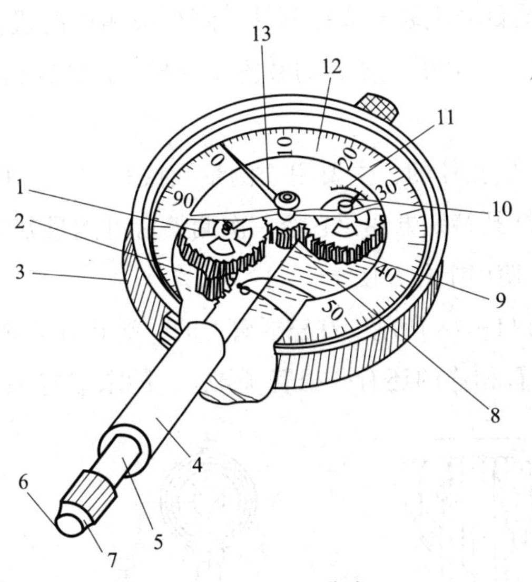

图 11—17　百分表

1—大齿轮　2—小齿轮　3—外壳　4—套筒　5—齿杆　6—触头
7—圆锥面　8—小齿条　9—拉簧　10—小指针　11—游丝　12—刻度盘　13—大指针

来记录大指针转数，大指针绕盘转一周时，小指针在小盘上移动一格。

2. 百分表的刻线原理

百分表内的齿杆和齿轮的齿距（一牙）是 0. 625 mm，当齿杆上升 16 齿时刚好 10 mm。16 齿的小齿轮转一转，同轴上的 100 齿齿轮也转一转，10 齿小齿轮和同轴上的指针转 10 转，即齿杆上升 10 mm 时，大指针转 10 转，那么当齿杆上升 1 mm 时，大指针转一周。如果表面刻线是 100 格，则大指针每转过一格，就代表齿杆上升 0. 01 mm。

3. 百分表的使用方法及注意事项

一般情况下百分表都与磁力表座配合使用，磁力表座可吸附在所需部位上，百分表也可装在专用的表架上进行使用。

（1）测量前，把测量头、量杆、表盘及被测件表面擦净，然后把百分表的表头夹紧在表架上。夹紧后，百分表的测量杆应能平稳、灵活地移动。

（2）检查测量头是否有松动现象。

（3）把百分表表架固定在被测表面或其相关表面上。

（4）将百分表的测量头垂直压在被测面上，用百分表测量平面时，测量头与平面成 90°。为保证在整个测量过程中，百分表测量头始终在被测表面上，需将测量头压下一定的深度。

（5）旋转表盘进行调零，使大指针与表盘的零刻线对齐，以便于读数。

（6）转（移）动百分表表架或被测件，测得被测件的误差数值。读数时，要先检查小指针的变化值，再看大指针的数值，并要注意确定是正值还是负值。

4. 内径百分表

内径百分表用来量孔径的，主要用于测量孔或孔的形状精度（椭圆度、圆柱度等），尤其是测量深孔特别方便，它经一次调整后可测量基本尺寸相同的若干个孔而中途不需调整，使用十分方便。

内径百分表如图11—18所示，在三通管1的一端装有活动量杆2，另一端装有可换接头3，和三通管相连的还有一根管子4，它的末端有一插口5，用来装置百

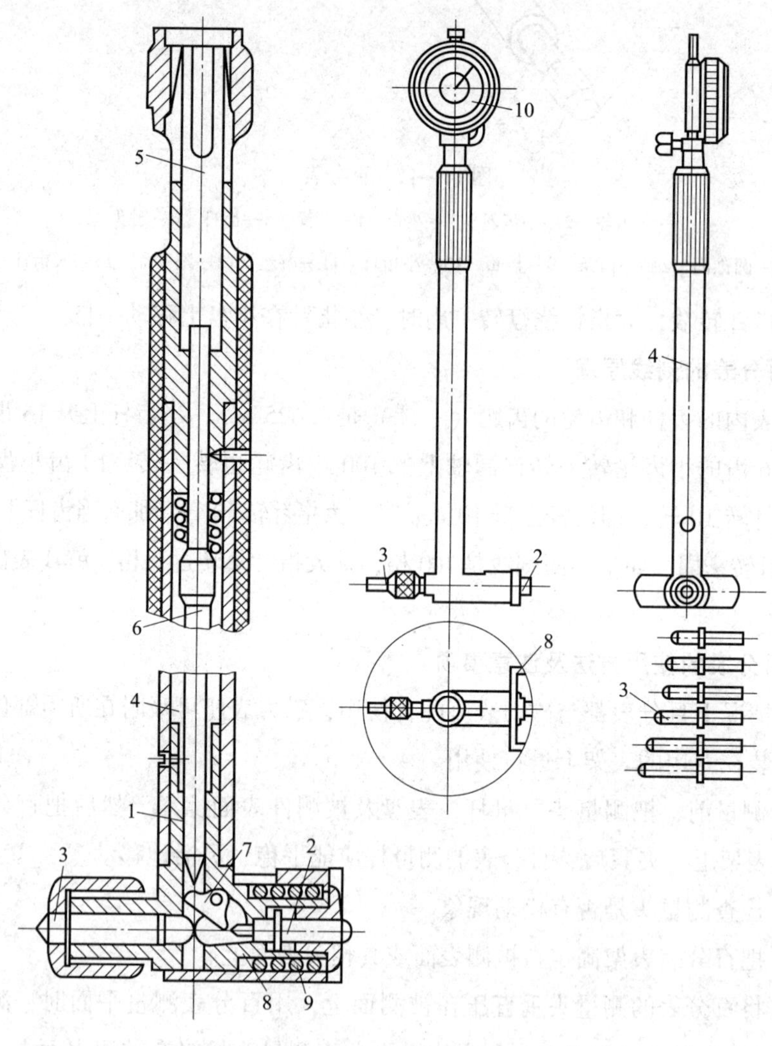

图11—18　内径百分表

1—三通管　2—活动量杆　3—可换接头　4—管子　5—插口

6—活动杠杆　7—传动杠杆　8—定心桥　9—弹簧　10—百分表

分表10。活动量杆2的移动使传动杠杆7回转，杠杆7的回转又使活动杠杆6在管子内运动。定心桥8在弹簧9的作用下在活动量杆的一面装在三通管上。内径百分表附有成套的可换接头、测量垫圈、可换量脚和支架，调整尺寸时可用一般量具测量，或用专用环规调整。

测量内孔时，孔壁压迫量杆推动百分表指针转动而显示出读数，测量完毕时，在弹簧的作用下量杆复位。通过更换测量头可改变内径百分表的测量范围。

测量前，根据被测量的尺寸选取相应的测量头，装在表架上，然后利用标准环或外径千分尺来调整内径百分表的零位。调整内径百分表零位时，先按几次活动测量头，试一下表，再使表稍作摆动，找出最小值（表针拐点），然后，转动百分表刻度盘，使零线与拐点相重合，再使表摆动几次，检查一下零位，零位对好后，从标准环内取出百分表。

测量时，操作方法与校对零位相同。读数时，表针的指示数值就是被测孔径与标准环孔径的差值。如果指针正好指在零位，说明被测孔径与标准环孔径的尺寸相同，如果表针顺时针方向离开零位，表示被测孔径小于标准环的孔径，如果表针逆时针方向离开零位，表示被测孔径大于标准环的孔径。

如果需要测量孔的圆度，应在孔的同一径向截面内的几个不同方向上测量，如果需要量孔的圆柱度，应在几个径向截面内测量，将几次测量结果进行比较，即可判定被测孔的圆柱度。

八、水平仪

水平仪一般用来测量水平位置或垂直位置的微小角度偏差。在机械装配中，水平仪常用来校正装配基准件（如底座、机身、导轨、工作台等）的安装水平度，测量其平直度，以及部件相对位置的平行度和垂直度等误差。钳工经常使用的水平仪主要包括普通水平仪、框式水平仪、光学合像水平仪等几种。

1. 普通水平仪

钳工使用水平仪主要用来检验机械装配的水平位置，如图11—19所示为水平仪结构图，其中Ⅰ型水平仪的水准泡是固定的，Ⅱ型的水准泡是可以调整的。一般水平仪有200 mm、300 mm两种。

当水平仪放在标准的水平位置时，水准器的气泡正好在中间位置。当被测平面稍有倾斜，水准器的气泡就会向高处移动，在水准器的刻度上可读出两端高低的相差值。刻度值为0.02 mm/m，即表示气泡每移动1格，被测长1 m的两端上高低相

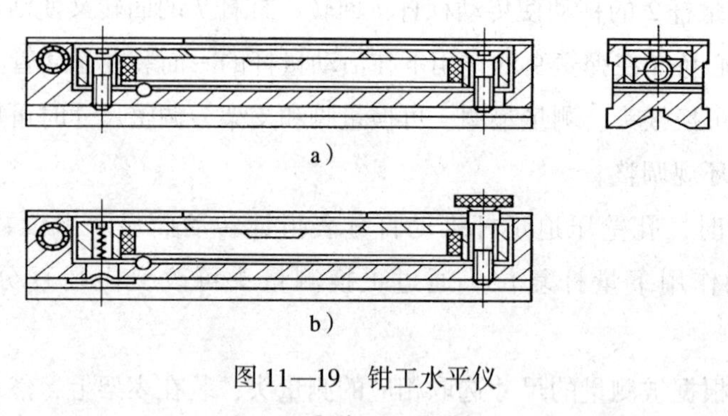

图11—19　钳工水平仪

a）Ⅰ型　b）Ⅱ型

差就是0.02 mm。水平仪的精度是以水准气泡移动1格时表面倾斜的角度，或表面在1 m内倾斜的高度差来表示的。常用的各种水平仪精度见表11—1。

表11—1　水平仪精度

精度等级	1	2	3	4
水准泡移动1格时的倾斜角度	4″~10″	12″~20″	24″~40″	50″~60″
1 m内倾斜高度差（mm）	0.02~0.05	0.06~0.10	0.12~0.20	0.25~0.30

2. 框式水平仪

框式水平仪的用途比普通水平仪广泛。它不仅可以检查安装机械的水平位置，而且还能测量和校正机械零部件位置的垂直度。它有四个相互垂直都是工作面的平面，有纵向、横向两组水准器。其规格有150 mm×150 mm、200 mm×200 mm、300 mm×300 mm三种，最常用的是200 mm×200 mm。它的刻度值有0.02 mm/m和0.05 mm/m两种，使用方法与普通水平仪相同。如图11—20所示为框式水平仪结构图。

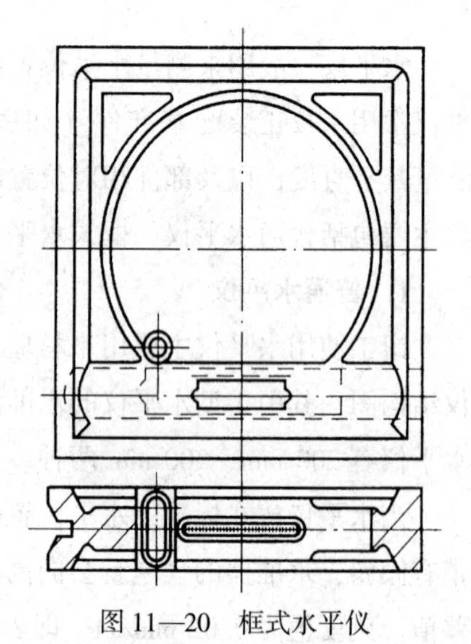

图11—20　框式水平仪

常用框式水平仪的平面长度为200 mm，因此当精度为0.02 mm/m时，200 mm长度两端的高度差为0.004 mm，也就是水准器上气泡移动1格的值。

3. 光学合像水平仪

光学合像水平仪是测量对水平位置或垂直位置微小偏差的角值量仪，其外观及结构如图11—21所示。由于采用了光学系统，因而其读数精度较高，分度值最小达到 0.01 mm/m（相当于 2″）。由于增加了测微螺旋副，所以可以测量倾斜角度，合像水平仪处于水平位置时，两半个气泡就重合。

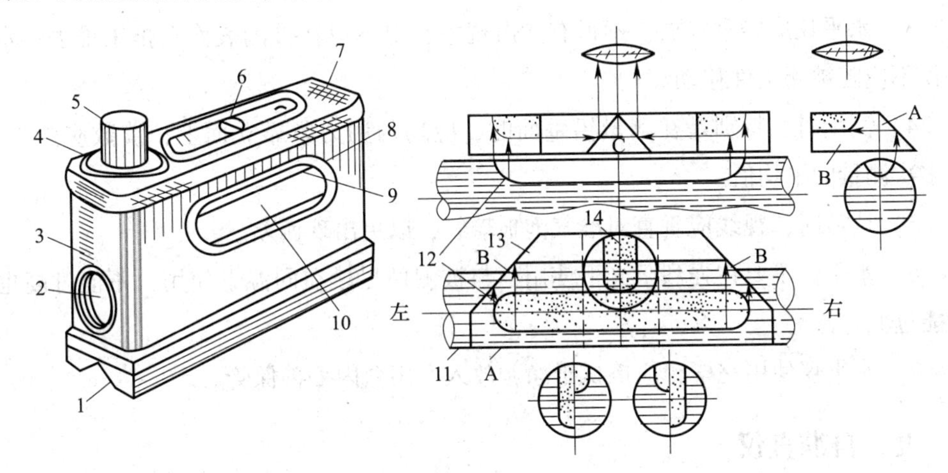

图 11—21 光学合像水平仪

1—V 形底座 2—横刻度窗 3—外壳 4—刻度盘 5—旋钮 6—合像放大镜 7—盖板 8—窗口 9—水平管 10—反光板 11—水平管 12—气泡 13—多面棱镜 14—合像气泡影像

由于光学合像水平仪采用了光学放大，并以双像重合来提高对准精度，这样可使水准泡玻璃管的曲率半径减小，从而缩短了气泡的稳定时间，改善了使用效果。

光学合像水平仪的测量范围有 0 ~ 10 mm/m 和 0 ~ 20 mm/m 两种，测量范围比框式水平仪大，全部范围内的示值误差不大于 ±0.02 mm/m，在相对于水平位置 ±1 mm/m 范围内的示值误差不大于 ±0.01 mm/m。

（1）读数方法

在测量过程中，读数前要调整气泡，使之合像后再读数。读数时，先从侧面横刻度窗内读取整数（刻度窗的每小格示值为 1 mm/m），再从刻度盘读小数值（每格示值为 0.01 mm/m），调节旋钮 100 格带动刻度盘转动一圈，两者的和就是所测得被测面的水平度的数值。如横刻度窗内的标尺指针在刻度线 3 过一点，上刻度盘指的刻度线为 16 时，则水平仪读数为 3.16 mm。

（2）零位调整

把水平仪放置在平板或平台上，先测得一次水平度数值，然后将水平仪调转 180°。在同一位置上测得另一个数值，两次读数和的一半便是该水平仪的示值误差。此时，将刻度盘转至误差值相当的格数，使刻线与零位线对齐，固定分度盘。经复查，其误差应在允许值范围内。

4. 水平仪的正确使用与维护

1）测量前，必须将水平仪工作面和被测量面擦干净，避免擦伤工作面或造成测量误差。

2）操作时，应避免触摸气泡玻璃管，也不得对着气泡呼气。

3）水平仪应轻拿轻放，不得有撞击现象，也不得在被测表面上推来推去；水平仪不应随被测工件移动。

4）测量时，特别是在测量铅垂面时，应均匀用力紧靠立面上，读数应为正、反多次测量的平均值。

5）读数时，视线应垂直对准气泡玻璃管，以免出现偏差。

6）水平仪不要在强烈阳光下使用，与被测件尽量在同温下使用，不能过高也不能过低。

7）水平仪使用完毕，应擦拭干净，放入专用盒内妥善保管。

九、自准直仪

1. 结构及工作原理

自准直仪又称自准直平行光管，在机械装配中应用广泛，可用于测量和校正直线度、平行度、垂直度等，加上附件可测量多个孔的同轴度和孔与端面的垂直度等；利用角度块规或正弦规，还可测量和校正任意斜面的倾斜度；利用多面体可进行机床工作台旋转误差、各类分度机构分度误差的测量和校正。自准直仪的测量精度为：当测量范围为 1′时，误差为 ±1″；当测量范围为 10′时，误差为 ±2″。它的外观如图 11—22 所示。外观图中基座的底面有良好的平面度，可作为安装基准面。

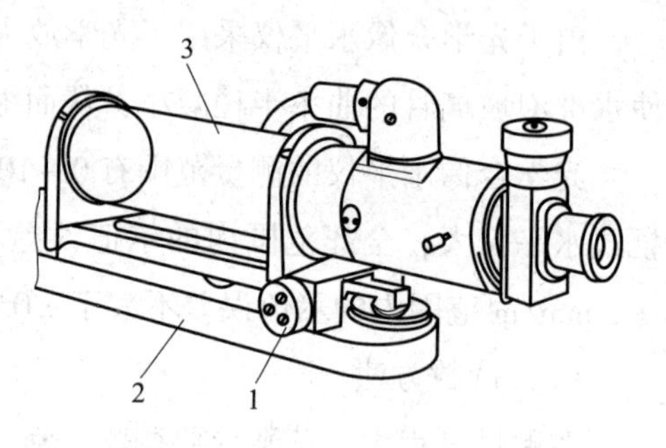

图 11—22　自准直仪外观

1—调节手轮　2—基座　3—准直镜管

自准直仪的外形主要为管式，瞄准方式主要为目视瞄准，即人眼瞄准。国产的自准直仪多为目视瞄准，其测微系统的格值为 1″，测量精度较高，测量范围内误差小于 ±1″。

2. 自准直仪的正确使用与维护

1）仪器本体和反光镜支座或垫铁必须在同一高度，并应保持刚性连接，一般将仪器本体固定在导轨末端或外边稳固的基础上。

2）测量前，应根据反光镜支座的长度将被测导轨分成若干段并做好记号，每次移动一段，移动精度应保持在 ±1 mm 之内；测量时，应来回两个方向反复进行，读取读数并记录。

3）测量的方法应规范，先使反光镜支座完全接近仪器本体，并使读数目镜微分螺旋平行于光轴；转动反光镜使十字分划板像出现在目镜视场中。

4）如反光镜放在导轨的另一端，找出十字分划像并显示在物镜中心，此时物镜中心与反光镜中心的连线平行于导轨，若不平行必须调整自准直仪本体或反光镜，在目镜场中尽可能使黑线条在十字划像中间。将反光镜向着仪器本体逐段移动（二者不能相对移动），逐段读数记录后再使反光镜离开仪器本体，逐段移动并读数。反复多次测量，以求较高的准确性。

5）在测量导轨垂直方向的弯曲时，应使读数目镜微分螺旋平行于光轴；当测量导轨水平方向的扭曲时，应使测微目镜转动90°，使其垂直于光轴。

6）测量前，仪器工作面和被测表面都应擦拭干净，以减少测量误差。

7）测量时，应防止冷、热气流扰动引起温度变化致使光轴弯曲或折射；温度变化时，应防止光学仪器的玻璃上有凝结水。

8）测量时应避免强光的直接照射，以免成像模糊降低分辨力。

9）仪器用后应擦干净，涂仪表油，装入专用包装盒内，放置通风干燥处保管。

十、激光准直仪

在大型和成套机械设备的测量中，拉钢丝法和光学测量法往往因受测量范围的限制而不适用，需要采用激光测量法。在适用的测量范围内，激光束所形成的基准线，具有高定向性、高单向性、高相干性和高亮度的特性，测量中成像清晰，观察方便，测量精度高。常用的激光测量设备有激光准直仪、激光水准仪和激光经纬仪等，下面介绍的为激光准直仪。

激光准直仪是由功率较小、能发出红色可见光的氦氖激光器和接收装置组成，为改善激光束的方向性和缩小发散角，在激光器前装有望远镜；为提高分辨的灵敏度，在接收装置中有光电检测和放大器。

激光准直仪的主要组成有三部分：发射、接收部分和附件。使用激光准直仪时，可通过调节座架、调节激光束发射的方向，来确定上下、左右的位置。

激光准直仪的接收部分主要是通过光电接收靶，又称光电控制器，把接收的光信号转换成相应的电信号，以便通过一般表头或数显仪表指示。光电控制器还可以对机械装配中进行测量时发送出的偏离信号加以反馈控制，使之得到及时的校正和调整。

十一、光学平直仪

光学平直仪是一种精密光学测量仪器，通过转动目镜，可以同时测出工件水平方向与垂直方向的直线性，还可测出滑板运动的直线性。用标准角度量块进行比较，还可以测量角度。

光学平直仪是由平直仪本体和反射镜组成，本体由望远镜和目镜等组成。其工作原理是：从光源射出光经十字线分划板，形成十字像，经过棱镜、平镜和物镜后，形成平行光。如果导轨不平直，反光镜则倾斜一个 α 角，分划板上的像与光点的位置相差一段距离，并可通过调节测微手轮，使目镜中视物基准线与十字像对正，测微手轮的调整量就是相差的距离。如果导轨的直线度误差为零，则分划板的十字像重合，说明反光镜平面与物镜的光轴垂直。

读数方法如图 11—23 所示，整数部分在目镜分划板上读取，小数部分在分筒上读取。

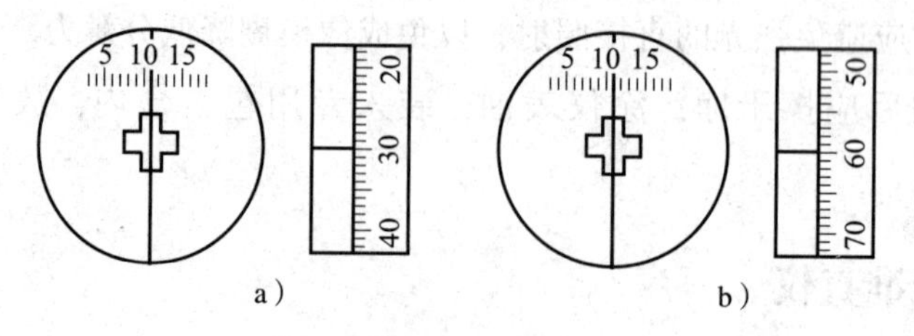

图 11—23　光学平直仪读数方法

若反光镜支座长为 200 mm，对各个位置的读数应做如下处理：①在反光镜全程移动的测量过程中，计算出在各个位置上读数值的平均值；算出所有位置的读数的算术平均值；从每一位置读数平均值中减去算术平均值，减后的读数值附有正负号；②将第一位置的减后读数加上第二位置的减后读数及加上第三、第四……直至最后一个位置的减后读数。由上述一组各个位置新数值，划出所测得的轮廓线。

第 3 节　夹　　具

在金属切削机床上加工批量大的工件时，为了保证工件的尺寸、几何形状和位置精度等要求，使用各种通用的或专用的装备装夹工件，以确定工件相对于机床和刀具占有正确的加工位置（工件的定位），并把工件压紧夹牢，以保持这个确定的位置在加工过程中稳定不变（工件的夹紧），这些安装工件的装备称为机床夹具，简称夹具。

一、机床夹具的分类、组成与作用

1. 机床夹具的分类

机床夹具的种类比较多，一般可分为通用夹具、专用夹具、通用可调夹具、成组夹具和组合夹具等类型。

（1）通用夹具

通用夹具是指已经标准化的，在一定范围内可用于加工不同工件的夹具，如三爪卡盘、回转工作台、虎钳、万能分度头、磁力工作台等。通用夹具使用广泛。

（2）专用夹具

专用夹具是指专为某一种工件的某道工序的加工而设计制造的夹具。专用夹具一般在一定批量的生产中使用，主要用于加工精度要求较高，几何形状复杂的工件的加工。

（3）通用可调夹具和成组夹具

这两种夹具的结构很相似，其共同点是在加工完一种工件后，经过调整或更换个别元件，即可加工形状相似、尺寸接近或加工工艺相似的多种工件。通用可调夹具的加工对象并不确定，其通用范围较大，如滑柱式钻模、带各种钳口的机器虎钳等。而成组夹具则是专门为成组加工工艺中某一组零件而设计的，针对性强，加工对象和适用范围明确，其结构更为紧凑。这两种夹具在多品种小批量生产中得到广泛应用。

（4）组合夹具

组合夹具是按某一工件的某道工序的加工要求，由一套事先准备好的、通用的标准元件和部件组合而成。用完之后，可以拆卸存放或重新组装成新夹具以供再次使用。组合夹具是由各种标准元件、部件组装而成，故有组装迅速、周期短、能重复使用等特点，所以在多品种、小批量或新产品试制中尤为适用。

（5）随行夹具

随行夹具是在自动生产流水线上应用的一种夹具，它除了具有专用夹具所负担的装夹任务外，还担负沿自动生产线输送工件的任务。

2. 机床夹具的组成

（1）定位装置

定位装置包括元件或元件的组合，它们的作用是确定工件在夹具上的位置。如图 11—24 所示，图中的 V 形块 5 就属于定位元件。

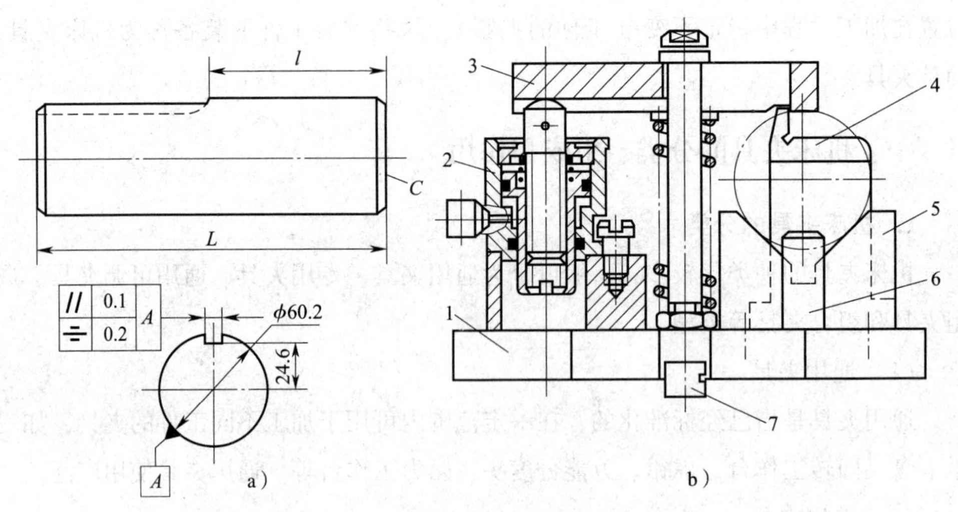

图11—24　液压铣键槽夹具

1—夹具体　2—油缸　3—压板　4—对刀块　5—V形块　6—圆柱体　7—定向键

（2）夹紧装置

夹紧装置的作用是将工件在夹具上压紧夹牢，保证工件在加工过程中不因受到外力而产生位移，同时防止和减少振动，如各类压板，压板组（包括螺母、螺栓）等。

（3）确定夹具对机床相对位置的元件

它们的作用是与机床装夹面连接，以确定夹具对机床工作台、导轨或主轴的相互位置，保证工件加工精确性的元件。如图11—24b中的定向键类零件就属于这类元件。

（4）确定夹具与刀具位置尺寸的元件

这类元件的共同作用是保证工件与刀具之间的正确加工位置。根据其使用情况，又分为两种类型：

1）用于确定刀具位置，并引导刀具对工件进行加工的导向元件。

2）用于确定刀具在加工前正确位置的元件，如图11—24中的对刀块。

（5）其他装置或元件

这类装置和元件主要包括分度装置、顶出器、连接元件等。

（6）夹具体

夹具体是夹具的基座、骨架和定位装置。夹紧机构或元件都安装在夹具体上，使之成为一个夹具整体，如图11—24b所示。

上述各个部分不是每一套夹具都必须完全具备的，按机床类型的不同、所加工的工件复杂程度的不同而不同，定位装置、夹紧机构、夹具体则是夹具的基本组成部分。

3. 机床夹具在机械加工中的作用

夹具是机械加工中的一种工艺装备，使用非常广泛，其在机械加工中的作用有：

1）保证工件的加工精度，以及相同工件加工尺寸的一致性、互换性，稳定产品质量。

2）提高劳动生产率和降低加工成本。采用专用夹具后，可省去划线、找正等工作，但必须和高效夹具相结合，才有显著提高劳动生产率和降低成本的效果。

3）改善工人的劳动条件。采用夹具加工工件，使工件装卸方便、省力、安全，操作工人可以用较短的时间去松紧装夹螺栓进行工件的找正工作。一次装夹还可完成多个部位的加工。有的夹具，只要控制开关便可完成工件的装夹任务。如采用机械化传动装置和自动装卸工件的自动化夹具，更能提高生产效率和改善工人的劳动条件。

4）扩大机床加工的工艺范围和改变机床用途。

二、工件的夹紧

1. 对夹紧装置的要求

在加工过程中，工件都需要夹紧，以防止加工过程中工件在切削力、惯性力、重力等外力作用下可能发生移动。移动将破坏既定位置，损坏刀具、机床，甚至发生人身事故。因此，夹紧装置是夹具的重要组成部分。对夹紧机构和装置有以下基本要求：

（1）能保持工件的既定位置，不移动。

（2）夹紧可靠和夹紧力适当，切削时不产生振动，夹紧时不破坏表面。

（3）夹紧机构应操作安全、方便、省力，减少辅助时间。

（4）夹紧机构的自动化程度要适应生产纲领。

2. 夹紧力的确定

（1）夹紧力的方向

确定夹紧力方向时，要考虑工件的定位基准面及夹具上定位元件的布置情形，以及工件所受外力的方向，应遵守下列原则：

1）夹紧力的方向应垂直于主要定位基准面，使定位基准面牢靠地与定位元件相接触，从而可靠地得到正确的位置。

2）夹紧力的方向应有利于可能采用较小的夹紧力，使操作省力，缩小夹紧装置的结构尺寸。

（2）夹紧力的作用点

选择作用点时，要遵循以下原则：

1）夹紧力的作用点应保证工件在夹紧力的作用下定位稳固，不致发生移动或偏转。

2）夹紧力的作用点应该位于工件上刚度较大的部位，以防止工件受压变形。对箱体、壳体类零件，常有一些刚度较差的部位，在夹紧力的作用下容易变形，以致影响加工精度，要特别注意选择作用点的问题。

3）夹紧力的作用点应该尽量靠近被加工表面，这样可以增加夹紧的可靠性。

（3）夹紧力的大小应该适当

夹紧力太小，不能抵抗切削力的作用，影响装夹的可靠性。夹紧力过大，容易产生工件的变形，降低加工精度。

夹紧力的主要作用是防止切削力破坏工件定位，因而它的大小主要是根据切削力的大小来确定。切削力的大小，可以在加工时实测，也可以按有关公式计算，或者在有关资料中查取。

3. 夹紧误差

由于夹紧力的作用会产生变形，导致夹紧误差产生，产生夹紧误差的因素主要有三个方面：

1）工件在夹紧时的弹性变形。

2）夹紧时工件产生位置移动或偏转，改变了其定位时所占有的正确位置。

3）工件定位基准面和夹具支承点之间的接触变形。这些变形在使用夹具时应当注意。

第12章 钳工工艺基础

在钳工的工作中，包含了划线、錾削、锉削、锯削、钻孔、铰孔、攻螺纹、套螺纹、刮削、研磨等基本操作，这些基本操作既相对独立，又有着直接或间接的重要影响，特别是在单件小批量生产以及成品装配的过程中，这些基本操作显示了巨大的作用。

第1节　划线操作基础

一、划线基本概念

1. 划线的作用

划线是机械加工中的一道重要工序，主要应用在单件或小批量生产中，根据图样和技术要求，在毛坯或半成品上用划线工具划出加工界线，或划出作为基准的点、线的操作过程称为划线。

通过划线不但能使零件在加工时有一个明显的界线，而且还能及时发现和处理不合格的毛坯，避免加工后造成损失。

划线的主要作用：

（1）确定工件各加工面的加工位置和加工余量，使加工有明显的尺寸界限。

（2）可全面检查毛坯的形状和尺寸是否符合图样，是否满足加工要求，能及时发现和处理不合格的毛坯。

（3）当毛坯出现某些缺陷但误差不大的情况下，可以采用“借料”划线的方法来补救，从而提高毛坯的合格率。

（4）复杂工件在机床上装夹时，可按划线找正和定位。

（5）在板料上按划线下料，可做到正确排料，合理使用材料。

2. 划线的基本要求

划线是一项十分重要的工作。线若划错，工件就会报废，尤其是已经进行了多道机械加工的半成品，因划错线而造成废品，其损失就更大了。划线正确与否，将直接关系到零件的加工质量、加工效率与经济成本。所以，在划线前一定要看清、看懂图样，特别要注意视图方向不能搞错；要正确掌握各种划线工具及测量工具的使用方法；划线时要认真仔细，划出清晰、符合要求的线条。

3. 划线的分类

大多数零件在加工过程中都要经过一次或多次划线，划线分为平面划线和立体划线两种，如图12—1所示。只需要在工件一个表面上划线后，即能明确表明加工界限的，称之为平面划线；需要在工件几个互成不同角度（一般互相垂直）的表面上划线，才能明确表明加工界限的，称为立体划线。

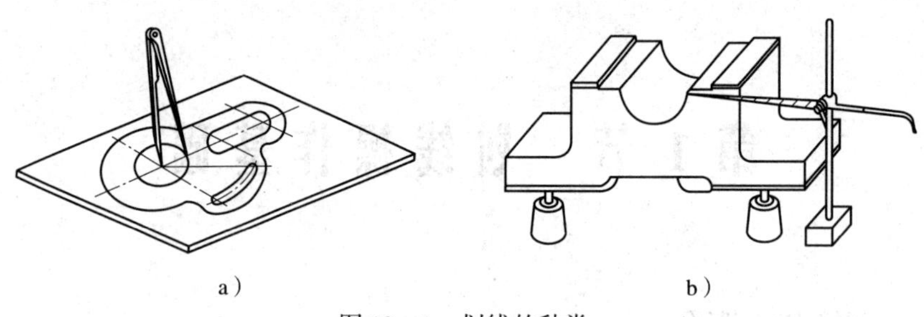

a） b）

图12—1　划线的种类

a）平面划线　b）立体划线

4. 划线的精度

在工件表面上划线要求线条清晰、符合要求，但由于划出的线条总有一定的宽度，以及在使用工具和测量尺寸时难免出现误差，一般的划线精度要求控制在0.2～0.5 mm之间，因此，划出的线不可能达到绝对的精确，不能依靠划线直接确定加工时的最终尺寸，加工过程中必须通过测量来控制尺寸的精度。

二、常用的划线工具

1. 划线平台

划线平台（见图12—2）又称划线平板，是由铸铁毛坯精刨和刮削制成。其作用是安放工件和划线工具，并在平台表面上完成划线工作。

图 12—2　划线平板

2. 划针

划针（见图 12—3）是钳工用来直接在毛坯或工件上划线的工具，常与钢直尺、直角尺或划线样板等导向工具一起使用。在已加工表面上划线时常用直径 3 ~ 5 mm 的弹簧钢丝和高速钢制成的划针，将划针尖部磨成 15° ~20°，并经淬火处理以提高其硬度及耐磨性。在铸件、锻件等表面上划线时，常用尖部含有硬质合金的划针。

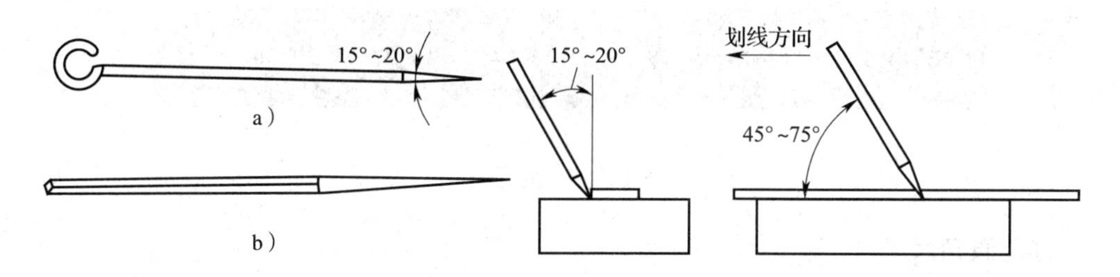

图 12—3　划针的使用方法

3. 划规

划规是用来划圆和圆弧、等分线段、等分角度和量取尺寸的工具。用划规划圆时，作为旋转中心的一脚应加以较大的压力，另一脚则以较轻的压力在工件表面上划出圆弧，这样可使中心不致滑移（见图 12—4）。

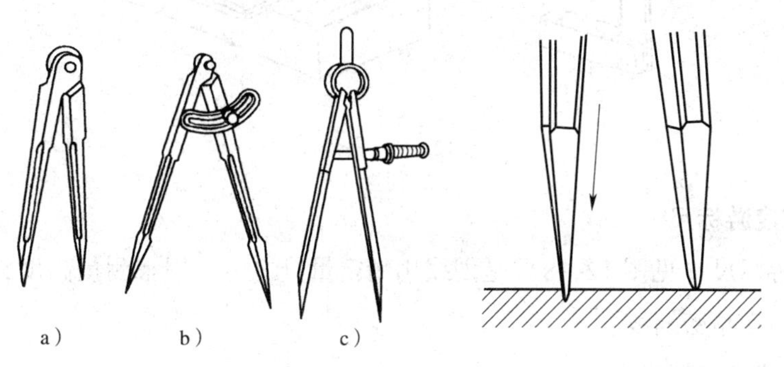

图 12—4　划规的使用

a）普通划规　b）扇形划规　c）弹簧划规

4. 单脚规

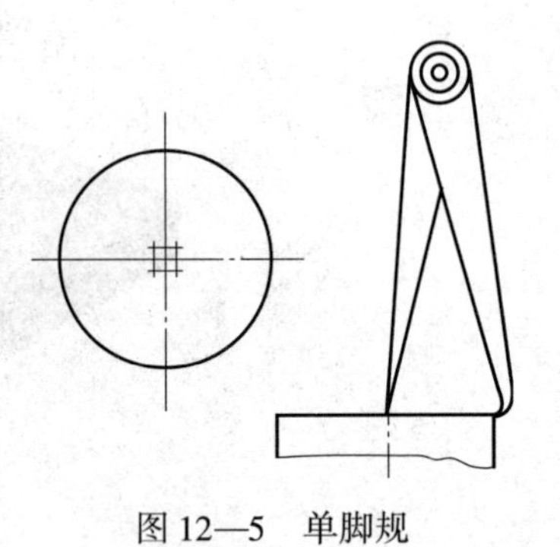
图 12—5 单脚规

单脚规可用来求圆形工件的中心（见图12—5），工作比较方便。但在使用时要注意单脚规的弯脚离工件端面的距离应保持每次都相同，否则所求中心要产生较大的偏差。

5. 钢直尺

钢直尺（见图 12—6）是最常用的丈量工具，划规、划线盘直接在钢直尺上量取数据，也是钳工用来在毛坯或工件上划直线的导向工具。

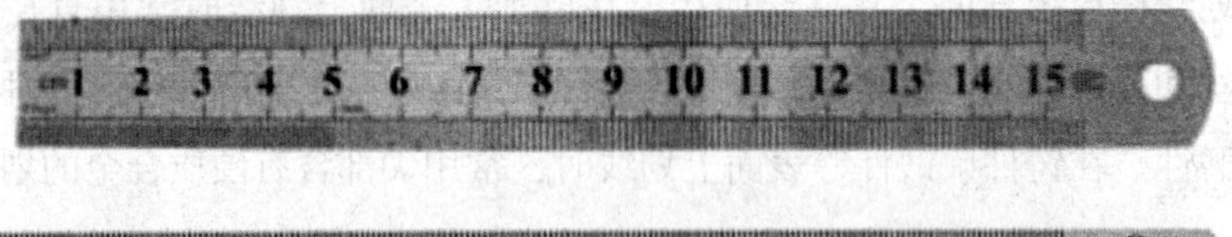

图 12—6 钢直尺

6. 直角尺

直角尺是钳工常用的测量工具。常用的是宽座直角尺（见图 12—7），用来检测两个表面之间的垂直度误差。划线时常用作划垂直线或平行线时的导向工具，或用来找正工件在划线平板上的垂直位置。

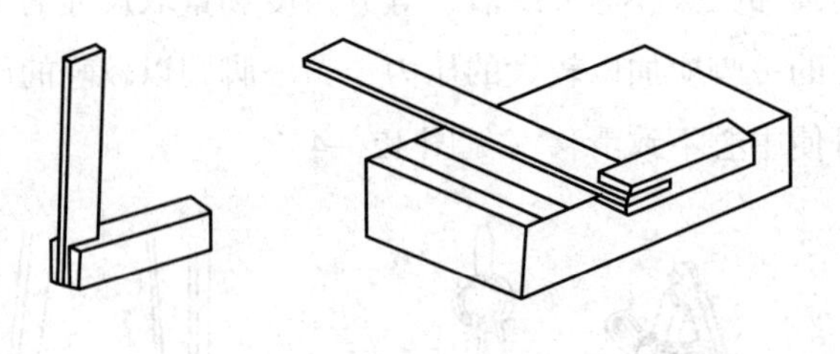
图 12—7 直角尺

7. 高度游标尺

高度游标尺（见图 12—8）是划线用精密量具之一，用来测量高度，附有划线量爪，可用作精密划线。

8. 划线盘和划线尺

划线盘（见图 12—9）是划线工具的一种，主要用于在工件上划线。

划线盘主要由底座、立柱、划针和夹紧螺母等组成。划线盘的划针两端分为直头端和弯头端，直头端用来找线，弯头端常用来找正工件的位置。

划线尺是用以夹持钢直尺的划线工具（见图 12—10），在划线时，它配合划线盘一起使用，以确定划针在平板上的高度尺寸。

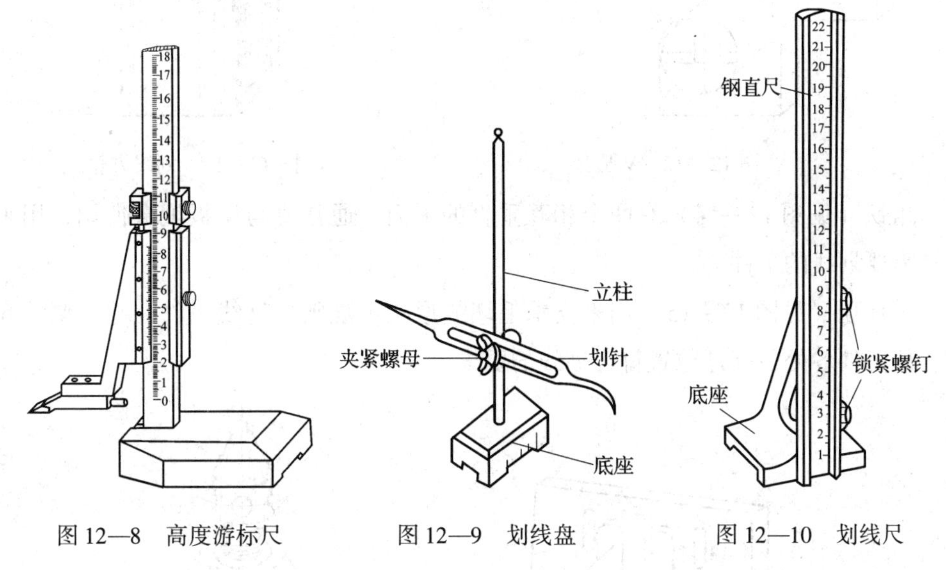

图 12—8　高度游标尺　　图 12—9　划线盘　　图 12—10　划线尺

9．分度头

分度头（见图 12—11）是用来对工件进行等分、分度的重要工具，也是铣床加工的一个重要附件。

图 12—11　分度头

10．各种支持用工具

V 形架（见图 12—12）主要用来支承有圆柱表面的工件。

划线方箱（见图 12—13）是一个空心的立方体或长方体，相邻平面互相垂直，相对平面互相平行。主要用来支承划线的工件（通常是较小或较薄的工件）。

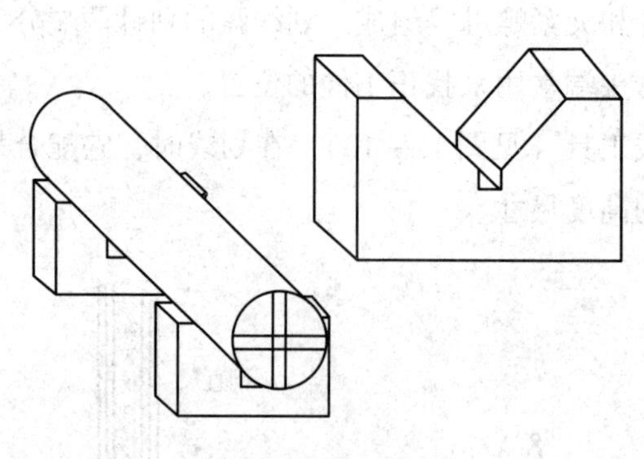

图 12—12 V 形架

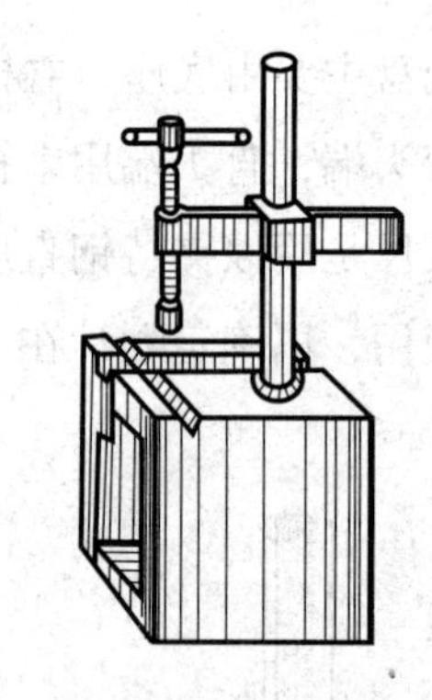

图 12—13 划线方箱

角铁（见图 12—14）有两个相互垂直的平面，通常要与压板配合使用，用来夹持需要划线的工件。

千斤顶（见图 12—15）用来支承毛坯或形状不规则的划线工件，并可调整高度，使工件各处的高低位置符合划线的要求。

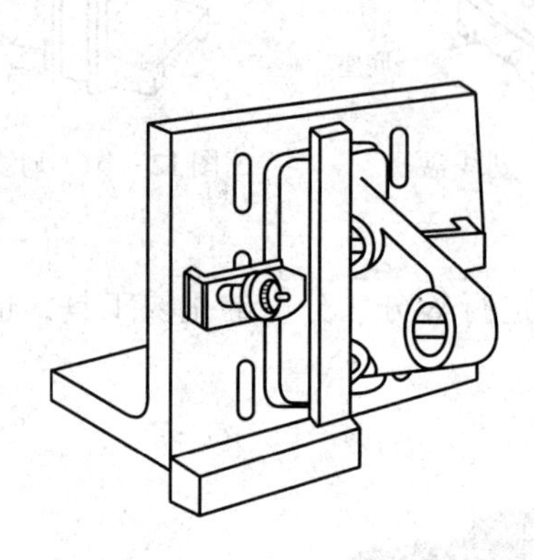

图 12—14 角铁及其应用

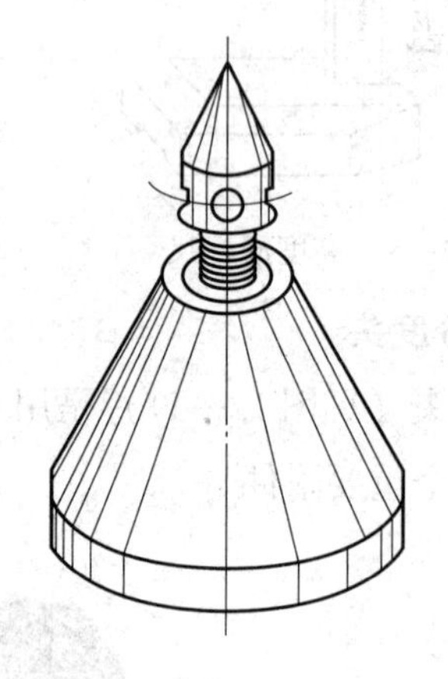

图 12—15 千斤顶

斜铁（见图 12—16）可用来支承毛坯工件，使用时，比千斤顶方便，但只能作少量调节。

11. 样冲

样冲是在已划好的线上冲眼用的（见图 12—17），以固定所划的线条。这样即使工件在搬运、安装过程中线条被揩擦模糊时，仍留有明确的标记。在使用划规划圆弧前，也要用样冲先在圆心上冲眼，作为圆规定心脚的立脚点。

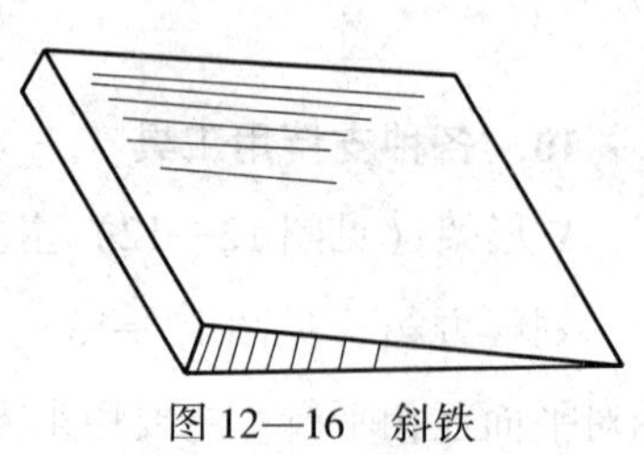

图 12—16 斜铁

样冲用工具钢制成，并经淬火硬化。工厂中也常用废旧铰刀等改制。样冲的尖角一般磨成 45°～60°。

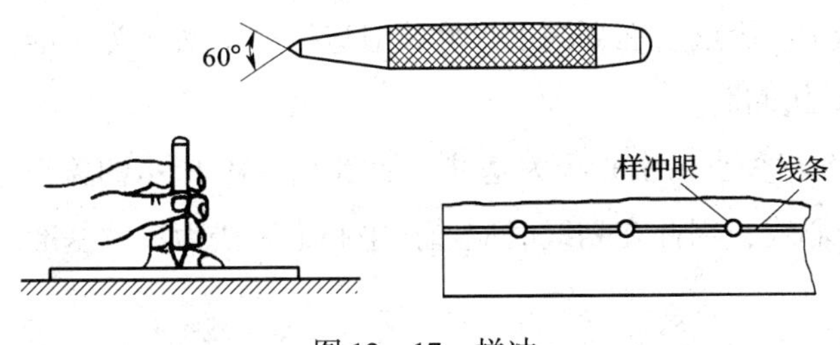

图 12—17　样冲

三、常用的划线方法

在划线时，用以确定工件各部分尺寸、几何形状及相对位置的依据称为划线基准。划线基准主要包括尺寸基准和校正基准。

1. 划线基准的选择原则

选择尺寸基准时，应先分析图样，找出设计基准，尺寸基准应与设计基准一致，以便能直接量取划线尺寸，提高划线质量和效率。

（1）常见的尺寸基准

常见的尺寸基准有以下三种：

1）以两个互相垂直的平面为基准。如图 12—18a 所示，划线样板的尺寸是以两个互相垂直的平面 *A*、*B* 为设计基准，因此，划线时应以这两个平面为尺寸基准。

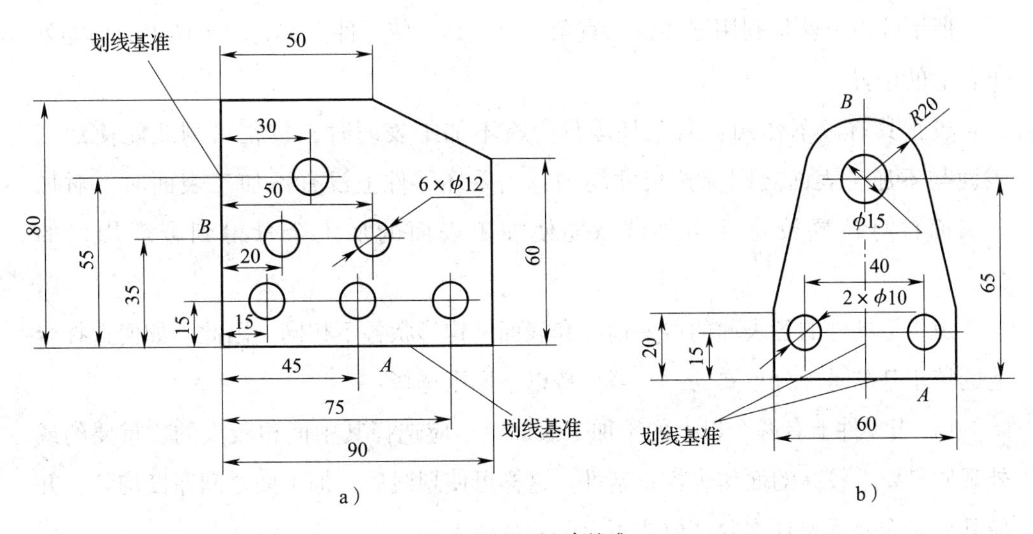

图 12—18　尺寸基准

a）以两个互相垂直的平面为基准　b）以一个平面和一条中心线为基准

2）以一个平面和一条中心线为基准。如图12—18b所示，其设计基准是底平面A以及中心线B。因此，在划高度尺寸线时应以底平面A为基准，划宽度尺寸线时应以中心线B为基准。

3）以两条互相垂直的中心线为基准。如图12—19所示的盖板，设计基准为两条互相垂直的中心线，因此在划线时应选择中心十字线为尺寸基准。

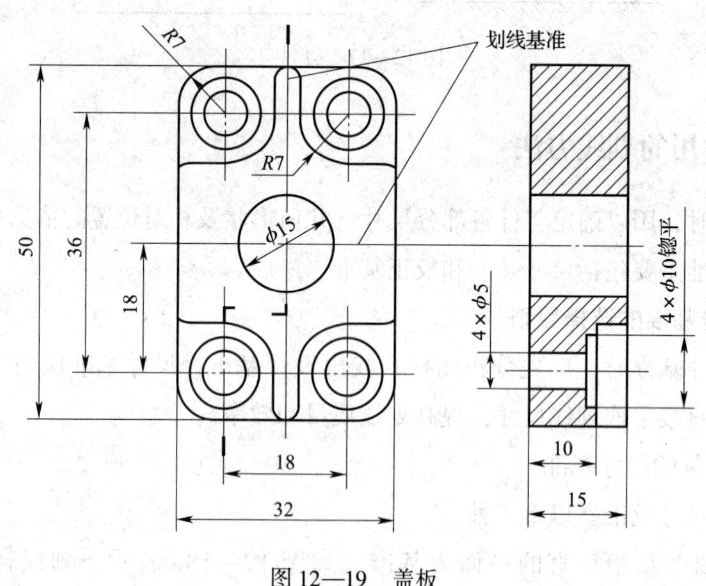

图12—19 盖板

（2）校正基准的选择

对于毛坯零件，划线前必须进行校正。

所谓校正，就是利用划线盘、直角尺等工具，使零件上有关的毛坯表面均能处于合适的位置。

校正具有以下作用：若毛坯零件上有不加工表面时，校正后划线能使加工表面与不加工表面之间保持尺寸均匀；当毛坯零件上没有不加工表面时，对加工表面自身位置校正后再划线，能使加工表面的加工余量得到合理均匀的分布。

由于毛坯件的各表面的误差情况和表面结构形状各不相同，因此，如何选择合适的校正基准是十分重要的。一般可按以下原则选择：

1）当零件上有两个以上的不加工表面时，应选择其中面积较大的、重要的或外观质量要求较高的面作为校正基准。这样可使划线后不加工面之间厚度均匀，并使其形状误差反映到次要部位或不显著的部位上。

2）对于有装配关系的非加工部位，应优先作为校正基准，以保证零件经划线和加工后能顺利地进行装配。

2．划线时的找正和借料

（1）找正

利用划线工具（划规、直角尺、划线盘等）使工件上的有关表面处于合适的位置叫找正。零件的找正如图 12—20 所示。

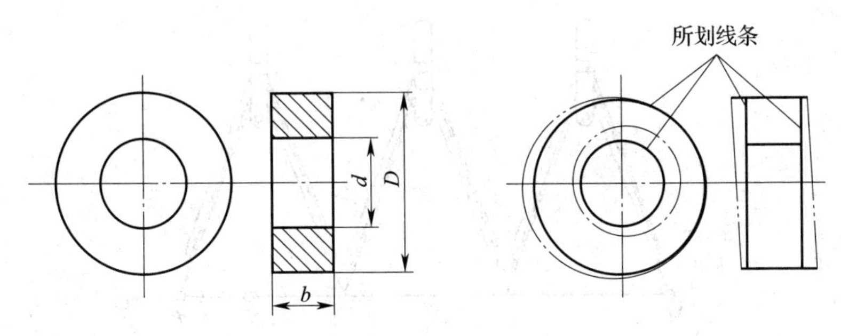

图 12—20　零件的找正

（2）借料

一些铸、锻毛坯，在尺寸、形状、几何要素的位置上，存在一定的缺陷或误差。当误差不大时，通过划线和调整可以使加工表面都有足够的加工余量，并得到恰当的分配，而缺陷和误差在加工后将会得到排除，这种补救方法叫借料。但是当毛坯件误差或缺陷太大时，无法通过借料来补救，也只好报废。如图 12—21 所示为箱体毛坯划线时的借料实例。

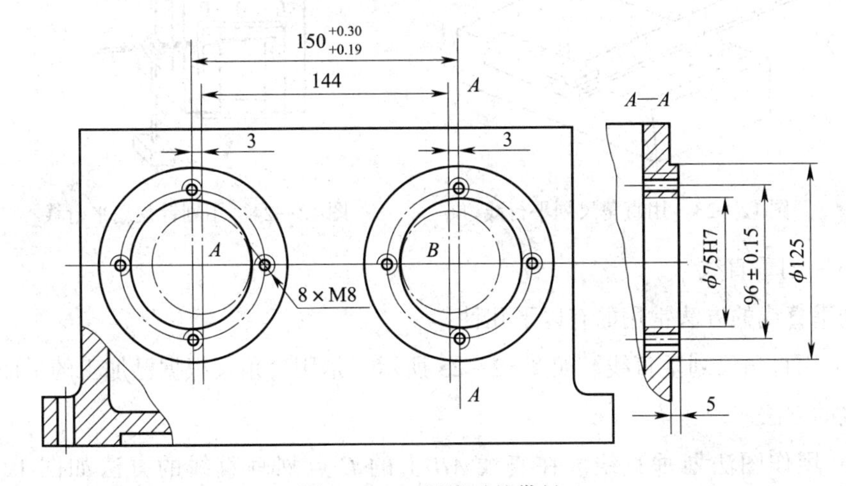

图 12—21　划线时的借料

划线时的找正和借料一般是有机地结合起来进行的，并且要相互兼顾，这样才能做好划线工作。

3. 常用的基本几何划线方法

（1）等分线段

常利用试分法。试分时，先凭目测估计出分段的长度，用分规自线段的一端进行试分，如不能恰好将线段分尽，可视其“不足”或“剩余”部分的长度调整分规的开度，再行试分，直到分尽为止，如图12—22所示。

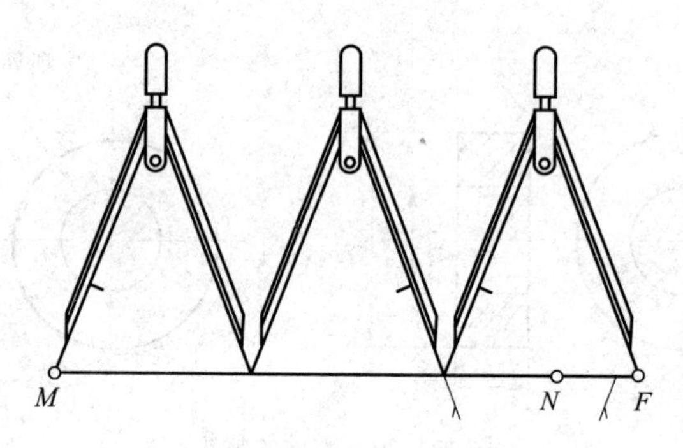

图12—22　等分线段

（2）划平行线

划平行线的方法较多，除了用划规和钢直尺相结合进行的一般方法外，还可用直角尺紧靠工件平直的边，另用钢直尺量好尺寸后，沿直角尺边划出（见图12—23）；如果工件可以垂直安放在划线平台上（如紧靠方箱、角铁或V形架的侧面），则可用划针盘或高度游标尺按所需尺寸划出（见图12—24）。

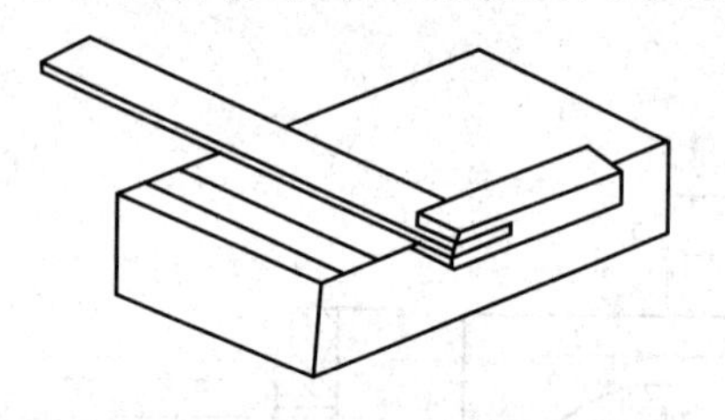

图12—23　用直角尺划平行线

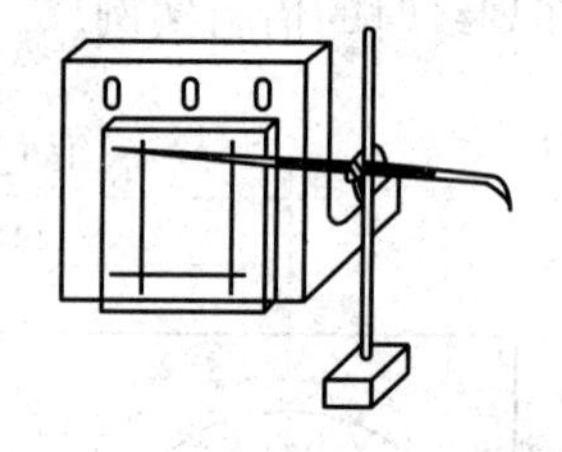

图12—24　用划针盘划平行线

（3）划垂直线

划垂直线的方法常用的有以下几种：

1）用直角尺划垂直线。如图12—25所示，是用直角尺根据已加工的平面来划垂直线的方法。

2）用作图法划垂直线。在直线AB上的C点划垂直线的方法如图12—26所示，用划规在C点以任意半径r划圆弧，交AB于D、E两点，分别在D、E两点以任意半径R划圆弧，得交点F，连接CF，此直线就是AB线上在C点的垂直线。

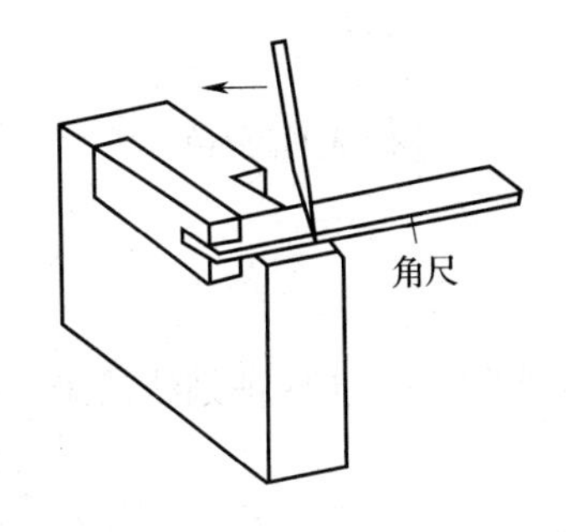

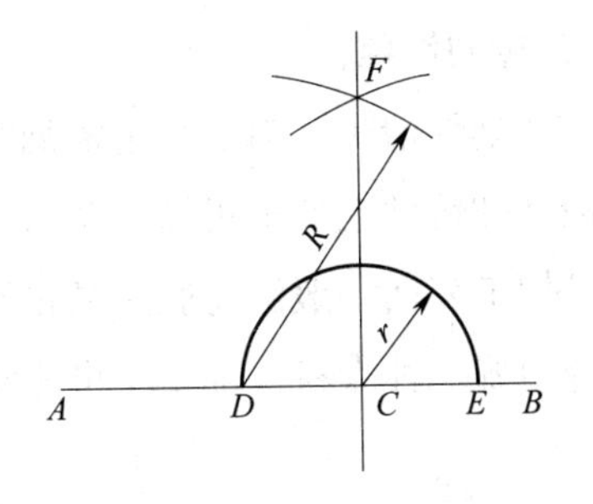

图 12—25　用直角尺划垂直线　　图 12—26　用作图法划垂直线

（4）作圆弧与两相交直线相切（见图 12—27）

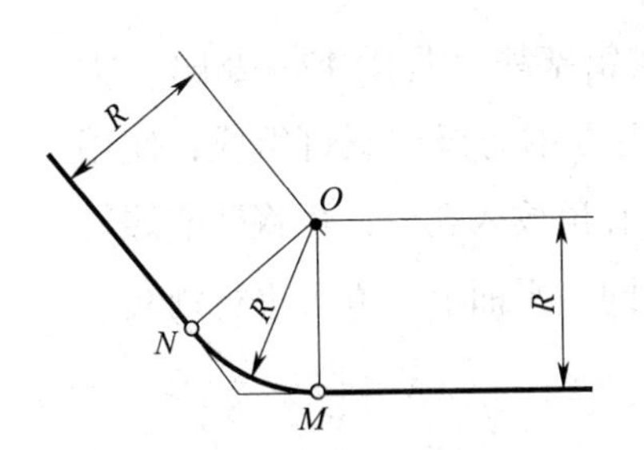

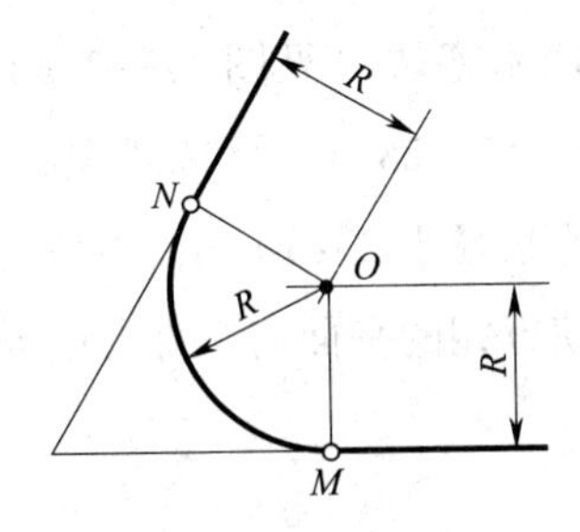

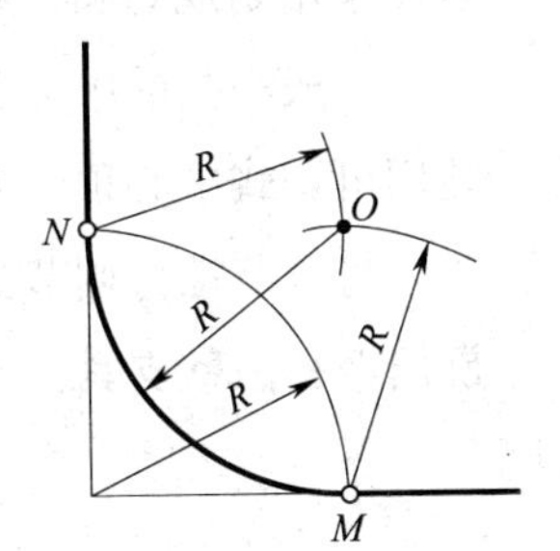

图 12—27　作圆弧与两相交直线相切

（5）分度盘圆周等分划线

钳工在划线时，将分度头放在划线平板上，工件夹持在分度头的三爪自定心卡盘上，配以游标高度尺，即可对工件进行分度、等分或划平行线、垂直线、倾斜角度线和圆的等分线或不等分线等，其方法简便，适用于大批量中小零件的划线。

四、工件划线前的准备工作

对需要划线的零件，事先要看清图样，详细了解零件上需划线的部位和有关加工工艺；明确零件及其划线有关部分的作用和要求，从而选择划线基准，确定装夹方法。在划线前，必须做好以下准备工作：

1. 工件的清理

若是铸件毛坯，应事先将残余型砂、毛刺、浇口及冒口进行清理、錾平，并且锉平划线部位的表面。

对锻件毛坯，应将氧化皮除去。

对于“半成品”，已加工表面上若有锈蚀，应用钢丝刷将浮锈刷去，把毛刺修掉，并将油污擦干净。否则，涂料涂不牢，划出的线不清晰。

2．工件的涂色

为了使划线清晰，对工件上需划线的部位，应进行表面涂色。

在锻件和铸件毛坯上可涂白灰水。

在已加工表面一般涂龙胆紫酒精溶液。

不论用哪一种涂料，都要尽可能涂得薄而均匀，才能保证划线清晰。涂料过厚容易剥落。

3．在工件孔中装中心顶（或称中心塞块）

在锻件和铸件毛坯上，如有已锻（铸）的型孔，划线时，为了划出孔的中心，以便于用划规划圆，在孔中要装入中心顶。

一般小孔的中心顶用木塞块（见图12—28a）或铅塞块（见图12—28b），大孔用可调式中心顶（见图12—28c）。可调式中心顶由方钢与调节螺钉组成，使用时先将调节螺钉调节到比孔径小2～3 mm，然后将中心顶放入孔内，再将调节螺钉旋出至孔内壁支紧，并使方钢的平面与工件孔端面在同一平面上，方可进行划线。

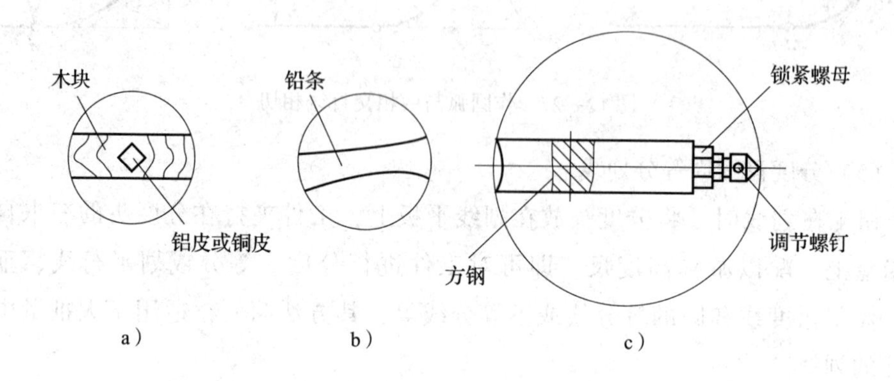

图12—28　中心顶

a）木塞块　b）铅塞块　c）可调式中心顶

不论采用何种形式的中心顶，均要做到塞得紧，以保证打样冲眼以及工件搬动、翻身时不会松动。

五、工件划线操作

1．正确安放工件（毛坯）。

2．按图（或工艺要求）划出加工界线。

3．详细检查是否有线条漏画以及测量划线的准确性。

4．用样冲在已划好的线上冲眼。

5．完成划线操作，清理工作现场。

（1）自检复核划线的准确性。

（2）工件移交加工。

（3）清理划线工具。

六、工件划线操作注意事项

1．划线前要认真阅读工件图，正确选择划线基准。

2．划线工作要求认真细致，切换划线方向前应检查是否有线条漏画以及测量划线的准确性。

3．在划线过程中，圆心找出后应用样冲冲眼，作为划规定心脚的立脚点，以备用划规划圆（圆弧）。

4．同一基准方向的水平线和垂直线尽可能在同一次安放（装夹）中完成。

5．要使冲尖对准线条的正中，使样冲眼不偏离所划的线条。

6．样冲眼间的距离可视线段长短而定。一般，在直线段上样冲眼距离可大些，在曲线段上距离要小些，而在线条的交叉转折处则必须要冲眼。

7．样冲眼的深浅要掌握适当。薄壁零件样冲眼要浅些，并应轻敲，以防变形或损伤；较光滑的表面样冲眼也要浅，甚至不冲跟；粗糙的表面要冲得深些。

第 2 节　錾削操作基础

一、錾削基本概念

錾削是钳工用手锤敲击錾子对工件进行切削加工的一种方法。錾削工作主要用于不便于机械加工的场合或用作较小表面的粗加工。它的工作范围包括去除凸缘与毛刺、分割材料、錾油槽等。

二、錾削的工具

1．錾子

（1）錾子的种类

錾削使用的錾子种类较多，一般用碳素工具钢（T7A）锻成。钳工常用的錾子有以下三种（见图 12—29）：

1）扁錾（阔錾）。如图12—29a所示为扁錾的形状。它的切削部分扁平，切削刃略带圆弧，其作用是在平面上錾去微小的凸起部分时，切削刃两边的尖角不易损伤平面的其他部位。扁錾用来去除凸缘、毛刺和分割材料等，应用最广泛。

2）狭錾（尖錾）。狭錾的切削刃比较短，主要用来錾槽和分割曲线形板料。如图12—29b所示，狭錾切削部分的两个侧面，从切削刃起向柄部是逐渐狭小的。其作用是避免在錾沟槽时，錾子的两侧面被卡住，以致增加錾削阻力和錾子侧面被损坏。狭錾的斜面有较大的角度，是为了保证切削部分具有足够的强度。

3）油槽錾。其形状如图12—29c所示。油槽錾用来錾削润滑油槽。它的切削刃很短，并呈圆弧形，为了能在对开式的滑动轴承孔壁錾削油槽，切削部分做成弯曲状。

以上各种錾子的头部都有一定的锥度，顶端略带球形（见图12—30a）。这样，可使锤击时的作用力容易通过錾子的中心线，使錾子容易掌握和保持平稳；如做成如图12—30b所示的形状，錾子受锤击力后就要产生偏歪和晃动，影响錾削质量。

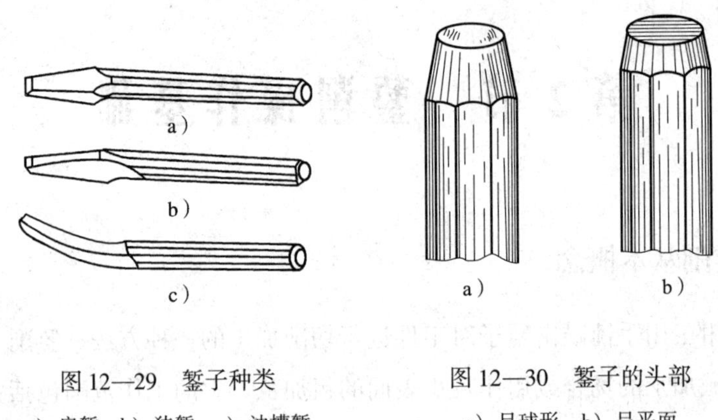

图12—29　錾子种类

a）扁錾　b）狭錾　c）油槽錾

图12—30　錾子的头部

a）呈球形　b）呈平面

（2）錾子的几何角度

錾子的切削部分包括两个表面和一个刀刃，如图12—31所示。

1）前面。与切屑接触的表面称为前面。

2）后面。与切削表面（正在由切削刃切削形成的表面）相对的表面称为后面。

3）切削刃。前面与后面的交线称为切削刃（也称刀刃）。

4）楔角 β。前面与后面之间的夹角称为楔角。显然，楔角越大，切削部分的强度越高，但錾削阻力也越大。所以，选择楔角大小时应是在保证足够强度的前提下，尽量取小的数值。根据工件材料软硬的不同，錾硬材料时，楔角要大些；錾软材料时，楔角应小些。一般，錾削硬钢或铸铁等硬材料时，楔角取60°～70°；錾削一般钢料和中等硬度材料时，楔角取50°～60°；錾削铜或铝等软材料时，楔角取30°～50°。

5）后角 α。后面与切削平面之间的夹角称为后角。后角的大小是由錾削时錾子被掌握的位置而决定的。后角的作用是减少后面与切削表面之间的摩擦，并使錾子容易切入材料，一般取5°～8°。后角不能太大，否则会使錾子切入过深，錾削发生困难，甚至损坏錾子的切削部分；后角也不能太小，否则容易滑出工件表面，不能顺利地切入，尤其是当錾削余量很小时（见图12—32）。

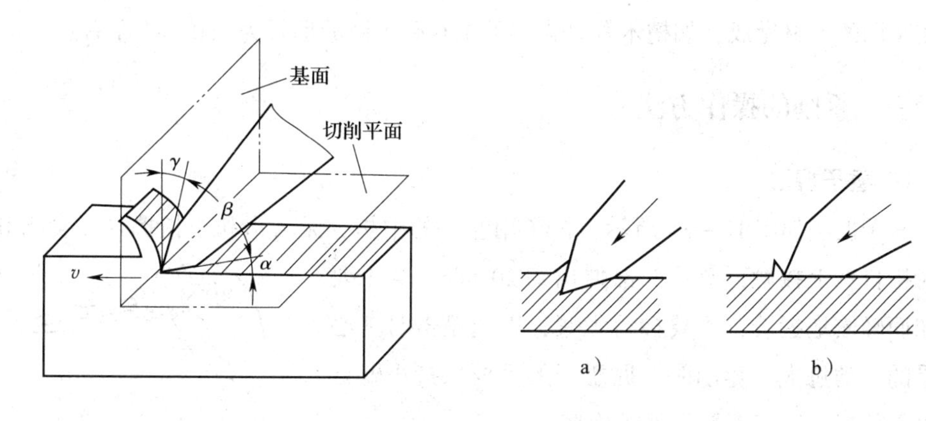

图12—31　錾削的角度

图12—32　后角对錾削的影响

a）后角太大　b）后角太小

6）前角 γ。前面与基面之间的夹角称为前角。前角的作用是减少切屑的变形和使切削轻快。前角越大，切削越省力。但在后角一定的条件下，要想前角大，就要减小楔角，这将降低切削部分的强度。因此，錾削时前角的大小在选择好楔角后已被确定了。实际上，上述楔角的取用数值也已经考虑了前角的影响。

2．手锤

手锤是钳工操作的重要工具之一，錾削和装拆零件都必须用手锤来敲击。

手锤由锤头和木柄两部分组成（见图12—33）。木柄安装在锤头中必须稳固可靠，要防止脱落而造成事故。为此，装木柄的孔做成椭圆形，且两端大、中间小。木柄敲紧在孔中后，端部再打入楔子（见图12—34），就不易松动了。木柄做成椭圆形的作用除了防止在锤头孔中发生转动以外，握在手中也不易转动，便于进行准确的敲击。

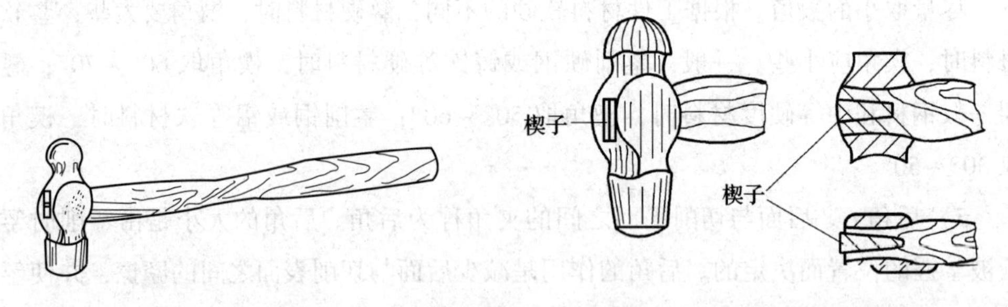

图12—33　手锤　　　图12—34　锤柄端部打入楔子

锤头的重量大小用来表示手锤的规格，有0.5磅、1磅和1.6磅等几种（公制用0.25 kg、0.6 kg和1 kg等表示）。锤头用T7钢制成，并经淬硬处理。木柄选用比较坚固的木材做成，如檀木等。常用的1.6磅手锤的柄长为360 mm左右。

三、錾削的操作方法

1. 錾子握法

錾子握法如图12—35所示，錾子用左手的中指、无名指和小指握住，食指和大拇指自然地接触，錾子头部伸出约20 mm。錾子要自如而轻松地握着，不要握得太紧，以免敲击时掌心承受的震动过大。錾削时，握錾子的手要保持小臂处于水平位置，肘部不能下垂或抬高。

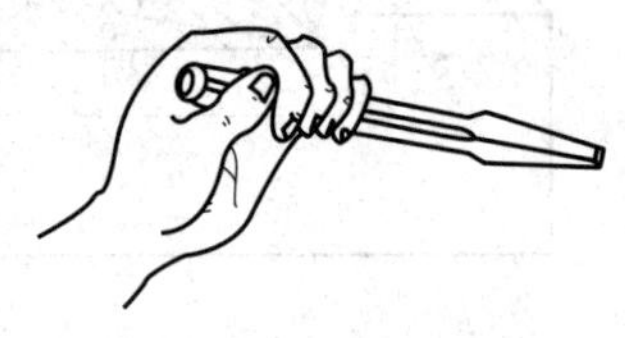

图12—35　錾子握法

2. 手锤握法

手锤握法如图12—36所示，手锤用右手握住，采用五个手指满握的方法，大拇指轻轻压在食指上，虎口对准锤头（即木柄椭圆形的长轴）方向，不要歪在一侧，木柄尾端露出15～30 mm。

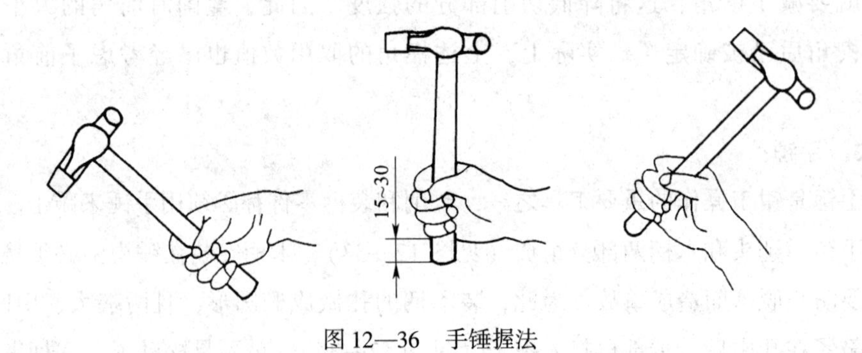

图12—36　手锤握法

3. 平面錾削

錾削平面用扁錾进行，每次錾削余量为 0.6 ~ 2 mm，太少容易滑掉，太多则錾削费力和不易錾平。錾削较宽的平面时，要掌握好起錾方法。起錾时从工件的边缘尖角处着手（见图 12—37a），由于切削刃与工件的接触面小，阻力不大，只需轻敲，錾子便容易切入材料。因此不会产生滑脱、弹跳等现象，錾削余量也就能准确地控制。有时不允许从边缘尖角处起錾（如錾槽），则起錾时切削刃抵紧起錾部位后，錾子头部向下倾斜，至錾子与工件起錾端面基本垂直（见图 12—37b），再轻敲錾子，起錾也容易准确和顺利地完成。

起錾完成后，即可按正常的方法进行平面錾削。

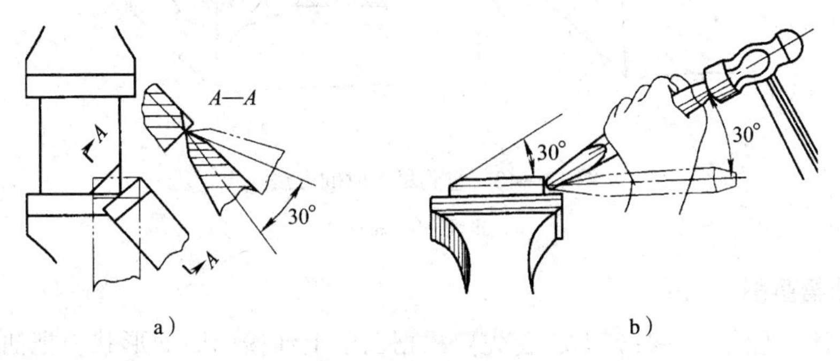

图 12—37　起錾方法

在錾削较窄的平面时，錾子的切削刃最好与錾削前进方向倾斜一个角度（见图 12—38），而不是保持垂直位置，使切削刃与工件有较多的接触面。这样，錾子容易掌握稳当，否则因錾子容易左右倾斜而使加工面高低不平。

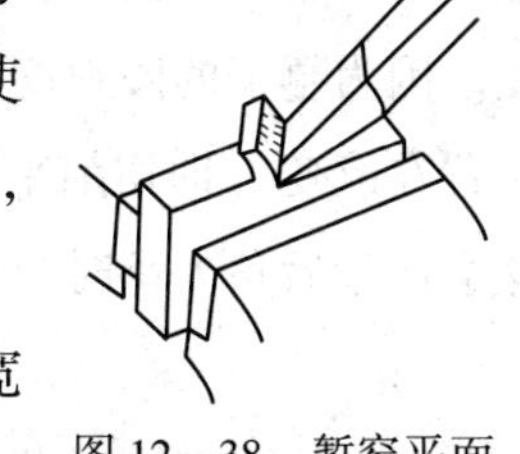
图 12—38　錾窄平面

当錾削较宽的平面时，由于切削面的宽度超过錾子的宽度，錾子切削部分的两侧被工件材料卡住，錾削十分费力，錾出的平面也不会平整，所以一般应先用狭錾间隔开槽，再用扁錾錾去剩余部分（见图 12—39），这就比较省力。

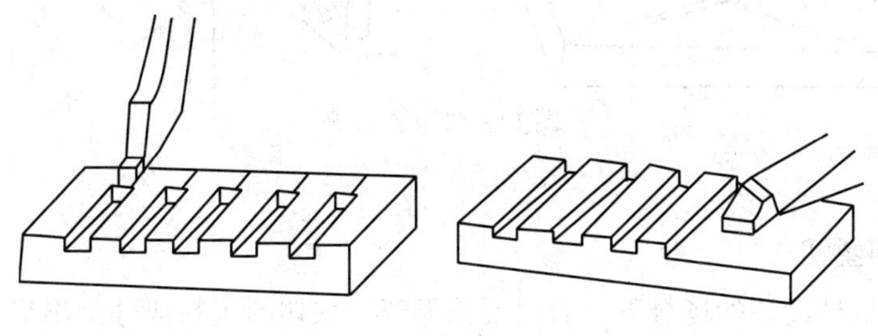
图 12—39　大平面錾削时先开槽

当錾削快到尽头时，要防止工件边缘材料的崩裂，尤其是錾铸铁、青铜等脆性材料时更应注意。一般情况下，当錾到离尽头10 mm左右时，必须调头再錾去余下的部分（见图12—40a）。如果不调头，就容易使工件的边缘崩裂（见图12—40b）。在较有把握的条件下，也可采用轻敲錾子和逐次改变錾子前进方向的办法细心地把尽头部分錾掉。

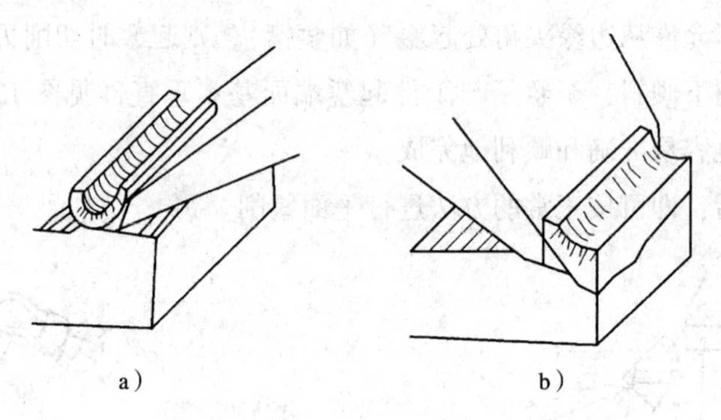

图12—40 錾到尽头时的方法

a）正确 b）错误

4. 油槽錾削

錾油槽（见图12—41）时，首先要根据图纸上油槽的断面形状，把油槽錾的切削部分刃磨准确。在錾削平面上的油槽时，錾削方法与錾削平面时基本一样；在錾削曲面上的油槽时，则錾子的倾斜度要随着曲面而变动，使錾削时的后角保持不变。因为錾子的倾斜度如果不随着錾削的前进而改变，由于切削刃在曲面上的接触位置在改变（即切削平面的位置在改变），于是錾削时的后角每处都将是不同的。这会产生后角太小时錾子滑掉，或后角太大时切入过深的结果。

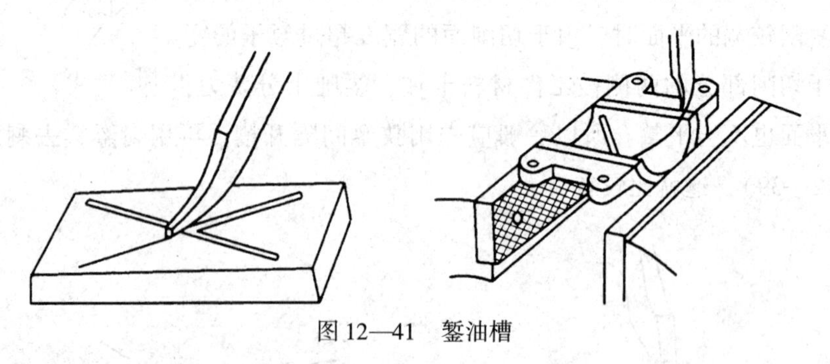

图12—41 錾油槽

5. 板料錾切

在缺乏机械设备的场合下，有时要依靠錾子来切断板料或分割出形状较复杂的薄板工件。

切断板料的常用方法有：

如图 12—42 所示为板料夹在台虎钳上进行切断。用扁錾沿着钳口并斜对着板面（约 45°）自右向左錾切。工件的切断线与钳口平齐，夹持要足够的牢固，以防切断过程中板料松动而使切断线歪斜。

如图 12—43 所示錾子切削刃平对着板面，錾切时不仅费力，而且由于板料的弹动和变形，使切断处产生不平整或撕裂现象。

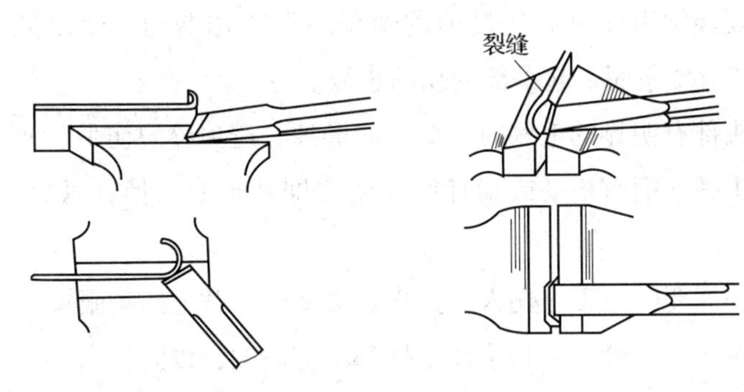

图 12—42　板料切断法　　图 12—43　不正确的板料切断法

如图 12—44 所示为较大的板料在铁砧（或平板）上进行切断的方法。此时板料下面要衬以废旧的软铁等材料，以免损伤錾子切削刃。

如图 12—45 所示为切割形状较复杂的板料的方法。一般是先按轮廓线钻出密集的排孔，再用扁錾或狭錾逐步切成。

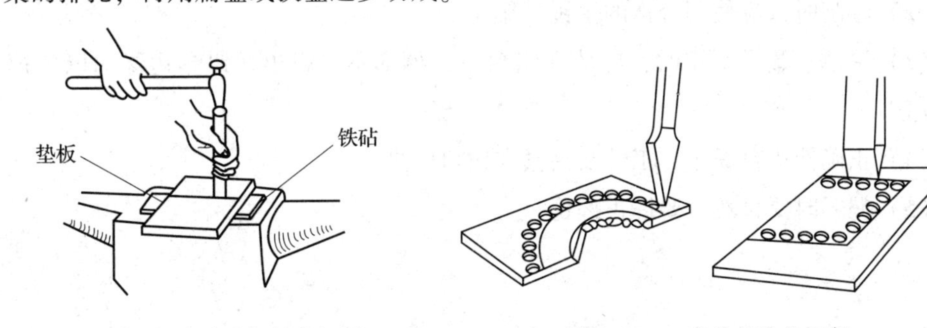

图 12—44　大尺寸板料的切断　　图 12—45　弯曲部分的切断

四、錾削时常见质量问题的原因分析

錾削工作常见的废品有以下几种：

（1）工件錾削表面过分粗糙，后道工序已无法去除其錾削痕迹。

（2）工件上棱角的崩裂或缺损，有时用力过猛而錾坏整个工件。

（3）起錾不准或錾削中不注意而錾过了尺寸界线。

（4）工件夹持不恰当，以致受錾削力作用后夹持表面损坏。

以上几种錾削废品主要是由于操作时不够认真、操作不熟练或未充分掌握錾削工作的各项要领所引起的。

五、錾削中的安全要求

为了保证錾削工作的安全，操作时应注意以下几方面：

（1）錾子要经常刃磨锋利，过钝的錾子不但工作费力，錾出的表面不平整，而且常易产生打滑现象而引起手部划伤的事故。

（2）錾子头部有明显的毛刺时，要及时磨掉，避免碎裂伤手。

（3）发现手锤木柄有松动或损坏时，要立即装牢或更换，以免锤头脱落飞出伤人。

（4）錾削碎屑要防止飞出伤人。操作者必要时可戴上防护眼镜。

（5）錾子头部、手锤头部和手锤木柄都不应沾油，以防滑出。

（6）錾削疲劳时要适当休息，手臂过度疲劳时，容易击偏伤手。

（7）锤击方向不得朝向别人，面对面作业时，应加防护网。

六、錾削操作注意事项

（1）錾削前应根据錾削面的形状、大小、宽窄选用錾子。

（2）錾削时，应使用合格的手锤、錾子。

（3）手锤、錾子不用时，应放在钳台上，柄部不可露出在钳台边缘，以免掉下砸伤脚。

（4）正确使用台虎钳，工件要夹紧在钳口中央。

（5）握錾时要自然，要握正握稳。

第3节　锉削操作基础

一、锉削基本概念

用锉刀对工件表面进行切削加工，使工件达到所要求的尺寸、形状和表面粗糙度，这种工作称为锉削。

锉削的工作范围较广，可以锉削工件的外表面、内孔、沟槽和各种形状复杂的表面，如图 12—46 所示。在现代工业生产条件下，仍有一些不便于机械加工的场合需要锉削来完成，例如，装配过程中对个别零件的修整、修理工作及小量生产条件下某些复杂形状的零件的加工等，所以锉削仍是钳工的一项重要的基本操作。

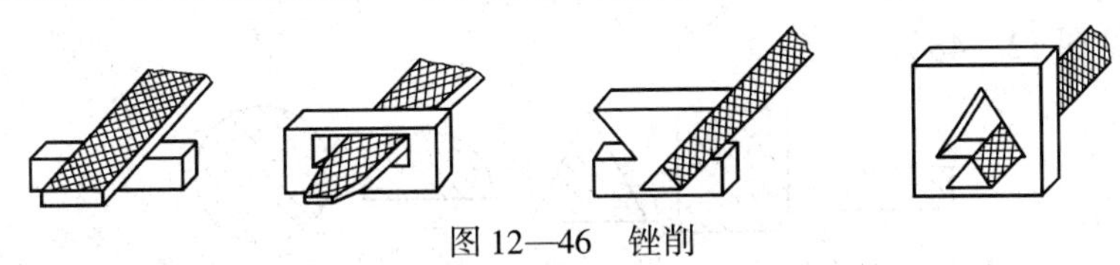

图 12—46　锉削

二、锉削的工具

锉刀（见图 12—47）是用高碳工具钢 T13 或 T12 制成，并经过热处理，硬度达 HRC62 ~ 67，是专业厂生产的一种标准工具。

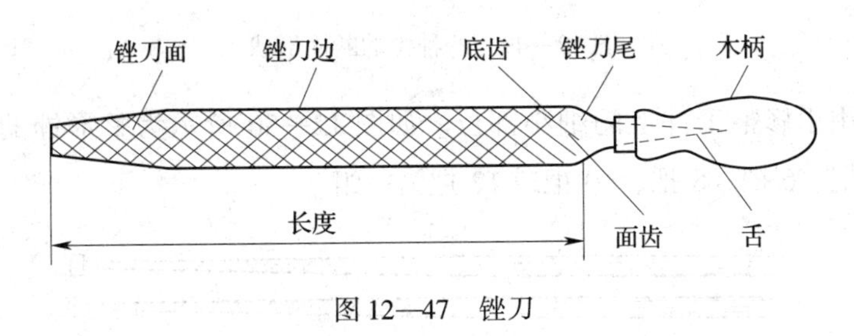

图 12—47　锉刀

1. 锉刀的规格

锉刀的规格用长度表示（除圆锉刀的规格以直径大小表示，方锉的规格以方形尺寸表示外），有 100 mm（4 in）、150 mm（6 in）、200 mm（8 in）等。

锉刀面是锉削的主要工作面。锉刀面在前端做成凸弧形，其作用是在平面上锉削局部隆起部分时比较方便，不容易因锉削时锉刀的上下摆动而锉去其他部位。

锉刀边是指锉刀的两个侧面，有的没有齿，有的其中一个边有齿。没有齿的一边称为光边，它可使锉削内直角的一边时不会碰伤另一相邻的面。

锉刀舌是用以装入锉刀柄的，这是非工作部分，没有淬硬。

2. 锉刀的粗细

锉刀的粗细规格是按锉刀齿纹的齿距大小来表示的。其粗细等级分为以下几种：

1 号：用于粗锉刀，齿距为 2. 3 ~ 0. 83 mm。

2 号：用于中粗锉刀，齿距为 0. 77 ~ 0. 42 mm。

3 号：用于细锉刀，齿距为 0. 33 ~ 0. 25 mm。

4 号：用于双细锉刀，齿距为 0. 25 ~ 0. 2 mm。

5号：用于油光锉，齿距为0.2～0.16 mm。

3. 锉刀的类型

锉刀分普通锉、特种锉和整形锉（什锦锉）三类。

普通锉按其断面形状的不同又分为平锉（板锉）、方锉、三角锉、半圆锉和圆锉五种（见图12—48）。

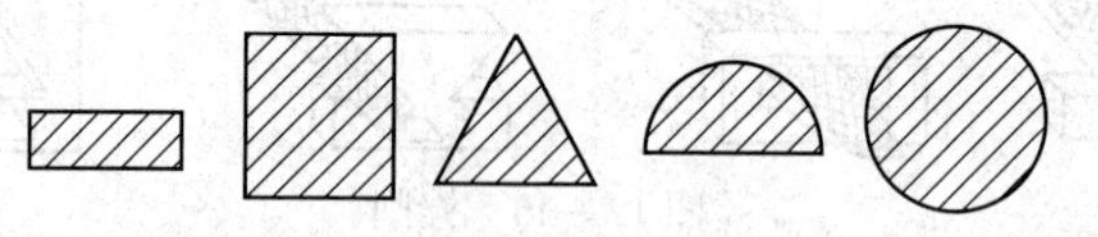

图12—48　普通锉的断面形状

特种锉是加工零件上的特殊表面用的，其断面形状如图12—49所示。

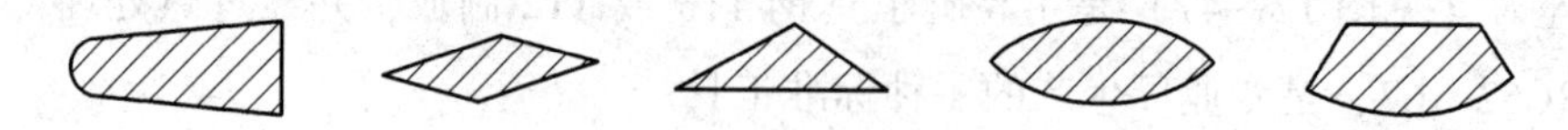

图12—49　特种锉的断面形状

整形锉用于修整工件上的细小部位。如图12—50所示为整形锉的各种形状。整形锉每5把、6把、8把、10把或12把为一组。

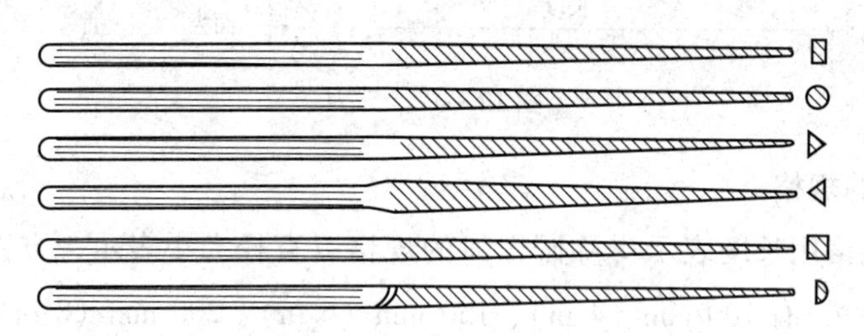

图12—50　整形锉

4. 锉刀的选择

每种锉刀都有它适当的用途，如果选择不当，就不能充分发挥它的效能或过早地丧失切削能力。因此，锉削之前必须正确地选择锉刀。

三、锉削的操作方法

1. 锉刀握法

锉刀的握法掌握得正确与否，对锉削质量、锉削力量的发挥和疲劳程度都有一定的影响。由于锉刀的大小和形状不同，所以锉刀的握法也不同。

比较大的锉刀（10 in以上），用右手握锉刀柄，柄端顶住掌心，拇指放在柄的上部，其余手指满握锉刀柄（见图12—51a）。

左手的姿势可以有三种，如图 12—51b 所示。

两手在锉削时的姿势如图 12—51c 所示。其中左手的肘部要适当抬起，不要有下垂的姿态，否则不能发挥力量。

中型锉刀（8 in 左右），右手的握法与上述大锉刀的握法一样，左手只需用拇指和食指、中指轻轻扶持即可，不必像大锉刀那样施加很大的力量（见图 12—52a）。

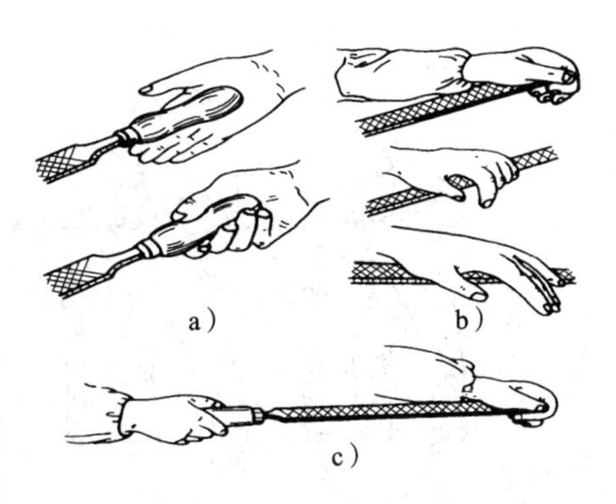

图 12—51　锉刀握法 1

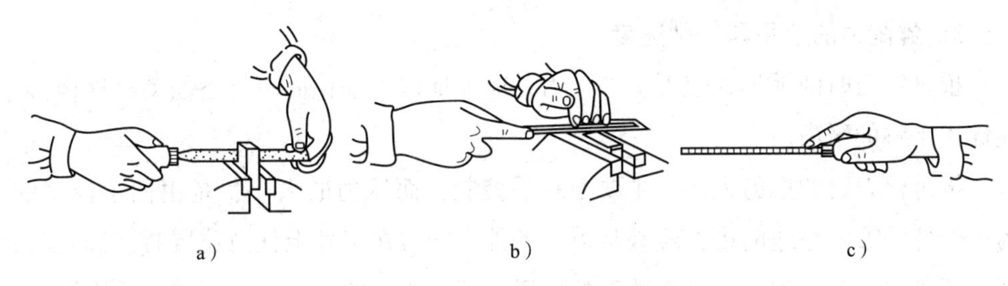

图 12—52　锉刀握法 2

较小的锉刀（6 in 左右），由于需要施加的力量较小，故两手握法也有所不同（见图 12—52b）。这样的握法不易感到疲劳，锉刀也容易掌握平稳。

更小的锉刀（6 in 以下），只要用一只手握住即可（见图 12—52c）。用两只手握，反而不方便，甚至可能压断锉刀。

2. 锉削姿势

锉削时人的站立位置与錾削时相似。站立要自然并便于用力，以能适应不同的锉削要求为准。

锉削时身体的重心要落在左脚上，右膝伸直，左膝随锉削时的往复运动而屈伸。锉刀向前锉削的动作过程中，身体和手臂的运动情况如图 12—53 所示。

开始时身体向前倾斜 10°左右，右肘尽量向后收缩（见图 12—53a）。

最初 1/3 行程时，身体前倾到 16°左右，左膝稍有弯曲（见图 12—53b）。

锉其次 1/3 行程时，右肘向前推进锉刀，身体逐渐倾斜到 18°左右（见图 12—53c）。

锉最后 1/3 行程时，右肘继续向前推进锉刀，身体自然地退回到 15°左右（见图 12—53d）。

锉削行程结束后，手和身体都恢复到原来姿势，同时，锉刀略提起退回原位。

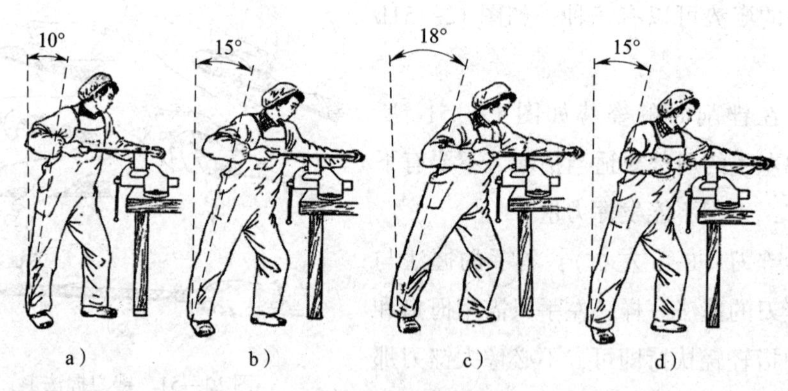

图12—53 锉削姿势

3. 锉削力的运用和锉削速度

推进锉刀时两手加在锉刀上的压力，应保证锉刀平稳而不上下摆动，这样，才能锉出平整的平面。

推进锉刀时的推力大小，主要由右手控制，而压力的大小，是由两手控制的。为了保持锉刀平稳地前进，应满足以下条件：锉刀在工件上任意位置时，锉刀前后两端所受的力矩应相等。由于锉刀的位置是不断改变的，显然，要求两手所加的压力也要随之作相应的改变，即随着锉刀的推进，左手所加的压力是由大逐渐减小，而右手所加的压力应是由小逐渐增大（见图12—54）。这就是锉削平面时最关键的技术要领，必须认真锻炼才能掌握好。

锉削时的速度一般为30～60次/min。速度太快，容易疲劳和加快锉齿的磨损。

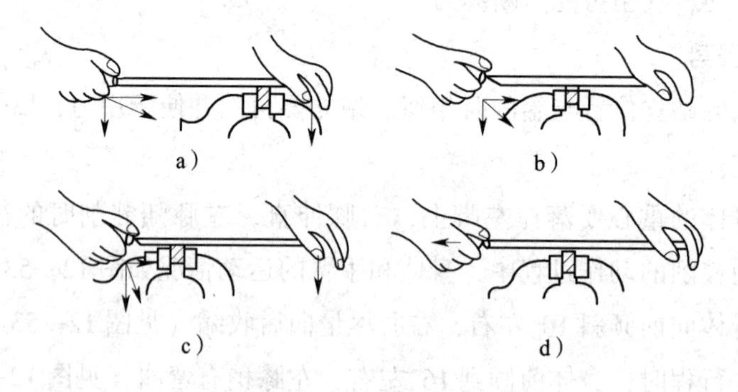

图12—54 锉削力的运用

4. 平面的锉法

（1）顺向锉

顺向锉是最普通的锉削方法，不大的平面和最后锉光都用这种方法（见图12—55）。顺向锉可得到正直的锉痕，比较整齐美观。

（2）交叉锉

交叉锉时锉刀与工件的接触面增大，锉刀容易掌握平稳，同时，从锉痕上可以判断出锉削面的高低情况，因此容易把平面锉平（见图 12—56）。交叉锉进行到平面将锉削完成之前，要改用顺向锉法，使锉痕变为正直。

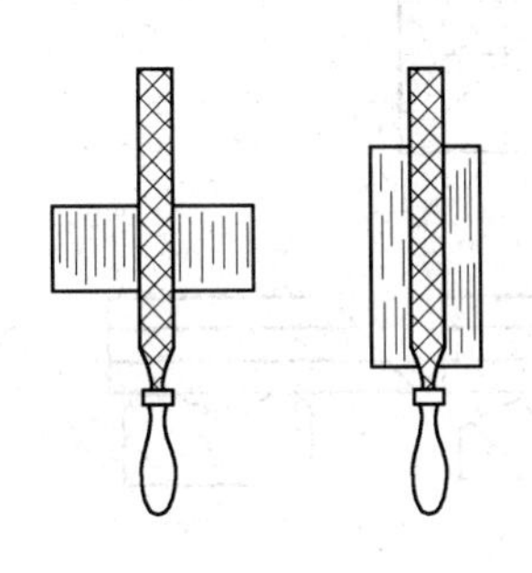

图 12—55 顺向锉

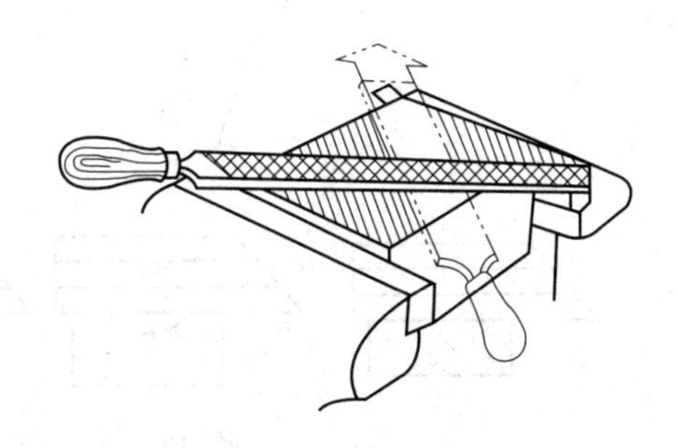

图 12—56 交叉锉

在锉平面时，不管是顺向锉还是交叉锉，为了使整个加工面能均匀地锉削到，一般在每次抽回锉刀时，要向旁边略为移动（见图 12—57）。

（3）推锉法

推锉法一般用来锉削狭长平面，或在用顺向锉法锉刀推进受阻碍时采用（见图 12—58）。推锉法不能充分发挥手的力量，同时切削效率不高，故只适宜在加工余量较小和修正尺寸时应用。

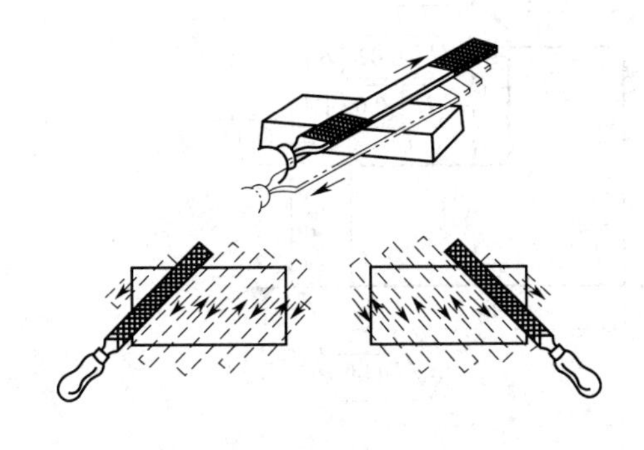

图 12—57 锉刀的移动

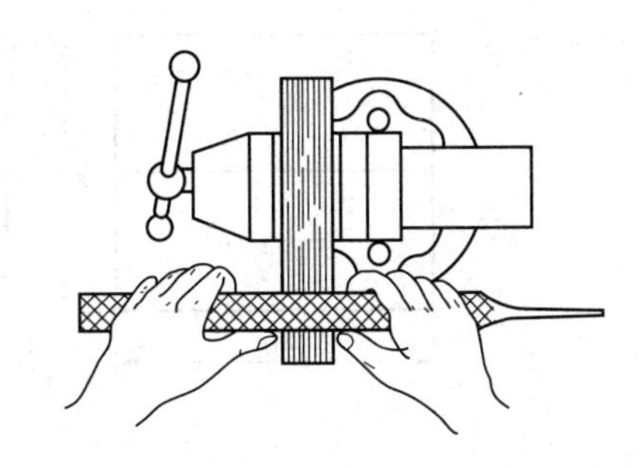

图 12—58 推锉法

5. 平面锉削的检验

平面锉削时，常需检验其平直度。一般可用钢直尺或刀口直尺以透光法来检验（见图 12—59）。

刀口直尺沿加工面的纵向、横向和对角线方向多处进行。如果检查处在刀口直尺与平面间透过来的光线微弱而均匀，表示此处比较平直；如果检查处透过来的光线强弱不一，则表示此处有高低不平，光线强的地方比较低，而光线弱的地方比较高。

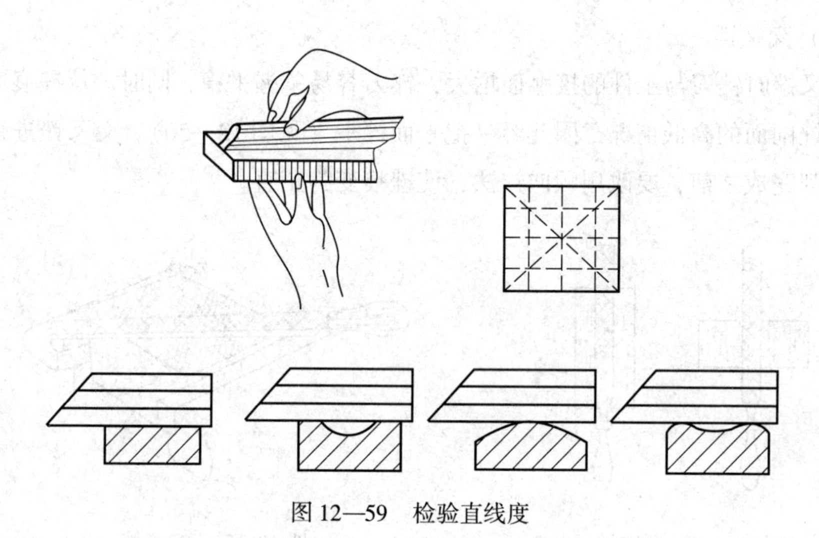

图12—59 检验直线度

刀口直尺在加工面上改变检查位置时，不能在工件上拖动，应离开表面后再轻放到另一检查位置。否则直尺的边容易磨损而降低其精度。

6. 直角面的锉法

锉内外直角面也是锉削工作中常遇到的一种。如图12—60所示的工件，工作步骤为：

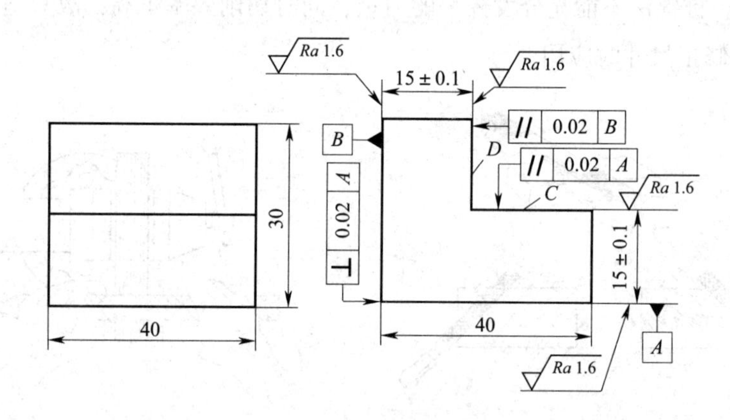

图12—60 直角形工件

（1）先检查各部分尺寸和垂直度、平行度的误差情况，合理分配各面的加工余量。

（2）先锉平面 *A*（较大的平面），使直线度和表面粗糙度符合图样要求，未达要求不要急于去锉其他平面。

（3）锉平面 *B*，要求直线度和表面粗糙度符合图样要求，并与平面 *A* 垂直。

直角面的垂直度可用直角尺以透光法来检查。检查时，将直角尺的短边紧靠平

面 A，长边靠在平面 B 上透光检查（见图 12—61）。如果平面 A 与平面 B 垂直，则直角尺的长边紧贴在平面 B 上后，透过的光线微弱且在全长上是均匀的；如果不垂直，则直角尺与工件之间有 1 处或 2 处较大的隙缝。经过反复检查和修锉，最后直角尺与平面应完全贴合。

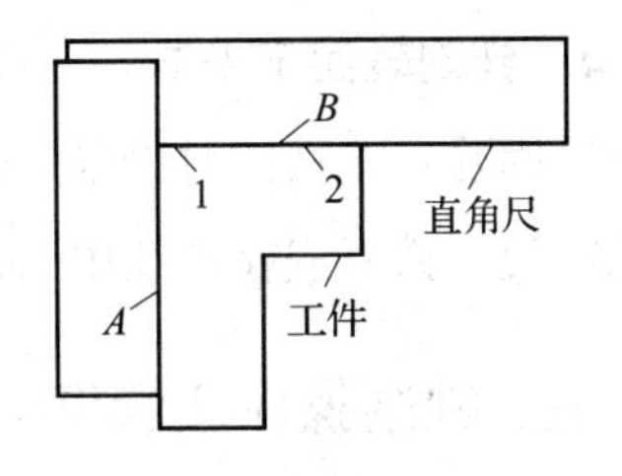

图 12—61　用直角尺检查直线度

7. 锉配

经过锉削后，使两个零件的相配表面达到规定的要求，这项工作称为锉配。

锉配工作在单件或小量生产的情况下还经常应用，因为此时靠机械加工来达到较高的配合精度要求往往是很不经济的。

锉配工作的基本方法是：先把相配件中的一件锉好，然后按锉好的一件来锉配另一件。一般外表面比内表面容易加工，所以，最好先锉外表面零件，然后锉内表面零件。

四、锉削时常见质量问题及原因分析

锉削主要作为修整工件或工具的精加工工作，它常常是最后一道工序。要是出了废品，则将造成很大的损失，常见质量问题有：

1. 工件夹坏

（1）精加工过的表面被台虎钳钳口夹出伤痕

原因大多是台虎钳钳口没有加保护片（钳口铜或木块等较软材料）。有时虽有保护片，如果工件较软而夹紧力过大，也会使工件表面夹坏。

（2）空心工件被夹扁

原因是夹紧力太大或直接用台虎钳钳口夹紧而变形。夹空心的圆柱形零件时，钳口两面应衬以 V 形铁或弧形木块，否则由于夹紧力作用于工件表面的极小面积上，局部压力太大，容易产生变形。

2. 尺寸和形状不准确

原因是锉削时尺寸和形状尚未准确，而加工余量已经没有了。其原因除了划线不正确或锉削时检查测量有误差外，多半是锉削量过大而又不及时检查，以致锉过了尺寸界限。

3. 锉花相邻面

原因是锉削角度面时不细心，把已锉好的相邻面锉坏。

4．锉削表面不光洁

原因是：在精锉时仍采用较粗的锉刀；粗锉时锉痕太深，以致在精锉时也无法去除粗痕；铁屑嵌在锉纹中未及时清除，而把表面拉毛。

五、锉削操作注意事项

（1）有氧化皮、硬皮和粘砂的铸铁或锻件，应在砂轮上将其磨除或用錾子錾削清除后，才能用锉刀锉削。

（2）不能用锉刀锉硬金属或淬硬材料。

（3）不能使用无柄或柄已裂开的锉刀，锉刀柄要装紧，否则不但用不上力，而且可能因柄脱落而刺伤手腕。

（4）不能用嘴吹铁屑，防止铁屑飞进眼睛。

（5）不准用手清除铁屑，以防手上扎入铁刺。

（6）锉刀放置时不要露出钳台边外，以防跌落而扎伤脚或损坏锉刀。

（7）锉削时不要用手去摸锉削表面，因手上有油污，会使锉削时锉刀打滑而造成损伤。

（8）铁屑嵌在锉纹中未及时清除，容易把表面拉毛，因此锉削时要经常刷去锉齿中的锉屑，防止锉痕表面拉毛、锉痕过深。

（9）锉刀不可沾油、水或其他脏物，以防锉削时打滑。

（10）锉刀不可叠放或与其他工具堆放，以免锉齿受撞击而损坏。

（11）细锉刀不允许锉软金属或作粗锉用。

（12）使用时，锉削速度不宜过快，防止锉刀过早磨损。

（13）使用整形锉，用力不能过猛，以免折断。

（14）锉刀用完后必须刷净，防止生锈。

第 4 节　锯削操作基础

一、锯削基本概念

用手锯把材料（或工件）锯出狭槽或进行分割的工作称为锯割。其工作主要包括：

（1）分割各种材料或半成品（见图12—62a）

（2）锯掉工件上的多余部分（见图12—62b）

（3）在工件上锯槽（见图12—62c）

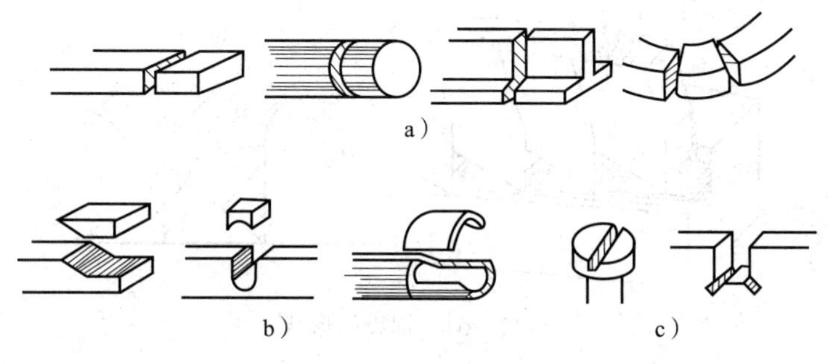

图12—62　锯割的应用

二、锯割的工具

手锯是钳工进行锯割操作的工具，由锯弓和锯条两部分组成。

1. 锯弓

锯弓是用来张紧锯条的。有固定式和可调节式两种（见图12—63）。固定式锯弓只能安装一种长度的锯条；可调节式锯弓则通过调整可以安装几种长度的锯条。锯弓两端各有一个夹头，上面有装锯条的销子。将锯条孔装进夹头销子上，再旋紧翼形螺母（元宝螺母）就可把锯条拉紧。

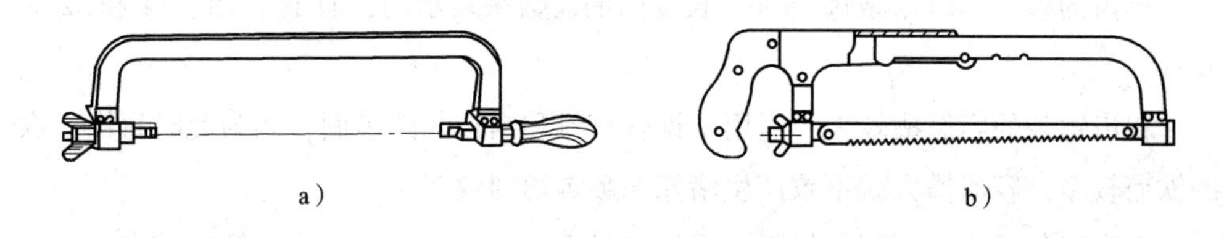

图12—63　锯弓的构造

a）固定式　b）可调节式

2. 锯条

锯条一般用渗碳软钢冷轧而成，也有用碳素工具钢或合金钢制成，并经热处理淬硬。

锯条长度是以两端安装孔的中心距来表示的，钳工常用的是300 mm这一种。

（1）锯齿的角度

锯条的切削部分是由许多锯齿组成的，相当于一排同样形状的錾子，由于锯割时要求获得较高的工作效率，必须使切削部分具有足够的容屑槽，因此锯齿的后角较大。为了保证锯齿具有一定的强度，楔角也不宜太小。综合以上因素，目前使用锯条的锯齿角度是：后角为40°，楔角为50°，前角为0°（见图12—64）。

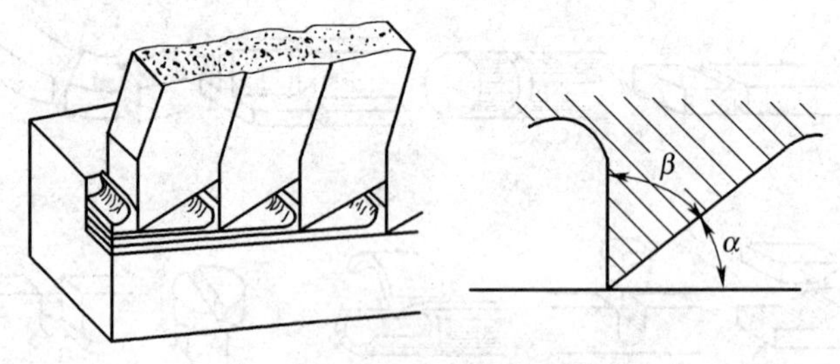

图12—64　锯齿的形状

（2）锯路

锯条的许多锯齿在制造时按一定的规则左右错开，排列成一定的形状，称为锯路。锯路有交叉形和波浪形等（见图12—65）。锯条有了锯路后，使工件上的锯缝宽度大于锯条背的厚度，这样，锯割时锯条既不会被卡住，又能减少锯条与锯缝的摩擦阻力，工作就比较顺利，锯条也不致过热而加快磨损。

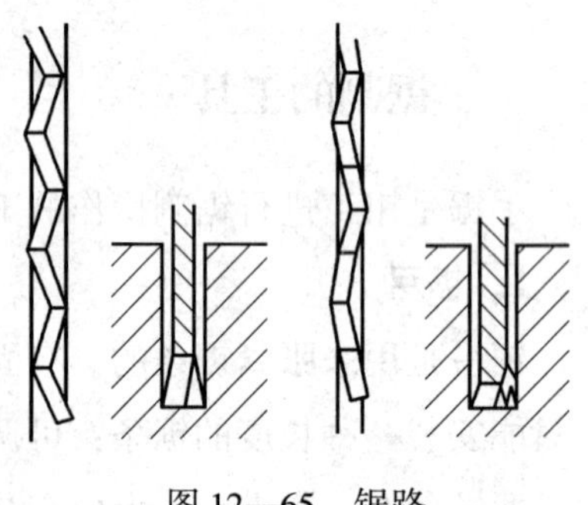

图12—65　锯路

（3）锯齿粗细

锯齿的粗细是以锯条每25 mm长度内的齿数来表示的，有14、18、24和32等几种。

粗齿锯条的容屑槽较大，适用于锯软材料和锯较大的表面，因为此时每锯一次的铁屑较多，容屑槽大就不致产生堵塞而影响切削效率。

细齿锯条适用于锯割硬材料，因硬材料不易锯入，每锯一次的铁屑较少，不会堵塞容屑槽，而锯齿增多后，可使每齿的锯割量减少，材料容易被切除，故推锯过程比较省力，锯齿也不易磨损。在锯割管子或薄板时必须用细齿锯条，否则锯齿很容易被钩住以致崩断。严格而言，薄壁材料的锯割截面上至少应有两齿以上同时参加锯割，才能避免锯齿被钩住和崩断的现象。

三、锯割的操作方法

1. 锯割姿势和手锯握法

锯割时的站立姿势与锉削时相似。两手握锯弓的姿势如图12—66所示。锯割时推力和压力均主要由右手控制，左手所加压力不要太大，主要起扶正锯弓的作用。

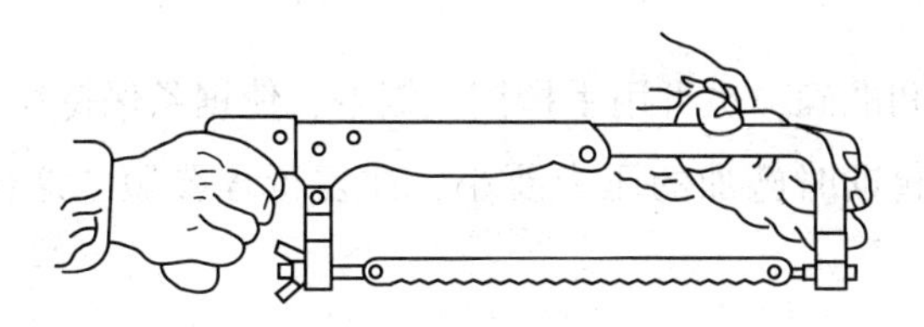

图12—66　手锯的握法

推锯时锯弓的运动方式可有两种：一种是直线运动，适用于锯缝底面要求平直的槽和薄壁工件的锯割；除此以外，锯弓一般可上下摆动，这样可使操作自然，两手不易疲劳。

手锯在回程中，不应施加压力，以免锯齿磨损。

锯割的速度以20～40次/min为宜。锯割软材料可以快些；锯割硬材料应该慢些。速度过快，锯条发热严重，容易磨损。必要时可加水或乳化液冷却，以减轻锯条的磨损。

推锯时应使锯条的全部长度都利用到，若只集中于局部长度使用，则锯条的使用寿命将相应缩短。一般往复长度应不小于锯条全长的2/3。

2. 起锯

起锯是锯割工作的开始。起锯质量的好坏，直接影响锯割的质量。

起锯有远起锯（见图12—67a）和近起锯（见图12—67b）两种。一般情况下采用远起锯较好，因为此时锯齿是逐步切入材料，锯齿不易被卡住，起锯比较方便。如果用近起锯，则掌握不好时，锯齿由于突然切入较深的材料，容易被工件棱边卡住甚至崩断。

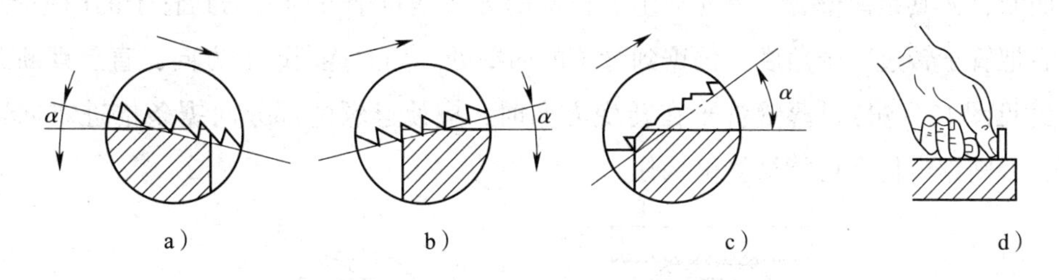

图12—67　起锯的方法

a）远起锯　b）近起锯　c）起锯角太大　d）用拇指挡住锯条起锯

无论用远起锯或近起锯，起锯的角度要小（α不超过15°为宜）。如果起锯角太大（见图12—67c），则起锯不易平稳，尤其是近起锯时锯齿更易被工件棱边卡住。但起锯角也不宜太小，如接近平锯时，由于锯齿与工件同时接触的齿数较多，不易切入材料，经过多次起锯后就容易发生偏离，使工件表面锯出许多锯痕，影响表面质量。

为了起锯平稳和准确，也可用手指挡住锯条，使锯条保持在正确的位置上起锯（见图 12—67d），起锯时施加的压力要小，往复行程要短，这样就容易准确地起锯。

3. 棒料的锯割

锯割棒料时，如果要求锯割的断面比较平整，应从开始连续锯到结束。若锯出的断面要求不高，锯时可改变几次方向，使棒料转过一定角度再锯，这样，由于锯割面变小而容易锯入，可提高工作效率。

锯毛坯材料时，断面质量要求不高。为了节省锯割时间，可分几个方向锯割。每个方向都不锯到中心，然后将毛坯折断（见图 12—68）。

4. 管子的锯割

锯割管子时，首先要做好管子的正确夹持。对于薄壁管子和精加工过的管件，应夹在有 V 形槽的木垫之间（见图 12—69），以防夹扁和夹坏表面。

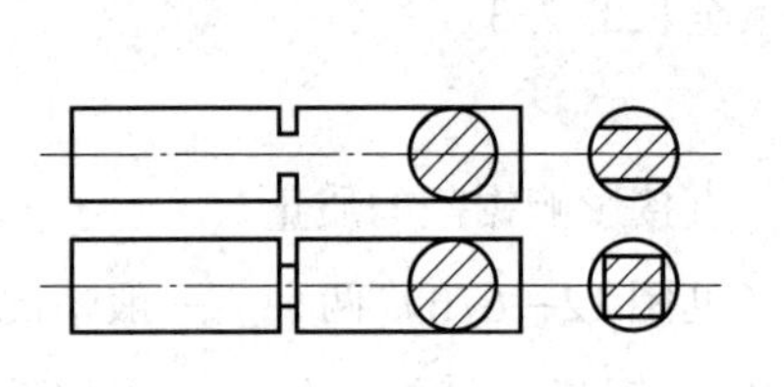

图 12—68　棒料的锯割

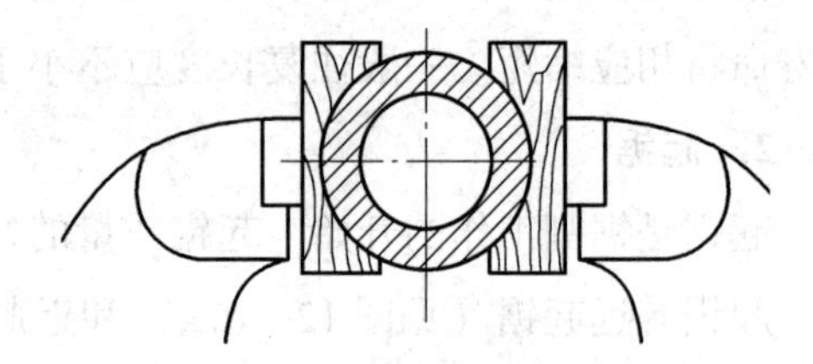

图 12—69　管子的夹持

锯割时一般不要在一个方向上从开始连续锯到结束，因为锯齿容易被管壁钩住而崩断，尤其是薄壁管子更易产生。正确的方法是每个方向只锯到管子的内壁处，然后把管子转过一个角度，仍锯到管子的内壁处。如此逐渐改变方向，直至锯断为止（见图 12—70）。薄壁管子在转变方向时，应使已锯的部分向锯条推进方向转动，否则锯齿仍有可能被管壁钩住。

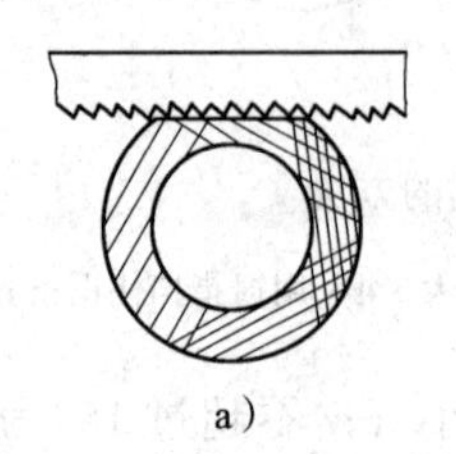

图 12—70　管子的锯割方法

5. 薄板料的锯割

锯割薄板料时，尽可能从宽的面上锯下去。这样，锯齿不易产生钩住现象。当一定要在板料的狭面锯下去时，应该把它夹在两块木块之间，连木块一起锯下。这样才可避免锯齿被钩住，同时也增加了板料的刚度，锯割时不会弹动（见图 12—71）。

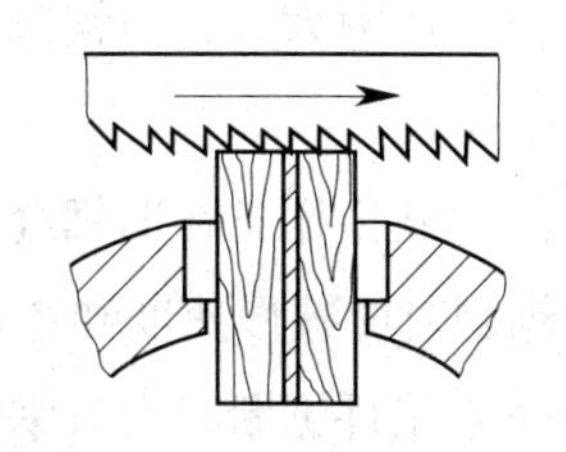

图 12—71　薄板料的锯割方法

6. 深缝的锯割

当锯缝的深度达到锯弓的高度时（见图 12—72），为了防止锯弓与工件相碰，应把锯条转过 90°安装后再锯。

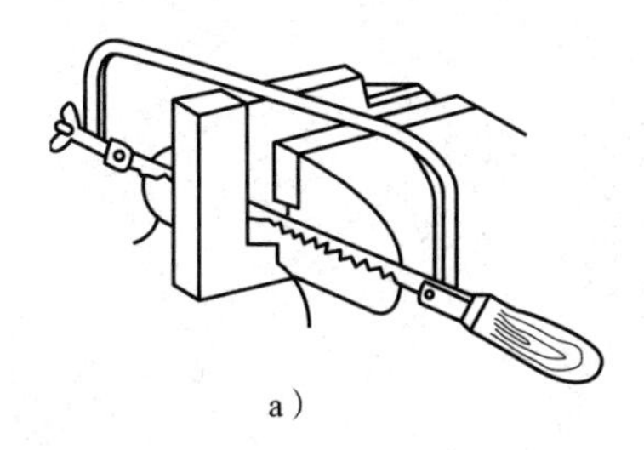

a）

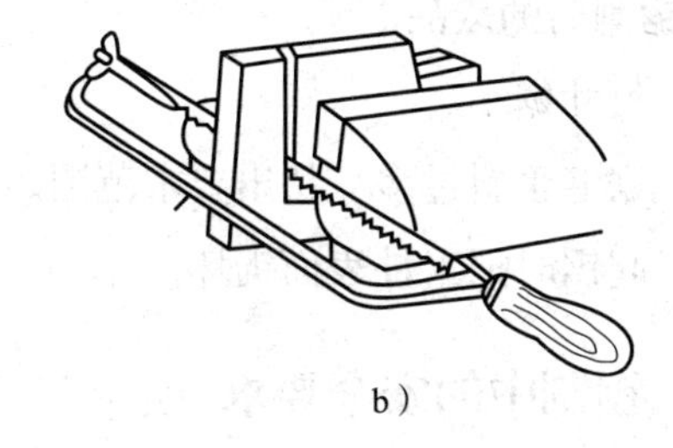

b）

图 12—72　深缝的锯割方法

由于钳口的高度有限，工件应逐渐改变装夹位置，使锯割部位处于钳口附近，而不是在离钳口过高或过低的部位锯割。否则，工件因弹动而将影响锯割质量，也容易损坏锯条。

四、锯割时常见质量问题及原因分析

1. 锯齿崩裂

（1）锯薄板料和薄壁管子时没有选用细齿锯条。

（2）起锯角太大或采用近起锯时用力过大。

（3）锯割时突然加大压力，有时也会被工件棱边钩住锯齿而崩裂。

当锯齿局部几个崩裂后，应及时把断裂处在砂轮机上磨光，并把后面二、三齿磨斜，再用来锯割时，这几个齿就不会因受突然的冲击力而折断。如果不经这样处理，继续使用时则后面的锯齿将会连续崩裂，直至无法使用为止。

2. 锯条折断

（1）锯条装得过紧或过松。

（2）工件装夹不正确，产生抖动或松动。

（3）锯缝歪斜后强行借正，使锯条扭断。

（4）压力太大，当锯条在锯缝中稍有卡紧时就容易折断；锯割时突然用力也易折断锯条。

（5）新换锯条在旧锯缝中被卡住而折断。一般应改换方向再锯割。如在旧锯缝中锯割时应减慢速度和特别细心。

（6）工件锯断时没有掌握好，致使手锯碰撞台虎钳等物，而使锯条被折断。

3. 锯齿过早磨损的原因

（1）锯割速度太快，使锯条发热过度而锯齿磨损加剧。

（2）锯割较硬材料时没有加冷却液。

（3）锯割过硬的材料。

4. 锯割时的废品

（1）尺寸锯小。

（2）锯缝歪斜过多，超出要求范围。

（3）起锯时把工件表面锯坏。

五、锯割中的安全要求

（1）工件的夹持要牢固，不可有抖动，以防锯割时工件移动而使锯条折断。

（2）要防止锯条折断时从锯弓上弹出伤人。因此，要特别注意工件快要锯断时压力要减小，锯条松紧装得要恰当以及不要突然用过大的力量锯割等几方面。

（3）工件被锯下的部分要防止跌落砸在脚上。

六、锯割操作注意事项

（1）锯割前要检查锯条的装夹方向，手锯是在向前推进时进行切削的，锯条安装时要保证锯齿的方向正确。如果装反了，则锯齿前角为负值，切削很困难，不能正常地锯割。

（2）锯割前要检查锯条的松紧程度，太紧时锯条受力太大，在锯割中稍有阻止而产生弯折时，就很易崩断；太松则锯割时锯条容易扭曲，也很容易折断，而且锯出的锯缝容易发生歪斜；装好的锯条应尽量使它与锯弓保持在同一中心平面内，这样，对掌握锯缝的正直比较有利。

（3）锯割时压力不可过大，以免锯条折断伤人。

（4）锯割时速度不宜过快，以免疲劳。

（5）锯割时锯条应使用全长的2/3工作，以免锯条中间部分迅速磨钝。

（6）工件尽可能夹持在虎钳的左面，以方便操作。

（7）锯割线应与钳口垂直，以防锯斜。

（8）锯割线离钳口不应太远，以防锯割时产生抖动。

（9）工件要夹紧，避免锯割时工件移动或使锯条折断。

（10）工件的夹持要防止夹坏已加工表面和工件变形。

（11）锯割将完成时，用力不可太大，并需用左手扶住（或用其他支承固定）被锯下的部分，以免该部分落下时砸脚。

（12）锯割到材料快断时，用力要轻，以防碰伤手臂或折断锯条。

第5节　钻孔操作基础

一、钻孔基本概念

钻孔是钳工用钻头在工件实体上加工出孔的方法。钻孔一般可以达到的标准公差等级为IT11～IT10级，表面粗糙度值一般为 *Ra* 50～12.5 μm。所以钻孔只能加工精度要求不高的孔。

钻孔时，钻头装在机床（或其他机械）上，依靠钻头与工件之间的相对运动来完成切削加工。钻头的切削运动由以下两种运动合成：一是钻头的旋转主运动，二是钻头（或工件）的进给运动，如图12—73所示。

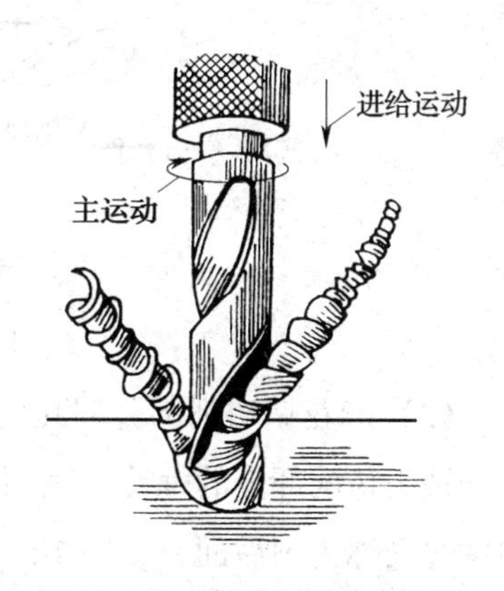

图12—73　钻孔时钻头的运动

二、钻孔的工具

1. 钻头

钻孔使用的钻头种类较多，有麻花钻、扁钻、深孔钻、中心钻等，不同的钻头有不同的用途，麻花钻是最常见的、使用最广泛的一种钻头。

（1）麻花钻的组成

麻花钻用高速钢W18Cr4V材料制成，也有在切削刃部分焊硬质合金材料制成，以钻削硬度较大的材料。高速钢钻头淬火硬度达62～68HRC，柄部硬度也达30～35HRC。

麻花钻的结构分为柄部、颈部和工作部分，如图12—74所示。柄部用来使钻头与钻床主轴相连接。钻柄有两种形式，直径小于13 mm的钻头柄部多是圆柱形，借助钻夹头把它安装并夹紧在钻床主轴上；直径大于13 mm的钻头柄部多是莫氏锥柄，能直接插入钻床主轴锥孔内，借助锥面贴合面间产生的摩擦力传递转矩，借助锥面传递轴向力。柄部的扁尾用来增加传递的转矩，避免钻头在主轴孔或钻套中打滑，并便于用斜铁把钻头从主轴锥孔中打出。颈部为磨削钻头时的砂轮退刀工艺槽，一般在此处刻印钻头规格及商标。工作部分由切削部分和导向部分组成。

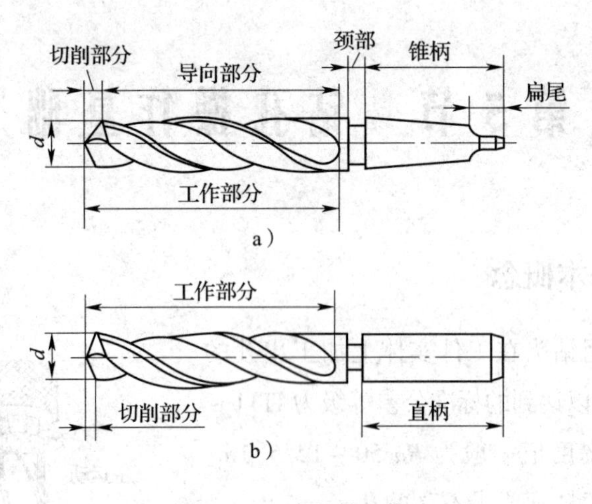

图12—74 麻花钻的构造

a）莫氏锥柄 b）圆柱形柄部

（2）麻花钻切削部分的几何参数

钻头切削部分的螺旋槽表面称为前面，切削部分顶端两个曲面称为后面，钻头的棱边又称为副后面，如图12—75所示。

2. 钻头的装夹工具

常用的钻头装夹工具有钻夹头、钻头套及快换钻夹头。

（1）钻夹头

钻夹头用来装夹 ϕ13 mm以内的直柄钻头，其结构如图12—76所示。钻夹头的夹头体1上端锥孔为莫氏锥孔，与钻床主轴相配。钻夹头中的三个夹爪4用来夹紧钻头的直柄。当带有小锥齿轮的钥匙3带动夹头套2上的大锥齿轮转动时，与夹头套紧配的内螺纹圈5也同时旋转。因螺纹圈与三个夹爪上的外

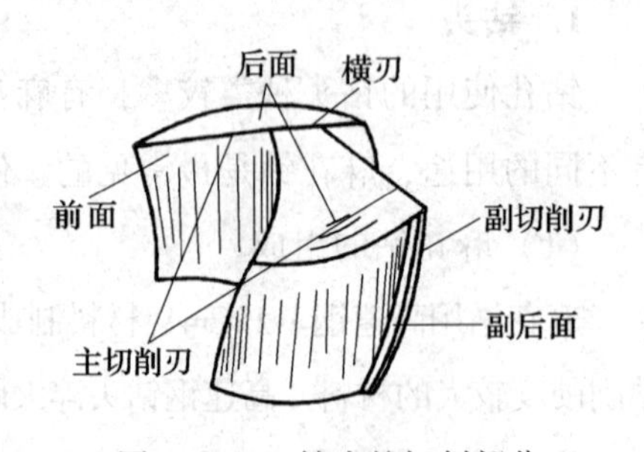

图12—75 钻头的切削部分

螺纹相配，于是三个夹爪便伸出或缩进，使钻柄被夹紧或松开。

（2）钻头套

钻头套用于装夹锥柄钻头，如图 12—77 所示。当把较小的钻头柄装到较大的主轴锥孔内时，一般要通过钻头套来连接。使用时应根据钻头锥柄莫氏锥度的号数和钻床主轴莫氏锥孔的号数来选择。

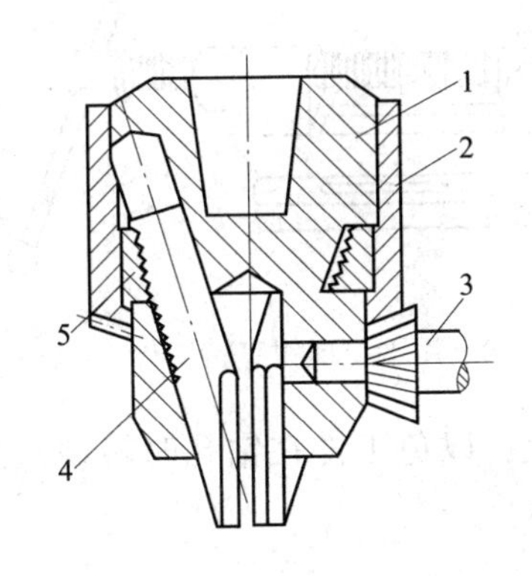

图 12—76　钻夹头

1—夹头体　2—夹头套　3—钥匙

4—夹爪　5—内螺纹圈

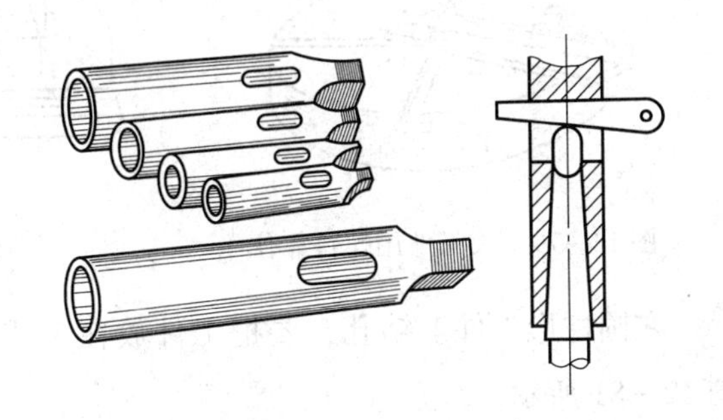

图 12—77　钻头套

三、钻孔的操作方法

1. 工件的夹持

一般钻 ϕ8 mm 以下的小孔，而工件又可以用手握牢时，就用手拿住工件钻孔，工作比较方便。但工件上锋利的边角要倒钝，孔将要钻穿时要特别小心，以防工件把手划伤等事故发生。

手不能拿住的小工件和钻孔直径超过 ϕ8 mm 时，必须用手虎钳（见图 12—78a）或小型台虎钳（见图 12—78b）等夹持工件。

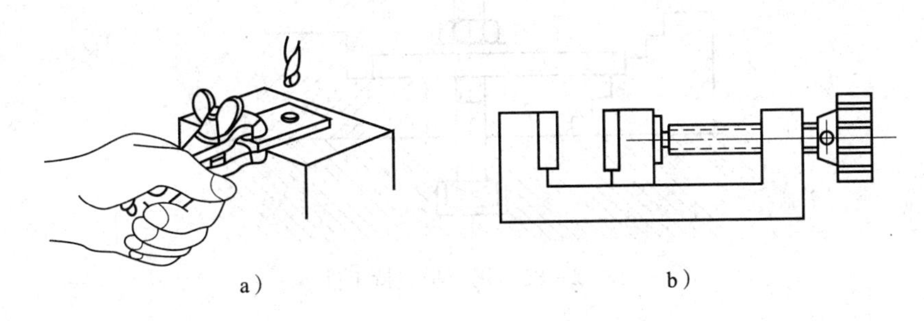

图 12—78　工件的夹持

a）用手虎钳夹持工件　b）用小型台虎钳夹持工件

在长工件上钻孔时，虽可用手握住，但最好在钻床台面上再用螺钉靠住工件（见图 12—79），这样比较安全可靠。

在平整的工件上钻孔，一般把工件夹在机床用平口虎钳（简称平口虎钳）上，如图 12—80 所示。孔较大时，平口虎钳用螺栓固定在钻床工作台上。

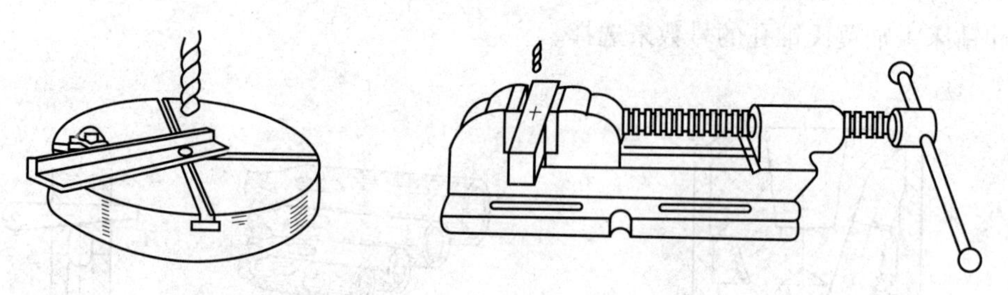

图 12—79　长工件用螺钉靠住　　　图 12—80　用平口虎钳夹持工件

在圆柱形工件上钻孔，要把工件放在 V 形铁上，以免工件在钻孔时转动，如图 12—81 所示。

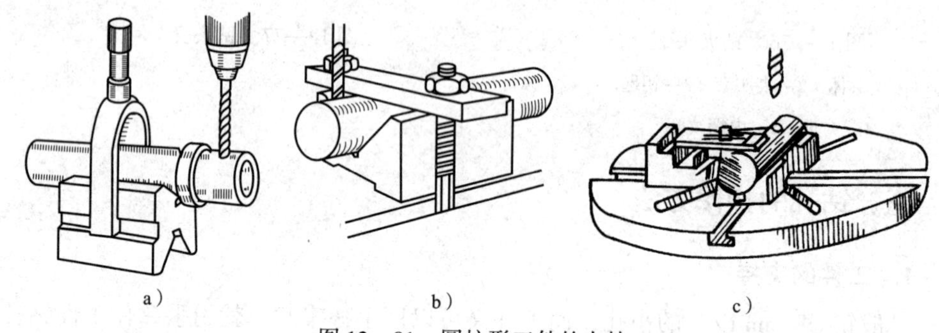

图 12—81　圆柱形工件的夹持

钻大孔或不便用机虎钳夹紧的工件可用压板、螺栓和垫铁把它固定在钻床工作台上，如图 12—82 所示。

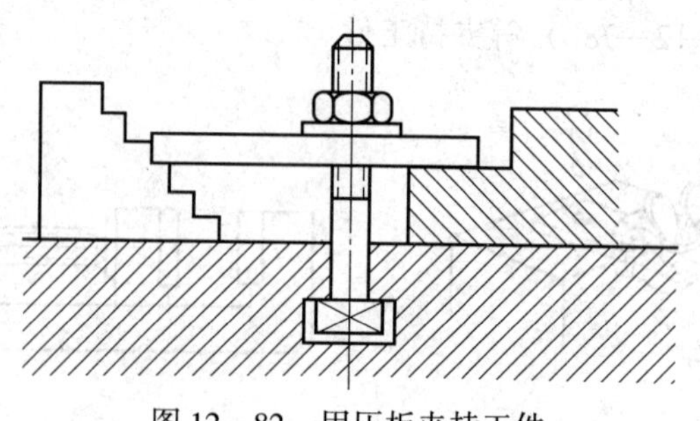

图 12—82　用压板夹持工件

2. 在工件平面上的钻孔方法

在工件平面上钻孔是应用最多的钻孔方法，一般操作方法为：

钻孔前，应在工件上划出所需钻孔的十字中心线和直径。孔中心的样冲眼作为钻头定心孔，划线后应加大加深。

钻孔开始时先调正钻头或工件的位置，使钻尖对准钻孔中心，然后试钻一浅坑。如钻出的浅坑与所划的钻孔圆周线不同心，可移动工件或钻床主轴予以纠正。钻头较大，或浅坑偏得太多，可在需要多钻去的部位用样冲或油槽錾錾几条沟槽。如图 12—83 所示，用錾槽纠正钻偏的孔，以减少此处的切削阻力使钻头偏移过来，达到借正的目的。当试钻达到同心要求后继续钻孔。

孔将要钻透时，必须减小进给量，如采用自动进给，此时最好改为手动进给，以减少孔口的毛刺，防止钻头折断或孔口质量下降。

钻不通孔时，可按钻孔深度调整挡块，并通过测量实际尺寸来控制钻孔深度。

钻深孔时，一般钻进深度达到直径的 3 倍时钻头要退出排屑，以后每钻进一定深度，钻头即退出排屑一次，以免切屑阻塞而扭断钻头。

钻直径超过 ϕ30 mm 的孔可分两次钻削，先用 0.5 ~ 0.7 倍孔径的钻头钻孔，然后再用所需孔径的钻头扩孔。这样可以减少转矩和轴向阻力，既保护了机床，又提高了钻孔的质量。

3. 其他钻孔方法

（1）在圆柱工件上钻孔

在轴类或套类圆柱工件上钻与轴心线垂直相交的孔，特别是当孔的中心线和工件的中心线对称度要求较高时，可采用定心工具，如图 12—84 所示。首先将定心棒装在钻床主轴上，然后使用百分表找正定心棒，使定心棒径向跳动在 0.01 ~ 0.02 mm。再移动 V 形架，使定心棒的圆锥与 V 形架贴合，然后用压板将 V 形架位置固定。

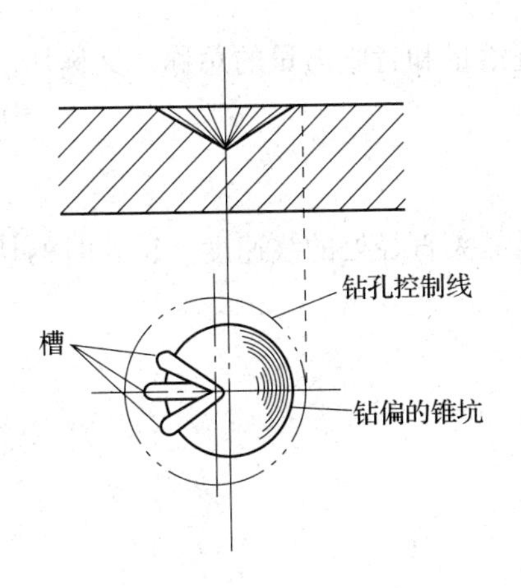

图 12—83　用錾槽纠正钻偏的孔

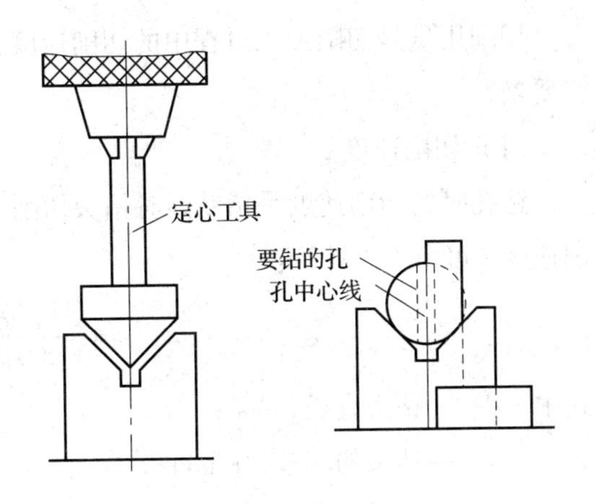

图 12—84　在圆柱形工件上钻孔

当对称度要求不高时，不必用定心工具，可用钻头的顶尖来找正 V 形架的中心位置，用直角尺找正工件中心进行复核即可。

（2）钻半圆孔

如果孔在工件的边缘，可把两个工件合起来夹持在机用平口钳内钻孔或取相同材料与工件拼合钻孔，如图 12—85 所示。

（3）在斜面上钻孔

用普通钻头在斜面上钻孔，钻头必然会产生歪斜滑移，导致定心不准，并且可能折断钻头。为了在斜面上顺利钻孔，可用立铣刀或錾子在斜面上加工出一个小平台，然后用中心钻或小直径钻头在小平面上钻出一个锥坑或浅窝，最后用钻头钻出所需要的孔，如图 12—86 所示。

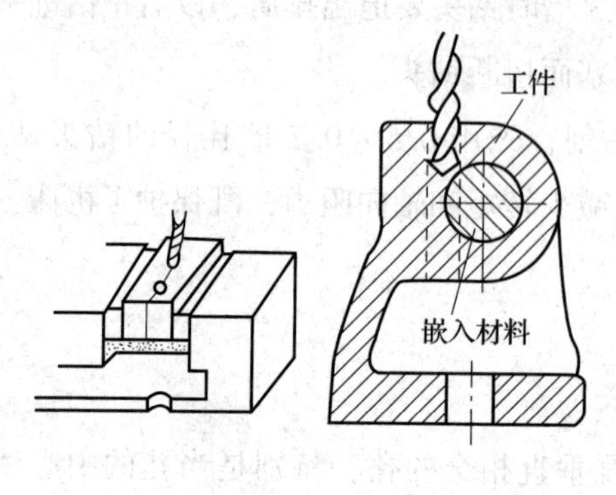

图 12—85　在工件上钻半圆孔

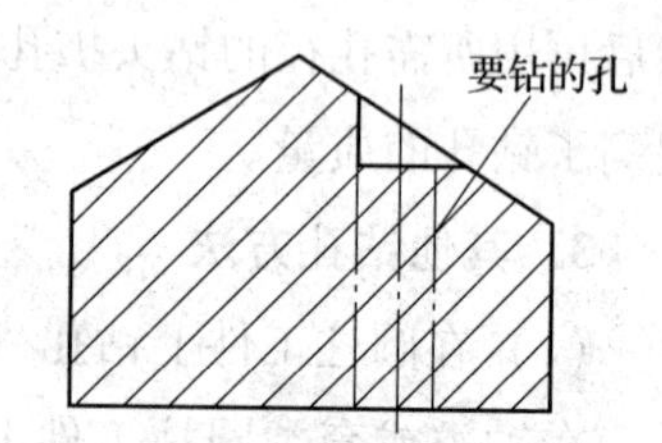

图 12—86　在斜面上钻孔

四、钻孔的切削用量

1. 钻孔时的切削用量

切削用量是切削加工过程中的切削速度、进给量和背吃刀量的总称，又称切削三要素。

（1）切削速度 v

钻孔时的切削速度是指钻削时钻头切削刃上最大直径处的线速度。钻孔时的切削速度 v 可由下式计算：

$$v=\frac{\pi dn}{1\,000\times60}$$

式中　d——钻头直径，mm；

n——钻头的转速，r/min；

v——切削速度，m/s。

（2）进给量 f

切削时主运动每转一转或每往复一次，工件与刀具在进给方向的相对位移称为进给量。钻孔时的进给量 f 是指钻头每转一转沿进给方向移动的距离，单位为 mm/r。

（3）背吃刀量 a_p。背吃刀量是指工件已加工表面与待加工表面之间的垂直距离。钻削时的背吃刀量等于钻头的半径，如图 12—87 所示。

图 12—87　钻孔时的进给量和背吃刀量

2. 切削用量的选择

合理选择钻削用量，可提高钻孔精度和生产效率，并能防止机床的过载损坏。

由于钻孔的背吃刀量是由钻头直径所决定的，因此钻孔的切削用量只需要选择切削速度和进给量。

选择较高的切削速度和进给量都能提高生产效率。但是，切削速度太高会造成剧烈的摩擦，降低钻头的寿命。如果进给量太大，将直接影响到已加工表面的残留面积，而残留面积越大，加工的表面越粗糙。对钻孔生产效率而言，v 和 f 的影响是相同的；对钻头使用寿命来说，v 比 f 的影响大；对钻孔的表面粗糙度来说，f 比 v 的影响大。因此，钻孔的切削用量选择原则是：在允许的范围内，尽量选择较大的 f；当 f 受到表面粗糙度和钻头刚度的限制时，再考虑选择较大的 v。具体选择时，应根据钻头的直径与材料、工件的材料、工件的表面粗糙度要求等决定。一般情况下可查表 12—1。

表 12—1　　钻钢料时的切削用量（用切削液）

钢材的性能	进给量 f（mm/r）													
	0.20	0.27	0.36	0.49	0.66	0.88								
	0.16	0.20	0.27	0.36	0.49	0.66	0.88							
	0.13	0.16	0.20	0.27	0.36	0.49	0.66	0.88						
	0.11	0.13	0.16	0.20	0.27	0.36	0.49	0.66	0.88					
好	0.09	0.11	0.13	0.16	0.20	0.27	0.36	0.49	0.66	0.88				
↓		0.09	0.11	0.13	0.16	0.20	0.27	0.36	0.49	0.66	0.88			
差			0.09	0.11	0.13	0.16	0.20	0.27	0.36	0.49	0.66	0.88		
				0.09	0.11	0.13	0.16	0.20	0.27	0.36	0.49	0.66	0.88	
					0.09	0.11	0.13	0.16	0.20	0.27	0.36	0.49	0.66	0.88
						0.09	0.11	0.13	0.16	0.20	0.27	0.36	0.49	0.66
							0.09	0.11	0.13	0.16	0.20	0.27	0.36	0.49

续表

钻头直径（mm）	切削速度 v（m/min）													
≤4.6	43	37	22	27.5	24	20.5	17.7	15	13	11	9.5	8.2	7	6
≤9.6	50	43	37	22	27.5	24	20.5	17.7	15	13	11	9.5	8.2	7
≤20	55	50	43	37	22	27.5	24	20.5	17.7	15	13	11	9.5	8.2
≤30	55	55	50	43	37	22	27.5	24	20.5	17.7	15	13	11	9.5
≤60	55	55	55	50	43	37	22	27.5	24	20.5	17.7	15	13	11

注：钻头为高速钢标准麻花钻。

五、钻孔的冷却

钻头在钻削过程中，由于切屑变形及钻头与工件摩擦所产生的切削热，严重影响到钻头的切削能力和钻孔精度，甚至导致钻头退火，使钻削无法进行。因此，合理选择切削液非常重要。切削液主要有两种作用：

1. 冷却作用

钻孔时注入切削液，有利于切削热的传导和散发，同时限制了积屑瘤的产生和防止已加工表面的硬化，减小工件因受热变形而产生的尺寸误差。

2. 润滑作用

钻孔时切削液流入钻头与工件的切削部分，形成吸附性的润滑油膜，起到减小摩擦的作用，降低了切削阻力和钻削温度，提高了钻头的切削能力和孔壁的表面质量。

由于钻孔是一种粗加工，所以钻孔时注入切削液的主要目的是冷却，以提高钻头的切削能力和使用寿命。钻削各种材料所用的切削液见表12—2。

表12—2　　钻削各种材料所用的切削液

工件材料	切削液（质量分数）
各类结构钢	3%～5%乳化液、7%硫化乳化液
不锈钢、耐热钢	3%肥皂加2%亚麻油水溶液、硫化切削液
纯铜、黄铜、青铜	不用，或5%～8%乳化液
铸铁	不用，或5%～8%乳化液、煤油
铝合金	不用，或5%～8%乳化液、煤油、煤油加柴油混合油
有机玻璃	5%～8%乳化液、煤油

六、钻孔常见质量问题的原因分析

影响钻孔质量的因素很多，如划线的准确、钻头的刃磨、工件的夹持及钻削时切削用量的选择、试钻方法等都会影响钻孔质量。钻孔时可能出现的问题和产生原因见表 12—3。

表 12—3　　钻孔时可能出现的问题和产生原因

问题	产生原因
孔大于规定尺寸	1. 钻头两切削刃长度不等，高低不一致 2. 主轴径向偏摆或工作台未锁紧，有松动 3. 钻头本身弯曲或装夹不好，使钻头有较大的径向圆跳动
孔壁粗糙	1. 钻头不锋利 2. 进给量太大 3. 切削液选择不当或供给不足 4. 钻头过短，排屑槽堵塞
孔歪斜	1. 工件上与孔垂直的平面与主轴不垂直或主轴与台面不垂直 2. 工件安装时，安装接触面上的切屑未清除干净 3. 工件装夹不稳，钻孔时产生歪斜，或工件有砂眼 4. 进给量过大使钻头产生弯曲变形
孔位偏移	1. 工件划线不正确 2. 钻头横刃太长、定心不准，起钻过偏而没有校准
钻头呈多角形	1. 钻头后角太大 2. 钻头两主切削刃长短不一，角度不对称
钻头工作部分折断	1. 钻头用钝继续钻孔 2. 钻孔时未经常退钻排屑，使切屑在钻头螺旋槽内阻塞 3. 孔将钻透时没有减小进给量 4. 进给量过大 5. 工件未夹紧，钻孔时产生松动 6. 在钻黄铜一类软金属时，钻头后角太大，前角未修磨小，造成扎刀
切削刃迅速磨损或碎裂	1. 切削速度太高 2. 没有根据工件材料硬度来刃磨钻头角度 3. 工件表皮或内部硬度高或有砂眼 4. 进给量过大 5. 切削液不足

七、钻孔操作注意事项

（1）钻削时，首先检查钻床、夹具、钻头及其他工具是否完好。

（2）钻孔时，工件一定要压（夹）紧在工作台或机座上，小工件常用机用平口虎钳或手虎钳夹紧。

（3）合理选择切削用量，调整主轴转速时，小钻头转速可快些，大钻头因切削量大，故转速放慢些。

（4）起钻时，仔细对准孔中心，防止钻偏。

（5）在通孔将钻穿时要特别小心，尽量减小进给量，以防进给量突然增加而发生钻头折断、工件甩出等事故。

（6）钻孔较深时，应间歇地退出钻头，及时排屑。

（7）钻削过程中，要不断地加注切削液，进行冷却、润滑。

（8）钻孔时严禁戴手套工作，严禁手中拿棉纱、抹布接近旋转的钻头，以免不小心被切屑钩住发生人身事故。

（9）不准用手去拉切屑和用嘴吹碎屑。清除切屑应用钩子或刷子，并尽量在停钻时清除。

（10）钻孔时，工作台面上不准放置刀具、量具及其他物品。钻通孔时，工件下面必须垫上垫块或使钻头对准工作台的槽，以免损坏工作台。

（11）直径 12 mm 以上的锥柄钻头直接或加接钻套后装入主轴锥孔内；直径 12 mm 以下的直柄钻头，须先装夹在钻夹头内，再装入主轴锥孔内。

（12）松、紧钻夹头必须用钥匙，不准用手锤或其他东西敲打。

（13）锥柄钻头或钻头套从主轴锥孔内退出时，须用斜铁敲击钻头扁尾，才能退出。

（14）钻床变速前应先停车。

（15）钻孔时，钻床未停妥不准去捏停钻夹头。

（16）使用电钻时（除低压及双层绝缘的电钻外），应戴橡皮手套和穿绝缘鞋（或脚踏在绝缘板上），以防触电。在工作中要随时注意人站立的稳定性，以防滑倒。

第6节　铰孔操作基础

一、基本概念

铰孔是装配钳工在装配中常用的加工方法。用铰刀从工件孔壁上切除微量金属层，以提高孔的尺寸精度和降低表面粗糙度值的方法称为铰孔。

铰孔是一种精加工方法。铰削后孔的公差等级可达 IT9 ~ IT7，甚至达到 IT6，表面粗糙度值可达 $Ra1.6 \sim 0.4$ μm。

二、铰刀

铰孔用的刀具称为铰刀（见图12—88），它具有刀齿数量多、切削余量少、切削阻力小和导向性能好等优点。

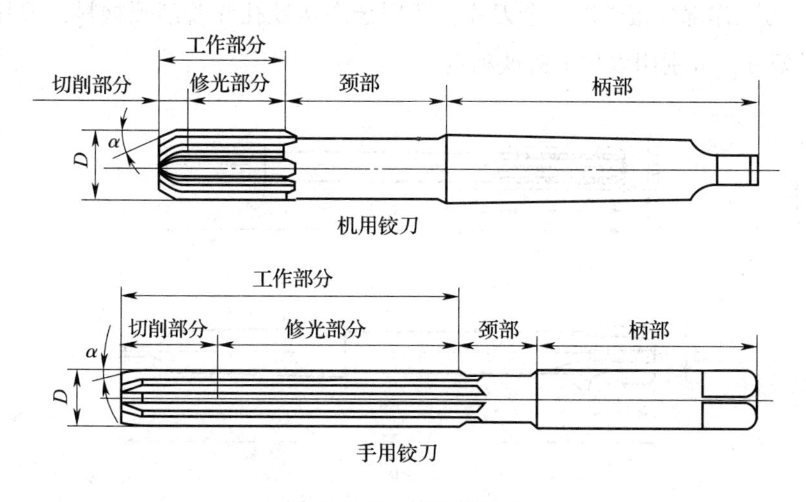

图12—88　铰刀的组成

铰刀由柄部、颈部和工作部分组成。铰刀柄部的作用是被夹持和传递扭矩，较为常用的有锥形、直柄和方榫形三种。铰刀颈部的作用是为了减小铰刀和孔壁的摩擦。铰刀的工作部分由引导部分、切削部分和修光部分组成。引导部分处于铰刀最前端，可引导铰刀头部进入孔内，其导向角一般为45°；切削部分主要担负切去铰孔余量的任务；修光部分有棱边，起定向、修光孔壁、保证铰刀直径和便于测量等作用。为了便于测量，铰刀的齿数通常为偶数。

常用的铰刀有：整体圆柱形机铰刀和手铰刀、可调节的手铰刀、螺旋槽手铰刀。

按使用方式可分为：手用铰刀、机用铰刀。手用铰刀为直柄，工作部分较长。机用铰刀多为锥柄，可安装在钻床、车床或铣床上进行铰孔加工。

按铰刀结构可分为：整体式铰刀、可调节式铰刀。可调节的手铰刀如图12—89所示，在刀体上开有六条斜底直槽，具有同样斜度的刀条嵌在槽里，利用前后两只螺母压紧刀条的两端，调节两端的螺母可使刀条沿斜槽移动，即能改变铰刀的直径，以适应加工不同孔径的需要。

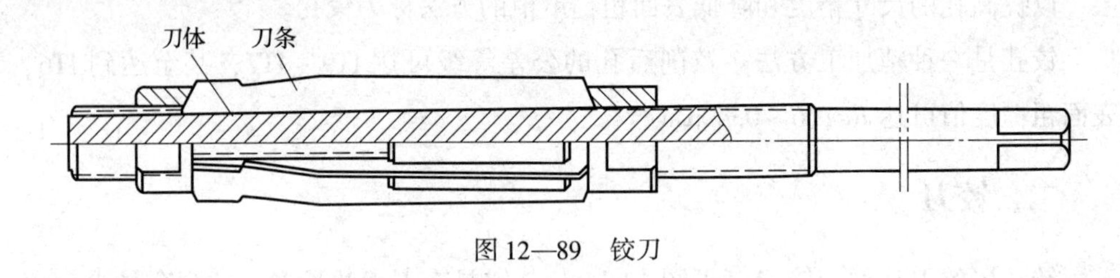

图12—89　铰刀

按铰刀切削部分材料可分为：高速钢铰刀、硬质合金铰刀（见图12—90）。硬质合金铰刀工作部分镶硬质合金刀片，适用于高速铰孔和铰削硬材料，刀片有YG和YT类两种，分别用以加工铸铁和钢。

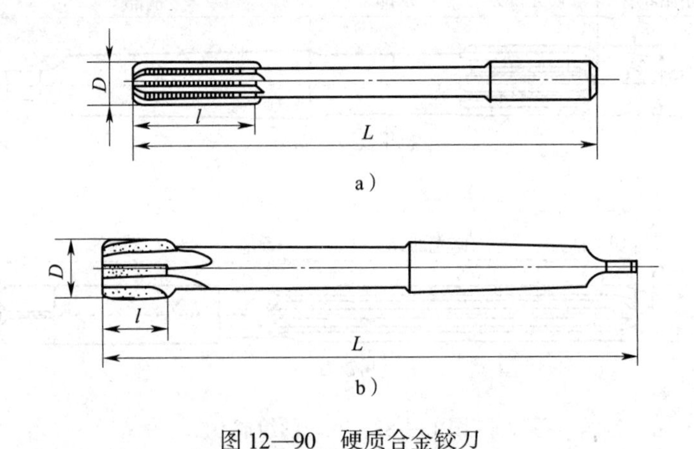

图12—90　硬质合金铰刀

按铰刀用途可分为圆柱铰刀、锥度铰刀和螺旋槽手铰刀。

螺旋槽手铰刀（见图12—91a），用这种铰刀铰孔时切削平稳，铰出的孔光滑，不会像普通铰刀那样产生纵向刀痕。有键槽的孔，用普通铰刀不能铰，其刀刃会被键槽槽边钩住（见图12—91b），此时只有用螺旋槽铰刀才能铰。铰刀的螺旋槽方向一般是左旋，以避免铰削时因铰刀的正向转动而产生自动旋进现象，左旋的刀刃也容易使铰下的切屑被推出孔外。

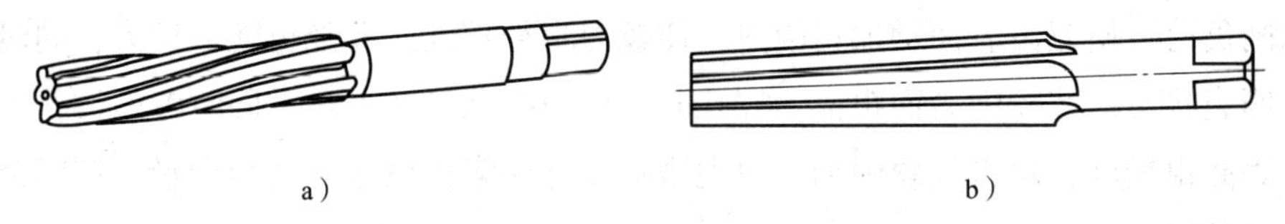

图 12—91　螺旋槽手铰刀

锥度铰刀用于铰削圆锥孔，常用的锥度铰刀有以下四种：

1. 1∶10 锥度铰刀

用以加工联轴节上与柱销配合的锥孔。

2. 莫氏锥度铰刀

用以加工 006 号莫氏锥孔（其锥度近似于 1∶20）。

3. 1∶30 锥度铰刀

用以加工套式刀具上的锥孔。

4. 1∶50 锥度铰刀

用以加工锥形定位销孔。

为了获得较高的铰孔质量，一般手铰刀的齿距在圆周上不是均匀分布的，而机铰刀工作时与机床连接在一起，为了制造方便，都做成刀刃等距分布的，如图 12—92 所示。

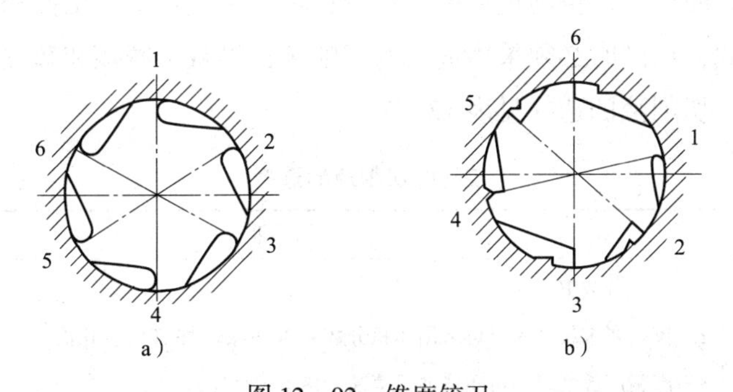

图 12—92　锥度铰刀

a）均匀分布的刀刃　b）不均匀分布的刀刃

三、铰孔方法

1. 铰削余量的确定

铰削余量是指上道工序（钻孔或铰孔）完成后，在直径方向所留下的加工余量。

铰削余量不能太大或太小。铰削余量太小，上道工序残留变形和加工刀痕难以去除，铰孔的质量很难达到要求。同时，由于铰削余量太小，铰刀的啃刮现象及磨损会加剧，从而降低了铰刀的使用寿命。如果铰削余量太大，则会增加每一个刀齿的切削负荷，使刀齿表面增加切削热，使铰刀直径扩大，孔径也随之扩大，同时切屑呈撕裂状态，使铰削表面粗糙。铰孔时，应根据孔径的大小，同时考虑铰孔的精度、表面粗糙度、材料的软硬和铰刀类型等多种因素正确选定铰削余量。铰削余量的选择见表12—4。

表12—4　　铰削余量　　mm

铰孔直径	<5	5～20	21～32	33～50	51～70
铰削余量	0.1～0.2	0.2～0.3	0.3	0.5	0.8

另外，铰削余量的确定与上道工序的加工质量有很大关系。因此，对于铰削精度要求较高的孔，必须经过扩孔或铰孔，才能保证最后的铰孔质量。

2. 机铰削的切削速度和进给量

采用钻床、车床或铣床进行铰孔加工时，铰孔的切削速度和进给量要选择适当，过大或过小都将直接影响铰孔质量和铰刀的使用寿命。如用普通高速钢铰刀铰孔，当工件的材料为铸铁时，切削速度 v 应不超过10 m/min，进给量 f 在0.8 mm/r左右；当工件材料为钢时，v 应不超过8 m/min，进给量 f 在0.4 mm/r左右。

3. 切削液的选择

铰削的切屑一般都很碎，容易黏附在切削刃上，甚至夹在孔壁与校准部分棱边之间将已加工表面拉毛。铰削过程中，热量积累过多也将引起工件和铰刀的变形或孔径扩大。因此，铰削时必须采用适当的切削液，以减少摩擦和散发热量，同时将切屑及时冲掉。切削液的选择见表12—5。

表12—5　　铰孔时切削液的选择

工件材料	切削液
钢	1. 体积分数10%～20%乳化液 2. 铰孔要求较高时，可采用体积分数为30%菜油加70%乳化液 3. 高精度铰削时，可用柴油、菜油、猪油
铸铁	1. 不用 2. 煤油，但要引起孔径缩小（最大缩小量为0.02～0.04 mm） 3. 低浓度乳化液
铝	煤油
铜	乳化液

四、铰孔常见质量问题原因分析

铰孔精度和表面粗糙度的要求都很高，如所用铰刀质量不好，铰削余量或切削液选择不合理以及操作不当都将会产生质量问题。铰孔时产生质量问题的原因及预防措施见表12—6。

表12—6　　铰孔时产生质量问题的原因及预防措施

质量问题	产生原因	预防措施
孔壁表面粗糙度值超差	1. 铰刀刃口不锋利，刀面粗糙 2. 切削刃上粘有积屑瘤 3. 容屑槽内切屑粘积过多 4. 铰削余量太大或太小 5. 铰刀退出时反转 6. 手铰时铰刀旋转不平稳 7. 切削液不充足或选择不当 8. 铰刀偏摆过大 9. 前角太小	1. 重新刃磨或研磨铰刀 2. 用油石研去积屑瘤 3. 及时退出铰刀清除切屑 4. 选择合适的铰削余量 5. 严格按操作方法加工 6. 采用顶铰，两手用力均匀 7. 合理选择和添加切削液 8. 重新刃磨铰刀或用浮动夹头 9. 根据工件材料选择前角
孔径扩大	1. 机铰刀轴心线与预钻孔轴心线不重合 2. 铰刀直径不符合要求 3. 铰刀偏摆过大 4. 进给量和铰削余量太大 5. 切削速度太高	1. 仔细校准钻床主轴、铰刀和工件孔三者之间的同轴度 2. 仔细测量、研磨铰刀 3. 重新刃磨铰刀或用浮动夹头 4. 选择合理的进给量和铰削余量 5. 降低切削速度，加切削液
孔径缩小	1. 铰刀直径小于最小极限尺寸 2. 铰刀磨钝 3. 铰削余量太大引起孔壁弹性恢复	1. 更换新的铰刀 2. 重新刃磨或研磨铰刀 3. 合理选择铰削余量
孔呈多棱形	1. 铰削余量太大 2. 铰前孔不圆使铰刀发生弹跳 3. 钻床主轴振摆太大	1. 减少铰削余量 2. 提高铰前孔的加工精度 3. 调整、修复钻床主轴精度

五、铰孔操作注意事项

（1）铰孔时，首先检查钻床、夹具、铰刀及其他工具是否完好。

（2）铰孔时工件一定要压（夹）紧在工作台或机座上。

（3）工件要夹正，夹紧力要适当，防止工件变形，以避免铰孔后零件变形部分回弹，影响孔的几何精度。

（4）手铰时，两手用力要均衡，保持铰削的稳定性，避免由于铰刀的摇摆而造成孔口喇叭状和孔径扩大。

（5）随着铰刀旋转，两手轻轻加压，使铰刀均匀进给。同时不断变换铰刀每次停歇位置，防止连续在同一位置停歇而造成振痕。

（6）铰削过程中或退出铰刀时，都不允许反转，否则会拉毛孔壁，甚至使铰刀崩刃。

（7）铰削过程中如果铰刀被卡住，不能猛力扳转铰刀，以防损坏铰刀，此时应取出铰刀，清除切屑和检查铰刀。继续铰削时要缓慢进给，以防在原处再次卡住。

（8）铰削定位锥销孔时，注意两结合零件应位置正确，铰削过程中要经常用相配的锥销检查铰孔尺寸，以防将孔铰深。一般用手按紧锥销时锥销头部应高于工件表面2~3 mm，然后用铜锤敲紧。根据具体情况和要求，锥销的头部可略低或略高于工件表面。

（9）使用机铰时，要注意机床主轴、铰刀和工件孔三者之间的同轴度误差是否符合要求。当上述同轴度误差不能满足铰孔精度时，铰刀应采用浮动式装夹，以便调整铰刀与所铰孔的中心位置。

（10）当机铰结束时，铰刀应退出孔外后再停机，否则孔壁有刀痕，退出时孔会被拉毛。

（11）在铰孔过程中，要按工件材料、铰孔精度要求合理选用切削液。

第7节　攻螺纹操作基础

一、攻螺纹基本概念

1. 螺纹的种类

螺纹的分类方法和种类很多。通常螺纹类别按牙型可分为三角形螺纹、梯形螺纹、锯齿形螺纹、半圆形螺纹和圆锥螺纹等。

三角形螺纹由于其根部强度较高，螺纹的自锁性好，主要用来连接零件，如螺杆、螺母等；梯形螺纹和锯齿形螺纹具有传动效率高、螺纹强度也较高的特点，主要用来传递运动，如台虎钳和螺旋千斤顶上的螺杆采用锯齿形螺纹，各种机床上的传动丝杠采用梯形螺纹，锯齿形螺纹常用在承受单向轴向力的机械零件上；半圆形螺纹由于配合时无径向间隙，主要用来作管件连接；圆锥螺纹具有配合紧密的特点，被用于需要密封的场合。

另外，螺纹按螺旋线条数可分为单线螺纹和多线螺纹；按螺纹母体形状分为圆柱螺纹和圆锥螺纹等。

钳工装配加工的螺纹大都是三角形螺纹。三角形螺纹有公制和英制两种。公制三角形螺纹的牙型角为 60°，分粗牙普通螺纹和细牙普通螺纹两种。细牙螺纹由于螺距小、螺旋升角小、自锁性好，常用于承受冲击、振动或变载荷的连接，也可用于调整机构。英制三角形螺纹的牙型角为 55°。

2. 螺纹基本尺寸

（1）螺纹要素

螺纹要素包括牙型、公称直径、螺距（或导程）、线数、精度和旋向等。

1）牙型。牙型是在通过螺纹轴线的剖面上螺纹的轮廓形状，有三角形、梯形、圆弧、锯齿形和矩形等牙型，各种螺纹的剖面形状如图 12—93 所示。

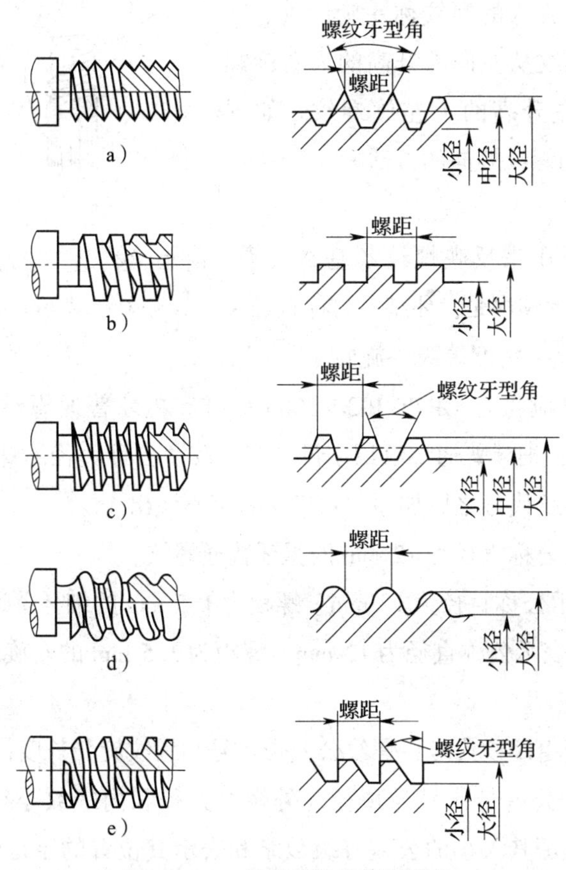

图 12—93　各种螺纹的剖面形状

a）三角形螺纹　b）矩形螺纹　c）梯形螺纹　d）圆弧螺纹　e）锯齿形螺纹

2）大径（D、d）。大径是与外螺纹牙顶或内螺纹牙底相重合的假想圆柱面的直径。

3）公称直径。公称直径是代表螺纹尺寸的直径，指大径的基本尺寸。

4）线数（n）。线数是指一个螺纹上螺旋线的数目。螺纹可分单线、双线和多线。沿一条螺旋线所形成的螺纹称为单线螺纹；沿两条或两条以上在轴向等距分布的螺旋线所形成的螺纹称为多线螺纹。

5）螺距（P）。螺距是相邻两牙在中径线上对应两点间的轴向距离。导程（P_h）是指一条螺旋线上相邻两牙在中径线上对应两点间的轴向距离。单线螺纹 $P = P_h$，多线螺纹 $P_h = nP$。

6）螺纹精度。螺纹精度由螺纹公差带和旋合长度组成。螺纹公差带的位置由基本偏差决定，外螺纹的上偏差（es）和内螺纹的下偏差（EI）为基本偏差。

7）螺纹的旋向。螺纹的旋向分左旋和右旋两种。顺时针旋转时旋入的螺纹称右旋螺纹；逆时针旋转时旋入的螺纹称左旋螺纹。判别螺纹旋向时，螺纹从左向右升高的为右旋螺纹；螺纹从右向左升高的为左旋螺纹。如图 12—94 所示为判别螺纹旋向的方法。

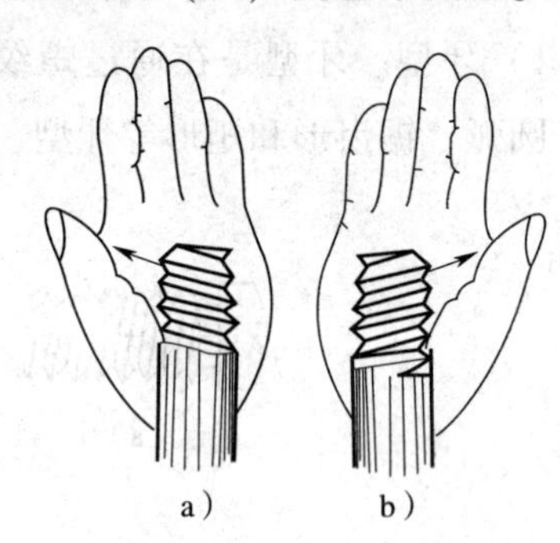

图 12—94　左右手判别螺纹旋向的方法
a）左旋螺纹　b）右旋螺纹

（2）螺纹代号

螺纹代号主要用来反映螺纹各基本要素。标准螺纹代号的表示顺序是：牙型—公称直径 × 螺距（导程/线数）—精度等级—旋向。

普通螺纹代号应符合 GB/T 193—2003 标准。粗牙普通螺纹用字母“M”及“公称直径”表示；细牙普通螺纹用字母“M”及“公称直径 × 螺距”表示。当螺纹为左旋时，在螺纹代号之后加写“LH”，右旋不注出。

如：M12 表示公称直径为 12 mm 的粗牙普通螺纹。

M12 × 1. 5 表示公称直径为 12 mm、螺距为 1. 5 mm 的细牙普通螺纹。

M12 × 1. 5LH 表示公称直径为 12 mm、螺距为 1. 5 mm 的左旋细牙普通螺纹。

（3）螺纹标记

螺纹完整标记由螺纹代号、螺纹公差带代号和螺纹旋合长度代号组成。螺纹公差带代号包括中径公差带代号与顶径（外螺纹大径和内螺纹小径）公差带代号。公差带代号是由表示其大小的公差等级数字和表示其位置的字母组成，如 6H、6g 等。如两公差带相同，则只标注一个。螺纹公差带代号标注在螺纹代号之后，中间用“—”分开。

3. 内螺纹的加工

在圆柱内表面上形成的螺纹叫内螺纹。利用丝锥在圆柱内表面上加工出内螺纹的操作技能称为攻螺纹（攻丝）。钳工在装配过程中对工件进行螺纹加工应用较多。

用丝锥加工内螺纹时，丝锥除对材料起切削作用外，还对材料产生挤压。因此，螺纹的牙型产生塑性变形，使牙型顶端凸起一部分，材料塑性越大，则挤压凸起部分越多，此时如果螺纹牙型顶端与丝锥刀齿根部没有足够的空隙，就会使丝锥轧住或折断，所以攻螺纹前的底孔直径必须大于螺纹标准中规定的螺纹小径。底孔直径的大小，应根据工件材料的塑性大小和钻孔的扩张量来考虑，使攻螺纹时既有足够的空间来容纳被挤出的金属材料，又能保证加工出的螺纹有完整的牙型。

在钢和塑性较大的材料上攻制普通螺纹时，底孔用钻头的直径应为：

$$D_0 = D - P$$

式中　D——内螺纹大径，mm；

　　P——螺距，mm。

在铸铁和塑性较小的材料上攻制普通螺纹时，底孔用钻头的直径为：

$$D_0 = D - (1.05 \sim 1.1)P$$

攻普通螺纹钻底孔的钻头直径也可在表 12—7 中查得。

表 12—7　　攻普通螺纹钻底孔的钻头直径　　mm

螺纹大径	螺距	钻头直径 D	
		铸铁、青铜、黄铜	钢、紫铜、可锻铸铁
3	0.5	2.5	2.5
	0.35	2.65	2.65
4	0.7	3.3	3.3
	0.5	3.5	3.5
5	0.8	4.1	4.2
	0.5	4.5	4.5
6	1	4.9	5
	0.75	5.2	5.2
8	1.25	6.6	6.7
	1	6.9	7
	0.75	7.1	7.2
10	1.5	8.4	8.5
	1.25	8.6	8.7
	1	8.9	9
	0.75	9.1	9.2
12	1.75	10.1	10.2
	1.5	10.4	10.5
12	1.25	10.6	10.7
	1	10.9	11
14	2	11.8	12
	1.5	12.4	12.5
	1	12.9	13
16	2	13.8	14
	1.5	14.4	14.5
	1	14.9	15
18	2.5	15.3	15.5
	2	15.8	16
	1.5	16.4	16.5
	1	16.9	17
20	2.5	17.3	17.5
	2	17.8	18
	1.5	18.4	18.5
	1	18.9	19
22	2.5	19.3	19.5

在攻不通孔螺纹时，由于丝锥切削部分带有锥角，不能切出完整的螺纹牙型，因此为了保证螺孔的有效深度，底孔的钻孔深度一定要大于所需的螺孔深度，一般取钻孔深度 = 所需螺孔深度 + 0.7D（D 为螺纹大径）。

二、攻螺纹的工具

攻螺纹要使用丝锥、铰杠和保险夹头等工具。

1. 丝锥

丝锥是钳工加工内螺纹的工具，分成手用和机用两种，有粗牙、细牙之分。手用丝锥一般用合金工具钢或轴承钢制造，机用丝锥都用高速钢制造。

丝锥由工作部分和柄部两部分组成，如图 12—95 所示。

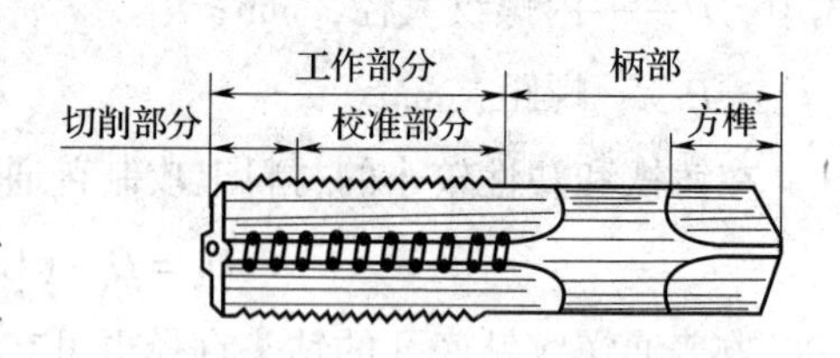

图 12—95　丝锥的结构

工作部分包括切削部分和校准部分。切削部分担负主要切削工作。切削部分沿轴向开有几条容屑槽，形成切削刃和前角，同时能容纳切屑。在切削部分前端磨出锥角，使切削负荷分布在几个刀齿上，从而使切削省力，刀齿受力均匀，不易崩刃或折断，丝锥也容易正确切入。

校准部分有完整的齿形，用来校准已切出的螺纹，并保证丝锥沿轴向运动。丝锥校准部分有 0.05 ~ 0.12 mm/100 mm 的倒锥，以减小与螺纹孔的摩擦。

柄部有方榫，用来传递切削转矩。

为了减小攻螺纹时手用丝锥的切削力和提高丝锥的使用寿命，将攻螺纹时的整个切削量分配给 2 ~ 3 支丝锥来承担。

在成套丝锥中 M6 ~ M24 的丝锥一套有两支，M6 以下及 M24 以上的丝锥一套有三支。M6 以下因丝锥小容易折断，所以备有三支一套；大的丝锥切削负荷很大，也需要分几支逐步切削，所以也备有三支一套。细牙丝锥不论大小均为两支一套。

在成套丝锥中，切削量的分配有两种形式，即锥形分配和柱形分配。

锥形分配如图 12—96a 所示，每套中丝锥的大径、中径、小径都相等，只是切削部分的长度及锥角不同。头锥的切削部分长度为 5 ~ 7 个螺距，二锥切削部分长度为 2.5 ~ 4 个螺距，三锥切削部分长度为 1.5 ~ 2 个螺距。

如图 12—96b 所示为柱形分配，其头锥、二锥的大径、中径、小径都比三锥小。头锥、二锥的中径一样，大径不一样，头锥的大径小，二锥的大径大。柱形分配的丝锥，其切削量分配比较合理，使每支丝锥磨损均匀，使用寿命长，攻螺纹时较省力。同时，因末锥的两侧刃也参加切削，所以螺纹表面粗糙度值较低。

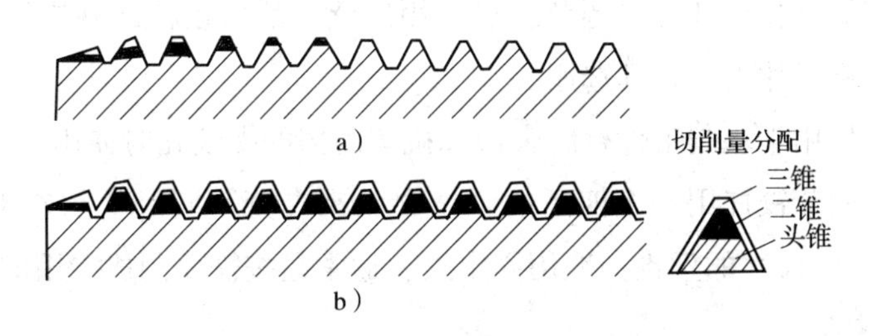

图 12—96　丝锥切削量分配

a）锥形分配　b）柱形分配

目前，工具厂出品的手用丝锥大于或等于 M12 的采用柱形分配，M12 以下的采用锥形分配。所以，攻制 M12 或 M12 以上的通孔螺纹时，最后一定要用末锥攻过才能得到正确的螺纹直径而完成加工。在攻螺纹时丝锥顺序不能搞错。

机用丝锥往往一套也有两支。攻通孔螺纹时，一般都是用切削部分长的头锥一次攻出。只有攻不通孔螺纹时才用二锥再攻一次，以增加螺纹的有效部分长度。

2. 铰杠

铰杠是用来夹持丝锥柄部的方榫，带动丝锥旋转进行切削的工具。铰杠有普通铰杠和丁字铰杠两类，每类铰杠又分为固定式和活络式两种，如图 12—97 所示。

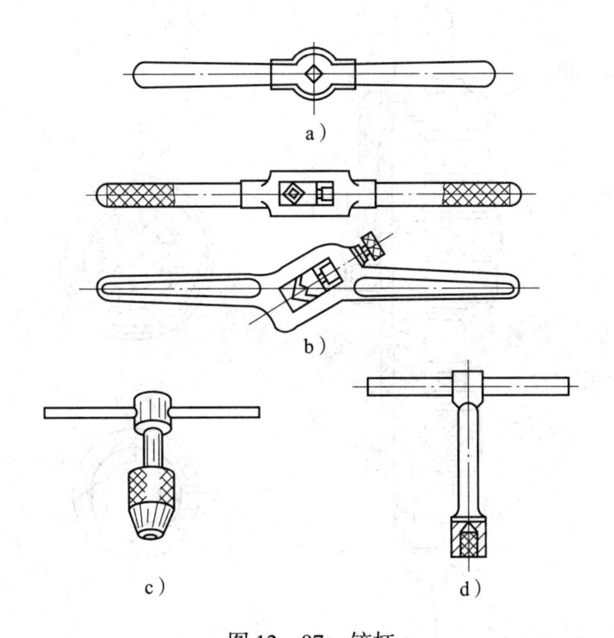

图 12—97　铰杠

a）固定铰杠　b）活络铰杠　c）活动丁字铰杠　d）丁字铰杠

固定铰杠的方孔尺寸与杠的长度应符合一定的规格，使丝锥受力不致过大，以防折断，一般在攻制 M5 以下螺纹时使用。

活络铰杠的方孔尺寸可以调节，故应用广泛。活络铰杠的规格以其长度表示，使用时根据丝锥尺寸大小合理选用。

丁字形铰杠用于攻制工件台阶旁边或机体内部的螺纹孔时使用。

丁字形可调节铰杠用一个四爪的弹簧夹头来夹持不同尺寸的丝锥，一般用于M6以下丝锥。大尺寸的丝锥一般用固定式，通常是按需要制成专用的。

3. 保险夹头

为了提高攻螺纹的生产效率，减轻工人的劳动强度，当螺纹数量很大时，可以在钻床上攻螺纹。在钻床上攻螺纹时，要用保险夹头来夹持丝锥，以防止当切削力超过一定的转矩时打滑，避免丝锥负荷过大或攻不通孔到达孔底时造成丝锥折断或损坏工件等现象。

常用的保险夹头是锥体摩擦式保险夹头，如图12—98所示。

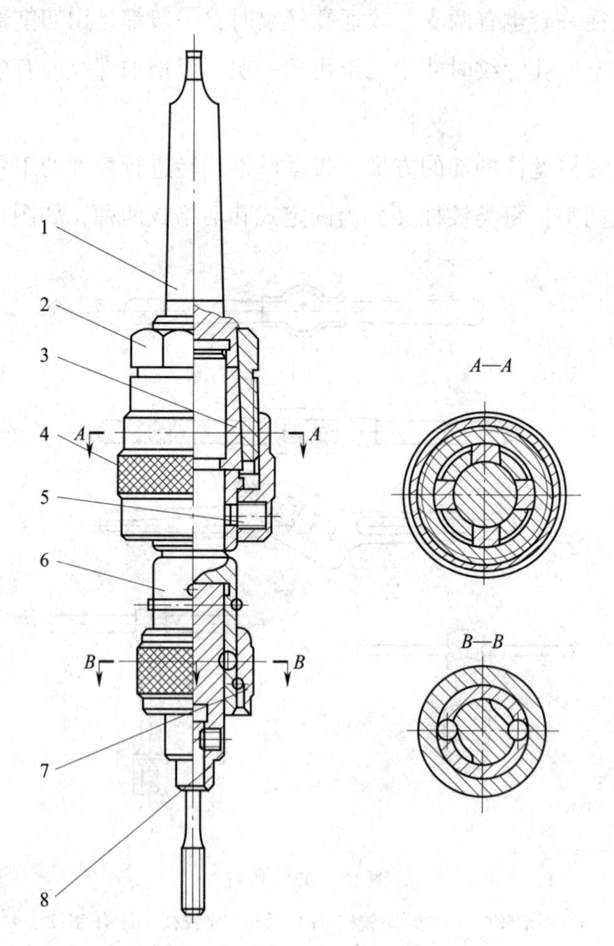

图12—98　保险夹头

1—保险夹头本体　2—螺套　3—摩擦块　4—螺母　5—螺钉　6—轴　7—滑环　8—可换夹头

三、攻螺纹的操作方法

1．手工攻螺纹

手工攻螺纹是钳工加工内螺纹最常见的操作，常用于单件、小批量工件的加工，操作步骤为：

（1）底孔确定后钻孔、孔口倒角（攻通孔时两面孔口都应倒角）。

（2）攻螺纹时丝锥必须放正，当丝锥切入 1～2 圈时，用钢直尺或直角尺在两个互相垂直的方向检查，如图 12—99 所示。发现不垂直时，加以校正。

（3）丝锥位置校正并切入 3～4 圈时，只需均匀转动铰杠。

（4）加工塑性材料应注意，每正转 1/2～1 圈要倒转 1/4～1/2 圈，以利于断屑、排屑。攻制不通螺纹孔时，丝锥上要做好深度标记，并经常退出丝锥，清除切屑，如图 12—100 所示。

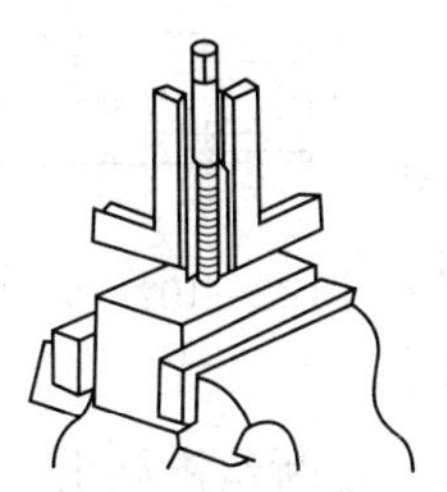

图 12—99　用直角尺检查丝锥位置

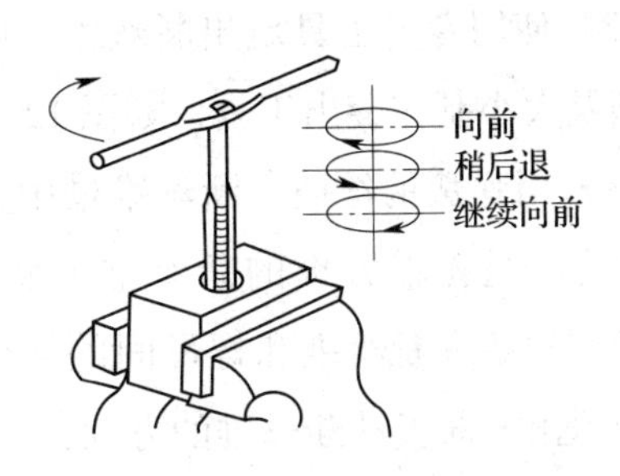

图 12—100　攻螺纹方法

（5）手工攻螺纹时，一定要使丝锥与工件孔端面垂直。可采用校正丝锥垂直的工具，如图 12—101 所示。

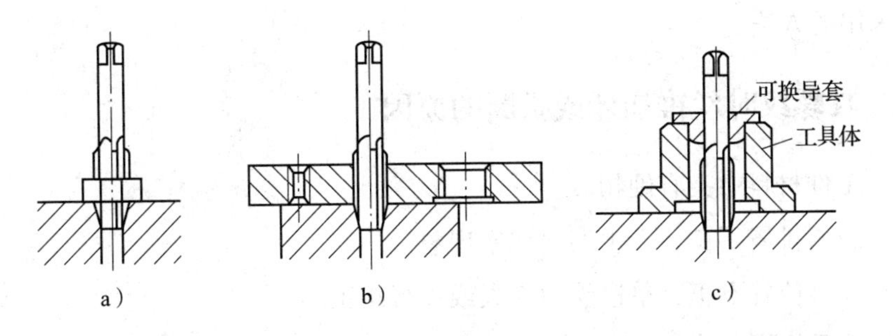

图 12—101　校正丝锥垂直的工具

a）利用光制螺母校正丝锥　b）板形多孔位校正丝锥工具　c）可换导套多用校正丝锥工具

（6）使用成套丝锥攻丝或头锥、二锥交替使用时，在调换丝锥过程中，应先用手将丝锥旋入至不能旋进时，再用铰杠转动，以防螺纹乱牙。

2. 机动攻螺纹

除了对某些螺孔必须要采用钳工手工攻螺纹外，批量加工中使用机动攻螺纹，以保证攻螺纹的质量和提高劳动生产率。

攻螺纹的切削速度主要根据加工材料、丝锥直径、螺距、螺孔的深度而定。当螺孔的深度在10～30 mm，其切削速度大致如下：钢材的为6～15 m/s；铸铁的为8～10 m/s。在同样条件下，丝锥直径小，取大值；直径大，取小值；螺距大，取小值。

四、从螺纹孔中取出断丝锥的方法

在取出断丝锥前，先把孔中的切屑和丝锥碎屑清除干净。

（1）用冲头或狭錾，顺着退出方向敲打丝锥的容屑槽，开始轻打，逐渐加重，振松以后，丝锥便可退出。

（2）使用专门工具旋出断丝锥。由钳工按丝锥的槽型及大小制作旋出工具，如图12—102所示。

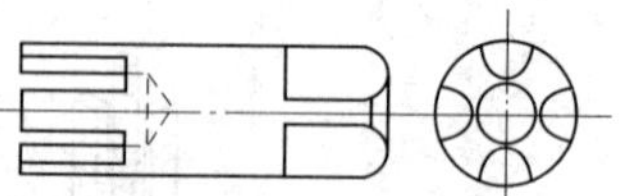

图12—102　取出断丝锥的工具

（3）用弹簧钢丝插入断丝锥槽中，把断丝锥旋出。其方法是在带方榫的断丝锥上旋上两个螺母，把弹簧钢丝塞进断丝锥和螺母间的空槽内，然后用铰杠向退出方向扳动断丝锥的方榫，带动钢丝，便可把断丝锥旋出。

（4）用气焊在断丝锥上焊上一个六角螺钉，然后按退出方向扳动螺钉，把断丝锥旋出。

（5）将断丝锥用气焊退火，然后用钻头把断丝锥钻掉。

（6）用电火花成型机床将断丝锥电蚀加工，蚀除断丝锥，这是目前模具行业中较多采用的方法。

五、攻螺纹时丝锥崩牙或折断的原因

（1）工件材料中夹有硬物。

（2）断屑排屑不良，产生切屑堵塞现象。

（3）丝锥位置不正，单边受力太大或强行纠正。

（4）两手用力不均。

（5）丝锥磨钝，切削阻力太大。

（6）底孔直径太小。

（7）攻不通孔螺纹时丝锥已到底仍继续扳转。

（8）攻螺纹时用力过猛。

六、操作注意事项

（1）对所有加工的螺纹底孔，要检查直径是否符合要求，孔小了应扩大后再攻螺纹。

（2）若底孔的预加工表面粗糙，会影响切出的螺纹的表面质量。

（3）螺纹底孔过小或工件材料较硬，丝锥不易切进，如果压力不平衡，刀具产生摇摆，易将前几牙螺纹切乱、切歪斜。

（4）用成组丝锥攻螺纹，用二锥攻螺纹时，必须用手将二锥切削部分旋入螺孔后再攻螺纹。若头锥攻歪斜，而用二锥强制进行纠正，往往会将部分牙型切乱。

（5）在塑性材料上攻螺纹时，一定要加切削液。

（6）在塑性较好的金属上攻螺纹，如用力过猛，刀具不及时倒转，又未加切削液，易使切屑堵塞，造成切削温度过高，会将切出的螺纹挤坏。

（7）攻螺纹时如切屑过多，堵塞在刀具与螺纹孔之间，使刀刃磨损快，会影响螺纹牙型质量。

（8）当丝锥磨钝、崩刃或刃口上有粘屑时，会将螺纹牙型刮乱。

（9）机动攻螺纹时，丝锥与螺纹底孔不同心或操作时用力不平衡，刀具发生倾斜等，都会将螺纹切歪。

（10）手工攻螺纹时，用力不平衡，铰杠掌握不稳；机动攻螺纹时，主轴和攻螺纹夹头的径向跳动过大或丝锥切削刃磨得不对称等，均能使螺纹孔攻大或攻成喇叭口状。

（11）丝锥磨损严重时，加工出的螺纹孔直径易缩小。

（12）丝锥刃齿的前、后刀面及容屑槽的表面粗糙或有锈蚀及伤痕，会增大切削过程的摩擦力，使切削刃易结瘤，将牙型刮毛。

（13）丝锥切削刃磨损或崩刃时，切削中易出现“啃刀”现象。特别是机动攻螺纹时，切削温度较高，切屑黏附加剧，也会影响螺纹的表面粗糙度。

（14）用负刃倾角的丝锥加工通孔螺纹时，切屑流向已加工表面，把螺纹表面刮伤。

（15）经过刃磨的丝锥，如将前、后角磨得太大，会使刀齿强度减弱。

（16）刀齿磨钝或黏结有切屑瘤时，在攻螺纹中易使切屑堆积在刀齿上，而且越积越厚，容屑槽被切屑严重堵塞，使扭转力矩不断增大，继续攻削时，会导致刀齿崩坏，甚至将丝锥扭断。

（17）攻螺纹时丝锥产生歪斜，使切削层一边厚一边薄，严重时易将刀齿崩坏或扭断丝锥。

（18）攻不通孔的螺纹孔时，丝锥已经攻到底但仍在用力，易使丝锥折断。

（19）在切削过程中，用力过猛或只正转不反转，使攻削负荷不断增大，会损坏刀齿，甚至扭断丝锥。

（20）手工攻螺纹时，一定要使丝锥与工件孔端面垂直。可采用校正丝锥垂直的工具。

（21）机动攻螺纹攻不通孔时，思想要高度集中，先量好孔深，并在丝锥上作深度记号。

（22）机动攻螺纹时，钻底孔及攻螺纹最好在工件一次装夹中完成，以保证攻螺纹的位置精度。

第8节　套螺纹操作基础

一、套螺纹基本概念

1. 外螺纹的加工

在圆柱或圆锥外表面上形成的螺纹叫外螺纹。利用圆板牙在圆柱或圆锥外表面上加工出外螺纹的操作技能称为套螺纹（套丝）。钳工在装配过程中对工件进行套螺纹加工、修配应用较多。

2. 套螺纹前底孔直径的确定

用圆板牙加工外螺纹时，圆板牙除对材料起切削作用外，还对材料产生挤压。因此，螺纹的牙型产生塑性变形，使牙型顶端凸起一部分，材料塑性越大，则挤压凸起部分越多，所以圆杆直径应稍小于螺纹大径。

圆杆直径可用下列公式计算：

$$d_o = d - 0.13P$$

式中　d_o——圆杆直径，mm；

d——外螺纹大径，mm；

P——螺距，mm。

二、套螺纹的工具

套螺纹要使用圆板牙、圆板牙铰手等工具。

1. 圆板牙

圆板牙是加工外螺纹的工具，它由切削部分、校准部分和排屑孔组成。其本身就像一个圆螺母，在它上面钻有几个排屑孔而形成刃口，如图 12—103 所示。

圆板牙的切削部分为两端的锥角（2φ）部分，它不是圆锥面，而是经铲磨而成的阿基米德螺旋面，形成的后角 $\alpha_o=7°\sim9°$，锥角 $\varphi=20°\sim25°$。圆板牙前面是圆孔，因此前角大小沿着切削刃而变化，外径处前角最大，内径处前角 γ_{o1} 为最小，如图 12—104 所示，一般 $\gamma_o=8°\sim12°$。圆板牙的中间一段是校准部分，也是套螺纹时的导向部分。

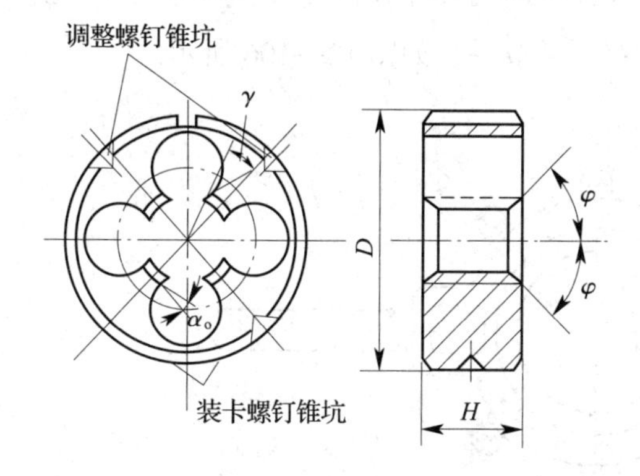

图 12—103　圆板牙

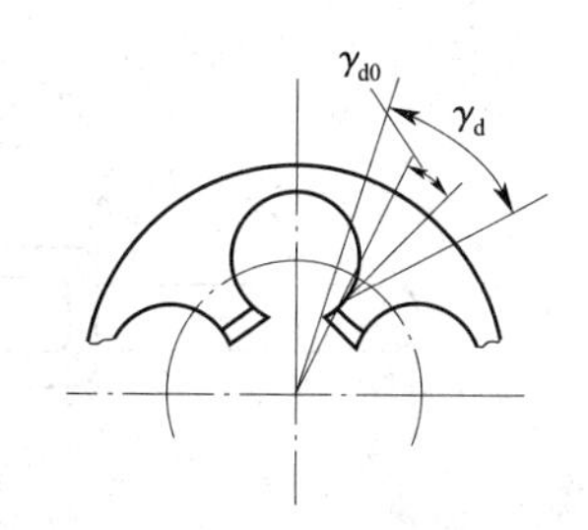

图 12—104　圆板牙切削部分角度

圆板牙两端面都有切削部分，一端磨损后，可换另一端使用。

圆板牙的校准部分因套螺纹时的磨损会使螺纹尺寸变大而超出公差范围，为延长圆板牙的使用寿命，M3.5 以上的圆板牙，其外圆上有一条 V 形槽（见图 12—105）。当尺寸变大超差时，可用片状砂轮沿 V 形槽割出一条通槽，用圆板牙架上的两个螺钉顶入圆板牙上面的两个偏心锥孔坑内，使圆板牙尺寸缩小，其调节范围为 0.1～0.25 mm。若在 V 形槽开口处旋入螺钉能使圆板牙直径增大。

圆板牙下部两个轴线通过圆板牙中心的螺钉坑是用螺钉将圆板牙固定在圆板牙架中并用来传递转矩的。

管螺纹圆板牙可分为圆柱管螺纹圆板牙和圆锥管螺纹圆板牙，其结构与圆板牙基本相同。但圆锥管螺纹圆板牙只是在单面制成切削锥，如图 12—105 所示，故圆锥管螺纹圆板牙只能单面使用。

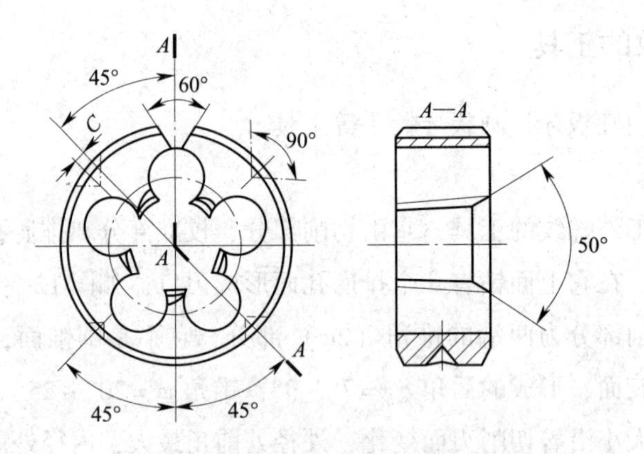

图12—105　圆锥管螺纹圆板牙

2. 圆板牙铰手

圆板牙铰手是用来安装、夹持圆板牙，带动圆板牙旋转进行切削的工具。圆板牙铰手通常为固定式，每一种圆板牙对应一种铰手，如图12—106所示。

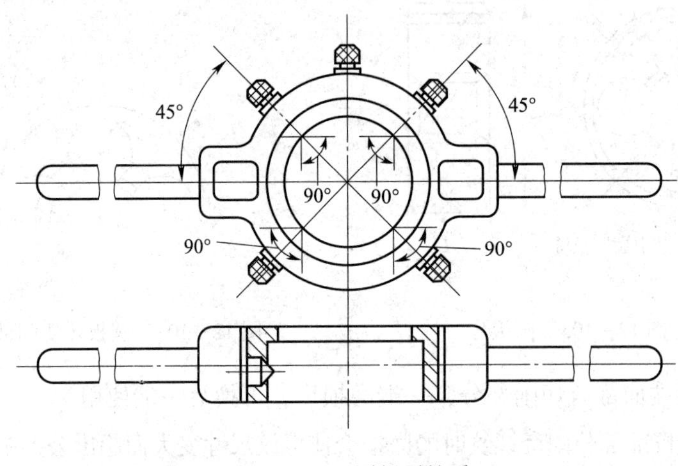

图12—106　圆板牙铰手

三、套螺纹的操作方法

（1）按规定确定圆杆直径，同时将圆杆顶端倒角至15°～20°以便于起削，如图12—107所示。锥体的小端直径要比螺纹的小径小，这样可消除螺纹起端处的锋口。

（2）套螺纹时，切削力矩很大，圆杆不易夹持牢固，甚至会使圆杆表面损坏，所以要用硬木做的V形架或紫铜板作衬垫，才能可靠地夹紧，如图12—108所示。

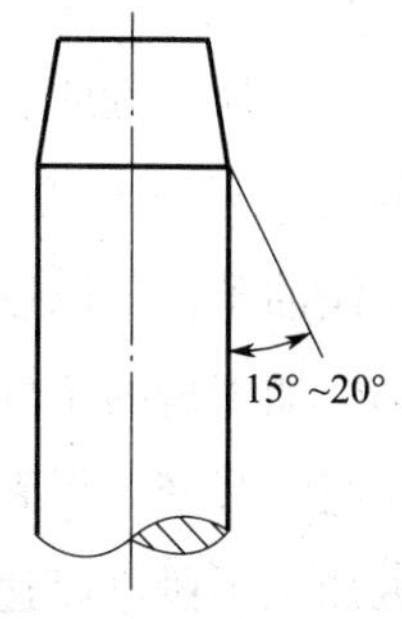

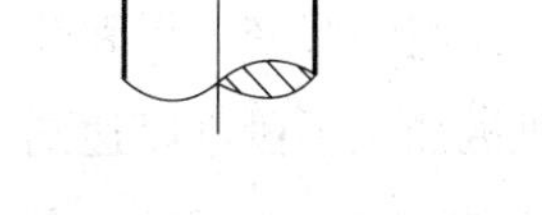

图 12—107　圆杆顶端倒角

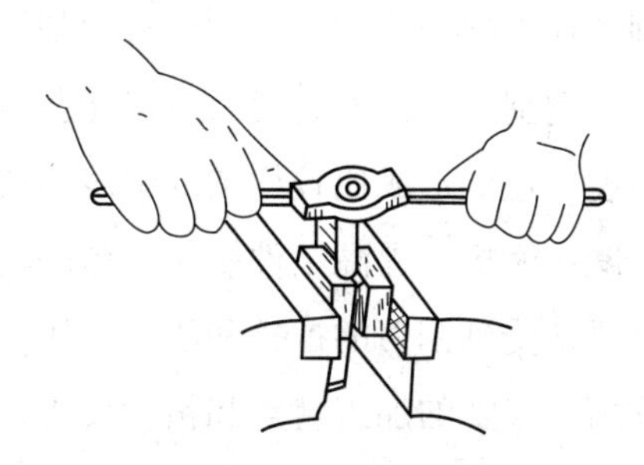

图 12—108　套螺纹用衬垫

（3）套螺纹时应保持圆板牙端面与圆杆轴线垂直，避免切出的螺纹单面或螺纹牙一面深一面浅。

（4）开始套螺纹时，两手转动圆板牙的同时要施加轴向压力，当圆板牙切入后，不需加压，只需均匀转动圆板牙。为了断屑，圆板牙要经常倒转。

（5）为了提高螺纹表面质量和延长圆板牙使用寿命，套螺纹时要加切削液。一般用浓的乳化液、20～30 号机油，要求高的可用菜油或二硫化钼。

四、套螺纹时出现的问题和原因

1. 螺纹乱牙

原因有套螺纹时圆杆直径太大，起套困难；圆板牙套螺纹时歪斜太多，强行借正；未进行必要的润滑；圆板牙未经常倒转进行断屑等。

2. 螺纹形状不完整

原因有圆杆直径太小；调节圆板牙时，直径太大等。

3. 套螺纹后螺纹歪斜

原因有圆杆端部倒角不符合要求，圆板牙位置较难放准；两手用力不均匀，使圆板牙位置发生歪斜等。

第 9 节　刮研操作基础

一、刮削基本概念

1. 刮削

用刮刀刮除工件表面薄层而达到精度要求的方法称为刮削。它是装配中常见的一种精加工方法。

刮削加工属于精加工。它具有切削量小、产生热量少、加工方便和装夹变形小等特点。刮削后的工件表面，不仅能获得很高的形位精度、尺寸精度、接触精度、传动精度，还能形成比较均匀的微浅凹坑，创造良好的储油条件，以达到润滑工件表面、减小摩擦、提高工件使用寿命的目的。另外，刮削加工后的工件表面，由于多次反复地受到刮刀的推挤和压光作用，能使工件表面组织紧密，得到较低的表面粗糙度值。以上的加工特点和精度要求，利用一般机械加工手段难以达到，必须采用刮削的方法。如机床导轨面、转动轴颈和轴承之间的接触面、工具和量具的接触面以及密封表面等多用刮削加工。刮削加工在机械制造中仍属于一项重要的加工方法。

2. 刮削原理

由于每次的刮削量很小，因此，留给刮削加工的余量不宜太大，一般为0.05～0.4 mm，具体数值根据工件刮削面积大小而定。刮削面积大，加工误差也大，所留余量应大些；反之，则余量可小些。当工件刚度较差、容易变形时，刮削余量可取大些。合理的刮削余量见表12—8。

表12—8　　平面刮削余量　　mm

平面宽度	平面长度				
	100～500	500～1 000	1 000～2 000	2 000～4 000	4 000～6 000
100以下	0.10	0.15	0.20	0.25	0.30
100～500	0.15	0.20	0.25	0.30	0.40

二、刮削的工具

1. 刮刀

刮刀是刮削用的主要工具，其刀头必须具有足够的硬度，刃口应保持锋利。刮刀的材料一般采用碳素工具钢（T8、T10、T12、T12A）或轴承钢（GCr15）锻制而成。当刮削硬质材料时，也有用硬质合金刀片镶在刀杆上使用。根据刮削工件外形的不同，刮刀可分为平面刮刀和曲面刮刀两大类。

（1）平面刮刀

平面刮刀又分为普通平面刮刀和活头平面刮刀两种，结构和形状如图12—109所示。

1）手握刮刀。一般用废旧锉刀磨光两面锉齿改制而成，刀体较短，刮削时由双手一前一后握持着推压前进。其结构和形状如图12—109a所示。

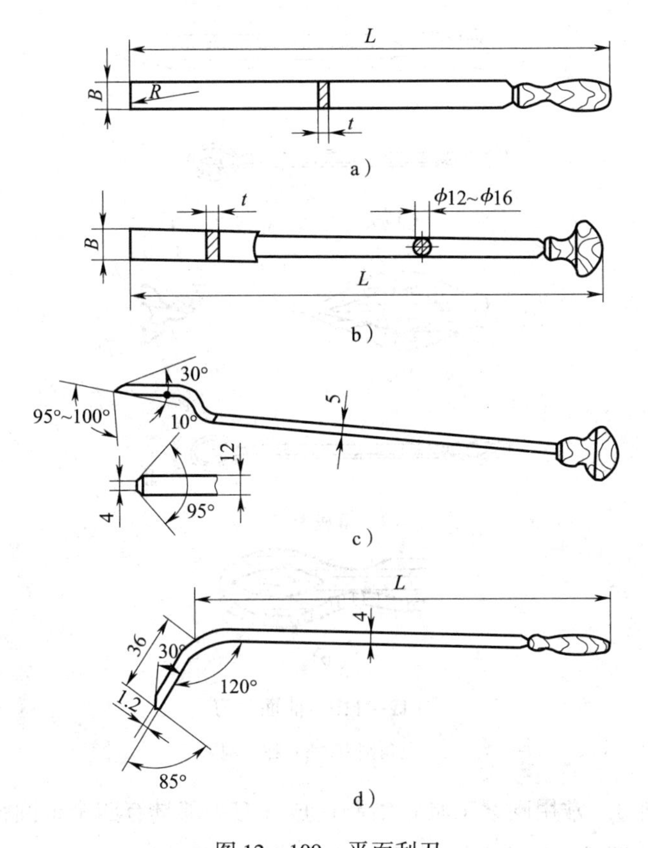

图 12—109　平面刮刀

a）手握刮刀　b）挺刮刀　c）精刮刀　d）钩头刮刀

2）挺刮刀。刀片与刀体用铜焊焊接，具有良好的弹性。刮削时将刀柄放在小腹右下侧肌肉处，双手握住刀身，左手下压刀杆，利用腿部和臀部的力量使刮刀向前推挤。挺刮刀一般用于粗刮。其结构和形状如图 12—109b 所示。

3）精刮刀和压花刀。刀体呈曲形，头部小，角度大，弹性较大。使用方法与挺刮刀相同，精刮刀和压花刀常用于精刮和刮花。其结构和形状如图 12—109c 所示。

4）钩头刮刀。头部呈钩状，刮削时用左手紧握钩头部分用力向下压，右手抓住刀柄用力往后拉。其结构和形状如图 12—109d 所示。

（2）曲面刮刀

曲面刮刀主要用来刮削内曲面，种类较多，常用的曲面刮刀有三角刮刀和蛇头刮刀两种，结构和形状如图 12—110 所示。

1）三角刮刀。一般可用旧三角锉刀磨去锉齿改制而成，也有用高速钢车刀（又称白钢刀）磨制或用碳素工具钢直接锻制，结构和形状如图 12—110a 所示。三角刮刀的断面为三角形，其三条尖棱就是三个成弧形的切削刃。

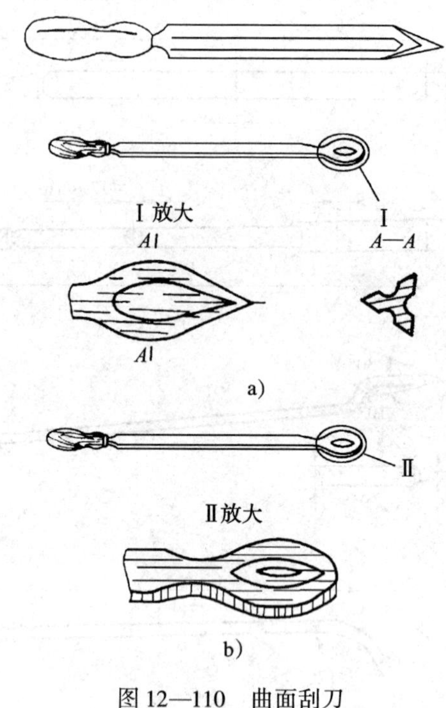

图12—110　曲面刮刀

a）三角刮刀　b）蛇头刮刀

2）蛇头刮刀。常用碳素工具钢锻制而成，刀头部具有四个带圆弧形的切削刃，两平面内边磨有凹槽，结构和形状如图12—110b所示。使用蛇头刮刀刮削时，两圆弧切削刃可以交错使用，其切削刃圆弧的大小应根据被刮削工件粗、精刮而定。粗刮刀圆弧的曲率半径大，目的是加大切削刃与工件的接触面积，以便提高刮削速度。精刮刀的圆弧曲率半径小，便于修刮研点，并且使刮出的凹坑深度加深，以利于储油。

2．研具

研具是用来合磨研点及检验刮削面精度的工具。根据被检工件工作表面的形状特点，研具可分为标准平板、标准平尺及角度平尺三种。

（1）标准平板

标准平板用来检验宽平面，其结构和形状如图12—111所示。平板的精度分0、1、2、3级，共四级，0～2级为标准平板。

（2）标准平尺（检验平尺）

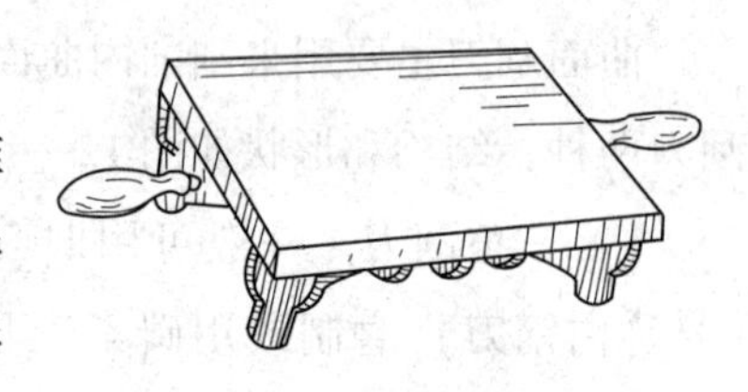

图12—111　标准平板

标准平尺用来检验狭长的平面。常用的标准平尺有桥形平尺和工字形平尺两种，其结构和形状如图12—112所示。如图12—112a所示是桥形平尺，用来检验较大导轨平面。图12—112b所示是工字形平尺，它又分两种，一种是单面平尺，即有一个经过精刮的工作面，用来检验较短导轨平面；另一种是双面平尺，即上、下两面都经过精刮，并且互相平行，用来检验导轨相对位置的精度。

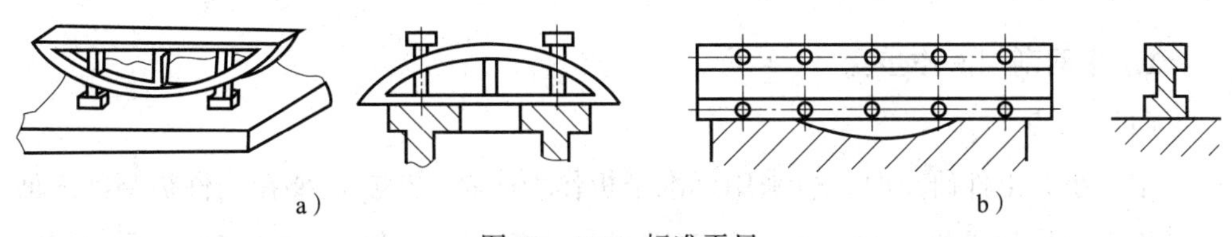

图 12—112　标准平尺

a）桥形平尺　b）工字形平尺

（3）角度平尺

角度平尺用来检验两个刮面互成角度的组合平面。其结构和形状如图 12—113 所示。角度平尺的两面经过精刮，并成所需要的标准角度，如 55°、60°等。第三面是放置时的支承面，不用精刮，刨削加工即可。各种检验平尺应吊起放置，以防止其变形。

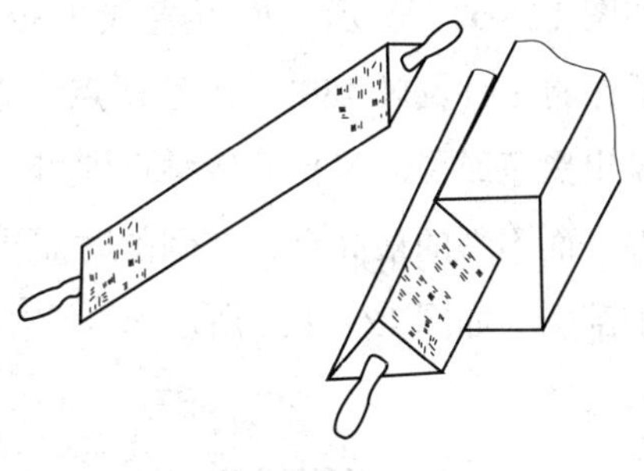
图 12—113　角度平尺

3. 显示剂

在需要刮削的工件表面和检验工具（研具）的表面涂上一种辅助材料，用来显示工件表面与检验工具表面之间相互接触面的大小，这种辅助材料叫显示剂。

（1）显示剂的种类与应用

1）红丹粉。红丹粉分铁丹和铅丹两种。铁丹又称氧化铁，呈红褐色或紫红色；铅丹呈橘黄色，又称氧化铅。铁丹与铅丹的粒度极细，使用时可用机油调和。红丹粉通常用于钢和铸铁件的刮削。

2）蓝油。蓝油是由普鲁士蓝粉和麻油混合而成，呈深蓝色。合研研点小而清楚，常用于有色金属的刮削。

3）松节油（或酒精）。合研研点精细发光，一般适用于精密平板的刮削。

4）烟墨。烟墨是由烟囱的烟黑与机油调和而成，一般用于软金属的刮削。

（2）显示剂的使用方法

在使用显示剂时，其关键是显示剂的调和及涂布。显示剂的调和稀稠要适当。粗刮时，显示剂可适当调稀些，这样便于涂布，且显示出的研点也大些。同时，一般应将显示剂涂在基准平板表面上，这样在刮削过程中，切屑不易黏附在刃口上，刮削比较方便。精刮时，显示剂可调稠些，涂布时应薄而均匀，一般应将显示剂涂布在工件表面上，这样工件表面所显示出的研点呈红底黑点，不反光，同时能保持显点清晰。

三、平面刮削的操作方法

1. 平面刮削操作步骤

（1）研点

中、小型工件研点时，可采用标准平板作为研具。根据需要在工件被刮削表面或平板表面均匀地涂上显示剂，用双手操作进行研点，如图12—114所示。研点时，施加力要均匀，运动轨迹一般呈8字形或螺旋形，如图12—115所示。也可直线推拉。在研点一段周期后，将工件旋转180°再继续研点，直到工件被研表面上显出黑色或黑而发亮的接触点即可。这些接触点便是工件表面不平的最高点，在刮削时需将此黑色的区域或点子刮去，如图12—116所示。

图12—114　研点方法

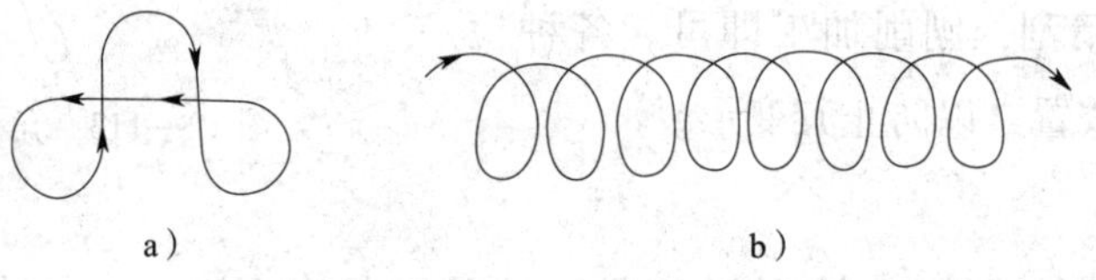

图12—115　研点轨迹

a）8字形研点轨迹　b）螺旋形研点轨迹

采用涂色法可检验平面度误差，测出平板表面在25 mm×25 mm面积内达到各精度所规定的研点数：0～1级，不少于25点；2级，不少于20点；3级，不少于12点。平板的表面粗糙度值一般为Ra0.8 μm。

工件在标准平板上研点时，移动范围如图12—117所示，一般不可超过平板边缘。在特殊情况下，为了显点正确，粗刮研点时，工件超过平板边缘的长度应小于工件长度1/3；精刮研点时，工件移动的位置不宜大于30 mm。

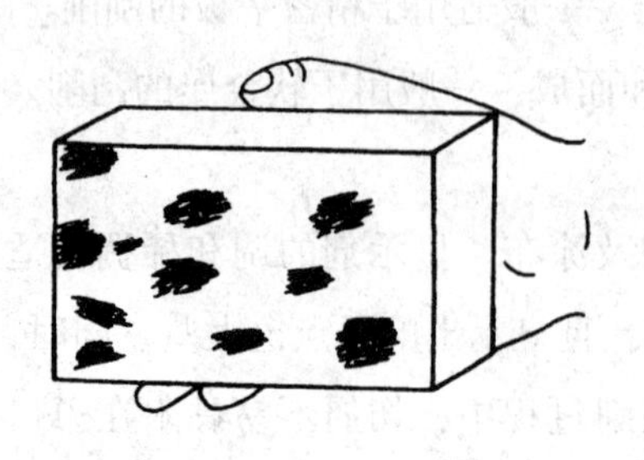

图12—116　显点情况

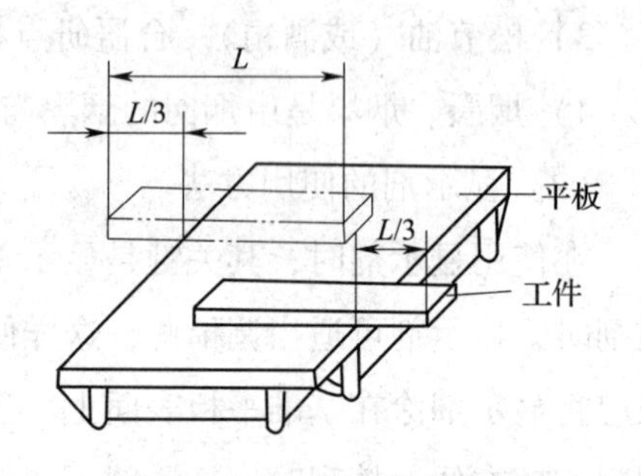

图12—117　研点运动范围

（2）平面刮削方法

1）手刮法。手刮法的姿势如图 12—118a 所示。右手握刀柄，左手四指向下卷曲握住距刀头 40～50 mm 刀身处，并使刮刀与工件的被刮表面成 20°～30°，左脚跨前一步，上身前倾，以增加左手压力。刮削时右手随着上身摆动使刮刀向前推进，左手下压，此时落刀要轻。当推进到所需位置时，左手迅速提起，完成一个手刮动作，同时将刮刀恢复起始姿势，如图 12—118b 所示。手刮法归纳起来就是三个字，即“推”“压”“提”。

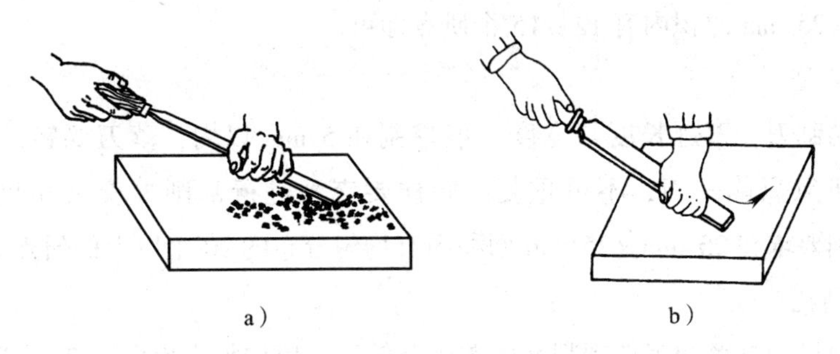

图 12—118　手刮法的姿势

2）挺刮法。挺刮法的姿势如图 12—119a 所示。将刮刀圆柄放在小腹右下侧，双手握住距切削刃 70～80 mm 刀身处。刮削时，切削刃对准研点，左手下压刀身，利用腿和臀部的力量向前推挤刮刀。开始向前推时，双手加压力，当刮刀被推到研点处的瞬时，双手将刮刀提起，完成一次刮点，如图 12—119b 所示。

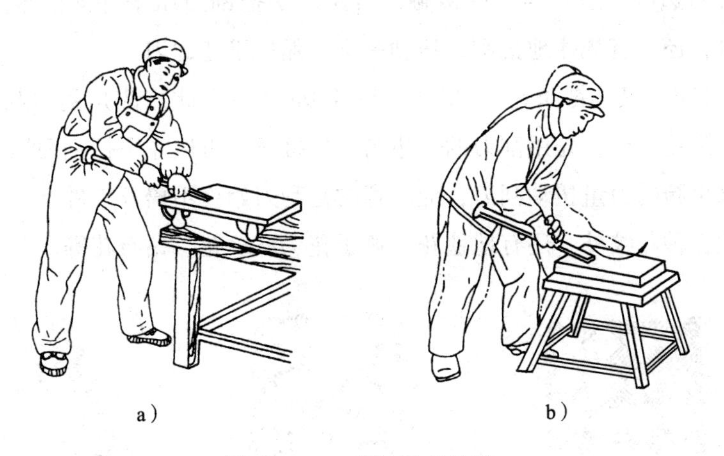

图 12—119　挺刮法的姿势

2. 平面刮削的粗刮、细刮、精刮及刮花

（1）粗刮

选用粗刮刀，常用挺刮法连续进行刮削。刀迹较宽（10 mm 以上），行程较长

（10～15 mm），刀迹要连成一片，但不可重复。一遍刮好再交叉刮削（即第一遍与第二遍成30°～45°角度交叉），直到机加工痕迹消除。然后再进行研点，并对显点进行修刮，直至满足粗刮要求（每25 mm×25 mm面积内有4～8个研点，且分布要均匀）为止。

（2）细刮

用细刮刀进行细刮时，刀迹长度控制在6 mm、宽度在5 mm左右，同样每刮好一遍，第二遍要交叉刮削（交叉角度为45°～60°），刀迹也不可重复。细刮要求在25 mm×25 mm面积内有12～15个研点即可。

（3）精刮

选用精刮刀，刀迹长度与宽度一般控制在5 mm以内，落刀要轻，起刀要迅速，每个研点只能一刀，不可重复。同样要交叉进行刮削（交叉角度为45°～60°），精刮要求在25 mm×25 mm面积内有均匀分布的20个以上的研点。

（4）刮花

刮花的目的是增加工件刮削面的美观及储油，以增加表面的润滑，减少工件表面的磨损。常见的花纹有斜纹花、鱼鳞花、半月花等。刮花时应选用精刮刀进行。

1）斜纹花。如图12—120a所示，其刮削方法是用刮刀与工件边成45°方向刮削，花纹大小按工件刮削面大小而定，一个方向刮削完毕后再刮另一个方向。

2）鱼鳞花（又称月牙花）。如图12—120b所示，其刮削方法是先用刮刀切削刃的一边（右边或左边）与工件接触，再用左手把刮刀压平并向前推进。在左手下压的同时，还要有规律地把刮刀扭动一下，然后迅速起刀。

3）半月花（又称链条花）。如图12—120c所示，此方法是刮刀与工件成45°角，同刮鱼鳞花一样，先用刮刀的一边与工件接触，再用左手把刮刀压平推进，同时，还要靠手腕的力量扭动刮刀，应注意的是刮刀始终不离开工件。

除上述三种花纹外，还有地毯花、燕子花、波纹花、钻石花等。

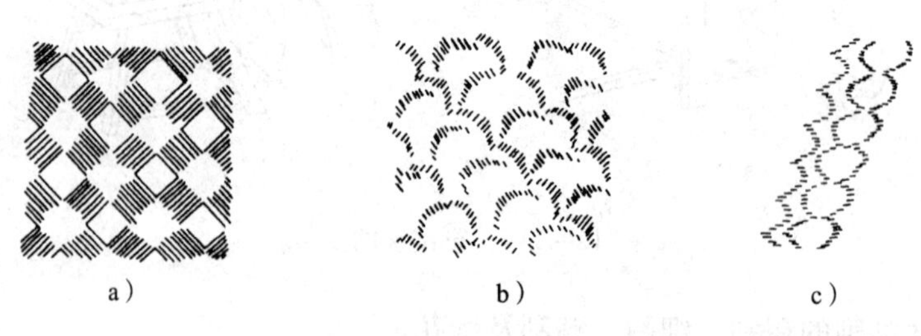

图12—120　刮花的花纹

a）斜纹花　b）鱼鳞花（月牙花）　c）半月花（链条花）

四、平面刮削的检测

平面刮削的检测主要是平面度误差及表面粗糙度值的检测。

1. 平面度误差的检测方法

(1) 用研点的数目来表示

如图 12—121a 所示，即在 25 mm × 25 mm 标准方框面积内研点数目必须达到一定要求（精度要求越高，研点数目也越多）。

(2) 用平面水平度来表示

对大平面工件用框式水平仪逐段测量，将各段测得的误差进行计算，作图分析；对较小平面的工件用百分表测量，如图 12—121b 所示。

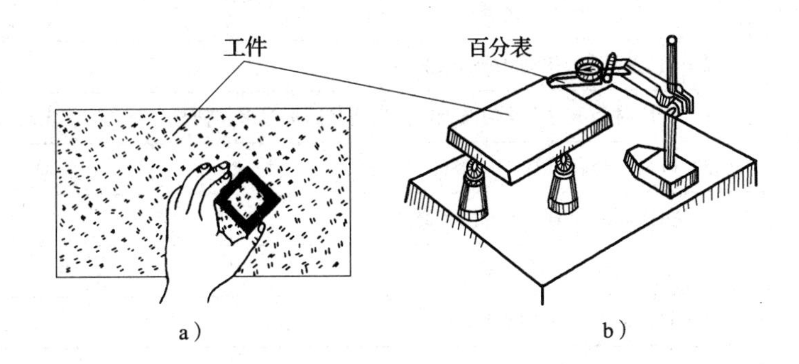

图 12—121　平面度误差的检测方法

a）标准方框研点数　b）用百分表测量平面度误差

2. 表面粗糙度的检测方法

表面粗糙度的检测，一般是用手掌来触摸感知表面粗糙程度，对表面精度要求较高的工件，可采用轮廓仪来测量其 *Rz* 或 *Ra* 的值。

3. 垂直面刮削的检测

垂直面刮削的检测，一般使用直角尺或标准平尺，其检测方法如图 12—122 所示。首先将被测工件的基准及测量工具放置在标准平板上，然后移动工件的刮削面与测量工具接触。检测时可用塞尺来测出它们之间的间隙（即误差值），亦可用目测它们之间的光隙来判别其误差。

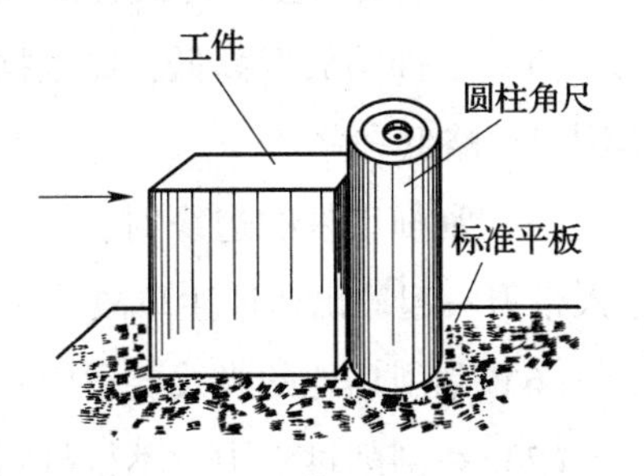

图 12—122　垂直面检测的方法

五、刮削常见的质量问题

工件的刮削，一般情况下废品极少，但由于其刮削余量很小，加上某些因素的影响，有时也会出现废品。刮削常见问题的分析见表12—9。

表12—9　　刮削常见问题分析

问题	产生原因
深凹痕	1. 刮刀切削刃部圆弧半径太小
	2. 刮削时，压力过大
	3. 刮削时，刮刀倾斜
	4. 刀痕重叠
撕纹	1. 刃口不锋利或不光滑
	2. 刃口损坏（有缺口或裂纹）
刮削面不精确	1. 合研时，压力不均匀或工件伸出研具边框过多，使显点不真实，出现假点
	2. 研具本身有误差
振痕	1. 多次同向刮削，刀痕没有交叉
	2. 刮刀刃伸出工件太多
	3. 起刀或落刀双手配合不好

六、刮削操作注意事项

（1）刮削前，工件必须倒角，以避免划伤人体。

（2）刮削时，刮刀用钝要及时修磨，保持锋利。

（3）工件应放稳，不得产生振动和滑动。大件可直接安放并要垫平，小件用夹具夹紧，但要防止工件被夹变形。

（4）工件的放置高低，要根据操作者身高而定，一般放置在操作者腰部位置，挺刮时要略低一些。

（5）刮削工件的边缘时，用力不要太猛，避免当刮刀刮出工件时失去平衡，连人带刀一起冲出而产生事故。

（6）刮削场地的光线要适中，光线的来源要从前方射来。

（7）在刮削过程中，不得打闹、开玩笑。

（8）刮刀用好后要安放稳妥，三角刮刀要装入刀套内。

（9）刮削大型工件时搬动要注意安全，安放要平稳。

第 10 节　研磨操作基础

一、研磨基本概念

1. 研磨

用研磨工具和研磨剂从工件上研去一层极薄表面层的精加工方法，称为研磨。和其他加工方法比较，一般情况下，经过研磨加工后工件的表面粗糙度值可达 *Ra* 1.6 ~ 0.1 μm，最小可达 *Ra* 0.012 μm；尺寸精度可达到 0.005 ~ 0.001 mm；能提高工件的形位精度，形位误差可控制在 0.005 mm 以内。

另外，经研磨的零件，由于有精确的几何形状和很小的表面粗糙度值，零件的耐磨性、抗腐蚀性和疲劳强度也都相应得到提高，从而延长了零件的使用寿命。

2. 研磨原理

研磨过程中，利用物理和化学作用除去工件表层金属。

（1）物理作用

研磨时要求研具材料比被研磨的工件软，涂在研具表面的磨料，在受到压力后嵌入研具表面成为无数切削刃。由于研具和工件做复杂的相对运动，使磨料对工件产生微量的切削与挤压，因而能从工件表面切去一层极薄的金属。

（2）化学作用

采用易使金属氧化的氧化铬和硬脂酸配制的研磨剂时，使被研表面与空气接触后，很快形成一层氧化膜。氧化膜由于本身的特性又容易被磨掉，因此，在研磨过程中，氧化膜迅速地形成（化学作用），而又不断地被磨掉（物理作用），从而提高了研磨的效率。

二、研磨的工具

1. 研具材料

要使研磨剂中的微小磨料嵌入研具表面，研具表面的材料硬度应稍低于被研工件。但不可太软，否则磨粒会全部嵌入研具而失去研磨作用。研具材料的组织必须均匀，否则将使研具产生不均匀的磨损而直接影响工件的质量。

常用的研具材料有如下几种：

（1）灰铸铁

灰铸铁具有润滑性好、磨损较慢、硬度适中，研磨剂在其表面容易涂布均匀等优点。它是一种研磨效果较好、价廉易得的研具材料，因此得到广泛的应用。

（2）球墨铸铁

球墨铸铁比一般灰铸铁更容易嵌存磨料，而且嵌得均匀牢固，由于强度高还能增加研具寿命，因此已得到广泛的应用。

（3）低碳钢

低碳钢的韧性较好，不容易折断，常用来作为小型的研具，如研磨螺纹和小直径工具、工件等。

（4）铜

铜的性质较软，表面容易被磨料嵌入，适宜做软钢研磨加工的研具。

2．研磨剂

研磨剂是由磨料和研磨液调和而成的混合剂。

（1）磨料

磨料在研磨中起切削作用，与研磨加工的效率、精度、表面粗糙度有密切关系。常用的磨料有以下三类：

1）刚玉类磨料。刚玉类磨料主要用于碳素工具钢、合金工具钢、高速钢和铸铁工件的研磨。这类磨料能磨硬度60HRC左右的工件。

2）碳化物磨料。碳化物磨料的硬度高于刚玉类磨料，因此除可用作一般钢制件的研磨外，主要用来研磨硬质合金、陶瓷与硬铬之类的高硬度工件。

3）金刚石磨料。金刚石磨料分为人造和天然的两种。它的切削能力比刚玉类、碳化物磨料都高，使用效果也好。但价格昂贵，一般只用于硬质合金、硬铬、宝石、玛瑙和陶瓷等高硬度工件的精研磨加工。

磨料粒度按颗粒尺寸分为41个号，其中磨粉类有F4、F5、…、F1200共37种，粒度号数越大，磨料越细；微粉类有W3.5、W2.5、…、W0.5共5种，这一组号数越大，磨料越粗。

（2）研磨液

研磨液在研磨加工中起调和磨料、冷却和润滑的作用。研磨液的质量高低和选用是否正确，直接关系着研磨加工的效果。一般应具备以下条件：

1）有一定的黏度和稀释能力。磨料通过研磨液的调和与研具表面有一定的黏附性，使磨料对工件产生切削作用。同时，研磨液对磨料有稀释作用。

2）有良好的润滑和冷却作用。

3）对工件无腐蚀作用，不影响人体健康，且易于清洗干净。

常用的研磨液有煤油、汽油、10 号与 20 号机油、工业用甘油、透平油以及熟猪油等。此外，根据需要在研磨液中再加入适量的石蜡、蜂蜡等填料和黏性较大而氧化作用较强的油酸、脂肪酸、硬脂酸等，则研磨效果更好。

一般工厂常采用成品研磨膏。使用时，将研磨膏加机油稀释即可。

三、研磨的操作方法

1. 手工研磨运动轨迹

钳工手工研磨时，为使工件表面各处都受到均匀的切削，选择合理的运动轨迹，对提高研磨效率、工件的表面质量和研具的寿命都有直接的影响。

手工研磨运动轨迹的形式一般有直线、摆动式直线、螺旋形、8 字形和仿 8 字形等几种。

（1）直线研磨运动轨迹

直线研磨运动的轨迹由于不能相互交叉，容易直线重叠，使工件难以得到很小的表面粗糙度值，但可获得较高的几何精度，所以适用于有台阶的狭长平面的研磨。

（2）摆动式直线研磨运动轨迹

由于某些量具的研磨（如研磨双斜面直尺、直角尺的侧面以及圆弧测量面等）主要要求的是平面度误差，因此，可采用摆动式直线研磨运动轨迹，即在左右摆动的同时做直线往复移动。

（3）螺旋形研磨运动轨迹

在研磨圆片或圆柱形工件的端面时，一般采用螺旋形研磨运动轨迹，能获得较小的表面粗糙度值和较小的平面度误差，其运动轨迹如图 12—123 所示。

（4）8 字形和仿 8 字形研磨运动轨迹

研磨小平面工件，通常采用 8 字形或仿 8 字形研磨运动轨迹，能使相互研磨的表面保持均匀接触，既有利于提高工件的研磨质量，又可使研具保持均匀磨损，其运动轨迹如图 12—124 所示。

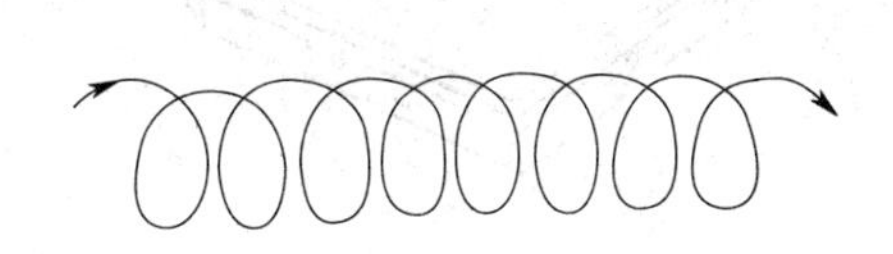

图 12—123　螺旋形研磨运动轨迹

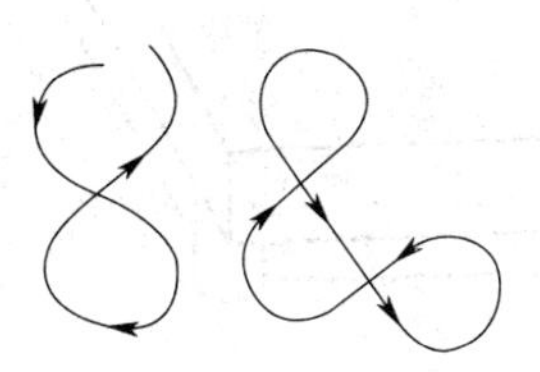

图 12—124　8 字形和仿 8 字形研磨运动轨迹

2. 平面的研磨方法

平面的研磨应在非常平整的研磨平板（研具）上进行。研磨平板分有槽的和光滑的两种。有槽的研磨平板适用于粗研加工，因为在有槽的研磨平板上容易使工件压平，所以粗研时就不会使表面磨成凸弧面。光滑的研磨平板适用于精研加工，以提高研磨工件表面的精度。研磨平板的结构如图12—125所示。

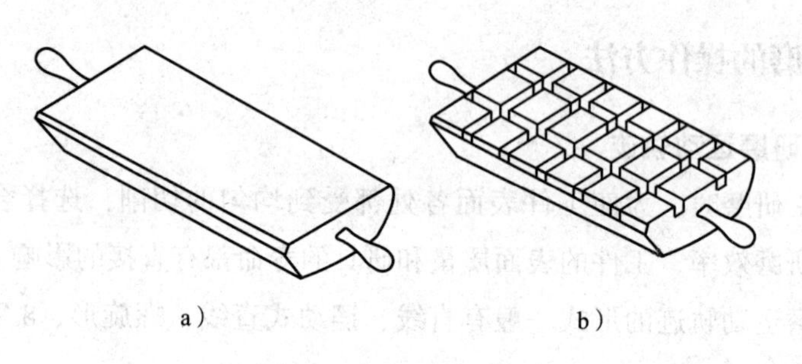

图12—125　研磨平板

a）光滑平板　b）有槽平板

研磨前，先用煤油或汽油把研磨平板的工作表面清洗干净并擦干，再在研磨平板上涂上适当的研磨剂。然后把已去除毛刺并清洗过的工件需研磨的表面合在研磨平板上。

沿研磨平板的全部表面（使研磨平板磨损均匀），以8字形或螺旋形旋转和直线运动相结合的方式进行研磨，并不断变换工件的运动方向，如图12—126所示。由于周期性的运动，使磨料不断在新的方向起作用，工件就能较快达到所需要的精度要求。

在研磨狭窄平面时，可用金属块作导靠（金属块平面应相互垂直），研磨时，使金属块和工件紧紧地靠在一起，并跟工件一起研磨，如图12—127所示，以保证工件的研磨面与其侧面垂直，防止倾斜和产生圆角。按这种被研磨面的形状特点，应采用直线研磨运动轨迹。

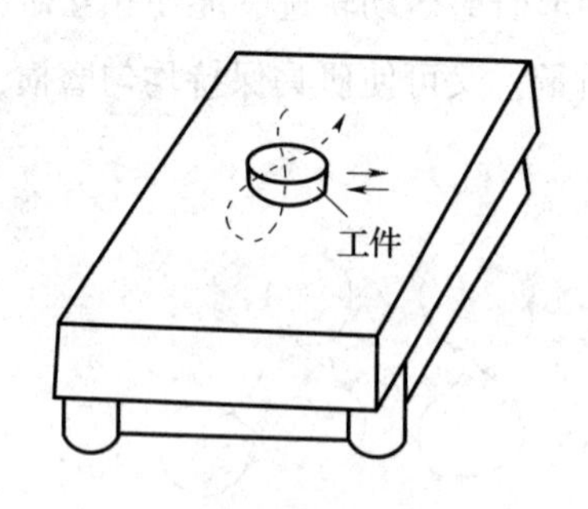

图12—126　8字形运动研磨平板

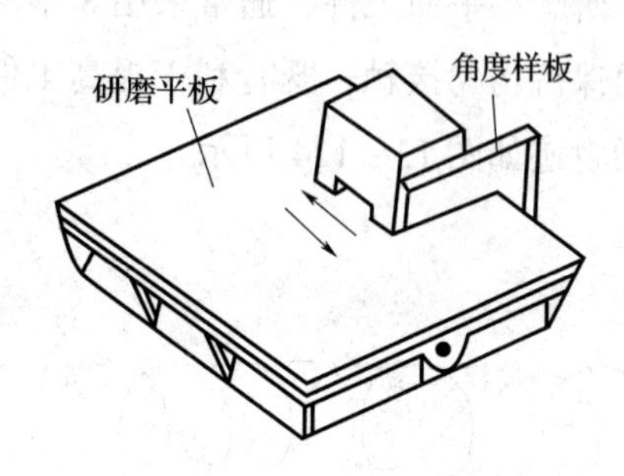

图12—127　狭窄平面的研磨

四、研磨常见的质量问题

1. 表面不光洁

原因是：

（1）磨料太粗。

（2）研磨液不当。

（3）研磨剂涂得薄而不匀。

2. 表面拉毛

原因是忽视研磨时的清洁工作，研磨剂中混入杂质。

3. 平面成凸形或孔口扩大

原因是：

（1）研磨剂涂得太厚。

（2）孔口或工件边缘被挤出的研磨剂未及时擦去仍继续研磨。

（3）研磨棒伸出孔口太长。

4. 薄形工件拱曲变形

原因是：

（1）工件发热温度超过 50℃，仍继续研磨。

（2）夹持过紧引起变形。

五、研磨操作注意事项

（1）在研磨过程中，压力大、速度快则研磨效率高。若压力太大、速度太快，则工件表面粗糙，工件容易发热而变形，甚至会发生因磨料压碎而使表面划伤，因此必须合理加以控制。

（2）对较小的硬工件或粗研磨时，可用较大的压力、较低的速度进行研磨；而对大的、较软的工件或精研时，就应用较小的压力、较快的速度进行研磨。另外，在研磨中，应防止工件发热，若引起发热，应暂停，待冷却后再进行研磨。

（3）在研磨中，必须重视清洁工作，才能研磨出高质量的工件表面。若忽视了清洁工作，轻则工件表面拉毛，严重的则会拉出深痕而造成废品。

（4）研磨后应及时将工件清洗干净并采取防锈措施。

第13章 电工知识

第1节 通用设备常用电器的种类及用途

工业电气设备中使用的电器按其工作电压的高低，以交流1 200 V、直流1 500 V为界，可划分为高压电器和低压电器两大类。

低压电器是一种能根据外界的信号和要求，手动或自动地接通、断开电路，以实现对电路或非电对象的切换、控制、保护、检测、变换和调节的元件或设备，是成套电气设备的基本组成元件，被广泛地应用于电力输配电系统和电力拖动自动控制系统。低压电器按其用途可以分为低压配电电器和低压控制电器。

一、低压配电电器

低压配电电器，是用于电能分配、通断电路以及对配电线路和设备进行保护的低压电器的总称，主要有刀开关、转换开关、熔断器、低压断路器等。

1. 刀开关

刀开关又称闸刀，是一种手动操作的低压开关电器，主要用作电源隔离开关，也可用于不频繁接通和分断额定电流以下的低压电路，如照明电路的通断与小容量电动机的启停等。

刀开关分单极、双极和三极，其主体结构如图13—1所示，主要由绝缘底板、静插座（静触头）、手柄、触刀（动触头）和铰链支座等部分组成。推动手柄使触刀绕铰链支座转动，插入静插座，电路就被接通；若使触刀绕铰链支座做反向转动，脱离静插座，电路就被切断。

为了能在短路和过载时自动切断电路，刀开关常与熔断器串联使用而组成刀熔开关，如图 13—2 所示。

在机床电气控制系统图中，刀开关用图 13—3 所示的电气符号表示，其文字符号为 QS。

刀开关根据其工作电流和工作电压来选择，安装时应垂直安装且手柄朝上，不得倒装或平装。电源进线接上方的进线座，负载线路接下方的出线座（熔丝端）。刀开关安装、接线完毕后必须盖上胶盖再操作。

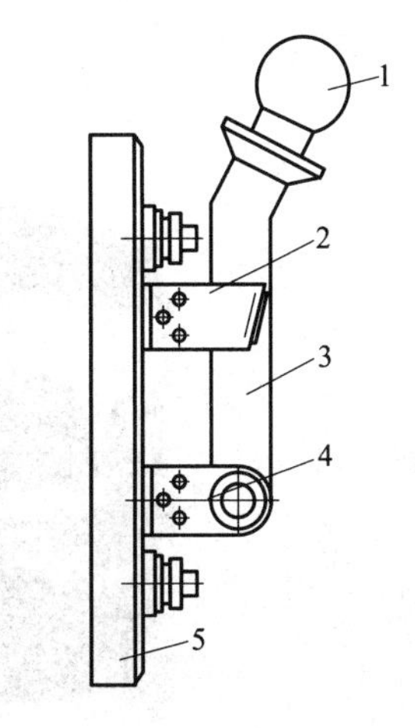

图 13—1　刀开关结构

1—手柄　2—静插座　3—触刀　4—铰链支座　5—绝缘底板

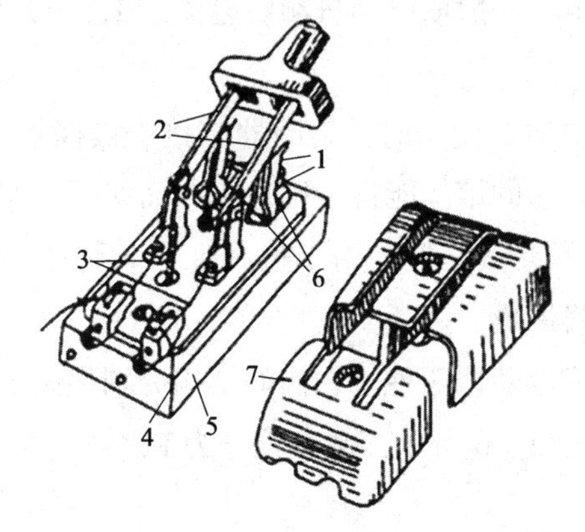

图 13—2　刀熔开关

1—进线座　2—触刀　3—熔丝　4—出线座　5—绝缘底座　6—静插座　7—胶木盖

2. 转换开关

转换开关又称组合开关，采用图 13—4 所示的叠装式结构，将动触片和静触片分层封装，动触头装在操作手柄的转轴上，随转轴旋转而改变各对触头的通断状态。由于转换开关结构紧凑、操作轻巧方便，因此常用来替代刀开关，用作电源开关以及控制小容量异步电动机的启停、正反转和Y/△起动等。组合开关的电气图形符号与刀开关相同，文字符号是 QB。

组合开关用于控制线路时，应根据线路组合的需要正确选择符合接线要求的组合开关规格；用作电源隔离开关时，其额定电流应大于被隔离电路中各负载电流的

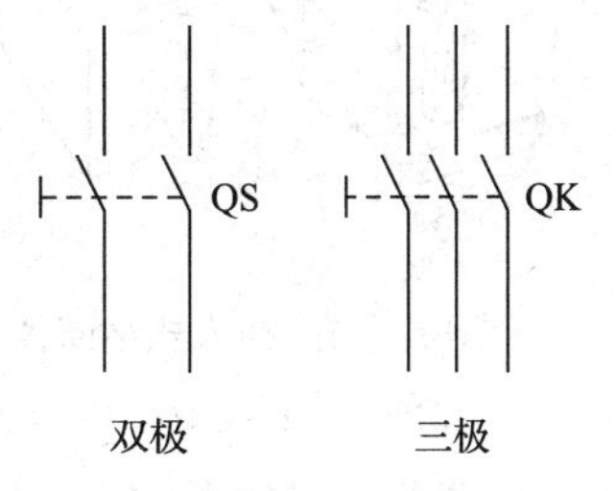

双极　　三极

图 13—3　刀开关电气符号

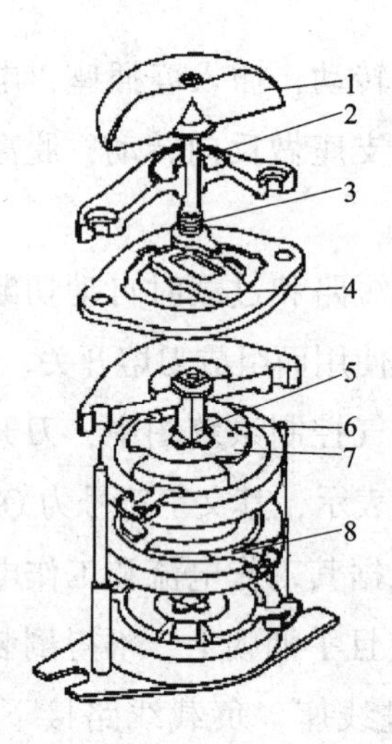

图13—4　组合开关

1—手柄　2—转轴　3—弹簧　4—凸轮　5—绝缘杆　6—绝缘垫板　7—动触片　8—静触片

总和；用于控制电动机时，其额定电流一般取电动机额定电流的1.5～2.5倍。

3. 熔断器

熔断器是一种常用的低压保护电器。使用时，熔断器串接于被保护的电路中，当电路发生严重过载或短路故障时，它的熔体能自行迅速熔断而切断电路，达到保护电路的目的。熔断器对过载反应不灵敏，不宜用于过载保护。熔体一般由熔点低、易于熔断和导电性好的合金材料制成。

常用的熔断器有插入式和螺旋式熔断器两种，它们的结构分别如图13—5和图13—6所示。熔断器的电气符号如图13—6所示，文字符号为FU。

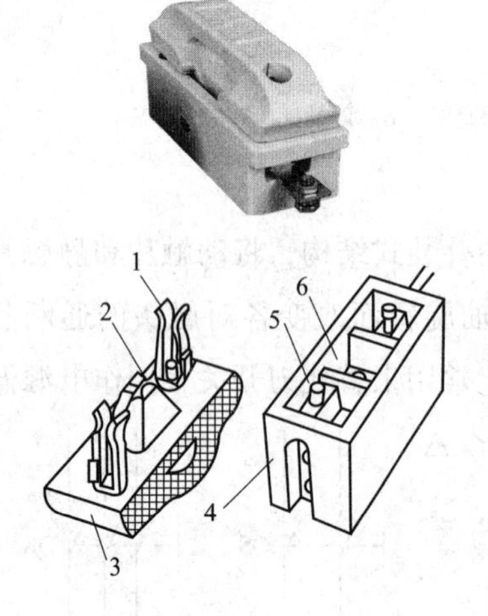

图13—5　插入式熔断器

1—动触片　2—熔体　3—瓷盖

4—瓷座　5—静触片　6—灭弧室

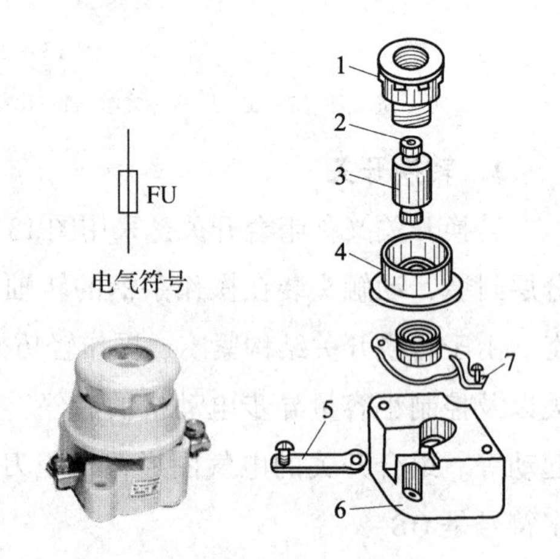

图13—6　螺旋式熔断器

1—瓷帽　2—小红点标志　3—熔体　4—瓷套

5—下接线端　6—瓷底座　7—上接线端

熔断器结构简单、价格便宜，但保护动作的准确性较差，而且熔体熔断后需要断电更换，另外用于三相电路时，若只断一相则会造成电动机的缺相运行，所以它只适用于自动化程度和保护动作准确性要求不高的系统。

熔断器根据线路工作电压和额定电流来选择。安装熔断器和更换熔体时应注意以下事项：

（1）熔体的额定电流只能小于或等于熔断器的额定电流。

（2）插入式熔断器的熔丝应顺着螺钉旋紧方向绕过去；不要把熔丝绷紧，以免减小熔丝截面尺寸。

（3）螺旋式熔断器的电源进线必须与瓷底座的下接线端连接，防止更换熔体时发生触电。

（4）应保证熔体接触良好，以免因接触电阻过大使熔体温度升高而熔断。

（5）更换熔体应在停电的状况下进行。

4．低压断路器

低压断路器也称为自动空气开关，是一种既能手动开关操作又能自动进行欠压、过载和短路保护的低压配电电器，相当于刀开关、失压继电器、过电流继电器、热继电器的组合体，常用作配电线路、电动机及其他电气设备的电源开关和保护。

低压断路器工作原理图如图13—7所示。手动将操作手柄扳至合闸位置，主触点闭合，同时锁扣机构将主触点锁定。过电流脱扣器的线圈和热脱扣器的热元件与主电路串联，欠电压脱扣器的线圈和电源并联。当电路发生短路或严重过载时，过电流脱扣器的衔铁吸合，使锁扣机构动作，主触点断开主电路。当电路过载时，热脱扣器的热元件发热使双金属片向上弯曲，推动锁扣机构动作。当电路欠电压时，欠电压脱扣器的衔铁释放，也使锁扣机构动作。分励脱扣器则作为远距离控制用，在正常工作时，其线圈是断电的，在需要远距离控制时，按下遥控按钮，使线圈通电，衔铁带动锁扣机构动作，使主触点断开。低压断路器的电气符号如图13—7c所示，文字符号为QF。

低压断路器安装前应擦净各脱扣器电磁铁工作面上的防锈油脂，但不得随意调整脱扣器弹簧的整定值，以免造成保护失效或误动作。低压断路器的维护内容主要包括：

（1）经常清除灰尘，防止绝缘水平降低。

（2）定期检查弹簧是否生锈、卡住，防止不能正常动作。

（3）主触点有严重的电灼伤痕迹时可用干布擦去，若已被烧毛，应用砂纸或细锉修整。

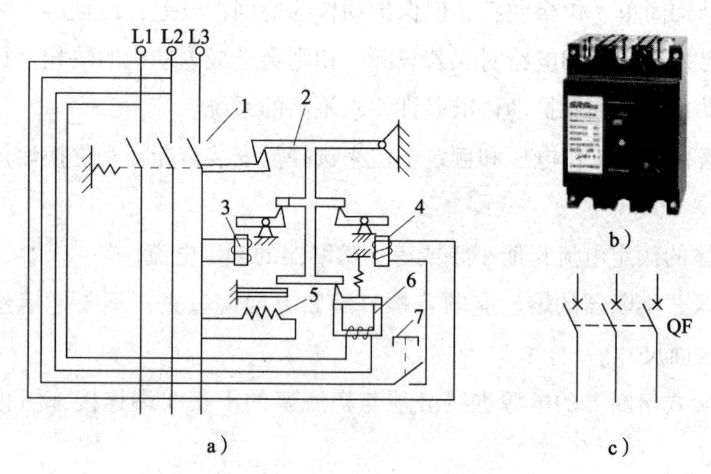

图13—7　低压断路器工作原理图

a）原理图　b）实物图　c）电气符号

1—主触点　2—锁扣机构　3—过电流脱扣器

4—分励脱扣器　5—热脱扣器　6—欠电压脱扣器　7—遥控按钮

二、低压控制电器

低压控制电器，是指用于低压电力传输系统和电气控制系统中，可根据外部信号对所控制的对象进行控制的电气设备与器件。常用的低压控制电器有主令电器、接触器、继电器等。

1. 主令电器

主令电器是在电气控制系统中发出指令的开关电器。常用的主令电器有控制按钮、行程开关、接近开关、万能转换开关和主令控制器等。

（1）控制按钮

控制按钮是一种用人力操作，并具有弹簧储能复位功能的主令电器。典型控制按钮实物图、结构原理图与电气符号如图13—8所示，电气文字符号用SB表示。

为避免误操作，控制按钮通常做成红、绿、蓝、黑、白等不同颜色，以示区别。一般红色表示停止、绿色表示启动、蓝色表示复位、黑色表示点动等。另外，为满足不同的使用需要，按钮的结构也有所不同，如蘑菇头紧急停止按钮、带指示灯的按钮、带钥匙的安全按钮等。

控制按钮主要根据触点对数需求、动作要求、颜色要求、是否需要指示灯以及使用场合等条件来选型。在面板上安装按钮时，要求布置合理、排列整齐、安装牢固，一个控制对象的不同控制按钮（如电机的启动、停止）应安装在一组。控制按钮使用过程中常见的故障有触点接触不良与触点短路两种，可用万用表检查不同状态下触点间的导电电阻进行判别。

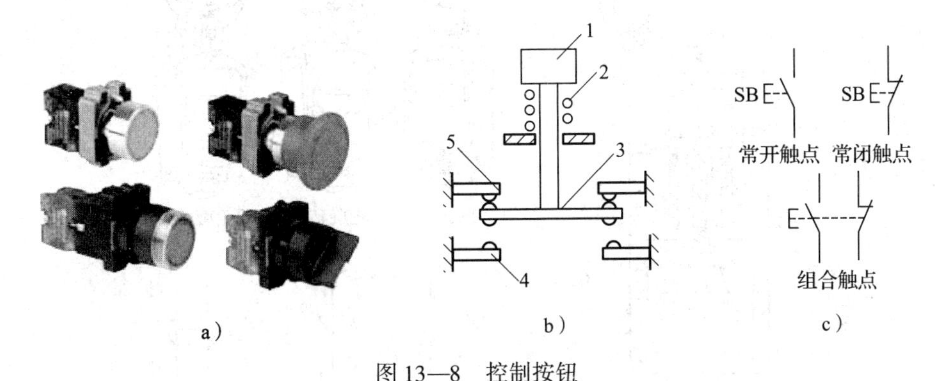

图13—8 控制按钮

a）实物外形图 b）结构原理图 c）电气符号

1—按钮帽 2—复位弹簧 3—桥式触头 4—常开触点 5—常闭触点

（2）行程开关

行程开关也称限位开关，其工作原理与按钮类似，不同的是行程开关是利用机械运动部件的碰撞使触头动作，从而将机械信号转换为电信号。在电气控制系统中，行程开关的作用是检测运动部件的位置信号，再通过其他电器间接控制机械的运动行程、方向或进行限位保护等。

常用行程开关有按钮式、单轮旋转式和双轮旋转式等，如图13—9b所示。旋转式行程开关的结构见图13—9a，当运动机械的挡铁撞到行程开关的滚轮时，带动杠杆连同转轴、凸轮一起转动，压下撞块至一定位置时便推动微动开关动作，使常闭触头断开，常开触头闭合；当滚轮上的挡铁移走后，复位弹簧使各部件恢复到原始位置。行程开关的电气符号如图13—9c所示，文字符号用SQ表示。

2. 接触器

接触器是一种用于频繁接通或切断交直流主电路和大容量控制电路等大电流电路的自动控制器件，具有远距离控制和低电压（或失压）自动释放保护功能，是电气控制系统中应用最为广泛的电器元件之一。

按照主触头通过电流的种类，接触器可分为交流接触器和直流接触器两大类。接触器主要由电磁系统（铁心、静铁心、电磁线圈），触头系统（常开触头和常闭触头）和灭弧装置组成。其工作原理图如图13—10a所示，当电磁线圈通电后，静铁心产生电磁力吸引衔铁，并带动触头动作：常闭触头断开，常开触头闭合。当线圈断电时，电磁吸力消失，衔铁在释放弹簧的作用下释放，使触头复原：常闭触头闭合，常开触头断开。接触器的电气符号如图13—10c所示，文字符号用KM表示。

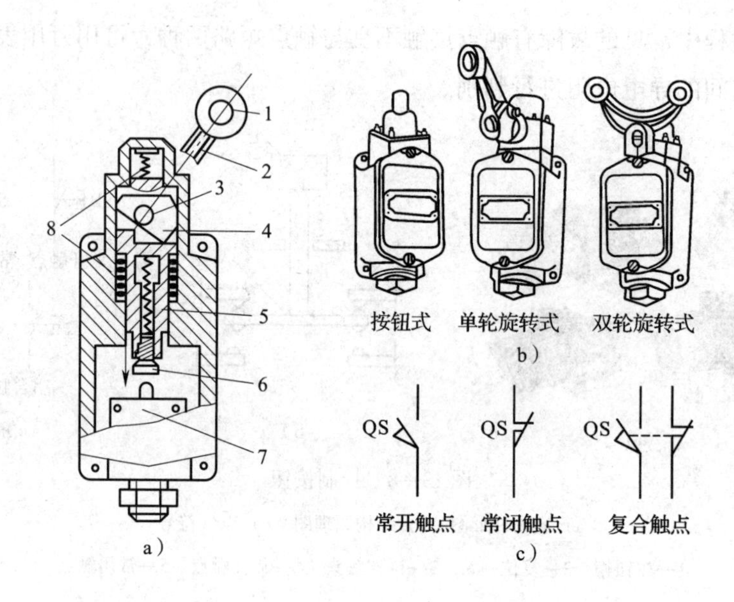

图13—9　行程开关

a）结构图　b）外形图　c）电气符号

1—滚轮　2—杠杆　3—转轴　4—凸轮　5—撞块　6—调节螺钉　7—微动开关　8—复位弹簧

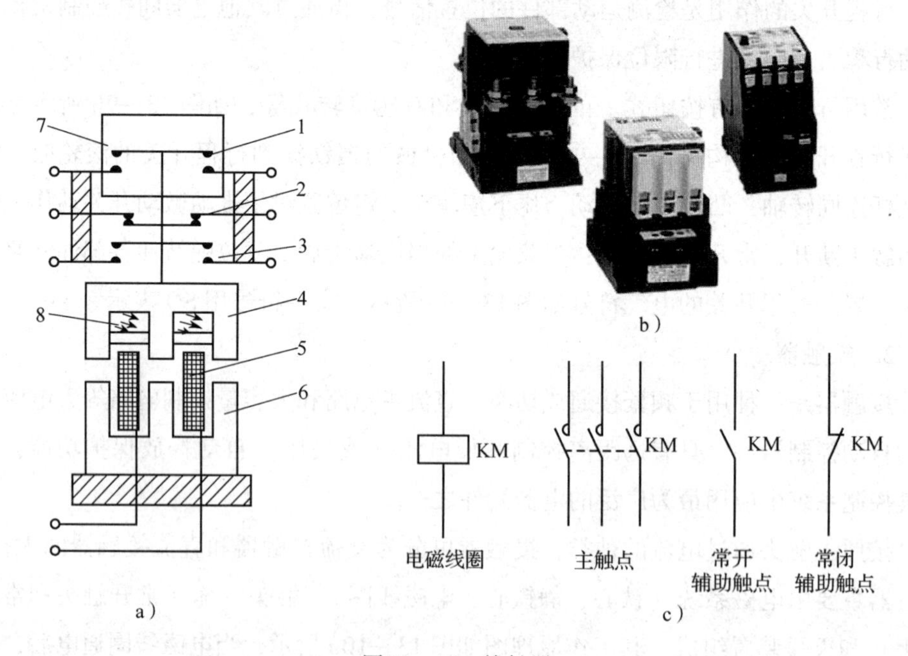

图13—10　接触器

a）工作原理图　b）实物外形图　c）电气符号

1—主触头　2—常闭辅助触点　3—常开辅助触点

4—动铁心　5—电磁线圈　6—静铁心　7—灭弧罩　8—复位弹簧

先根据接触器所控制的负载性质来选择接触器的类型，其电压、电流的额定值应大于或等于负载回路的实际值。电磁线圈的额定电压应与所接控制电路的电压一致，同时触头的数量应满足主电路和控制线路的要求。

接触器常见的故障与原因见表13—1。

表13—1　　接触器常见的故障与原因

故障类型	故障原因
触头发热	1. 触头接触压力不足 2. 触头表面接触不良 3. 触头表面被电弧灼伤烧毛
触头磨损	1. 电气磨损，由触头间电弧或电火花的高温使触头金属气化和蒸发所造成 2. 机械磨损，由触头闭合时的撞击，触头表面的滑动摩擦等造成
衔铁振动和噪声	1. 短路环损坏或脱落 2. 衔铁歪斜或铁心端面有锈蚀、尘垢，使动、静铁心接触不良 3. 反作用弹簧弹力太大或机械上卡阻使衔铁不能完全吸合
线圈过热或烧毁	1. 线圈匝间短路 2. 衔铁与铁心闭合后有间隙 3. 操作频繁，超过了允许操作频率 4. 外加电压高于线圈额定电压

3. 热继电器

热继电器主要用作三相交流异步电动机的过载保护，利用电流的热效应原理，在电动机过载时切断主回路。热继电器具有反时限保护特性，可根据过载电流的大小自动调整时间：过载电流大动作时间短；过载电流小动作时间长；而当电动机在额定工作状态时，热继电器长期不动作。

热继电器工作原理图如图13—11a所示。当电机过载时，电流流过热元件产生的热量增大，使有着不同膨胀系数的双金属片发生形变，当形变达到一定距离时断开主触点，同时导板推动补偿双金属杠杆使动触点动作：常闭触点断开、常开触点闭合。热继电器实物外形如图13—11b所示。热继电器的电气符号如图13—11c所示，文字符号用FR表示。

热继电器的技术参数主要有额定电压、额定电流、整定电流和热元件规格。在选用时，一般只考虑其额定电流和整定电流两个参数，其他参数只在有特殊要求时才考虑。

(1) 额定电压是指热继电器触点长期正常工作所能承受的最大电压。

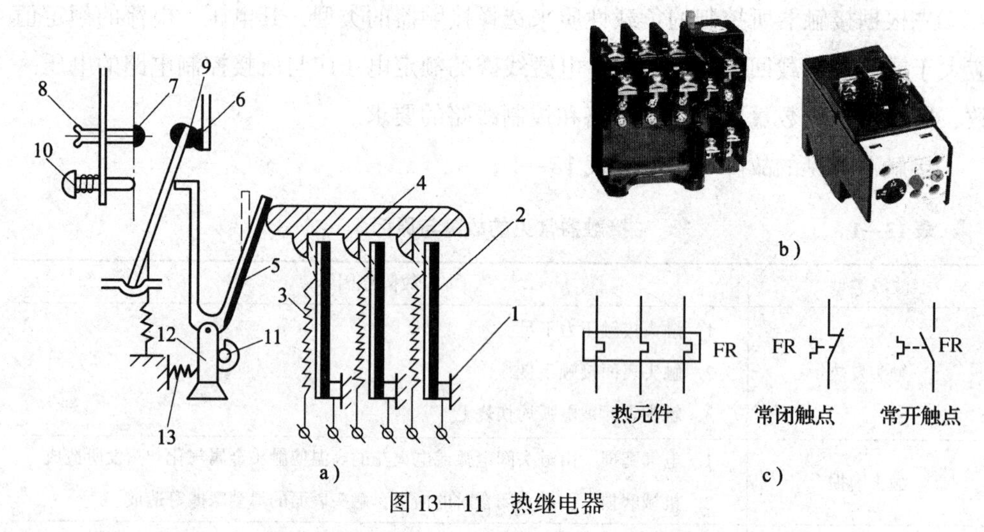

图13—11　热继电器

a）工作原理图　b）实物外形图　c）电气符号

1—主触点　2—主双金属片　3—热元件　4—导板　5—补偿双金属片　6、7—静触点　8—复位调节螺钉　9—动触点　10—复位按钮　11—调节旋钮　12—支撑件　13—弹簧

（2）额定电流是指长期通过热继电器允许装入热元件的最大额定电流，根据电动机的额定电流选择热继电器的规格，一般应使热继电器的额定电流略大于电动机的额定电流。

（3）整定电流是指长期通过热元件而热继电器不动作的最大电流。一般情况下，热元件的额定电流为电动机额定电流的0.91～3.05倍；若电动机拖动的是冲击性负载或启动时间较长及拖动设备不允许停电的场合，热继电器的额定电流值可取电动机额定电流的1.1～1.5倍，若电动机的过载能力较差，热继电器的整定电流可取电动机额定电流的0.6～0.8倍。

（4）当热继电器所保护的电动机绕组是Y形接法时，可选用两相结构或三相结构的热继电器；当电动机绕组是△形接法时，必须采用三相结构带端相保护的热继电器。

第2节　电工仪器仪表基础知识

一、万用表的使用

万用表是一种可测量电气设备上的电压、电流、电阻等基本参数的仪表，有指针式和数字式两种，如图13—12所示。

1. 指针式万用表的使用方法

（1）测量前的准备

1）机械调零。首先将万用表水平放置，观察指针是否处于表盘左边的零位，若不在，则用螺丝刀轻轻转动表头下方的“机械调零”旋钮，使指针归零，如图 13—13 所示。

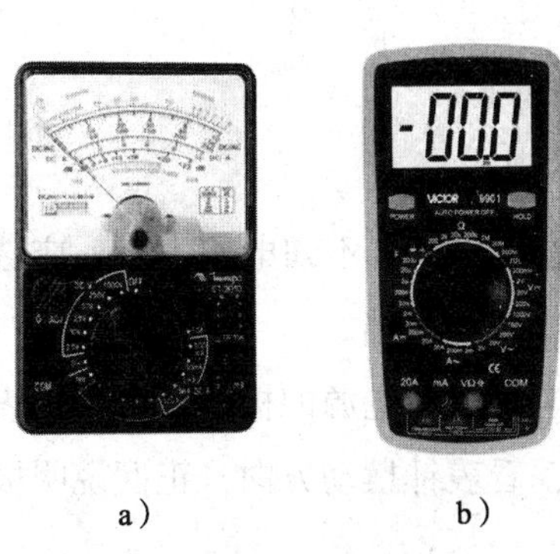

图 13—12　万用表

a）指针式万用表　b）数字式万用表

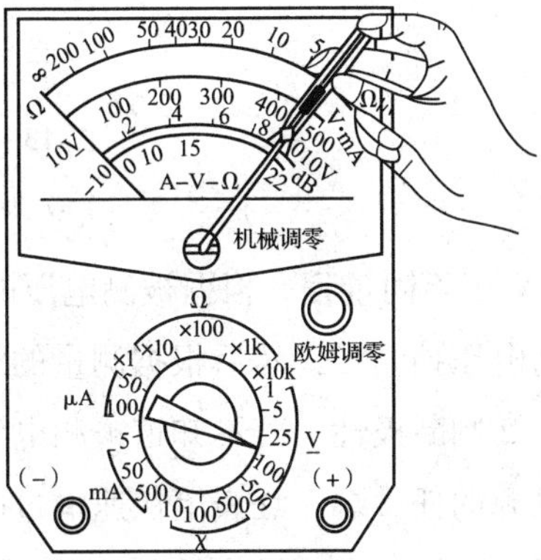

图 13—13　万用表的机械调零

2）正确插入表笔。将红表笔插入“+”极性插孔，黑表笔插入“-”极性插孔。正、负表笔不得插反，否则测量直流参数时指针会反偏，对指针造成损伤。

（2）参数测量

1）电阻的测量

①选择量程。万用表电阻挡标有“Ω”，有 R×1、R×10、R×100、R×1k、R×10k 等不同量程。根据被测电阻的大小把量程转换开关拨到适当挡位上，如无法估计大小先选择 R×100 或 R×1k 的挡位。

②欧姆调零。将红、黑表笔短接，若指针不能指到右端的零欧姆处，则需调整“欧姆调零”旋钮，如图 13—14a 所示。每更换一挡量程都要重新进行欧姆调零，以保证测量的准确性。

③测量读数。将被测电阻同其他元器件或电源脱离，单手持表笔并跨接在电阻两端，如图 13—14b 所示。读数时人的视线应正对表针，读出指针所在位置的刻度值，再乘以倍率，即为电阻的实际阻值。如指针的刻度值是 16.8 Ω，选择的量程为 R×100，则测得的电阻值为 1 680 Ω。

2）直流电压的测量

①选择量程。万用表直流电压挡标有“V”，有 2.5 V、10 V、50 V、250 V、

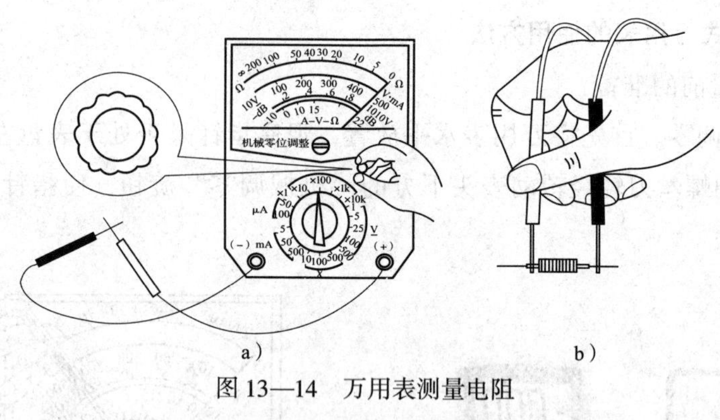

a） b）

图13—14 万用表测量电阻

a）欧姆调零 b）电阻测量

500 V等不同量程。根据被测电压的大小选择适当量程。若不知电压大小，应选择最高电压挡测量，然后根据测量的结果逐渐换至适当电压挡。

②判断极性。若不知道被测电源的极性，则应先判断电源的极性。先用黑表笔接电源的任一端，红表笔快速滑过电源的另一端，看表针摆动方向，正摆说明极性判断正确，反之调换表笔测量。

③测量读数。将两个表笔并联在被测电源两端，红表笔接正极，黑表笔接负极，如图13—15所示。找出所选择量程的电压指示刻度线，如选择500 V的量程，是指当表针指在右边的最大值是500 V。这样就可以根据表针所在的位置算出对应的电压值。

3）交流电压的测量

①选择量程。万用表交流电压挡标有“V”，有10 V、50 V、250 V、500 V等不同量程。根据被测电压的大小，选择适当量程。若不知电压大小，应先选择最高电压挡测量，而后逐渐换至合适的挡位。

②测量读数。将两个表笔并联在被测电源两端，找出交流电压指示的刻度线，根据表针所在的位置算出对应的电压值。

2. 使用指针式万用表的注意事项

（1）严禁错挡位或超量程测量，以免损坏仪表。

（2）严禁在被测电阻带电的情况下使用万用表的欧姆挡测量电阻。

（3）测量电阻时，所选择的倍率挡应使指针处于表盘的中间段，减小测量误差。

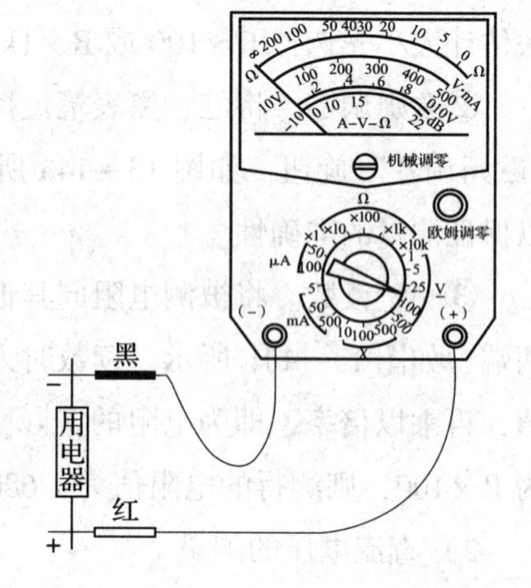

图13—15 万用表测量直流电压

（4）无法实现欧姆调零时，应及时检查和更换表内的电池。

（5）测量电压、电流时，不能带电转换量程，更不要触及表笔的金属部分，避免触电或影响测量精度。

（6）万用表使用完毕后，应将量程转换开关置于空挡或最高交流电压挡。

二、钳形电流表的使用

1. 指针式钳形电流表的使用

钳形电流表是一种在不断开电路的情况下就能测量交流电流的专用仪表，有指针式和数字式两种，如图13—16所示。

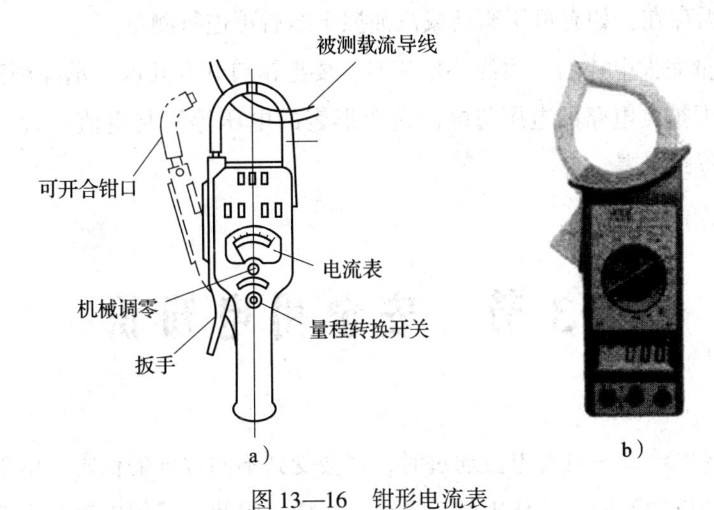

图13—16　钳形电流表

a）指针式钳形电流表　b）数字式钳形电流表

（1）测量前的准备

1）首先应检查钳表有无损坏、钳口是否清洁，若有杂物应及时清洁。

2）机械调零。首先将钳表水平放置，观察指针是否位于电流表左边的零位，若不在，调节“机械调零”旋钮使指针归零。

3）根据测量电流的大小选择合适的量程。若不知道电流大小时，则应从最大的量程开始。

（2）电流测量

1）按动扳手打开钳口，将被测载流导线置于钳口内的中心位置，放松扳手闭合钳口，如图13—16a所示。待指针稳定后，读取电流表的示值即是被测导线的电流值。

2）若量程选择过大而电流表读数太小或指针没偏摆，应在退出钳口后转换量程开关至较小量程。

3）测量5 A以下较小电流时，可将被测导线多绕几圈再放入钳口测量，被测的实际电流值就等于仪表读数除以放进钳口中导线的圈数。

4）用钳表测量三相交流电时，夹住一根相线测得的是本相线电流值；夹住两根相线读数为第三相线电流值；夹住三根相线时，如果三相平衡，则读数为零，若有读数则表示三相不平衡，读出的是中性线的电流值。

（3）测量完毕后，将量程放在最大挡位。

2. 使用时的注意事项

（1）在没有采取安全措施时不能测量裸露的导体电流。

（2）测量中如有杂声，应将钳口重新开合一次；若杂声依然存在，应检查钳口处有无污垢存在，如有可用酒精或汽油擦干净后再进行测量。

（3）测量完大电流后，再测小电流时，要把钳口开合几次，消除剩磁。

（4）根据被测电路的电压与电流选钳形表的电压等级与电流量程，测高压电路时，选高压钳形表。

第3节　安全用电知识

人体是导电体，一旦有电流通过时，将会受到不同程度的伤害。由于触电的种类、方式及条件的不同，受伤害的后果也不一样。因此，了解电流对人造成的伤害和触电的伤害是必需的，掌握急救的正确方法也是必需的。

一、电流的伤害

1. 电流对人体的伤害程度

（1）伤害程度与通过人体的电流大小有关

触电时，通过人体电流的大小是决定人体伤害程度的主要因素之一。通过人体的电流越大，人体的生理反应越强烈，对人体的伤害就越大。按照人体对电流的生理反应强弱和电流对人体的伤害程度，可将电流分为感知电流、摆脱电流和致命电流三种。

1）感知电流。感知电流是指引起人体感觉但无有害生理反应的最小电流值。当通过人体的交流电流达到0.5～1.5 mA时，人就有手指、手腕麻或痛的感觉，这一电流值称为人对电流有感觉的临界值，即感知电流。

2）摆脱电流。人触电后能自主摆脱电源的最大电流，称为摆脱电流。当电流增至8~10 mA时，针刺感、疼痛感增强，发生痉挛而抓紧带电体，但最终能摆脱带电体。

3）致命电流。在较短时间内引起触电者心室颤动而危及生命的最小电流值。当接触电流达到20~30 mA时，会使人迅速麻痹不能摆脱带电体，而且血压升高，呼吸困难；电流为50 mA时，就会使人呼吸麻痹，心脏开始颤动，数秒钟后就可致命。通过人体电流越大，人体生理反应越强烈，病理状态越严重，致命的时间就越短。一般认为致命电流是50 mA（通电时间在1 s以上）。

（2）伤害程度与电流通过人体的持续时间有关

电流通过人体的时间越长后果越严重。这是因为随着时间延长，人体的电阻就会降低，电流就会增大。同时人的心脏每收缩、扩张一次，中间有0.1 s的间隙期。在这个间隙期内，人体对电流作用最敏感。所以触电时间越长与这个间隙期重合的次数越多，从而造成的危险也就越大。

（3）伤害程度与电流通过人体的途径有关

当电流通过人体的内部重要器官时，后果就严重。例如，通过头部，会破坏脑神经，使人死亡。通过脊髓，会破坏中枢神经，使人瘫痪。通过肺部会使人呼吸困难。通过心脏，会引起心脏颤动或停止跳动而死亡。这几种伤害中，又以心脏伤害最为严重。根据事故统计可以得知：通过人体途径最危险的是从手到脚，其次是从手到手，危险最小的是从脚到脚，但可能导致二次事故的发生。

（4）伤害程度与电流的种类有关

电流可分为直流电、交流电。交流电可分为工频电和高频电。这些电流对人体都有伤害，但伤害程度不同。人体忍受直电流、高频电的能力比工频电强，所以工频电对人体的危害最大。直流电对人体的伤害较轻；30~300 Hz的交流电危害最大；超过1 000 Hz，其危险性会显著减小。

（5）伤害程度与人体状况有关

触电者的性别、年龄、健康状况、精神状态和人体电阻都会对触电后果产生影响。根据实践资料统计，认为肌肉发达者和成年人比儿童摆脱电流的能力强，男性比女性摆脱电流的能力强。电击对患有心脏病、肺病、内分泌失调及精神病等的患者最危险，他们的触电死亡率最高。另外，对触电有心理准备的，触电伤害轻。

一般情况下，人体电阻可按1 000~2 000 Ω考虑。当接触电压一定时，人体电阻越小，流过人体的电流就越大，触电者也就越危险。

2. 触电造成的伤害种类

当人体触及带电体，或者带电体与人体之间闪击放电，或者电弧触及人体时，电流通过人体进入大地或其他导体，形成导电回路，这就是通常所说的触电。触电后人体会受到某种程度的生理和病理的伤害，这种伤害可分为电击和电伤两种。

（1）电击

电击是指电流流经人体内部，引起疼痛发麻，肌肉抽搐，严重的会引起强烈痉挛、心室颤动或呼吸停止，甚至由于因人体心脏、呼吸系统以及神经系统的致命伤害，造成死亡。电击是触电事故中最危险的一种，绝大部分触电死亡事故都是电击造成的。

按照人体触及带电体的方式和电流通过人体的途径，触电可分为以下三种情况：

1）单相触电。单相触电是指人体在地面或其他接地导体上，而人体的某一部分触及三相导线的任何一相而引起的触电事故，如图 13—17 所示。大部分触电事故都是单相触电事故。单相触电对人体的危害与电压高低、电网中性点接地方式等有关。一般情况下，接地电网里的单相触电比不接地电网里的危险性大。

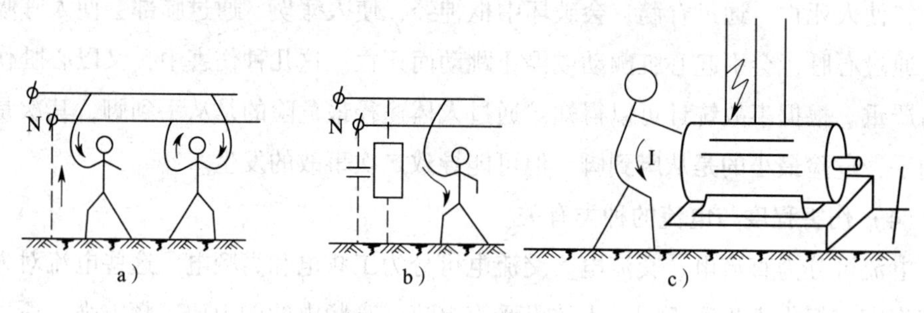

图 13—17　单相触电

2）两相触电。两相触电是指人体两处同时接触不同相的带电体而引起的触电事故，如图 13—18 所示。两相触电时，作用于人体上的电压为线电压，电流将从一相导线经人体流入另一相导线，这是很危险的。

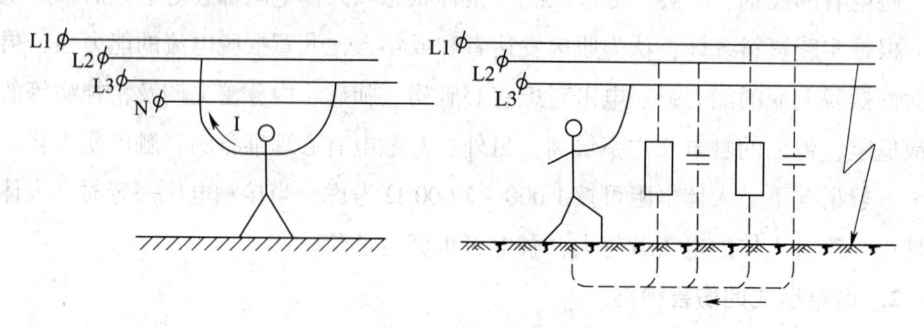

图 13—18　两相触电

3）跨步电压触电。由于外力（如雷电、大风）的破坏等原因，电气设备、避雷针的接地点，或者断落电线断头着地点附近，将有大量的扩散电流向大地流入，而使周围地面上分布着不同电位。人在接地点周围，两脚之间出现的电压即跨步电压，由此引起的触电事故叫跨步电压触电，如图 13—19 所示。

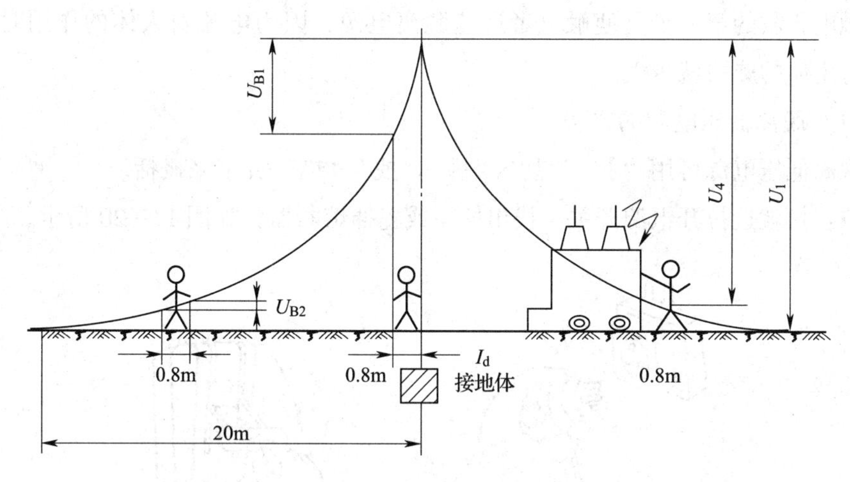

图 13—19　跨步电压触电

（2）电伤

电伤是指由于电流的热效应、化学效应或机械效应对人体外表造成的局部伤害，常常与电击同时发生。最常见的有以下三种。

1）电灼伤。电灼伤也叫电弧烧伤，它是最常见也是最严重的一种电伤，多由电流的热效应引起。通常发生在低压系统带负荷拉开裸露的刀闸开关时电弧烧伤人的手和面部；线路发生短路或误操作引起短路；高压系统因误操作产生强烈电弧导致严重烧伤；人体与带电体之间的距离小于安全距离而放电。

电灼伤有接触灼伤和电弧灼伤两种。

2）电烙印。电烙印发生在人体与带电体有较长时间且良好接触的情况下。此时因电流的化学效应和机械效应，在皮肤接触部分表面将会变硬并形成圆形或椭圆形的肿块痕迹，如同烙印一般。

3）皮肤金属化。由于电弧的温度极高（中心温度可达 6 000 ~ 10 000℃），使周围的金属熔化、蒸发产生的金属微粒飞溅或渗入到人体皮肤表层，令皮肤表面变得粗糙坚硬并呈青黑色或褐色。

二、触电急救

触电事故的特点是多发性、突发性、季节性、高死亡率并具有行业特征。触电事故的发生还具有很大的偶然性，令人猝不及防。如果延误急救时机，死亡率是很高的。但如防范得当，仍可最大限度地减少事故的发生概率。即使在触电事故发生后，若能及时采取正确的救护措施，死亡率亦可大大地降低。

1. 触电者脱离电源的方法

触电急救的第一步是使触电者迅速脱离电源，因为电流对人体的作用时间越长，对生命的威胁就越大。

(1) 脱离低压电源的方法

脱离低压电源可用“拉”“切”“挑”“拽”“垫”五字来概括。

拉：指就近拉开电源开关、拔出插头或瓷插熔断器，如图13—20所示。

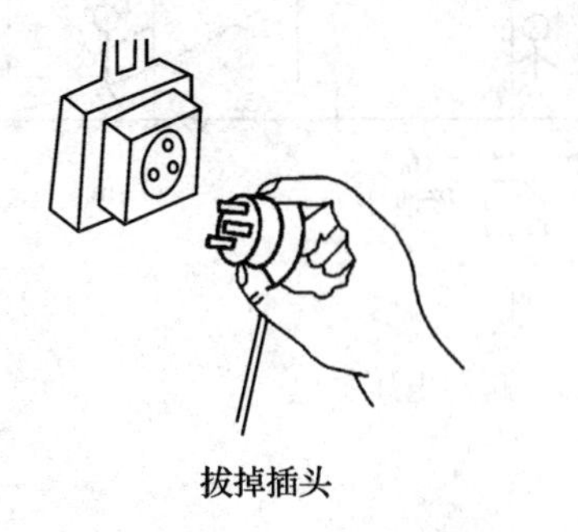

图13—20　拉

切：当电源开关、插座或瓷插熔断器距离触电现场较远时，可用带有绝缘柄的利器切断电源线，如图13—21所示。切断时应防止带电导线断落触及周围的人。多芯绞合线应分相切断，以防短路伤人。

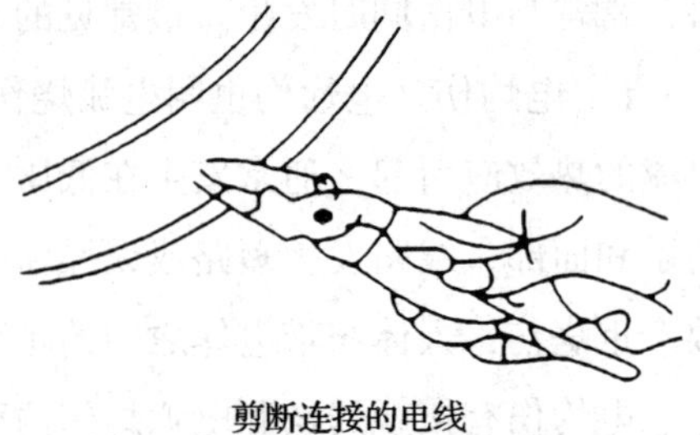

图13—21　切

挑：如果导线搭落在触电者身上或压在身下，这时可用干燥的木棒、竹竿等挑开导线，或用干燥的绝缘绳套拉导线或触电者，使触电者脱离电源，如图13—22所示。

拽：救护人可戴上手套或在手上包缠干燥的衣服等绝缘物品拖拽触电者，使之脱离电源。如果触电者的衣裤是干燥的，又没有紧缠在身上，救护人可直接用一只手抓住触电者不贴身的衣裤，将其拉脱电源，但要注意拖拽时切勿触及触电者的皮肤。也可站在干燥的木板、橡胶垫等绝缘物品上，用一只手将触电者拖拽开来，如图13—23所示。

垫：如果触电者由于痉挛，手指紧握导线，或导线缠绕在身上，可先用干燥的木板塞进触电者身下，使其与地绝缘，然后再采取其他办法把电源切断。

图 13—22　挑

图 13—23　拽

（2）脱离高压电源的方法

由于装置的电压等级高，一般绝缘物品不能保证救护人的安全，而且高压电源开关距离现场较远，不便拉闸。因此，使触电者脱离高压电源的方法与脱离低压电源的方法有所不同。通常的做法是：

1）立即电话通知有关供电部门拉闸停电。

2）如果电源开关离触电现场不太远，则可戴上绝缘手套，穿上绝缘靴，拉开高压断路器，或用绝缘棒拉开高压跌落熔断器以切断电源。

（3）使触电者脱离电源的注意事项

1）救护人不得采用金属和其他潮湿物品作为救护工具。

2）未采取绝缘措施时，救护人不得直接触及触电者的皮肤和潮湿的衣服。

3）在拉拽触电者脱离电源的过程中，救护人宜用单手操作，这样比较安全。

4）当触电者位于高位时，应采取措施预防触电者在脱离电源后坠地摔落的二次受伤。

5）夜间发生触电事故时，应考虑切断电源后的临时照明问题，以利救护。

2. 急救方法

对触电者的抢救首先应当判定触电者呼吸和心跳是否停止，对症采用不同的急救方法。

（1）口对口（鼻）人工呼吸

采用这种方法的前提是触电者有心跳却没有呼吸的情况下。其操作要领是（见图 13—24）：

1）使触电者仰面躺在平硬的地方，迅速解开其衣领、围巾、紧身衣和裤带。如发现触电者口内有食物、假牙、血块等异物，可将其身体及头部同时侧转，迅速用一个手指或两个手指交叉从口角处插入，从中取出异物。要注意防止将异物推到咽喉深处。

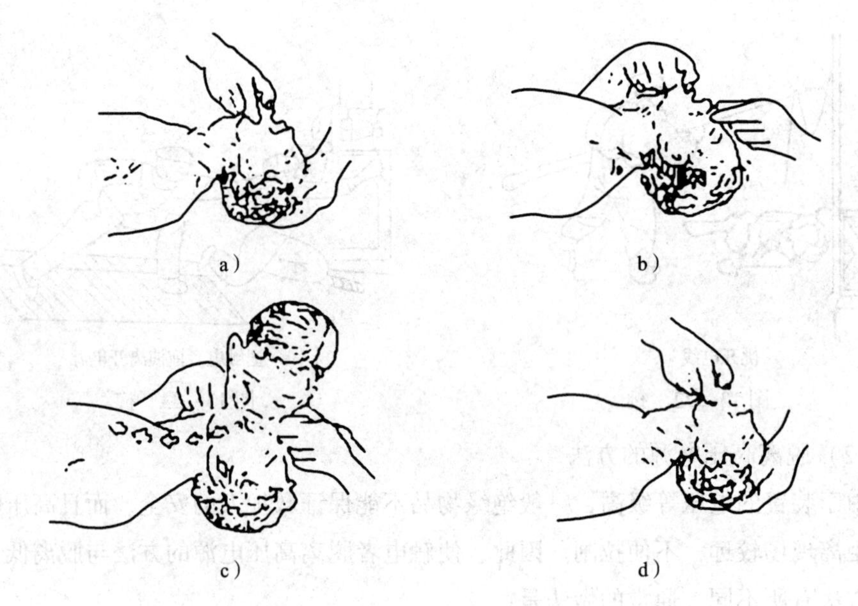

图 13—24 口对口（鼻）人工呼吸

2）使触电者头部充分后仰，以保持触电者气道通畅。一只手放在触电者前额，另一只手的手指将其颌骨向上抬起，气道即可通畅。

3）救护人在完成所有准备措施后，应立即对触电者进行口对口（鼻）人工呼吸。人工呼吸法的操作要领如下：

救护人蹲跪在触电者一侧，用放在其额上的手捏住其鼻翼，另一只手的食指和中指轻轻托住其下巴；救护人深吸气后，与触电者口对口紧合不漏气，大口吹气 2 s，然后停止吹气，并且松开捏着鼻翼的手，让触电者自行呼气 3 s。如此反复进行，正常的吹气频率是每分钟约 12 次，吹气量不需过大，以免引起胃膨胀。对儿童则每分钟 20 次，吹气量宜小些，以免肺泡破裂。救护人换气时，应将触电者的口或鼻放松，让其借自己胸部的弹性自动吐气。吹气和放松时要注意触电者胸部有无起伏的呼吸动作。吹气时如有较大的阻力，可能是头部后仰不够，应及时纠正，使气道保持畅通。

4）如果触电者牙关紧闭，可改成口对鼻人工呼吸。吹气时要将其嘴唇紧闭，防止漏气。

（2）胸外心脏按压法

采用这种方法的前提是触电者有呼吸而没有心跳的情况下。其操作要领如图 13—25 所示。

1）确定正确的按压位置。左手的食指和中指沿触电者的右侧肋弓下缘向上，找到肋骨和胸骨接合处的中点。右手的两手指并齐，中指放在切迹中点（剑突底部)，食指平放在胸骨下部，另一只手的掌根紧挨食指上缘，置于胸骨上，掌根处即为正确按压位置。

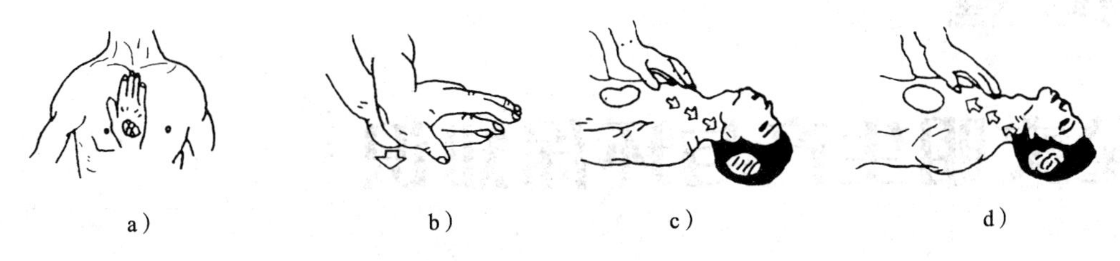

图 13—25　胸外心脏按压法

2）正确的按压姿势。使触电者仰面躺在平硬的地方并解开其衣服。仰卧姿势与口对口人工呼吸法相同。救护人跪在触电者一侧肩旁（或是跨跪在触电者的腰间)，两肩位于其胸骨正上方，两臂伸直，肘关节固定不动，两手掌相叠，手指翘起，不接触其胸壁。以髋关节为支点，利用上身的重力，垂直往下压。成人压陷 3 ~4 cm，儿童 2 cm。压下后立即全部放松，但救护人的掌根不得离开触电者的胸膛。胸外按压要以均匀速度进行。操作频率以每分钟 80 次为宜，每次包括按压和放松一个循环，按压和放松的时间相等。

(3）两种方法交替使用

采用这种方法的前提是触电者既没有心跳也没有呼吸的情况下。其操作要领是：

1）单人救护时，每按压 15 次后吹气 2 次（15∶2)，反复进行；

2）双人救护时，一个人进行按压 5 次后，由另一人吹气 1 次（5∶1)，反复进行。

在抢救过程中，要每隔数分钟再判定一次触电者的呼吸和心跳情况，每次判定时间不得超过 5 ~7 s。施行人工呼吸和胸外心脏按压抢救要坚持不断，切不可轻率中止，在运送途中也不能中止抢救，并应注意触电者的皮肤和瞳孔的变化，皮肤由紫变红、瞳孔由大变小，说明抢救收到了效果。只有触电者身上出现尸斑，身体僵冷，并且经医生作出无法救活的诊断后，才能停止抢救。

(4）抢救过程中移送触电伤员时的注意事项

1）抢救应在现场就地坚持进行，不要图方便而随意移动伤员。如确有需要移动时，抢救中断时间不应超过 30 s。

2）移动触电伤员或送往医院，应使用担架，并在其背部垫以木板，不可让伤员身体蜷曲着进行搬运。移送途中应继续抢救，在医务人员接替救治前不可中断抢救。

3）抢救时间应持续 6 h 以上，直到救活或医生做出临床死亡的认定为止。只有医生才有权认定触电者已死亡，宣布抢救无效。

第14章 安全文明生产与环保知识

第1节 现场文明生产要求

一、生产现场的定义

现场一般指作业场所，生产现场就是从事产品生产、制造或提供生产服务的场所，即劳动者运用劳动手段，作用于劳动对象，完成一定生产作业任务的场所。它既包括生产一线各基本生产车间的作业场所，又包括辅助生产部门的作业场所，如库房、试验室和锅炉房等。在我国工业企业规模较小，习惯于把生产现场简称为车间、工场或生产第一线。

工业企业的生产现场由于受行业特点的影响，既具有共性，又具有各自的特征。所谓共性，是指有些基本原理和方法对所有企业的生产现场都是普遍适用的，如所有生产现场都要求生产诸要素的合理配置，都有一个投入与产出转换的效益问题；在管理上都具有综合性、区域性、动态性和可控性等特点。所谓特性，主要是指由于生产工艺、技术装备、生产规模和生产类型等不同，从而优化现场管理的具体要求和方法也不尽相同。从生产技术特点看，不同行业的生产现场有明显的差别：钢铁企业是炼铁、炼钢、轧钢；纺织企业是纺纱、织布、印染。即使是在同一个机械制造企业中，冷加工与热加工的生产现场也有很大差异。从技术装备程度看，有些生产现场拥有较多机械化、自动化设备，技术密集程度较高，如大型化工企业的生产现场，一般都是通过装置和管道设施对原料进行加工。而有的生产现场则以手工操作为主，劳动密集程度较高。从生产规模看，大型企业的生产现场，在人员素质、管理水平和环境条件等方面，一般要比小型企业具有较多的优势。从生产类型看，订货生产与存货生产、连续生产与间断生产、单一品种生产与多品种生产、流水生产与成批生产，其生产现场的组织管理方式皆不相同。按对象原则设置的生产现场与按工艺原则设置的生产现场，其组织管理方式也有区别。所以研究现场管理的重点首先放在共性上，主要揭示生产现场运作的一般规律，但在具体实施时要从企业生产现场的实际情况出发，注意不同生产现场的特性要求，防止“一刀切”。

二、现场文明生产的意义

1. 有利于安全管理体系的建立和完善

安全文化建设包括了物质层、制度层和精神层三个层次，把人、机、环境有效地统一协调起来，达到人、机、环境的和谐。安全文化建设强调制度建设，有利于安全规章制度的建立、完善和落实。

2. 有利于弥补生产力水平不高、技术装备不高存在的缺陷

坚持安全文明生产有利于解决点多、面广、战线长，安全管理难度大的企业现状：劳动用工的多样化，职工素质的参差不齐，安全意识的淡薄，自主保安意识不强；违章指挥，违章操作时有发生；技术装备的相对落后，安全设施的不完善。这些都必须从解决人的问题入手，靠人的主动管理来弥补。迫切需要提高职工队伍素质，增强主动管理的安全意识和自律管理的安全观念，以精细严实的管理方式弥补企业不能有效解决的生产力水平不高、技术装备不高等方面的缺陷。

3. 规范职工安全生产行为，营造浓厚的安全生产氛围

人不仅是安全管理的主体，而且是安全管理的客体。在机械加工生产的人、机、环境三要素中，人是最活跃的因素，同时是导致事故的主要因素，扮演着主导角色。因此，能否做到安全生产关键在人。能否有效地消除事故，取决于人的主观能动性，取决于人对安全工作的认识、价值取向和行为准则，取决于职工对安全问题的个人响应与情感认同。而安全文化建设的核心就是要坚持以人为本，全面培养、教育和提高人的安全文化素质，完全符合安全生产工作规律。同时，通过人性化安全活动的开展，能够营造关注安全、关爱生命的良好氛围。

4. 提高企业安全管理的水平和层次，树立良好的企业形象

安全管理由经验型、事后性的传统管理向依靠科技进步和不断提高员工安全文化素质的现代化安全管理转变，是安全管理的发展趋势。在这一转变过程中，没有先进的安全文化做指导，安全生产工作就会迷失前进的方向，现代化的安全管理模式也不可能真正建立起来。安全文化是一种新型的管理形式，它区别于传统安全管理形式，是安全管理发展的一种高级阶段，其特点就是将安全管理的重心转移到提高人的安全文化素质上来，转移到以预防为主的方针上来。通过安全文化建设提高职工队伍素质，树立职工新风尚、企业新形象，增强企业的核心竞争力。

三、加强现场文明生产的管理

为什么要加强现场管理，这个问题可以从以下四个方面来分析。

1. 从管理理论上分析

生产现场是企业生产力的载体，是员工直接从事生产活动，创造价值与使用价值的场所。企业向社会和市场提供的商品要通过生产现场制造出来；员工的精神面貌、道德、作风要在生产现场培养和体现出来；投入生产的各种要素要在生产现场优化组合后才能转换为生产力；所有这些都要通过现场有效的管理才能实现。现场管理水平的高低，直接关系到产品质量好坏、消耗与效益的高低，以及企业在市场竞争中的适应能力与竞争能力。由此可见，优化现场管理是企业整体优化的重要组成部分，是现代化大生产不可缺少的重要环节。它对于加强企业管理、现场文明生产管理，提高企业素质和提高企业的经济效益，有着重要的意义。

2. 从管理实践上分析

我国工业企业对生产现场管理历来是重视的，并积累了不少好经验。“一五”时期，机械工业部通过调查，认识到应“根据企业不同生产类型，采用不同的管理方法”，提出要“以生产作业计划为中心加强企业管理”，强调要“管好在制品”。

改革开放以来，特别是深化企业内部改革，实行了承包经营责任制以来，许多企业从实际出发. 在新形势下创造了许多优化现场管理的新经验。例如，南京第二机床厂用十年时间，坚持不懈地抓现场管理，形成现场管理优化11法和现场管理40条，促进了企业发展。哈尔滨锅炉厂从长远发展战略出发，对生产现场进行综合治理，系统优化，形成了良好的文明秩序，保证了各项经济技术指标连续几年大幅度增长。还有很多企业在加强现场管理方面摸索创造了各具特色的好经验，如山东博山水泥厂的“规范化工作法”，上海金陵无线电厂的“模特法”，黑龙江阿城继电器厂的“定置管理”，石家庄第一塑料厂的“满负荷工作法”等。

尽管有一批现场管理搞得相当好的企业和车间也积累了不少具有先进水平的管理经验，但从全局看，许多企业的现场管理水平同国外先进水平相比还有一定的差距。有些企业近几年来注意了抓市场，忽视了现场，管理重心外移，而不是内沉。

有些新发展起来的中小企业整体素质差，还不知道什么是科学的现场管理。现场管理落后集中反映在：现场纪律松弛，生产效率低，质量差，投入多产出少，效益低，生产不能适应市场变化的需要。

3．加强现场管理是企业技术进步的需要

新产品的开发与研制，老企业的技术改造、设备更新，采用新技术、新材料、新工艺，以及引进技术的消化吸收与推广应用，这些都要具体落实和体现在生产现场。如果没有先进的现场管理，先进技术就很难充分发挥作用，技术进步的成果就不能很快变成现实的生产力。有些企业引进了国外先进的技术设备，但由于现场管理水平低，迟迟不能投产或投产后不能达标，就是明显的例证。

4．加强现场管理是提高企业素质，实现企业管理整体优化的需要

现场管理与企业管理是相辅相成、相互促进的，两者是“局部与整体”的关系。作为区域性的子系统，现场管理要服从企业管理整体优化的要求，保证企业生产经营总目标的实现，优化各项专业管理。同时，企业管理也要以现场管理优化为基础，把管理的重点放在现场，各职能科室要主动地为生产现场服务，为现场提供良好的工作条件。现场管理搞好了，企业管理的整体优化才有可能。

四、现场文明生产的几点要求

1．现场生产秩序需井井有条

员工干活需有计划，操作有标准；职责分工明确，遇事主动承担，规章制度严格执行；供应及时，生产均衡，工时利用率高，无安全、质量事故发生。

2．现场不应存在浪费现象

用人合理，人人有工作、有活干，无停工等待，进行有效劳动安排；不出现生产过剩，库存积压，资金周转缓慢等；尽可能降低物料消耗，提高产品档次，避免出现大量的废品和不良品；节约资源，避免长明灯、长流水、到处“跑、冒、滴、漏”现象。

3．避免现场环境出现“脏、乱、差”等现象

现场设备布局、工作线路清晰明了，成品堆放有序，工具箱、更衣箱摆放整齐；门上无尘土，地面无油污，无杂物堆积、通道堵塞等现象，作业面积安排合理，环境条件达到规定标准的要求。

4．现场人员的素质亟待提高

必须改变人们不符合大生产和文明生产要求的旧观念、旧习惯，克服“惰性”、作风散漫和纪律松弛等毛病，增强凝聚力，提高思想和技术业务素质。

有人认为，当前困扰企业的主要问题是企业外部环境的影响，许多企业的领导者忙于搞“外交”，抓市场，筹资金，顾不上抓现场管理，即便抓了也认为是“远水解不了近渴”。在市场经济条件下，企业生产经营必须以市场需求为导向，抓市场是完全必要和应该的，问题是不能把抓市场同抓生产现场割裂开来，这两者是相互关联、相互制约、密不可分的。企业要在激烈的市场竞争中求生存、求发展，就必须向市场提供质量好、品种多、价格便宜、能按期交货的产品，而这些产品是在生产现场制造出来的，要靠现场管理来保证。因此，现场管理水平的高低决定着企业对市场的应变能力和竞争实力。为什么在同样严峻的外部环境中，有些企业的经济效益连连滑坡，生产难以为继；而有些企业则应付自如，其产品仍能在市场上畅销不衰？原因之一就是这些企业有一个良好的后方基地，注重现场管理，能及时地调整产品结构，开发新产品和不断地提高产品质量。所以，企业的领导者要一手抓市场，一手抓现场，不能抓了市场丢了现场，也不能只顾现场忘了市场，要以市场促现场，用现场保市场，通过加强现场管理去适应外部环境的不断变化。

第2节　安全操作与劳动保护知识

一、钳工安全知识

1. 正确使用和管理个人劳动防护用品

个人劳动防护用品的种类较多，如防毒面具、防尘口罩、防护眼镜、工作服、安全帽、手套、垫肩等。要节约使用劳动防护用品，不能把劳动防护用品当作个人日用品使用。要做好有关劳动防护用品的洗涤、缝补和修理等工作，尽量延长它们的使用寿命，并建立健全劳动防护用品的管理制度。

2. 划线钳工操作规程

（1）平台周围要保持整洁，1 m内禁止堆放物件。

（2）所用锤子、样冲等工具要经常检查。

（3）所用千斤顶必须底平，顶尖、丝口松紧适合，禁止使用滑扣千斤顶。工件一定要支牢、垫好，在支撑大型工件时，必须用方木垫在工件下面，必要时用行车帮助支放垫块，不要用手直接拿着千斤顶，严禁将手臂伸入工件下面。

（4）划线盘用完后，一定要将划针落下、紧好。

（5）所用龙胆紫酒精溶液在 3 m 内不准接触明火，不准放在暖气片上。

3. 操作注意事项

（1）钻孔时应戴好安全帽，不准戴手套和使用棉纱，以免发生事故。

（2）工人上岗时必须穿戴好劳动保护用具，只许穿工作鞋。

（3）手电钻装卸钻头时，按操作规程必须使用钥匙。

（4）不能用管子作为加力杠，在台虎钳上夹紧工件要用力夹紧。

二、安全文明操作与生产

1. 正确使用工具

（1）正确使用锉刀

不可用锉刀锉毛坯的硬皮、氧化皮以及淬硬的表面。应先用一面，用钝后再用另一面。不能蘸水或油。锉刀在使用过程中和使用完后，要用钢丝刷顺锉纹方向及时刷去嵌入齿槽内的切屑。锉刀的放置要合理。不能当作斜铁使用，也不可当作撬杠使用。使用小锉刀不可用力过大。

（2）正确使用台虎钳

台虎钳安装在钳台上时，必须使固定钳身的钳口工件面处于钳台边缘之外。必须牢固地固定在钳台上，两个夹紧螺钉必须用力扳紧。夹紧工件时，只允许依靠手的力量来扳动手柄。在进行强力作业时，应尽量使力量朝向固定钳身。不要在活动钳身的光滑平面上进行敲击，以免降低它的活动性能。丝杆、螺母和其他活动表面上都要经常加油，并保持清洁。

2. 操作注意事项

（1）使用电钻时应穿胶鞋，戴橡皮手套。

（2）使用钻床前要先检查钻床传动系统和润滑系统是否良好。

（3）钻床变速前应停车，车未停稳不准用手捏停钻头。

（4）砂轮机启动后，要等砂轮旋转平稳方可开始磨削。

3. 工作场地的管理

合理组织好钳工的工作场地是提高劳动生产率和产品质量的一项重要措施。要组织好钳工的工作场地，应做到以下几点：

主要设备的布置要合理适当，如钻床、砂轮机要安装在场地边沿。毛坯和工件要有规则地存放，并尽量放在工件架上。工具的收藏摆放要整齐，在工作过程中，工具的安放也要整齐合理。工作场地必须保持清洁、整齐，物品摆放有序。

三、劳动保护的含义

劳动保护是指国家为了保护劳动者在生产过程中的安全与健康，保护生产力，发展生产力，促进社会主义建设的发展，在改善劳动条件、消除事故隐患、预防事故和职业危害、实现劳逸结合等方面，在法律、组织、制度、技术、设备、教育上所采取的一系列措施。劳动保护是一门综合性学科，其基本含义是保护劳动者在生产过程中的生命安全和身体健康。

四、劳动保护的主要内容

1. 劳动保护管理

劳动保护管理的主要目的是通过采取各种组织手段，用现代的科技管理方法组织生产，最大限度地控制因人的主观意志和行为造成事故，其主要内容包括：

（1）为保护劳动者的权利和人身自由不受侵犯，监督企业在录用、调动、辞退、处分、开除工人时，按照国家法律法规办理。

（2）参与国家及地方政府部门、行业主管部门的劳动保护政策、法规、法律的起草制定，切实做好源头参与工作，同时监督政府部门与行业主管部门认真执行上述法律、法规、规章制度，做好劳动保护工作。

（3）监督执行《劳动法》的有关劳动卫生条款，为职工提供符合国家标准的劳动安全卫生条件，保证劳动者的休息权利，监督企业认真执行工作时间和休息休假制度，严禁违法加班加点。

（4）监督企业执行对女职工和未成年工的特殊保护规定。

（5）监督并参与重大伤亡事故的调查、登记、统计、分析、处理工作，通过科学的手段对事故的原因进行调查，找出事故的规律，提出预防事故的意见和建议，防止同类事故的再次发生。

（6）监督并参与劳动保护的政策、法规的宣传教育工作，做好劳动保护基本知识的普及教育；加强对企业经营管理者及职工的安全知识教育，增强企业管理者及职工的安全意识，提高其安全技术水平。

（7）加强劳动保护基础理论的研究，把先进的科学技术和理论知识应用到劳动保护的具体工作中，通过运用行为科学、人机工程学，使用智能机器人、计算机控制技术等手段，逐步实现职业安全。

（8）加强劳动保护经济学的研究，揭示劳动保护与发展生产力的辩证关系，用经济学的观点，通过统计分析、经济核算，阐述各类事故造成的经济损失的程度以及加强事故预防经济投入的科学性、合理性，最终达到促进生产力的良性发展。

（9）进行劳动生理及劳动心理的研究，研究发生事故时职工的生理状态及心理状态，揭示人的生理及心理变化造成过失的程度，减少诸如冒险蛮干、悲观消极、麻痹大意、侥幸等不良心理和疲劳、恍惚、情绪无常、生物节奏作用等生理原因造成的事故，使劳动者以健康的状态和良好的心态从事生产劳动。

2. 安全技术

安全技术是指为防止职工在生产劳动过程中发生伤亡事故，保证职工的生命安全，运用安全系统工程的理论、观点、方法，分析事故原因，找出发生事故的规律，从而在技术上、设备上、个人防护上采取一系列的措施，保证安全生产。安全技术是在前人大量血的教训基础上逐步发展并不断完善的实用技术，它包含的内容十分广泛，其中的主要内容有：

（1）机械伤害的预防。

（2）物理及化学性灼伤、烧伤、烫伤的防护。

（3）电流对人体伤害的预防。

（4）各类火灾的消防技术。

（5）静电的危害及预防。

（6）物理及化学性爆炸的预防。

（7）生产过程中各种安全防护装置、保护装置、信号装置、安全警示牌、安全控制仪表的安装，各种消防装置的配置等技术。

（8）各种压力容器的管理。

（9）依照国家的有关法律、法规，制定各种安全技术规程并监督企业严格按规程施工及作业。

（10）进行各种形式的安全检查，编制阶段性的安全技术措施计划，下拨安全技术经费，保证安全工作顺利实施。

（11）按时按量发放个人防护用品及保健食品，教育职工认真佩戴及按时食用。

3. 职业卫生

职业卫生，也称为劳动卫生或工业卫生。其主要解决和研究的是如何保障职工在生产过程中的身体健康，为防止各种职业病的发生而在技术上、设备上、法律上、组织制度上，以及医疗上所采取的一整套措施。其具体内容包括：

（1）在异常气候环境下对劳动者健康的保护。

（2）在异常气压作业条件下对劳动者健康的保护。

（3）各种放射性物质对人体健康危害的防护。

（4）对高频微波、紫外线、激光等的防护技术。

（5）噪声的防护技术。

（6）震动的防护技术。

（7）工业防尘技术。

（8）预防各种毒物对人体造成的急性及慢性中毒。

（9）为改善劳动条件、保护劳动者的视力设计合理的照明和采光条件。

（10）预防各种细菌和寄生虫对劳动者健康的危害。

（11）研究各种职业性肿瘤的预防及治疗。

（12）研究各种疲劳及劳损对劳动者的危害与防治。

（13）监督企业按照国家颁布的《安全生产法》《工业企业设计卫生标准》进行各种工业设计、施工、改建、大修、技术革新和技术改造等。

（14）普及劳动卫生知识，加强劳动卫生专业人员的培训以及职工个人防护和保健工作。

五、劳动保护工作的特点

1. 劳动保护政策性强

社会主义国家的劳动保护首先表现在其鲜明的党性和阶级性。社会主义的性质决定了社会主义国家的劳动保护的出发点首先是保护劳动者在生产过程中的安全健康，即保护生产力中最重要和最活跃的部分。正因为如此，社会主义国家搞好劳动保护工作是各级政府部门、行业主管部门及企业责无旁贷的任务。

2. 劳动保护法律性强

加强劳动保护，改善劳动保护条件是我国宪法明确规定的，它是社会主义制度下的一种国家立法的体现。多年来，党和国家为维护广大职工在生产中的安全和健康先后颁布了一系列的法律、法规、条例、规程和规定。随着我国由计划经济向社会主义市场经济过渡，劳动保护的立法得到进一步的充实和完善。据不完全统计，现行的这方面的法律、法规、条例、规程等有几十个。全国人大常委会九届二十八次会议通过的《安全生产法》是我国安全生产领域影响深远的一件大事，是安全生产法制建设历程中的里程碑。有了这样一个大法，必将使我国的安全生产工作进入一个新阶段。

3. 劳动保护群众性强

“世间一切事物中，人是最宝贵的”。要做好劳动保护工作，除了依靠管理人员和工程技术人员外，更离不开广大的生产第一线的职工。据统计，有 98% 的事故发生在第一线。众所周知，最了解生产现场情况，最知道哪些地方存在着不安全和不卫生隐患，最能及时发现和处理事故的是广大的生产第一线职工。因此，只有全心全意依靠职工群众搞好生产和工业卫生工作，才能取得成效。多年来，党和政府始终注意抓好群众性劳动保护工作，并对此项工作做了许多具体规定。各级工会组织认真贯彻党的方针、政策，把通过各种途径开展群众性的劳动保护工作作为一项重要的任务去抓，并取得了很大的成绩。为抓好这项工作，全国总工会颁布了“三个条例”，即《工会劳动保护监督检查员工作条例》《基层工会劳动保护监督监察委员会工作条例》《工作小组劳动保护检查员工作条例》。这三个条例很好地指导了群众性的劳动保护工作。

第 3 节　环境保护知识

一、固体废物及其对环境的污染

固体废物亦称废物，是指人类在生产、加工、流通、消费以及生活等过程中提取目的组成之后，而被丢弃的固态或者泥浆状的物质。

随着人类文明社会的发展，人们在索取和利用自然资源从事生产和生活活动时，由于受到客观条件的限制，总要把其中的一部分作为废弃物丢弃。但“废物”具有相对性，一种过程的废物随着时空条件的变化，往往可以成为另一过程的原料。

固体废物的种类很多，通常将固体废物按其性质、形态、来源划分其种类。如按其性质可分为有机物和无机物；按其形态可分为固体的（块状、粒状、粉状）和泥状的；按其来源可分为矿业的、工业的、城市生活的、农业的和放射性的。

此外，固体废物还可分为有毒和无毒的两大类。有毒有害固体废物是指具有毒性、易燃性、腐蚀性、反应性、放射性和传染性的固体、半固体废物。

固体废物在没有利用之时纯属废物，它对环境的污染主要表现在以下四个方面：

1. 污染大气

固体废物对大气的污染表现为三个方面：第一，废物的细粒被风吹起，增加了大气中的粉尘含量，加重了大气的污染；第二，生产过程中由于除尘效率低，使大量粉尘直接从排气筒排放到大气环境中，污染大气；第三，堆放的固体废物中的有害成分由于挥发及化学反应等，产生有毒气体，导致大气的污染。

2. 污染水体

（1）大量固体废物排放到江河湖海会造成淤积，从而阻塞河道、侵蚀农田、危害水利工程。有毒有害固体废物进入水体，会使一定的水域成为生物死区。

（2）与水（雨水、地表水）接触，废物中的有毒有害成分必然被浸滤出来，从而使水体发生酸性、碱性、富营养化、矿化、悬浮物增加，甚至毒化等变化，危害生物和人体健康。在我国，固体废物污染水的事件已屡见不鲜。

3. 污染土壤

固体废物露天堆存，不但占用大量土地，而且其含有的有毒有害成分也会渗入到土壤之中，使土壤碱化、酸化、毒化，破坏土壤中微生物的生存条件，影响动植物生长发育。许多有毒有害成分还会经过动植物进入人的食物链，危害人体健康。一般来说，堆存一万吨废物就要占地一亩，而受污染的土壤面积往往比堆存面积大1~2倍。

4. 影响环境卫生

固体废物乱排乱放，影响环境卫生，广泛传染疾病。垃圾、粪便长期弃往郊外，不作无害化处理，简单地作为堆肥使用，可以使土壤碱度提高，使土质受到破坏；还可以使重金属在土壤中富集，被植物吸收进入食物链，还能传播大量的病源体，引起疾病。

二、固体废物的管理

1. 固体废物管理现状及发展趋势

固体废物的管理包括固体废物的产生、收集、运输、储存、处理和最终处置等全过程的管理。固体废物的污染控制与管理作为当今世界面临的一个重要环境问题，已引起各国政府的广泛重视。从国外的固体废物管理情况来看，随着经济实力的增强与科技的进步，管理水平亦在不断提高。美国的《资源保护和回收法》（RCRA）（1984）和《全面环境责任承担赔偿和义务法》（CERCLA）（1986）是迄今世界各国比较全面的关于固体废物管理的法规。前者强调设计和运行必须确保有害废物得到妥善管理，对于非有害废物的资源化也做出了较全面的规定；后者强调处置有害废物的责任和义务。英国的《污染控制法》有专门的固体废物条款。日本的《废物处理和清扫法》规定了全体国民的义务和废物处理的主体（据宪法

第25条)，不仅企业有合适处理其产生的固体废物的义务，公民也有保持生活环境清洁的义务。

我国固体废物管理工作起步较晚，《中华人民共和国固体废物污染环境防治法》是我国第一部关于固体废物污染管理的法规。它对固体废物防治的监督管理、固体废物特别是危险废物的防治、固体废物污染环境责任者应负的法律责任等都做了明确的规定。该法的颁布与实施标志着我国对固体废物污染的管理从此走上法制化的轨道。今后对固体废物的管理应严格按此法规来执行，结合我国多年来对固体废物的管理实践，并借鉴国外有益的经验，做好我国固体废物管理工作。

纵观国内外固体废物管理的发展过程，可以看出大致经历了三个阶段：

(1) 未加控制的土地处理阶段；

(2) 未加填埋与简单的资源回收并存阶段；

(3) 固体废物的综合管理阶段。

综合管理模式是许多发达国家在多年实践的基础上逐步形成的。其主要目标是通过促进资源回收、节约原材料和减少废物处理量，从而降低固体废物对环境的影响，即达到减量化、资源化和无害化“三化”的目的。综合管理将成为今后废物处理和处置的方向。

2. 固体废物的管理内容

由于固体废物本身往往是污染的“源头”，故需对其产生——收集——运输——综合利用——处理——储存——处置实行全过程管理，即在每一个环节都将其当作污染源进行严格的控制。划定有害废物与非有害废物的种类和范围，建立健全固体废物管理法规是固体废物管理的关键所在。下面按固体废物管理程序简略说明管理内容。

(1) 生产者

对于固体废物产生者，要求其按照有关规定，将所产生的废物分类，并用符合法定标准的容器包装，做好标记，登记记录，建立废物清单，待收集运输者运出。

(2) 容器

对不同的固体废物要求采用不同容器包装。为了防止暂存过程中产生的污染，容器的质量、材质、形状应能满足所装废物的标准要求。

(3) 储存

储存管理是指对固体废物进行处理处置前的储存过程实行严格控制。

(4) 收集运输

收集管理是指对各厂家的收集实行管理。运输管理是指对收集过程中的运输和收集后运送到中间储存处或者处理厂的过程所实行的污染控制。

（5）综合利用

综合利用管理包括农业、建材行业、回收资源和能源过程中对废物污染的控制。

（6）处理处置

处理处置管理包括有空堆放、卫生填埋、深地层处置、深海投放、焚烧、生化解毒和物化解毒等。

第 15 章 质量管理知识

第 1 节 质量与质量管理

一、质量的基本概念

1. 质量的定义

质量是指产品、过程或服务满足规定或潜在要求的特性和特征的总和。质量可分为产品质量、工序质量、工作质量等。产品质量是指产品所具有的适合于规定用途，满足人们一定需要的特性。工序质量是指工序能够稳定地生产合格产品的能力。工作质量是指企业的管理、技术和组织等工作，对达到产品质量标准的保证程度。

2. 产品质量特性

产品质量是指产品适合一定用途，满足人民生活和国民经济及其他部门、行业一定需要的特质。产品质量包括内在的质量特性（如产品的结构、物理性能、化学成分、精度等）和外部质量特性（如产品的外观、形状、气味等）。

质量特性可以概括为产品性能、寿命、可靠性、安全性、经济性五个方面。

3. 质量标准

衡量质量特性应该有一个统一的标准，主要质量特性的定量表现就是质量标准（或技术标准或技术规定）。一个质量标准是量化了的，要有数量界限，以作为尺度判断质量是否合格。它的内容包括产品的技术要求、产品的试验方法与验收规则，产品包装、运输和保管方面的规定。质量标准是企业进行生产和质量检验、质量控制的重要技术依据。我国目前产品质量标准可分为四级：国际标准、国家标准、部（行业）标准、企业标准。在企业的生产和产品检验过程中，符合规定的质量标准才能称为合格品。

二、质量管理的发展阶段

从工业发达国家解决产品质量问题所采用的技术与方法的演变情况看来，质量管理大体经历了三个阶段，即单纯质量检验阶段、统计质量控制阶段和全面质量管理阶段。

1. 单纯质量检验（SQI）

工业革命时期大量机器和工业产品的生产，导致零件的标准化、系列化生产，质量检验的岗位产生了，产品的品质迅速提高，这一阶段是质量管理的初级阶段。检验的方法是全数检验或抽样检验。由于质量的检验只能发现废品，无法控制其产生，人们将其称为事后把关阶段。

2. 统计质量控制（SQC）

第二次世界大战前后，战争对武器装备的质量提出更高的要求，而一些军火产品是无法采用全数检验的，如炮弹。生产者和管理者提出缺陷预防问题，开始运用概率论、数理统计方法来控制生产中的产品质量，政府对这种方法的广泛应用起了推动作用。美国国防部集中了一批统计专家，制定了《战时质量管理办法》，强制推行，收到了良好的效果。但是，统计质量管理方法片面强调数理统计，忽略了组织管理和人的能动作用。同时，由于数理统计计算复杂，在一定程度上限制了它的推广和普及。

3. 全面质量管理（TQM）

20世纪60年代到现在，质量管理有了更快的发展，以适应现代人生产的要求。美国的朱兰和费根堡在20世纪60年代提出全面质量管理的理论。他们指出，要生产优质产品仅仅靠统计方法不行，要靠改进很多方面的工作，质量管理涉及生产全过程。要从局部质量管理发展到全面质量管理，以适应科学技术进步对产品的精密化要求，消费者对产品质量的高要求，以及降低质量成本、提高竞争力的要求。

（1）全面质量管理的概念

全面质量管理（TQM）是一个组织以质量为中心，以全员参与为基础，目的在于通过让顾客满意和本组织所有成员及社会受益而达到长期成功的管理途径。

（2）全面质量管理的特点

1）全员的质量管理。“全员”指该组织中所有部门和所有层次的人员。全员的质量管理就是要求企业的全体人员都参加到质量管理工作中来。

2）全过程的质量管理。全面质量管理认为，产品的质量决定于设计质量、制造质量和使用质量。必须在市场调研、产品的选型、研究试验、设计、原材料采购、制造、检验、储运、销售、安装、使用和维修等各个环节都把好质量关。

3）全范围的质量管理。“全范围”是指要进行全企业范围的组织协调工作，全员参与，全过程控制，形成全企业的质量管理组织体系。

4）多种方法的质量管理。

第2节 质量认证与质量系列标准

一、质量认证

“认证”是一种出具证明文件的行动。ISO/IEC 指南中对“认证”的定义是：由可以充分信任的第三方证实某一经鉴定的产品或服务符合特定标准或规范性文件的活动。

质量认证也称为合格认证，它是由认证机构出具产品合格的书面证明。例如，对第一方（供方或卖方）生产的某种产品，第二方（需方或买方）无法判定其品质是否合格，而由第三方来判定。第三方既要对第一方负责，又要对第二方负责，不偏不倚，出具的证明要能获得双方的信任，这样的活动就叫作“合格认证”。

1991 年国际标准化组织对合格认证作如下定义：“第三方依据程序对产品、过程和服务符合规定的要求给予书面保证（合格证书）”。1991 年国务院发布的《中华人民共和国产品质量认证管理条例》对产品质量认证给予定义：“产品质量认证是依据产品标准和相应技术要求，经认证机构确认并通过颁发认证证书和认证标志来证明某一产品符合相应标准和相应技术要求的活动。”

二、ISO 9000 质量管理体系

1. 简介

ISO（International Organization for Standardization）是“国际标准化组织”。ISO 9000 系列标准是各国质量管理与标准化专家在先进的国际标准的基础上，对科学管理实践的总结和提高。它对产品质量的检验，对生产企业的质量管理和生产过

程的评审，都作了详细的阐述和具体规定。既系统、全面、完善，又简捷、扼要，为企业产品质量保证和建立健全质量体系提供了有利的指导。在国际市场上，ISO 9000系列已成为评估产品质量和合格质量体系的基础，同时也成为许多国家的第三方质量体系认证注册计划的基础。

2. ISO 9000族标准的核心标准

（1）ISO 19000.1《质量管理和质量保证标准　第1部分：选择和使用指南》

这是一个指导性标准，主要阐述ISO/TCl76所制定的质量管理和质量保证标准中所包含的与质量有关的基本概念，即对主要质量目标和质量职责，受益者及期望值，质量体系要求和产品要求的区别，通用产品类别和质量概念等问题的明确解释，同时提供了关于这些标准的选择和使用的原则、程序和方法。

（2）ISO 9001《质量体系——设计、开发、生产、安装和服务的质量保证模式》

主要阐述了从产品设计、开发开始，直至售后服务的全过程的质量保证要求，以保证从设计到服务各个阶段都符合规定的要求，防止出现不合格。它满足了顾客对供方企业的要求，即企业提供的质量体系从合同评审、设计到售后服务都具有进行严格控制的能力。标准规定要对设计过程制定严格的控制和检验程序，并原则性地阐明有关工作的重点内容，可采用的方法和相应的要求。

（3）ISO 9002《质量体系——生产、安装和服务的质量保证模式》

主要阐述从产品采购开始到产品交付的生产过程的质量保证，用以保证在生产、安装阶段符合规定的要求，防止及发现在生产过程中出现任何不合格现象，并能及时采取措施避免不合格重复发生。这个标准强调以预防为主，要求把对生产过程的控制和对产品的最终检验结合起来。

（4）ISO 9003《质量体系最终检验和试验的质量保证模式》

主要阐述了从产品最终检验至成品交付的成品检验和试验的质量保证要求，以保证产品在最终检验阶段符合规定要求。这个标准强调检验把关，要求供方企业建立一套完善的检验系统，包括对人员、检验的程序以及设备等都能进行严格的控制。

（5）ISO 9004—1《质量管理和质量体系要素　第一部分：指南》

这是一个基础性的标准，它阐明了企业建立健全质量体系的组织结构、程序、过程和资源等方面的内容，对产品质量形成各阶段的技术、管理和人等因素的控制提供全面的指导，该标准从企业质量管理的需要出发，阐述了质量体系原理和建立质量体系的原则，提出了企业建立质量体系一般应包括的基本要素。

第16章

法律与法规知识

第1节 《中华人民共和国劳动法》相关知识

《中华人民共和国劳动法》（以下简称《劳动法》）是国家为了保护劳动者的合法权益，调整劳动关系，建立和维护适应社会主义市场经济的劳动制度，促进经济发展和社会进步，根据宪法而制定颁布的法律。从狭义上讲，《劳动法》是指1994年7月5日第八届全国人民代表大会常务委员会第八次会议通过，1995年1月1日起施行的《中华人民共和国劳动法》；从广义上讲，《劳动法》是调整劳动关系的法律法规，以及调整与劳动关系密切相关的其他社会关系的法律规范的总称。

以下对《劳动法》中的劳动合同、工作时间和休息休假、工资、劳动安全卫生、女职工和未成年工特殊保护等进行了简单解析和说明，并配有部分案例以供学习参考。

一、劳动合同

1. 劳动合同的订立

劳动合同是劳动关系建立、变更、解除和终止的一种法律形式，劳动合同法律制度是劳动法的重要组成部分。劳动合同的订立必须遵循以下原则：平等自愿原则；协商一致原则；合法原则。

劳动合同的必备条款涉及七项：劳动合同期限；工作内容；劳动保护和劳动条

件；劳动报酬；劳动纪律；劳动合同终止的条件；违反劳动合同的责任。

2. 劳动合同的变更

劳动合同的变更是指劳动合同依法订立后，在合同尚未履行或者尚未履行完毕以前，双方当事人依法对劳动合同约定的内容进行修改或者补充的法律行为。

（1）只要用人单位和劳动者协商一致，即可变更劳动合同的内容。劳动合同是双方当事人协商一致而订立的，当然经协商一致可以予以变更。一方当事人未经对方当事人同意擅自更改合同内容的，变更后的内容对另一方没有约束力。

（2）劳动者患病或者非因公负伤，在规定的医疗期满后不能从事原工作，用人单位可以与劳动者协商变更劳动合同，调整劳动者的工作岗位。

（3）劳动者不能胜任工作，用人单位可以与劳动者协商变更劳动合同，调整劳动者的工作岗位。

（4）劳动合同订立时所依据的客观情况发生重大变化，致使劳动合同无法履行，用人单位可以与劳动者协商变更劳动合同。

（5）劳动者患职业病或者因工负伤并被确认丧失或者部分丧失劳动能力的；劳动者患病或者负伤，在规定的医疗期内的；女职工在孕期、产期、哺乳期内的；法律、行政法规规定的其他情形。这四种情形下，用人单位不得依据劳动法解除劳动合同。

【案例】工程师王某与A公司签订了5年的劳动合同。合同执行到第3年时，王某提出涨薪要求，A公司以“乙方的要求超出合同约定及公司支付能力”为由拒绝。王某在接到拒绝通知的第二天即跳槽到B公司，获得比原来高的薪酬。王某在跳槽前未向A公司提出解除劳动合同申请。

问题：王某这么做是否合法？

分析：王某与A公司签订的劳动合同为有效合同。A公司没有出现违反劳动法的行为。《劳动法》中规定用人单位与劳动者协商一致，可以解除劳动合同；劳动者提前30日以书面形式通知用人单位，可以解除劳动合同。

王某在未与合同甲方协商一致、未提前30天书面通知甲方的情况下，单方终止劳动合同，属违法行为。王某应按照合同约定向甲方赔偿相应的损失。

二、工作时间和休息休假

1. 工作时间

工作时间是指劳动者根据国家的法律规定，在1个昼夜或1周之内从事本职工作的时间。《劳动法》规定的劳动者每日工作时间不超过8小时，平均每周工作时间不超过 44 个小时。

2. 休息休假时间

休息时间指劳动者工作日内的休息时间、工作日间的休息时间和工作周之间的休息时间。法定节假日休息时间、探亲假休息时间和年休假休息时间则称为休假。《劳动法》规定劳动者在元旦、春节、国际劳动节、国庆节以及法律法规规定的其他休假节日中进行休假。用人单位应当保证劳动者每周至少休息一日。

3. 延长工作时间

延长工作时间是指根据法律的规定，在标准工作时间之外延长劳动者的工作时间，一般分为加班和加点。《劳动法》对于延长工作时间的劳动者范围、延长工作时间的长度、延长工作时间的条件都有具体的限制。延长工作时间的劳动者有权获得相应的报酬。

三、工资

1. 工资分配的原则

工资分配必须遵循以下原则：按劳分配、同工同酬的原则；工资水平在经济发展的基础上逐步提高的原则；工资总量宏观调控的原则；用人单位自主决定工资分配方式和工资水平原则。

2. 最低工资

最低工资是指劳动者在法定工作时间或依法签订的劳动合同约定的工作时间内提供了正常工作的前提下，用人单位依法应支付的最低劳动报酬。在劳动合同中，双方当事人约定的劳动者在未完成劳动定额或承包任务的情况下，用人单位可低于最低工资标准支付劳动者工资的条款不具有法律效力。

【案例】孙某为河北省某县农民，在某市打工。2000 年 12 月经人介绍，孙某到某搬家公司作搬运工人，公司每月支付孙某工资 300 元，并安排孙某在公司的集体宿舍居住。2001 年 2 月，某市在公共场所宣传劳动法，孙某听到宣传，得知当地的最低工资标准为每月 412 元，遂找到公司徐经理，要求增加工资。徐经理不同意，说：公司给孙某提供住处不是免费的，而是每月从工资中扣除 100 元，发到孙某手里 300 元，而且公司为工人提供免费午餐，并给工人统一购买服装，遇到加班加点还按法律规定付给加班加点费，这些费用加起来孙某的每月收入早已超过 412 元，公司没有违反当地最低工资的规定。如果孙某不愿意在这儿干，可以到别处去干。

问题：

（1）徐经理对公司没有违反最低工资规定的表述是否正确？为什么？

（2）若公司的行为不符合法律规定，应承担哪些法律责任？

分析：

（1）徐经理对公司没有违反最低工资规定的表述不正确。最低工资，是指用人单位对单位时间劳动必须按法定最低标准支付的工资。对最低工资应正确计算，根据“企业最低工资规定”，加班加点工资、劳动保护待遇、福利待遇等不得作为最低工资组成部分。徐经理将工作午餐、劳动保护费用、福利待遇计算在最低工资范畴内是错误的。本案中孙某每月只得到300元工资，没有达到当地月工资412元的最低工资标准，搬家公司的行为已违反了法律规定。

（2）用人单位应承担的责任有：用人单位支付劳动者的工资报酬低于当地最低工资标准的，要在补足标准部分的同时另外支付相当于低于部分25%的经济补偿。

四、劳动安全卫生

劳动安全卫生主要是指劳动保护，是指规定劳动者的生产条件和工作环境状况，保护劳动者在劳动中的生命安全和身体健康的各项法律规范，有利于保护劳动者的生命权和健康权，有利于促进生产力的发展和劳动生产率的不断提高。

劳动者的权利包括：获得各项保护条件和保护待遇的权利；知情权；提出批评、检举、控告的权利；拒绝执行的权利；获得工伤保险和民事赔偿的权利。劳动者的义务包括：在劳动过程中必须严格遵守安全操作规程；接受安全生产教育和培训；报告义务。

五、女职工和未成年工特殊保护

1. 女职工特殊保护

由于女性的身体结构和生理机能与男性不同，有些工作会给女性的身体健康带来危害，从保护女职工生命安全、身体健康的角度出发，法律规定了女职工禁止从事的劳动范围，这不属于对女职工的性别歧视，而是对女职工的保护。同时，对女职工特殊生理期间即女职工在经期、孕期、产期、哺乳期实行保护，也称为女职工的“四期”保护。

2. 未成年工特殊保护

未成年工指年满十六周岁未满十八周岁的劳动者。未成年工劳动过程中的保护包括：用人单位不得安排未成年工从事的劳动范围；未成年工患有某种疾病或具有某种生理缺陷（非残疾型）用人单位不得安排其从事的劳动范围；用人单位应对未成年工定期进行健康检查；用人单位招收使用未成年工登记制度；未成年工上岗前的安全卫生教育。

【案例】李某与某宾馆签订了为期5年的劳动合同，其中有一条款："鉴于宾馆服务行业本身的特殊要求，凡在本宾馆工作的女性服务员，合同期内不得怀孕。否则企业有权解除劳动合同。"合同履行约1年后，李某的男友单位筹建家属楼，为能分到住房，李某与男友结婚，不久怀孕。宾馆得知后，以李某违反合同条款为由作出与李某解除劳动合同的决定。

问题：某宾馆能否单方解除劳动合同？

分析：某宾馆不能单方解除与李某的劳动合同。为保护女职工的合法权益，我国劳动法明确规定女职工在孕期、产期、哺乳期内的，用人单位不得解除劳动合同。合同应继续履行。

除以上内容之外，《劳动法》还对促进就业、集体合同、职业培训、社会保险和福利、劳动争议监督检查、法律责任等都作了具体规定。该法律的发布和施行，对于保护劳动者的合法权益，调整劳动关系，建立和维护适应社会主义市场经济的劳动制度意义重大。

第2节　《中华人民共和国劳动合同法》相关知识

一、《中华人民共和国劳动合同法》简介

1.《中华人民共和国劳动合同法》概述

自1998年劳动和社会保障部成立后，便将劳动合同立法列入21世纪头十年中期的劳动保障立法规划。在2005年10月28日，国务院原则通过了《中华人民共和国劳动合同法（草案）》，并于2005年11月26日正式提请全国人大常委会审议。经过为期两年的讨论修改，《中华人民共和国劳动合同法》于2007年6月29日，第十届全国人民代表大会常务委员会第二十八次会议四审通过，自2008年1月1日起施行。

《中华人民共和国劳动合同法》（以下简称《劳动合同法》）共包括八章，九十八项条款，涉及劳动合同的订立、劳动合同的履行和变更、劳动合同的解除和终止等内容。

2.《劳动合同法》的立法目的

《劳动合同法》的制定充分考虑了我国劳动关系双方当事人的情况，针对“强资本、弱劳工”的现实，内容侧重于对劳动者权益的维护，使劳动者能够与用人单位的地位达到一个相对平衡的水平。与此同时，《劳动合同法》也并没有忽视用人单位权益的维护，它既规定了劳动者的权利义务，也规定了用人单位的权利义务；既规定用人单位的违法责任，也规定劳动者违法应承担的法律责任。通过这种权利义务的对应性，构建和发展和谐稳定的劳动关系。

二、《劳动合同法》的要点解析

1. 劳动合同要用书面形式

劳动合同不仅是明确双方权利和义务的法律文书，也是今后双方产生劳动争议时主张权利的重要依据，员工进单位工作，首先应该考虑与单位签订书面劳动合同。

《劳动合同法》中将劳动合同分为固定期限、无固定期限和以完成一定工作任务为期限的劳动合同，还规定了劳务派遣和非全日制用工两种用工形式。其中，除了非全日制用工外，其他用工形式均须订立书面合同。

针对未订立书面劳动合同的情况，《劳动合同法》作出了相应的罚则，该法规定，用人单位自用工之日起超过一个月不满一年未与劳动者签订劳动合同的，应当向劳动者每月支付二倍工资作为赔偿；当应签订而未签订劳动合同的情况满一年后，将视为“用人单位与该劳动者间已订立无固定期限劳动合同”。

2. 用人单位不得向员工收取押金

酒店、餐饮等服务行业普遍存在这样一种现象，员工一般都要统一着装上岗，而单位却以此为由向员工收取几百元不等的服装押金。《劳动合同法》对用人单位的这种行为做出明确规定，用人单位招用劳动者，不得要求劳动者提供担保或以其他名义向劳动者收取财物。

在用工过程中，如果工作服是必须穿着的，应当视为企业给员工提供的劳动条件之一，用人单位没有理由向员工收取押金。对于用人单位违法收取押金的行为，《劳动合同法》做了明确规定，用人单位违反本法规定，以担保或其他名义向劳动者收取财物的，由劳动行政部门责令限期退还劳动者本人，并以每人五百元以上两千元以下的标准处以罚款；给劳动者造成损害的，应当承担赔偿责任。

3. 试用期

有的用人单位通过与员工约定较长的试用期或者多次约定试用期，来规避对员工应尽的法律责任。《劳动合同法》对劳动者试用期限和工资都做了详细的规定，企业滥用试用期的行为得到有效遏制。

《劳动合同法》规定，同一用人单位与同一劳动者只能约定一次试用期，试用期包含在劳动合同期限内。其中劳动合同期限三个月以上不满一年的，试用期不得超过一个月；劳动合同期限一年以上不满三年的，试用期不得超过两个月；三年以上固定期限和无固定期限的劳动合同，试用期不得超过六个月。用人单位违法约定试用期的，将由劳动保障行政部门责令改正，如果违法约定的试用期已经履行的，劳动者还可以向用人单位按规定要求支付赔偿金。

除了试用期有明确规定外，《劳动合同法》对试用期间工资也给出了明确标准，即不得低于本单位相同岗位最低档工资或者劳动合同约定工资的百分之八十，并不得低于用人单位所在地的最低工资标准。

【案例】1997 年 12 月，王某经体检、考核合格，与某单位签订了两年期的劳动合同。合同规定试用期为 6 个月。1998 年 1 月，王某患急性肺炎住院两个月，共花费医疗费 5 000 余元。出院后，单位以王某在试用期内患病，不符合录用条件为由，作出了解除劳动合同的决定。王某遂向当地的劳动争议仲裁委员会提出申诉。

【评析】这是一宗违反劳动合同法规的案件，用人单位的违法行为具有一定的隐蔽性。本案中的单位以王某患病、不符合录用条件为由，在试用期内解除了与王某所签订的劳动合同，从表面上看是对的，但实际上是不正确的。首先，单位约定的试用期违反规定；其次，王某在签订劳动合同时，是经体检合格的，其所患疾病不是原来就有的，而是由于感冒等原因导致的急性肺炎；最后，急性肺炎是可以治愈的，且本案中的王某已治愈，治愈后对其所从事的工作没有影响。因此，单位不应该以试用期内患病为由解除其劳动合同。

4. 劳动合同必备条款

《劳动合同法》规定了劳动合同必须具备的条款，与《劳动法》相比，增加了工作地点、工作时间和休息休假、社会保险、职业危害防护等重要内容，更加有利于维护劳动者的合法权益。

5. 违约金

以前，一些用人单位与员工签订劳动合同，往往以设定高额的违约金来限制员工流动，现《劳动合同法》对违约金的设定有了新规定，除两种特殊情况外，用人单位不得与劳动者约定由劳动者承担违约金。这两种情况分别是：第一，用人单位为劳动者提供专项培训费用，对其进行专业技术培训并约定了服务期后，员工违反服务期约定的，应当按照约定向用人单位支付违约金；第二，负有保密义务的劳动者违反竞业限制责任或保密协议时，员工也应承担违约金责任。

【案例】 小刘是某建筑公司的农民工，与建筑公司签订了为期10年的合同，合同虽然仅几十条，却规定了10多项违约金条款，有一项是如果小刘跳槽，需一次性支付10万元违约金。工作半年后，小刘发现了另一家建筑公司招人，开出的条件和待遇都比现在的单位好很多。他想跳槽，但面对巨额违约金，又陷入了深深的苦恼之中。

【评析】 为防止劳动者跳槽，不少用人单位都规定了高额违约金。按照《劳动合同法》对违约金的相关规定，除两种特殊情况外，其余一切情况包括劳动者跳槽都不再需要向用人单位支付高额违约金。不过，劳动者跳槽仍需支付一定代价，因为《劳动合同法》第九十条规定，劳动者违反法律规定解除劳动合同，给用人单位造成损失的，应当承担赔偿责任。因此，依据《劳动合同法》的规定，该建筑公司约定的高额跳槽违约金是无效的，小刘只要在赔偿对该公司造成的损失后就可跳槽去另一家建筑公司。

6. 无固定期限劳动合同

一些劳动者认为签了无固定期限劳动合同就等于捧上了“铁饭碗”，一些企业则认为与员工签订无固定期限劳动合同就不能与员工解除劳动合同了，其实这些都是对“无固定期限劳动合同”的误解。

实际上，在解除条件上，无固定期限劳动合同除了不能以合同到期为由解除外，与固定期限劳动合同无其他区别，同样可以通过双方协商或依法律规定而解除。根据《劳动合同法》规定，若员工出现严重违反用人单位的规章制度等情况时，用人单位仍可解除劳动合同。

7. 劳务派遣用工成本提高

劳务派遣近年来因其成本低、用工灵活、便于管理的优势在我国迅速发展，劳务派遣用工形式非常普遍。但长期以来劳务派遣工的权益得不到保护，被随意克扣工资、同工不同酬等现象屡屡发生。

为了让劳务派遣工享受与正式员工的同等待遇，《劳动合同法》对规范劳务派遣用工作了一系列的规定，大大提高了劳务派遣的成本，值得用工单位和被劳务派遣者注意。第一，在选择劳务派遣单位时，应与具有合法资质，注册资本不少于

50 万元的公司进行合作；第二，劳务派遣单位与派遣员工签订的劳动合同，期限不能少于 2 年，派遣员工没有工作时，派遣单位也要以所在地最低工资标准按月支付报酬；第三，派遣员工不用向劳务派遣单位、实际用工单位支付任何派遣费用；第四，被跨地区派遣的员工，其劳动报酬和劳动条件，按用工单位所在地标准执行；第五，本着同工同酬的原则，实际用工单位应当向派遣员工支付加班费、绩效奖金，提供与工作岗位相关的福利待遇；第六，派遣员工在实际用工单位连续工作的，同样适用该单位的工资调整机制；第七，实际用工单位不得使用派遣员工向本单位，或者所属单位进行再次派遣。

此外，《劳动合同法》实施后，很多用人单位为了逃避新法实施带来的高用工成本而青睐使用劳务派遣工，其实，随着国家对劳务派遣用工的不断规范，劳务派遣成本已经大大上升了。

三、工作中应注意的问题

1. 不签订劳动合同，对劳动者不利的地方很少，但对企业来说却有许多不利。

2. 用人单位最好使用劳动行政部门提供的劳动合同范本，如未使用劳动合同范本，则需注意自行设计劳动合同文本也应具备《劳动合同法》规定的必备条款，否则将由劳动行政部门责令改正，给劳动者造成损害的，还要承担赔偿责任。

3. 员工手册、企业制度最好要通过企业工会确认。